Konstruktionsbücher

Herausgegeben von Professor Dr.-Ing. G. Pahl

Band 5

Mit freundlichen Empfehlungen überreicht durch

**RICHARD BERGNER GMBH + CO
8540 SCHWABACH**

H. Wiegand · K.-H. Kloos · W. Thomala

Schrauben-
verbindungen

Grundlagen, Berechnung, Eigenschaften, Handhabung

Vierte, völlig neubearbeitete und erweiterte Auflage

Mit 198 Abbildungen

Springer-Verlag Berlin Heidelberg New York
London Paris Tokyo 1988

Dr.-Ing. Heinrich Wiegand
em. Professor der Technischen Hochschule Darmstadt

Dr.-Ing. Karl Heinz Kloos
Professor, Institut für Werkstoffkunde
der Technischen Hochschule Darmstadt

Dr.-Ing. Wolfgang Thomala
Richard Bergner GmbH & Co., Schwabach

Dr.-Ing. Gerhard Pahl
Professor, Fachgebiet Maschinenelemente und Konstruktionslehre
der Technischen Hochschule Darmstadt

Die 1962 erschienene dritte Auflage, verfaßt von H. Wiegand und K. Illgner trug den Titel „Berechnung und Gestaltung von Schraubenverbindungen".

ISBN 3-540-17254-8 Springer-Verlag Berlin Heidelberg New York
ISBN 0-387-17254-8 Springer-Verlag New York Heidelberg Berlin

CIP-Kurztitelaufnahme der Deutschen Bibliothek

Wiegand, Heinrich: Schraubenverbindungen: Grundlagen, Berechnung, Eigenschaften, Handhabung/ H. Wiegand; K. H. Kloos; W. Thomala. — 4., völlig neubearb. u. erw. Aufl. — Berlin; Heidelberg; New York; London; Paris; Tokyo: Springer, 1988. (Konstruktionsbücher; Bd. 5)
Bis 3. Aufl. u.d.T.: Wiegand, Heinrich: Berechnung und Gestaltung von Schaubenverbindungen
ISBN 3-540-17254-8 (Berlin . . .)
ISBN 0-387-17254-8 (New York . . .)
NE: Kloos, Karl Heinz:; Thomala, Wolfgang:; GT

Dieses Werk ist urheberrechtlich geschützt. Die dadurch begründeten Rechte, insbesondere die der Übersetzung, des Nachdrucks, des Vortrags, der Entnahme von Abbildungen und Tabellen, der Funksendung, der Mikroverfilmung oder der Vervielfältigung auf anderen Wegen und der Speicherung in Datenverarbeitungsanlagen, bleiben, auch bei nur auszugsweiser Verwertung, vorbehalten. Eine Vervielfältigung dieses Werkes oder von Teilen dieses Werkes ist auch im Einzelfall nur in den Grenzen der gesetzlichen Bestimmungen des Urheberrechtsgesetzes der Bundesrepublik Deutschland vom 9. September 1965 in der Fassung vom 24. Juni 1985 zulässig. Sie ist grundsätzlich vergütungspflichtig. Zuwiderhandlungen unterliegen den Strafbestimmungen des Urheberrechtsgesetzes.

© Springer-Verlag Berlin Heidelberg 1988
Printed in Germany

Sollte in diesem Werk direkt oder indirekt auf Gesetze, Vorschriften oder Richtlinien (z. B. DIN, VDI, VDE) Bezug genommen oder aus ihnen zitiert worden sein, so kann der Verlag keine Gewähr für Richtigkeit, Vollständigkeit oder Aktualität übernehmen. Es empfiehlt sich, gegebenenfalls für die eigenen Arbeiten die vollständigen Vorschriften oder Richtlinien in der jeweils gültigen Fassung hinzuzuziehen.

Die Wiedergabe von Gebrauchsnamen, Handelsnamen, Warenbezeichnungen usw. in diesem Buch berechtigt auch ohne besondere Kennzeichnung nicht zu der Annahme, daß solche Namen im Sinne der Warenzeichen- und Markenschutz-Gesetzgebung als frei zu betrachten wären und daher von jedermann benutzt werden dürften.

Druck: Sala-Druck, Berlin
Buchbinderische Verarbeitung: Lüderitz & Bauer, Berlin
3020/2362/543210

Vorwort

Die vorliegende Neuauflage des unter dem Titel „Berechnung und Gestaltung von Schraubenverbindungen" im Jahre 1962 in der dritten Auflage erschienenen Buches will ebenso wie die vorausgegangene in erster Linie dem Entwicklungsingenieur und dem mit Konstruktionslehre befaßten Studenten Unterlagen zur Gestaltung und Auslegung höher beanspruchter Schraubenverbindungen an die Hand geben. Da seit 1962 jedoch die technische Entwicklung weiter vorangeschritten ist und auch die von der Forschung und Entwicklung erarbeiteten Ergebnisse an Umfang wesentlich zugenommen haben, mußte der Inhalt der Neuauflage gegenüber der bisherigen Auflage in wesentlichen Punkten geändert und erheblich erweitert werden. Entsprechend dem Inhalt wurde auch der Titel geändert, um auf die heute breiter gewordene Basis hinzuweisen.

Die Tragfähigkeit und Betriebssicherheit einer Schraubenverbindung ist nicht nur von ihrer konstruktiven Gestaltung und den Festigkeitseigenschaften des verwendeten Werkstoffs abhängig, sondern wie der Inhalt zeigt, sind hierfür wesentlich mehr Einflüsse wie optimale Werkstoffauswahl und Werkstoffbehandlung sowie die Fertigungsfolge bis hin zur Gestaltung und Bemessung der zu verbindenden Bauteile einer Konstruktion maßgebend. Diesen Gesichtspunkten trägt die Neuauflage mehr Rechnung als die vorausgegangene.

Neu aufgenommen wurde das Kapitel „Berechnung von Schraubenverbindungen", das in enger Anlehnung an die VDI-Richtlinie 2230 erstellt wurde. Auch auf den Gebieten „Montage von Schraubenverbindungen" sowie „Selbsttätiges Lösen und Sichern von Schraubenverbindungen" hat sich der Kenntnis- und Entwicklungsstand erweitert, so daß hierüber im Unterschied zur früheren Auflage in eigenen Kapiteln berichtet wird.

Das vorliegende Buch ist als Gemeinschaftswerk der Verfasser in Zusammenarbeit mit den Herren Dipl.-Ing. Stefan Beyer, Dipl.-Ing. Rainer Landgrebe, wissenschaftliche Mitarbeiter im Institut für Werkstoffkunde der Technischen Hochschule Darmstadt (Leitung: o. Prof. Dr.-Ing. Karl Heinz Kloos), Dipl.-Ing. Wilhelm Schneider, wissenschaftlicher Mitarbeiter des Deutschen Schraubenverbands im selben Institut, Dr.-Ing. Hermann Diehl, Hochtemperatur-Reaktorbau GmbH, Mannheim, sowie unter Nutzung der Erfahrungen der einschlägigen Industrie entstanden.

Die Verfasser möchten diesen Herren besonderen Dank sagen für die gründliche Überarbeitung, Straffung und Aktualisierung des gesamten Beitrags sowie die Zusammenstellung der umfangreichen Bildunterlagen. Eine Aktualisierung wurde insbesondere dadurch erreicht, daß in den Kapiteln 5 und 6 neuere Forschungsergebnisse der am Institut für Werkstoffkunde der TH Darmstadt von den Herren Schneider und Landgrebe bearbeiteten Forschungsvorhaben auf den Gebieten der

Tragfähigkeit von Schraubenverbindungen bei Schwingbeanspruchung sowie der Wasserstoffversprödung einbezogen wurden. Dem Springer-Verlag wird für die gute Zusammenarbeit und die vorzügliche Ausstattung des Konstruktionsbuches herzlich gedankt.

Darmstadt und Schwabach, im April 1987   H. Wiegand
                                            K. H. Kloos
                                            W. Thomala

Inhaltsverzeichnis

Verwendete Formelzeichen XI

1 Einführung 1
  1.1 Zur Geschichte der Schraube 1
  1.2 Zum Inhalt des Buches 3
  1.3 Schrifttum 3

2 Normung 5
  2.1 Gewindenormung 6
    2.1.1 Begriffe und Bezeichnungen 6
    2.1.2 Gewindesysteme 6
    2.1.3 Metrisches ISO-Gewinde 6
  2.2 Maßnormen (Produktnormen) 10
  2.3 Grundnormen 18
    2.3.1 Grundmaßnormen 18
    2.3.2 Technische Lieferbedingungen 19
  2.4 Schrifttum 35

3 Werkstoffe 36
  3.1 Allgemeines 36
  3.2 Werkstoffe für Schraubenverbindungen bei mechanischer Beanspruchung . 37
    3.2.1 Zugfestigkeiten unterhalb 800 N/mm² 37
    3.2.2 Zugfestigkeiten zwischen 800 und 1400 N/mm² 40
    3.2.3 Zugfestigkeiten oberhalb 1400 N/mm² 41
    3.2.4 Schraubenverbindungen für den Leichtbau 41
  3.3 Werkstoffe für Schraubenverbindungen bei Komplexbeanspruchung . . 44
  3.4 Einfluß der wichtigsten Legierungselemente auf die mechanisch-technologischen Eigenschaften von Stählen 44
  3.5 Schrifttum 47

4 Berechnung von Schraubenverbindungen 48
  4.1 Einführung 48
  4.2 Kraft-Verformungs-Verhältnisse 48
    4.2.1 Montagezustand 48
      4.2.1.1 Elastische Nachgiebigkeit der Schraube 51
      4.2.1.2 Elastische Nachgiebigkeit aufeinanderliegender verspannter Teile . . . 52

       4.2.2 Betriebszustand 58
              4.2.2.1 Zentrischer Angriff einer axialen Betriebskraft in der Ebene
                      der Schraubenkopf- bzw. Mutterauflagefläche 58
              4.2.2.2 Zentrischer Angriff einer axialen Betriebskraft innerhalb
                      der verspannten Teile zwischen Schraubenkopf und Mutter 62
              4.2.2.3 Exzentrischer Angriff einer axialen Betriebskraft 65
4.3 Rechenschritte 75
       4.3.1 Rechenschritte des elementaren Berechnungsansatzes 75
       4.3.2 Rechenschritte des nichtlinearen Berechnungsansatzes 87
4.4 Beispiel für die Berechnung einer Pleuel-Schraubenverbindung mit dem
    elementaren Berechnungsansatz 90
4.5 Schrifttum 106

5 Tragfähigkeit von Schraubenverbindungen bei mechanischer Beanspruchung 107

5.1 Tragfähigkeit bei zügiger Beanspruchung 107
       5.1.1 Freies belastetes Gewinde 112
       5.1.2 Schraubenschaft 114
       5.1.3 Gewindeauslauf und Kopf-Schaft-Übergang 114
       5.1.4 Schraubenkopf 114
       5.1.5 Ineinandergreifende Gewinde 118
              5.1.5.1 Einflüsse auf die Abstreiffestigkeit 121
              5.1.5.2 Berechnung der erforderlichen Mutterhöhe 126
       5.1.6 Überlagerte Biegung 131
       5.1.7 Flächenpressung 132
       5.1.8 Scherbeanspruchung 133
5.2 Tragfähigkeit bei Schwingbeanspruchung 135
       5.2.1 Spannungszustand und Schädigungsmechanismen 135
       5.2.2 Einflüsse auf die Dauerhaltbarkeit von Schraubenverbindungen 138
              5.2.2.1 Dauerhaltbarkeit der Schraube 140
              5.2.2.2 Dauerhaltbarkeit der Schraube-Mutter-Verbindung 149
              5.2.2.3 Dauerhaltbarkeit der Schraubenverbindung 155
       5.2.3 Schadensbeispiel und Abhilfemaßnahmen 164
       5.2.4 Prüfung der Dauerhaltbarkeit von Schraubenverbindungen 166
5.3 Schrifttum 168

6 Korrosion und Korrosionsschutz von Schraubenverbindungen 172

6.1 Einführung 172
6.2 Grundlagen der Korrosion 173
6.3 Korrosionsarten 178
       6.3.1 Korrosion ohne mechanische Beanspruchung 178
              6.3.1.1 Kontaktkorrosion 178
              6.3.1.2 Korrosion durch unterschiedliche Belüftung 179
              6.3.1.3 Berührungskorrosion 180
              6.3.1.4 Selektive Korrosion 180
       6.3.2 Korrosion mit zusätzlicher mechanischer Beanspruchung 180
              6.3.2.1 Spannungsrißkorrosion (SpRK) 181
              6.3.2.2 Schwingungsrißkorrosion (SwRK) 184
              6.3.2.3 Reibkorrosion (Korrosionsverschleiß) 184
6.4 Möglichkeiten des Korrosionsschutzes 184
       6.4.1 Korrosionsgerechte konstruktive Gestaltung 185
       6.4.2 Einsatz nichtrostender Stähle 187
       6.4.3 Oberflächenüberzüge 190
              6.4.3.1 Nichtmetallische Überzüge 191
              6.4.3.2 Galvanische Überzüge 192

Inhaltsverzeichnis   IX

      6.4.3.3 Andere metallische Überzüge 197
  6.4.4 Beeinflussung des Korrosionsmediums 199
  6.4.5 Maßnahmen zur Vermeidung der Gefahr einer wasserstoffinduzierten
      verzögerten Sprödbruchbildung 199
6.5 Prüfung des Korrosionsschutzes 200
6.6 Normen zur Korrosionsschutzprüfung 201
6.7 Schrifttum 202

7 Schraubenverbindungen bei hohen und tiefen Temperaturen 204

7.1 Schraubenverbindungen bei hohen Temperaturen 204
  7.1.1 Einführung 204
  7.1.2 Temperaturabhängigkeit der Werkstoffeigenschaften 205
      7.1.2.1 Physikalische Werkstoffeigenschaften 205
      7.1.2.2 Mechanische Werkstoffeigenschaften 206
  7.1.3 Einfluß der Temperatur auf die Betriebseigenschaften
      von Schraubenverbindungen 211
      7.1.3.1 Vorspannkraftänderung infolge Wärmedehnung 211
      7.1.3.2 Vorspannkraftänderung infolge Relaxation 218
      7.1.3.3 Sprödbruchverhalten von warmfesten Schraubenverbindungen . . . 229
      7.1.3.4 Löseverhalten von Schraubenverbindungen nach
              Hochtemperaturbeanspruchung 230
7.2 Schraubenverbindungen bei tiefen Temperaturen 232
7.3 Werkstoffe für hohe und tiefe Temperaturen 233
  7.3.1 Werkstoffe für hohe Temperaturen 234
  7.3.2 Werkstoffe für tiefe Temperaturen 234
7.4 Normen und Regelwerke 236
7.5 Schrifttum 237

8 Montage von Schraubenverbindungen 240

8.1 Einführung 240
8.2 Anziehdrehmoment und Vorspannkraft 240
  8.2.1 Gewindemoment M_G 241
  8.2.2 Kopfreibungsmoment M_{KR} 246
  8.2.3 Anziehdrehmoment M_A 248
  8.2.4 Reibungszahlen 249
      8.2.4.1 Einflüsse auf das Reibungsverhalten 249
      8.2.4.2 Einfluß adhäsiver Verschleißvorgänge auf das Reibungsverhalten . . . 255
8.3 Beanspruchung und Haltbarkeit von Schraubenverbindungen beim Anziehen . . . 256
  8.3.1 Beanspruchung und Haltbarkeit von Schraubenbolzen und Mutter 256
      8.3.1.1 Beanspruchungszustand 256
      8.3.1.2 Montagevorspannung 257
      8.3.1.3 Einschraubtiefe 261
  8.3.2 Beanspruchung und Haltbarkeit von Kraftangriffsflächen
      und Montagewerkzeugen 261
8.4 Montageverfahren 265
  8.4.1 Anziehen von Hand 269
  8.4.2 Anziehen mit Verlängerungsmessung 270
  8.4.3 Torsionsfreies Anziehen 272
  8.4.4 Drehmomentgesteuertes Anziehen 274
  8.4.5 Streckgrenzgesteuertes Anziehen 279
  8.4.6 Drehwinkelgesteuertes Anziehen 284
8.5 Motorisches Anziehen 286
  8.5.1 Drehschrauber 290
  8.5.2 Drehschlagschrauber 290
8.6 Schrifttum 291

9 Selbsttätiges Lösen und Sichern von Schraubenverbindungen 294

9.1 Die Bedeutung der Vorspannkraft für die Betriebssicherheit 294
9.2 Ursachen eines Vorspannkraftverlusts 295
    9.2.1 Lockern 295
    9.2.2 Selbsttätiges Losdrehen 296
9.3 Maßnahmen zur Vermeidung eines unzulässig großen Vorspannkraftverlusts . . . 298
    9.3.1 Sicherungsmaßnahmen gegen Lockern 298
        9.3.1.1 Konstruktive Maßnahmen 298
        9.3.1.2 Mitverspannte federnde Elemente 300
    9.3.2 Sicherungsmaßnahmen gegen Losdrehen 301
        9.3.2.1 Konstruktive Maßnahmen 301
        9.3.2.2 Zusätzliche Sicherungselemente bzw. -maßnahmen 302
        9.3.2.3 Funktionsprüfung von Losdrehsicherungen 303
9.4 Wirksamkeit und Anwendungsgrenzen von Schraubensicherungen 305
9.5 Schrifttum 306

Sachverzeichnis 309

Verwendete Formelzeichen

A	Querschnitt, allgemein
A_B	Querschnitt, Querschnittsfläche verschraubter prismatischer Teile, wenn sie die Bedingungen eines „Biegekörpers" bei exzentrischer Verspannung und Belastung erfüllen
A_D	Trennfugenfläche abzüglich der Fläche des Loches für die Schraube
A_{d3}	Kernquerschnitt des Gewindes nach DIN 13 Teil 28
A_{ers}	Ersatzfläche, Querschnittsfläche eines Hohlzylinders mit der gleichen elastischen Nachgiebigkeit wie die der verspannten Teile
A_G	Fläche des Normalschnitts durch ein Gewinde
A_i	Querschnittsfläche eines zylindrischen Einzelelements einer Schraube
A_N	Nennquerschnitt
A_0	Grundabmaß
A_P	Fläche der Schraubenkopf- bzw. der Mutterauflage
A_{Pr}	Projektionsfläche für die Berechnung der Flächenpressung an Schlüsselflächen
A_S	Spannungsquerschnitt des Schraubengewindes nach DIN 13 Teil 28

$$A_S = \frac{\pi}{4}\left(\frac{d_2 + d_3}{2}\right)^2$$

A_{SG}	Scherquerschnitt des Gewindes
A_{Seff}	effektiver Spannungsquerschnitt
A_{SF}	Schlüsselfläche von Schraubenköpfen bzw. Muttern
A_{Sch}	Schaftquerschnitt
A_T	Taillenquerschnitt
A_5	Bruchdehnung
a	Abstand der Kraftwirkungslinie von der Schwerpunktachse der Fläche A_B
a_k	Kerbschlagzähigkeit
B	Kennwert für die relative Breite des Übergangsgebiets
c	Federsteifigkeit
D	Abstand zweier Schwingkrafthorizonte beim Abgrenzungsverfahren
D	Außendurchmesser des Muttergewindes
D_A	Außendurchmesser einer verspannten Hülse
D_a	Innendurchmesser der ebenen Mutterauflagefläche
D_{ers}	Ersatzdurchmesser
D_{Km}	wirksamer Durchmesser für das Reibungsmoment in der Schraubenkopf- oder Mutterauflage
D_{MA}	Außendurchmesser eines Mutterkörpers
D_m	mittlerer Durchmesser des konisch auslaufenden Endes des Muttergewindes
D_{min}	Außendurchmesser, kleinerer Außendurchmesser von zwei verspannten Hülsen
D_w	Außendurchmesser der ebenen Mutterauflagefläche
D_1	Kerndurchmesser des Muttergewindes
D_2	Flankendurchmesser des Muttergewindes
d	Außendurchmesser des Bolzengewindes = Gewindenenndurchmesser

Verwendete Formelzeichen

d_h	Lochdurchmesser der verspannten Teile = Innendurchmesser des Ersatzzylinders
d_S	Durchmesser zum Spannungsquerschnitt A_S
d_{Sch}	Schaftdurchmesser einer Schraube
d_T	Schaftdurchmesser bei Taillenschrauben
d_w	Außendurchmesser der Kopfauflagefläche
d_0	Durchmesser zum kleinsten Querschnitt des Schraubenschafts
d_2	Flankendurchmesser des Schraubengewindes
d_3	Kerndurchmesser des Schraubengewindes
E	Elastizitätsmodul
E_P	Elastizitätsmodul des Werkstoffs der verspannten Teile
E_S	Elastizitätsmodul des Schraubenwerkstoffs
e	Stufensprung, Abstand zwischen zwei benachbarten Schwingkrafthorizonten
e	Eckenmaß bei Schlüsselflächen von Schrauben bzw. Muttern
F	Kraft, allgemein
F_A	axiale Schraubenkraft; eine Komponente der Betriebskraft F_B, falls diese beliebig gerichtet ist
F_{Aab}	exzentrische Axialkraft an der Abhebegrenze
F_{Ab}	Vorspannkraftabfall bei hydraulisch vorgespannten Schraubenverbindungen nach der Druckentlastung
F_{An}	axiale Komponente der innerhalb der verspannten Teile angreifenden Betriebskraft
F_{Ao}	oberer Grenzwert einer wechselnden Axialkraft F_A
F_{Au}	unterer Grenzwert einer wechselnden Axialkraft F_A
$F_{A1,99}$	mit 1 bzw. 99%iger Wahrscheinlichkeit ohne Bruch ertragbare Schwingkraft
F_a	Schwingkraftamplitude
F_B	beliebig gerichtete Betriebskraft an einer Verbindung
F_K	Klemmkraft
F_{Kab}	Klemmkraft an der Abhebegrenze
F_{Kerf}	Klemmkraft, die für Dichtfunktion, Reibschluß und Verhinderung des einseitigen Abhebens an der Trennfuge erforderlich ist
F_{KR}	Restklemmkraft in der Trennfuge bei Ent- bzw. Belastung durch F_{PA} und Setzen im Betrieb
F_M	Montagevorspannkraft; gerechneter Tabellenwert bei 90%iger Ausnutzung der Streckgrenze durch σ_{red}
F_{Mm}	mittlere Montagevorspannkraft
$F_{M\,max}$	Montagevorspannkraft, für die eine Schraube ausgelegt werden muß, damit trotz Ungenauigkeit des Anziehverfahrens und zu erwartender Setzbeträge im Betrieb die erforderliche Klemmkraft in der Verbindung erzeugt wird und erhalten bleibt
$F_{M\,min}$	kleinste Montagevorspannkraft, die sich infolge Ungenauigkeit des Anziehverfahrens einstellt
F_m	Höchstzugkraft im Zugversuch
F_{max}	Höchstzugkraft des Gewindes beim Anziehen einer Schraubenverbindung unter Berücksichtigung der Torsionsbeanspruchung
$\Delta F_M(M_A)$	Erhöhung der Montagevorspannkraft F_M durch Aufbringen eines größtmöglichen Anziehdrehmoments $M_{A\,max}$
$\Delta F_M(\mu)$	Erhöhung der Montagevorspannkraft F_M durch minimale Reibwerte in der Kopfauflage ($\mu_{K\,min}$) und im Gewinde ($\mu_{G\,min}$) beim Aufbringen des Anziehdrehmoments
$\Delta F_M(Rp_{0,2})$	Erhöhung der Montagevorspannkraft F_M gegenüber der minimalen Vorspannkraft $F_{M\,min}$ beim streckgrenzgesteuerten Anziehverfahren durch eine gegenüber der genormten Mindeststreckgrenze erhöhte Streckgrenze der Schraube
$\Delta F_M(\mu_G)$	Erhöhung der Montagevorspannkraft F_M durch minimale Reibwerte im Gewinde ($\mu_{G\,min}$) beim Aufbringen des Anziehdrehmoments
F_N	Normalkraft
F_N'	Projektion der Normalkraft auf der Gewindeflanke in die Axialschnittebene
F_{PA}	Anteil der Axialkraft, der die verspannten Teile entlastet
F_{PAn}	Anteil der axialen Betriebskraft, die die verspannten Teile entlastet, bei Kraftangriff innerhalb der verspannten Teile
F_{PM}	Montagevorspannkraft, in den verspannten Teilen wirkend

Verwendete Formelzeichen XIII

F_Q	Querkraft, senkrecht zur Schraubenachse gerichtete Betriebskraft oder Querkomponente einer beliebig gerichteten Betriebskraft F_B
F_{Qp}	quer zur Schraubenachse in den verspannten Teilen wirkende Kraft
F_{QS}	quer zur Schraubenachse in der Schraube wirkende Kraft
F_R	Reibungskraft
F_{Rad}	Radialkraft
F_S	Schraubenkraft
F_{SA}	Differenzkraft, Anteil der Axialkraft F_A, mit der die Schraube zusätzlich belastet wird
F_{SAa}	Wechselbelastung der Schraube durch die Zusatzkraft F_{SA}
F_{SAn}	Schraubenzusatzkraft bei Betriebskraftangriff innerhalb der verspannten Teile
F_{SM}	Montagevorspannkraft, in der Schraube wirkend
F_{Sm}	Mittelwert der Schraubenkraft bei wechselnder Betriebskraft
$F_{S\,max}$	maximale Schraubenkraft ($= F_M + F_{SA}$)
F_U	Umfangskraft
F_{UG}	Umfangskraft an der Gewindeflanke
F_V	Vorspannkraft, allgemein
F_{Vab}	Vorspannkraft an der Abhebegrenze
F_{Verf}	Vorspannkraft, die für Dichtfunktion, Reibschluß und Verhinderung des einseitigen Abhebens an der Trennfuge unter Beachtung der Entlastung der Trennfuge durch die Betriebskraft mindestens erforderlich ist
F_{Vm}	mittlere Vorspannkraft
F_Z	Vorspannkraftverlust infolge Setzens im Betrieb
$F_{0.2}$	Schraubenkraft an der Mindeststreckgrenze bzw. -0,2%-Dehngrenze
f	Längenänderung unter einer Kraft F
f_{Ab}	Setzbetrag nach der Druckentlastung bei hydraulisch vorgespannten Schraubenverbindungen
f_i	Längenänderung eines beliebigen Teils i
f_N	Nachziehfaktor; $f_N = M_{NA}/M_A$
f_P	Längenänderung der verspannten Teile
f_{PA}	Längenänderung der verspannten Teile durch F_{PA}
f_{PAn}	Längenänderung der verspannten Teile bei Krafteinleitung über die verspannten Teile
f_{PM}	Verkürzung der verspannten Teile durch F_M
f_S	Längenänderung der Schraube
f_{SA}	Verlängerung der Schraube durch F_{SA}
f_{SAn}	Verlängerung der Schraube durch F_{SA} bei Krafteinleitung über die verspannten Teile
f_{SM}	Verlängerung der Schraube durch F_M
f_T	Längenänderung infolge Temperatur T
f_Z	Plastische Verformung durch Setzen, Setzbetrag
f_{ZP}	Setz-(Kriech-)Betrag, von den verspannten Teilen herrührend
f_{ZS}	Setz-(Kriech-)Betrag, von der Schraube herrührend
G	Grenzwert für die Abmessung der Trennfugenfläche; $G \leqq d_w + h_{min}$
H	Gewindetiefe des Grundprofils
H_1	Flankenüberdeckung (Gewindetragtiefe)
HV	Vickershärte
h_{min}	Dicke der verspannten Teile, bei zwei verschiedenen verspannten Teilen die geringere Dicke von beiden
h	Gewindetiefe des Istprofils
h_3	Gewindetiefe
I	Flächenträgheitsmoment, allgemein
I_B	Flächenträgheitsmoment der Fläche A_B
I_{Bers}	Ersatzträgheitsmoment eines gestuften Biegekörpers
$\bar{I}_{Bers}$	I_{Bers} abzüglich des Trägheitsmoments des Schraubenlochquerschnitts
I_{BT}	Trägheitsmoment der Trennfugenfläche
I_i	Flächenträgheitsmoment einer beliebigen Fläche i
I_{d3}	Flächenträgheitsmoment des Kernquerschnitts des Schraubengewindes
K	Korrelationsfaktor der Regressionsgeraden

Verwendete Formelzeichen

k	Zylinderkrümmung
k	Höhe des Schraubenkopfes
l	Länge, allgemein
l_B	Länge des fertigungsbedingt konisch auslaufenden Muttergewindeendes
l_{ers}	Ersatzlänge für eine Schraube mit Gewinde über die ganze Länge mit gleichem β_S wie eine beliebige Schraube
l_G	Gewindelänge
l_i	Länge eines zylindrischen Einzelelements der Schraube
l_K	Klemmlänge
l_{Pr}	Länge der Projektionsfläche in gleichseitigen Vielecken
l_S	Gesamtlänge der Schraube
l_{Sch}	Schaftlänge
M	Moment, allgemein
M_A	Anziehdrehmoment bei der Montage zum Vorspannen einer Schraube auf F_M
$\dfrac{\Delta M_A}{\Delta \vartheta}$	Differenzenquotient aus aufgebrachtem Anziehdrehmoment M_A und gemessenem Drehwinkel ϑ der Schraube beim Anziehen
$M_{A\,max}$	größtmögliches Anziehdrehmoment
$M_{A\,min}$	Mindestanziehdrehmoment
M_B	an einer Verschraubungsstelle angreifendes Biegemoment
M_b	anteiliges Biegemoment an der Verschraubungsstelle aus den exzentrisch angreifenden Axialkräften F_A und F_S
M_F	Fügemoment
M_G	im Gewinde wirksamer Teil des Anziehdrehmoments (Gewindemoment)
M_{GSt}	Anteil von M_G, der aus der Gewindesteigung stammt und in Vorspannkraft umgesetzt wird
M_{GR}	Anteil von M_G, durch Reibung im Gewinde erzeugt
M_{KR}	Reibungsmoment in der Kopf- bzw. Mutterauflage
M_L	Losdrehmoment
M_{Li}	inneres Losdrehmoment des Gewindes
M_{NA}	Nachziehdrehmoment
M_{PB}	Anteil von M_B, der von den verspannten Teilen aufgenommen wird
M_{SB}	Anteil von M_B, der von der Schraube aufgenommen wird
M_T	An der Verschraubungsstelle in der Trennfuge wirksames Drehmoment
m	Mutterhöhe
m_{kr}	Mindest-Mutterhöhe, kritische Mutterhöhe bzw. Einschraubtiefe
m_{eff}	effektive Mutterhöhe
m_{ges}	Gesamt-Mutterhöhe
N, N_G	Lastspielzahl, Grenzlastspielzahl
$n, \bar{n}$	Faktor, der, mit der Klemmlänge l_K multipliziert, die Dicke der von der Axialkraft F_A entlasteten Bereiche der verspannten Teile bezeichnet
n_e	Eckenzahl eines gleichseitigen Vielecks
P	Steigung des Schraubengewindes
p	Flächenpressung
p_G	Grenzflächenpressung, maximal zulässige Flächenpressung unter dem Schraubenkopf bzw. der Mutter
p_B	Erwartungswert der Bruchwahrscheinlichkeit
R	Radius am Gewindegrund (Rundung)
R_m	Zugfestigkeit der Schraube; Mindestwert nach DIN ISO 898 Teil 1
R_S	Festigkeitsverhältnis; relative Scherfestigkeit von Mutter- und Bolzengewinde
R_{mk}	Kerbzugfestigkeit
$R_{p0,2}$	0,2 %-Dehngrenze nach DIN ISO 898 Teil 1
R_T	Rauhtiefe der Oberfläche
r	Radius
r	Zahl der pro Schwingkrafthorizont gebrochenen Proben
s	Standardabweichung
SW	Schlüsselweite

Verwendete Formelzeichen

SI	Rechenfaktor für die Bestimmung der Standardabweichung im Treppenstufenverfahren
s	Abstand der Schraubenachse von der Schwerpunktachse der Fläche A_B
s_K	Klemmkraftexzentrizität
s_G	Grenzverschiebung der Schraube
s_{Gth}	theoretische Grenzverschiebung der Schraube
s_q	Querschiebeweg der Schraube
s_{eff}	wirksame Querschiebung in der Schraube
s_L	Leerlaufamplitude der Querschiebung
T	Temperatur
T_{D1}	Gewindetoleranz für den Kerndurchmesser D_1 des Muttergewindes
T_m	mittlere Temperatur
t	Zeit
t	Tiefe der Schlüsselangriffsfläche von Schraube oder Mutter
t	Schraubenteilung bei einer Mehrschraubenverbindung
U	Ort für $\sigma = 0$
u	Randabstand in verspannten Prismen von der Schwerpunktachse der Fläche A_B in Richtung A—A
V	Volumen, allgemein
v	Randabstand in verspannten Prismen von der Schwerpunktachse der Fläche A_B entgegen der Richtung A—A
W_P	polares Widerstandsmoment eines Schraubenquerschnitts
W_{d3}	Widerstandsmoment des Kernquerschnitts des Schraubengewindes
Z	Brucheinschnürung
z	Schraubenanzahl
z	Zahl der im Dauerschwingversuch geprüften Proben
x	bezogene Scherfestigkeit τ_B/R_m
x_{Si}	Abstände der Schwerpunktachsen der Flächen A_i von der y-Achse
α	Flankenwinkel des Schraubengewindes
α_1, α_2	Teilflankenwinkel
α'	Flankenwinkel des Gewindes in der um den Steigungswinkel φ gedrehten Schnittebene
α_A	Anziehfaktor; $\alpha_A = F_{M\,max}/F_{M\,min}$
α_K	Formzahl
α_K^*	Formzahl bei Schraubenverbindungen unter Berücksichtigung der spezifischen Krafteinleitungsbedingungen
α_P	thermischer Ausdehnungskoeffizient der verspannten Teile
α_S	thermischer Ausdehnungskoeffizient der Schraube
$\alpha_ü$	Wärmeübergangszahl
α_w	Schrägungswinkel (einer Unterlegscheibe)
β	elastische Biegenachgiebigkeit, allgemein
β_i	elastische Biegenachgiebigkeit eines beliebigen Teils der Schraube
β_G	elastische Biegenachgiebigkeit des eingeschraubten Gewindes
β_K	Kerbwirkungszahl
β_K	elastische Biegenachgiebigkeit des Schraubenkopfes
β_P	elastische Biegenachgiebigkeit der verspannten Teile
β_S	elastische Biegenachgiebigkeit der Schraube
γ	Schrägstellung oder Neigungswinkel von Schrauben oder verspannten Teilen infolge exzentrischer Belastung
γ_G	Winkel, unter dem infolge der Radialkraft im Gewinde die Relativbewegung zwischen Bolzen- und Muttergewinde stattfindet
γ_K	Kerbzugverhältnis R_{mk}/R_m
γ_M	Winkel, unter dem infolge der Radialkraft im Gewinde die Relativbewegung zwischen der Mutter und der Mutterauflagefläche der verspannten Teile stattfindet
γ_P	Neigungswinkel der verspannten Prismen bei Biegeverformung
γ_S	Biegewinkel der Schraube; Biegeverformung infolge eines Zusatzbiegemoments M_b
ψ	Umfangswinkel bei nicht rotationssymmetrischer Auflagefläche

δ	elastische Nachgiebigkeit, allgemein
δ_G	elastische Nachgiebigkeit des eingeschraubten Gewindes
δ_i	elastische Nachgiebigkeit eines beliebigen Teils i
δ_K	elastische Nachgiebigkeit des Schraubenkopfes
δ_P	elastische Nachgiebigkeit der verspannten Teile bei zentrischer Verspannung und zentrischer Belastung
δ_{PAn}	elastische Nachgiebigkeit zentrisch verspannter Teile bei zentrisch innerhalb der verspannten Teile angreifender Betriebskraft F_A
δ_P^*	elastische Nachgiebigkeit der verspannten Teile bei exzentrischer Verspannung
δ_P^{**}	elastische Nachgiebigkeit der verspannten Teile bei exzentrischer Verspannung und exzentrischer Belastung
δ_S	elastische Nachgiebigkeit der Schraube
δ_{SAn}	elastische Nachgiebigkeit zentrisch verspannter Schrauben bei zentrisch innerhalb der verspannten Teile angreifender Betriebskraft F_A
ε	Dehnung, allgemein
ε_q	Querdehnung
ε_T	Dehnung infolge einer Temperatur T
ϑ	Drehwinkel beim Anziehen einer Schraube
ϑ	Radiuswinkel im Gewindegrund, um den die maximale Beanspruchung in Richtung zur belasteten Gewindeflanke verschoben ist
μ	Reibungszahl, allgemein
μ'	gegenüber μ vergrößerte Reibungszahl in Spitzgewinden
μ_G	Reibungszahl im Gewinde
μ_{ges}	mittlere Reibungszahl für Gewinde und Kopf- bzw. Mutterauflage
μ_K	Reibungszahl in der Kopf- bzw. Mutterauflage
μ_{max}	größte auftretende Reibungszahl, allgemein
μ_{min}	kleinste auftretende Reibungszahl, allgemein
μ_{Tr}	Reibungszahl für die Trennfuge
ν	Ausnutzungsgrad der Streckgrenzspannung beim Anziehen
ϱ_G	Reibungswinkel zu μ_G
ϱ_K	Reibungswinkel zu μ_K
ϱ'	Reibungswinkel zu μ'
σ	Spannung, allgemein
σ_A	Spannungsamplitude der Dauerhaltbarkeit; Dauerhaltbarkeit der Schraube
σ_{ASG}	Spannungsamplitude der Dauerhaltbarkeit schlußgerollter Schrauben
σ_{ASV}	Spannungsamplitude der Dauerhaltbarkeit schlußvergüteter Schrauben
$\sigma_{A1,99}$	mit 1 bzw. 99%iger Wahrscheinlichkeit ohne Bruch ertragbarer Spannungsausschlag
σ_{A50}	Median der Spannungsamplitude der Dauerhaltbarkeit
σ_a	Spannungsausschlag der Schraube
σ_b	Biegespannung in der Trennfugenfläche
σ_{bW}	Biegewechselfestigkeit
σ_M	Zugspannung infolge F_M
σ_m	Mittelspannung
σ_n	Nennspannung
σ_{red}	reduzierte Spannung, Vergleichsspannung
σ_{SA}	durch den Anteil F_{SA} der Axialkraft im Kernquerschnitt der Schraube verursachte Spannung
σ_{SAb}	durch den Axialkraftanteil F_{SA} und das Biegemoment M_b bei exzentrischem Kraftangriff verursachte Spannung in der Biegezugfaser des Schraubengewindes
σ_{SAd}	wie σ_{SAb}, jedoch in der Biegedruckfaser
σ_T	polare Trennfestigkeit
σ_U	Flächenpressung in der Schlüsselfläche von Schraubenköpfen oder Muttern infolge der Normalkraft F_N
σ_V	Vorspannung
$\sigma(x)$	Spannung an der Stelle x
σ_{zdW}	Zug-Druck-Wechselfestigkeit

Verwendete Formelzeichen XVII

σ_1	erste Hauptnormalspannung
σ_3	dritte Hauptnormalspannung
τ	Torsionsspannung im Gewinde infolge M_G
τ_B	Schubfestigkeit; $\tau_B \approx 0{,}6 \cdot R_m$
τ_M	Torsionsspannung im Schraubenbolzen bei der Montagevorspannkraft F_M
τ_S	Schubfließgrenze
Φ	Kraftverhältnis F_{SA}/F_A
Φ_e	Kraftverhältnis bei exzentrischem Angriff der Axialkraft F_A
Φ_{eK}	Kraftverhältnis Φ_e für Krafteinleitung in Ebenen durch die Schraubenkopf- und Mutterauflage
Φ_{en}	Kraftverhältnis Φ_e für Krafteinleitung über die verspannten Teile
Φ_K	Kraftverhältnis für zentrische Krafteinleitung in Ebenen durch die Schraubenkopf- und Mutterauflage
Φ_m	Kraftverhältnis bei reiner Biegemomentbelastung durch M_B
Φ_n	Kraftverhältnis für zentrische Einleitung der Axialkraft F_A in Ebenen im Abstand nl_K innerhalb der verspannten Teile
φ	Steigungswinkel des Schraubengewindes

1 Einführung

1.1 Zur Geschichte der Schraube

Wie bei vielen technischen Bauteilen, z. B. Rädern, Propellern, Tragflügeln, Versteifungsrippen usw., finden sich auch beim Gewinde bzw. der Schraube in der Natur Vorbilder. Möglicherweise geht die Idee der Schraube auf eine an einem Pfahl oder einem Baumstamm sich spiralenförmig hochrankende Pflanze, z. B. eine Bohnenpflanze, zurück.

Geschichtlich ist der Beginn der Herstellung und Nutzung einer Schraube für technische Bedürfnisse nicht genau festzulegen. Die älteste bekannte Ausführung dürfte auf Archimedes (ca. 250 v. Chr.) zurückzuführen sein. Mit der sog. „Archimedischen Schraube" bzw. Schneckenspindel, die sich in einem schräg stehenden Rohr drehte, wurde Wasser auf ein höheres Niveau angehoben [1.1]. Derartige „Bewegungsschrauben" sind aus der Zeit der altgriechischen, römischen und ägyptischen Geschichte bekannt. Aber auch in Ostasien (China und Japan) benutzte man die Schraubenspindel als Förderelement. Als Werkstoffe dienten Holz und später zunehmend Metalle.

Im Gegensatz zur „Bewegungsschraube" steht die „Befestigungsschraube", mit der sich das vorliegende Buch befaßt. Sie ist wohl ebenso alt wie die Bewegungsschraube, nur in der Anwendung der damaligen Zeit seltener zu finden. Sie wurde für Schmuck- und Gebrauchsgegenstände, für einfache medizinische Geräte sowie für Zeichen- und astronomische Instrumente aus Edelmetall hergestellt.

Mit zunehmendem Einsatz von technischen Geräten, Werkzeugen, Uhr- und Räderwerken, Waffen, Rüstungen usw. hat sich der Anwendungsbereich der Schraube wesentlich erweitert.

Im Mittelalter war es vor allem Leonardo da Vinci, der in vielen Skizzen von Geräten, Werkzeugen, Maschinen und Waffen Anwendungsmöglichkeiten der Bewegungs- und Befestigungsschraube aufzeigte.

Auch Agricola, wohl der bedeutendste Technologie-Schriftsteller des Mittelalters, hat wie auch andere zeitgenössische Naturwissenschaftler in vielen Text- und Bilddarstellungen auf Anwendungsmöglichkeiten der Schraube hingewiesen [1.1].

Gegen Ende des 17. Jahrhunderts entstanden mit zunehmendem Bedarf an Schrauben im Rheinland und in Westfalen die ersten Schraubenschmieden. Die benötigten Stückzahlen wurden durch Warmschmieden in Handarbeit gefertigt. Diese Schraubenschmieden waren die Vorgänger der gegen Mitte des 18. Jahrhunderts und mit der Industrialisierung im 19. Jahrhundert entstehenden Schraubenfabriken, in denen Schrauben bereits maschinell hergestellt wurden. Im Jahre 1797 baute Maudslay die erste „automatische Drehbank", die eine Leitspindel besaß [1.1].

Gleichzeitig erschienen Fachveröffentlichungen, die sich mit der Herstellung von Schrauben aus Holz, Kupfer, Messing und Eisen befaßten. In einer Buchreihe von Jakob Leupold „Theatrum Machinarum Generale" (1824) ging der Verfasser

— wohl erstmalig — auf die hohe Tragfähigkeit von Schrauben aus Eisen und deren Prüfmöglichkeit ein.

Zu Beginn des 19. Jahrhunderts wurden die ersten Werkstoffprüfmaschinen entwickelt. Der ehemalige Leiter der Cramer-Klettschen Fabrik (Vorgängerin der heutigen MAN) in Nürnberg, Ludwig Werder, konstruierte die unter seinem Namen bekannt gewordene liegende Zugprüfmaschine. In dem von ihm geleiteten Werk wurden außer Lokomotiven, Wasserturbinen, Mühlen und Eisenbahnwaggons auch — was hier besonders interessiert — Maschinen zur Herstellung von Schrauben und Muttern gebaut.

Der technische Fortschritt in der ersten Hälfte des 19. Jahrhunderts, insbesondere im Eisenbahnwesen, bei der Dampfmaschine und später in der Elektrotechnik, stellte ständig steigende Anforderungen an die Konstruktionselemente. Dies traf auch für in größeren Stückzahlen benötigte Teile wie Schrauben als Verbindungselemente zu. Die Forderung nach bestimmten Qualitätsmerkmalen wurde in Richtlinien festgelegt, die von dem im Jahre 1856 gegründeten Verein Deutscher Ingenieure (VDI) erarbeitet wurden.

Gleichzeitig gewann für die Qualitätssicherung hochbeanspruchter Massenteile die Normung eine zentrale Bedeutung. Diese beinhaltete sowohl Werkstoff- als auch maßliche und mechanische Bauteileigenschaften. Bei den Schraubenverbindungen standen die maßlichen Eigenschaften von Schrauben- und Muttergewinde im Vordergrund. Hier wirkte der VDI bahnbrechend durch die Aufstellung eines einheitlichen Maßsystems im Jahre 1859. Eine Vereinheitlichung von Gewindemaßen mit dem Ziel der Austauschbarkeit wurde deshalb dringend notwendig, weil nicht nur die einzelnen Industrieländer eigene Gewindesysteme hatten, sondern teilweise sogar Unterschiede von Werk zu Werk bestanden.

1964 wurde schließlich auf der Basis umfangreicher Versuchsarbeiten [1.2, 1.3] das metrische ISO-Gewinde weltweit genormt.

Mit dem Fortschritt im Verkehrswesen (Automobil- und Flugzeugbau) zu Beginn des 20. Jahrhunderts stiegen die Anforderungen an die mechanischen Eigenschaften der Schraubenverbindung weiter. Neue Fertigungsverfahren führten schließlich zu den Verbindungselementen, die man damals mit „Hochfeste Schrauben" bezeichnete [1.4, 1.5]. Diese wurden, von Sonderfällen abgesehen, aus nicht speziell wärmebehandelten Stählen spanlos (warm oder kalt) oder spanend gefertigt. Die verwendeten unlegierten Stähle mit niedrigem C-Gehalt hatten eine Zugfestigkeit von 400 bis 500 N/mm^2 und ein sehr niedriges Streckgrenzenverhältnis (ca. 50%). Dadurch waren sie gut kaltformbar.

Schon bald aber verlangte die rasch fortschreitende technische Entwicklung des Kraftfahrzeug- und des Flugzeugbaus nach Verbindungselementen noch höherer Tragfähigkeit. Es entstand die hochfeste vergütete Schraube aus unlegierten oder legierten Stählen.

Bis heute ist diese Entwicklung stetig weitergegangen. Durch sinnvoll aufeinander abgestimmte Fertigungsgänge der Warm- und Kaltformung, der Zerspanungstechnik und der Wärmebehandlung (Glühen, Vergüten, Ausscheidungshärten usw.) bei zweckentsprechend ausgewählten Werkstoffen können heute höchstfeste Schrauben mit Zugfestigkeiten bis über 2000 N/mm^2 hergestellt werden.

Für besondere Anforderungen wie Korrosions- oder Temperaturbeständigkeit werden inzwischen außer Stählen auch Sonderwerkstoffe, z. B. Leicht- und Schwermetall-Legierungen, angewendet.

1.2 Zum Inhalt des Buches

Die nachfolgenden Kapitel zeigen Wege und Möglichkeiten zur Gestaltung, Berechnung und Optimierung der Betriebseigenschaften hochbeanspruchter Schraubenverbindungen auf. Da Schrauben und Muttern gewöhnlich in größeren Stückzahlen gefertigt werden und austauschbar sein müssen, kann auf eine Normung hinsichtlich ihrer Maß- und Funktionseigenschaften nicht verzichtet werden. Obwohl in allen Industrieländern seit langem (Maudslay ~1810 und Whitworth ~1840) Anstrengungen zur Vereinheitlichung gemacht werden, ist bis heute trotz beachtlicher Fortschritte eine vollständige internationale Normung noch nicht gelungen. Kapitel 2 beschreibt den derzeitigen Stand der Normungsarbeiten.

Für die Beanspruchbarkeit einer Schraubenverbindung ist eine zweckmäßige Werkstoffauswahl für Bolzen und Mutter von grundlegender Bedeutung. Dabei sind für den jeweiligen Anwendungsfall die Betriebsbeanspruchungen und die Einbauverhältnisse maßgebend. Kapitel 3 gibt Hinweise zur Auswahl der Werkstoffe, zu ihrer chemischen Zusammensetzung sowie zu ihren Eigenschaften bei mechanischer und komplexer Beanspruchung.

Ausgehend von den Einbau- und Betriebsbedingungen und dem Kraft-Verformungs-Verhalten wird in Kapitel 4 die Berechnung von Schraubenverbindungen mit dem Berechnungsansatz nach Richtlinie VDI 2230 erläutert und an einem Beispiel verdeutlicht.

Grundlegende Bedeutung für die Funktion der Schraubenverbindung hat ihre Tragfähigkeit bei mechanischer Beanspruchung. In Kapitel 5 werden die Einflüsse auf die Tragfähigkeit von Schraubenverbindungen bei zügiger und wechselnder Beanspruchung erläutert. Es werden Grundlagen zur Berechnung sowie Möglichkeiten zur Verbesserung der Tragfähigkeit angegeben.

Nicht selten unterliegen Schraubenverbindungen im Betrieb einer Komplexbeanspruchung aus mechanischen und korrosiven Beanspruchungskomponenten und gegebenenfalls auch aus zusätzlichen Temperatureinflüssen.

Kapitel 6 behandelt die Arten der Korrosion und Möglichkeiten des Korrosionsschutzes. Dabei wird sowohl auf die korrosionsbeständigen Werkstoffe als auch auf geeignete Oberflächenbehandlungsverfahren bei Verwendung nicht korrosionsbeständiger Werkstoffe eingegangen.

Das Verhalten von Schraubenverbindungen bei hohen und tiefen Temperaturen wird in Kapitel 7 erläutert.

Die Ausführungen über die Montage von Schraubenverbindungen in Kapitel 8 zeigen die Beanspruchungsverhältnisse beim Anziehen auf. Die heute üblichen Montageverfahren werden vergleichend gegenübergestellt.

Die Betriebssicherheit von Schraubenverbindungen wird maßgeblich von der Höhe der Vorspannkraft beeinflußt. Möglichkeiten zur Vermeidung eines unzulässigen Vorspannkraftverlusts infolge Lockerns und/oder selbsttätigen Losdrehens werden im abschließenden Kapitel 9 beschrieben.

1.3 Schrifttum

1.1 Kellermann, R.; Treue, W.: Die Kulturgeschichte der Schraube, 2. Aufl. München: Bruckmann 1962
1.2 Wiegand, H.; Illgner, K. H.: Haltbarkeit von ISO-Schraubenverbindungen unter Zugbeanspruchung. Konstr. Masch. Appar. Gerätebau 15 (1963) 142–149

1.3 Wiegand, H.; Illgner, K. H.; Beelich, K. H.: Die Dauerhaltbarkeit von Gewindungen mit ISO-Profil in Abhängigkeit von der Einschraubtiefe. Konstr. Masch. Gerätebau 16 (1964) 485–490
1.4 Schaurte, W. T.: Anforderungen an Schrauben- und Mutterneisen (Werkstofftagung 1927). In: Stahl und Eisen als Werkstoff. Düsseldorf: Verlag Stahleisen
1.5 Kennzeichnung von Schrauben und Muttern aus hochfestem Stahl. DIN-Vornorm Kr 5 März 1936 und DIN 267 Schrauben, Muttern und ähnliche Gewinde- und Formteile (Techn. Lieferbedingungen)

2 Normung

Ziel der Normung von Schrauben und Muttern ist die Vereinheitlichung von Maßen, Benennungen und funktionellen Eigenschaften unter dem Gesichtspunkt technischer und wirtschaftlicher Optimierung. Die allgemein gültige Formulierung von Regeln sowie die Sortenverminderung und Austauschbarkeit gleichartiger Produkte bewirken nicht nur eine Erleichterung nationaler und internationaler Handelsbeziehungen, sondern stellen auch einen bedeutenden Beitrag zur Steigerung der Wirtschaftlichkeit industrieller Fertigung dar. Auf kaum einem anderen Gebiet wurde in den letzten Jahren die internationale Normung (ISO = International Organization for Standardization) so intensiv vorangetrieben wie auf dem Gebiet der Verbindungselemente. Sie konnte allerdings bis heute noch nicht den Stand erreichen, der eine umfassende Umstellung bzw. Übernahme von ISO-Normen in das deutsche Normenwerk rechtfertigen würde. Dieses Kapitel stellt daher im wesentlichen die derzeit gültigen DIN-Normen (DIN = Deutsches Institut für Normung) vor und berücksichtigt die ISO-Normen insoweit, als sie fester Bestandteil der DIN-Normen wurden. Soweit ISO-Normen noch nicht übernommen wurden, finden sich in den entsprechenden DIN-Normen nähere Hinweise.

Die Normen für Schrauben, Muttern und Zubehör gliedern sich in Grundnormen (Grundmaßnormen, Gütenormen und technische Lieferbedingungen) und in Maßnormen. Sie sind in den in Tabelle 2.1 aufgeführten DIN-Taschenbüchern zusammengefaßt.

Tabelle 2.1. DIN-Taschenbücher über mechanische Verbindungselemente

DIN-TAB	Mechanische Verbindungselemente	Bemerkung
10	Schrauben — Maßnormen	17. Aufl. 1984 120 Normen, 441 Seiten
140	Muttern, Zubehörteile ... — Maßnormen	2. Aufl. 1984 95 Normen, 314 Seiten
193	Grundnormen — Grundmaßnormen	1. Aufl. 1985 36 Normen, 288 Seiten
55	Technische Lieferbedingungen für Schrauben und Muttern	4. Aufl. 1985 28 Normen, 300 Seiten
43	Normen über Bolzen, Stifte, Niete, Keile, Stellringe, Sicherungsringe	5. Aufl. 1983 90 Normen, 361 Seiten
45	Normen über Gewinde	5. Aufl. 1985 97 Normen, 399 Seiten

2.1 Gewindenormung

2.1.1 Begriffe und Bezeichnungen

Ausgehend von der Definition der Schraubenlinie sind in DIN 2244 die für zylindrische Gewinde geltenden Begriffe definiert und festgelegt. Die wesentlichen Bestimmungsgrößen eines Gewindes sind gemäß Bild 2.1:

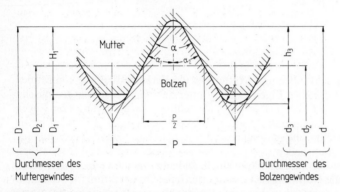

Bild 2.1. Bestimmungsgrößen eines Gewindes nach DIN 13 Teil 19

- Außendurchmesser (Nenndurchmesser) d bzw. D,
- Flankendurchmesser d_2 bzw. D_2,
- Kerndurchmesser d_3 bzw. D_1,
- Gewindesteigung P,
- Flankenwinkel α,
- Teilflankenwinkel α_1 und α_2,
- Radius am Gewindegrund (Rundung) R,
- Gewindetiefe h_3,
- Flankenüberdeckung (Gewindetragtiefe) H_1.

Bei mehrgängigen (n-gängigen) Gewinden ist der Unterschied von Teilung P/n und Steigung P zu beachten.

2.1.2 Gewindesysteme

Profilform und Maßsystem kennzeichnen die verschiedenen in der Technik üblichen Gewindesysteme [2.1]. Die in der Bundesrepublik Deutschland genormten Systeme sind in DIN 202 aufgeführt. Die Norm gibt für eingängige Rechtsgewinde die jeweils zutreffenden DIN-Normen und Anwendungsgebiete an. Darüber hinaus werden Angaben über die häufigsten ausländischen Gewinde gemacht.

2.1.3 Metrisches ISO-Gewinde

Das metrische ISO-Gewinde hat für die praktische Anwendung die weitaus größte Bedeutung. Daher ist dieses Gewindesystem gesondert in der Norm DIN 13 ausführlich behandelt. Eine Übersicht über die dort aufgeführten Teilnormen gibt u. a. Tabelle 2.2 [2.1].

2.1 Gewindenormung

Tabelle 2.2. DIN-Normen über metrische ISO-Gewinde

DIN	Ausgabe	Titel
13 T 1	12. 86	Metrisches ISO-Gewinde; Regelgewinde von 1 bis 68 mm Gewindedurchmesser; Nennmaße
13 T 2	12. 86	Metrisches ISO-Gewinde; Feingewinde mit Steigungen 0,2—0,25—0,35 mm von 1 bis 50 mm Gewindedurchmesser; Nennmaße
13 T 3	12. 86	Metrisches ISO-Gewinde; Feingewinde mit Steigung 0,5 mm von 3,5 bis 90 mm Gewindedurchmesser; Nennmaße
13 T 4	12. 86	Metrisches ISO-Gewinde; Feingewinde mit Steigung 0,75 mm von 5 bis 110 mm Gewindedurchmesser; Nennmaße
13 T 5	12. 86	Metrisches ISO-Gewinde; Feingewinde mit Steigung 1 mm und 1,25 mm von 7,5 bis 200 mm Gewindedurchmesser; Nennmaße
13 T 6	12. 86	Metrisches ISO-Gewinde; Feingewinde mit Steigung 1,5 mm von 12 bis 300 mm Gewindedurchmesser; Nennmaße
13 T 7	12. 86	Metrisches ISO-Gewinde; Feingewinde mit Steigung 2 mm von 17 bis 300 mm Gewindedurchmesser; Nennmaße
13 T 8	12. 86	Metrisches ISO-Gewinde; Feingewinde mit Steigung 3 mm von 28 bis 300 mm Gewindedurchmesser; Nennmaße
13 T 9	12. 86	Metrisches ISO-Gewinde; Feingewinde mit Steigung 4 mm von 40 bis 300 mm Gewindedurchmesser; Nennmaße
13 T 10	12. 86	Metrisches ISO-Gewinde; Feingewinde mit Steigung 6 mm von 70 bis 500 mm Gewindedurchmesser; Nennmaße
13 T 11	12. 86	Metrisches ISO-Gewinde; Feingewinde mit Steigung 8 mm von 130 bis 1000 mm Gewindedurchmesser; Nennmaße
13 T 12	11. 75	Metrisches ISO-Gewinde; Regel- und Feingewinde von 1 bis 300 mm Durchmesser; Auswahl für Durchmesser und Steigungen
13 T 12 Bbl	11. 75	Metrisches ISO-Gewinde; Regel- und Feingewinde von 1 bis 300 mm Durchmesser; Übersicht der Gewinde nach ISO 261-1973
13 T 13	10. 83	Metrisches ISO-Gewinde; Auswahlreihen für Schrauben, Bolzen und Muttern von 1 bis 52 mm Gewindedurchmesser und Grenzmaße
13 T 14	8. 82	Metrisches ISO-Gewinde; Grundlagen des Toleranzsystems für Gewinde ab 1 mm Durchmesser
13 T 15	8. 82	Metrisches ISO-Gewinde; Grundabmaße und Toleranzen für Gewinde ab 1 mm Durchmesser
13 T 16	1. 87	Metrisches ISO-Gewinde; Lehren für Bolzen- und Muttergewinde; Lehrensystem und Benennungen
13 T 17	1. 87	Metrisches ISO-Gewinde; Lehren für Bolzen- und Muttergewinde; Lehrenmaße und Baumerkmale
13 T 18	1. 87	Metrisches ISO-Gewinde; Lehren für Bolzen- und Muttergewinde; Lehrung der Werkstücke und Handhabung der Lehren
13 T 19	12. 86	Metrisches ISO-Gewinde; Grundprofil und Fertigungsprofile
13 T 20	10. 83	Metrisches ISO-Gewinde; Grenzmaße für Regelgewinde von 1 bis 68 mm Nenndurchmesser mit gebräuchlichen Toleranzfeldern
13 T 21	10. 83	Metrisches ISO-Gewinde; Grenzmaße für Feingewinde von 1 bis 24,5 mm Nenndurchmesser mit gebräuchlichen Toleranzfeldern
13 T 22	10. 83	Metrisches ISO-Gewinde; Grenzmaße für Feingewinde von 25 bis 52 mm Nenndurchmesser mit gebräuchlichen Toleranzfeldern

Tabelle 2.2. (Fortsetzung)

DIN	Ausgabe	Titel
13 T 23	10. 83	Metrisches ISO-Gewinde; Grenzmaße für Feingewinde von 53 bis 110 mm Nenndurchmesser mit gebräuchlichen Toleranzfeldern
13 T 24	10. 83	Metrisches ISO-Gewinde; Grenzmaße für Feingewinde von 112 bis 180 mm Nenndurchmesser mit gebräuchlichen Toleranzfeldern
13 T 25	10. 83	Metrisches ISO-Gewinde; Grenzmaße für Feingewinde von 182 bis 250 mm Nenndurchmesser mit gebräuchlichen Toleranzfeldern
13 T 26	10. 83	Metrisches ISO-Gewinde; Grenzmaße für Feingewinde von 252 bis 1000 mm Nenndurchmesser mit gebräuchlichen Toleranzfeldern
13 T 27	12. 83	Metrisches ISO-Gewinde; Regel- und Feingewinde von 1 bis 355 mm Gewindedurchmesser; Abmaße
13 T 28	9. 75	Metrisches ISO-Gewinde; Regel- und Feingewinde von 1 bis 250 mm Gewindedurchmesser; Kernquerschnitte, Spannungsquerschnitte und Steigungswinkel
14 T 1	2. 87	Metrisches ISO-Gewinde; Gewinde unter 1 mm Durchmesser; Grundprofil
14 T 2	2. 87	Metrisches ISO-Gewinde; Gewinde unter 1 mm Durchmesser; Nennmaße
14 T 3	2. 87	Metrisches ISO-Gewinde; Gewinde unter 1 mm Durchmesser; Toleranzen
14 T 4	2. 87	Metrisches ISO-Gewinde; Gewinde unter 1 mm Durchmesser; Grenzmaße
2510 T 2	8. 71	Schraubenverbindungen mit Dehnschaft; Metrisches Gewinde mit großem Spiel; Nennmaße und Grenzmaße

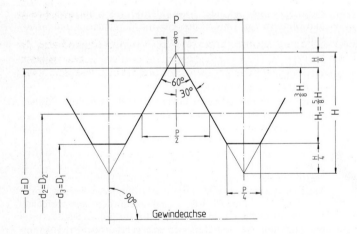

Bild 2.2. Grundprofil des metrischen ISO-Gewindes nach DIN 13 Teil 19

Hier soll nur auf die für die Praxis wesentlichen Teile eingegangen werden. Bild 2.2 zeigt das Grundprofil für das metrische ISO-Gewinde, welches in Übereinstimmung

2.1 Gewindenormung

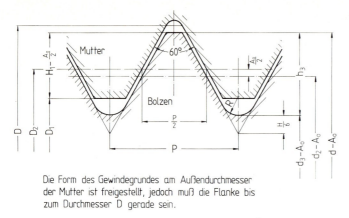

Die Form des Gewindegrundes am Außendurchmesser der Mutter ist freigestellt, jedoch muß die Flanke bis zum Durchmesser D gerade sein.

Bild 2.3. Profile bei Gewindepassung mit Flankenspiel durch Grundabmaß A_0 im Bolzen nach DIN 13 Teil 19.

mit ISO 68 in DIN 13 Teil 19 festgelegt ist. Abweichend von ISO 68 enthält diese Norm außerdem Fertigungsprofile für Bolzen- und Muttergewinde (Bild 2.3).

Aus den in ISO 261 genormten Durchmesser-Steigungs-Kombinationen (s. DIN 13 Teil 12 Beiblatt) ist eine allgemeine Auswahl in DIN 13 Teil 12 angegeben. Die Gewindeauswahl für Schrauben und Muttern enthält DIN 13 Teil 13 (wie ISO 262). Für die Gewinde nach DIN 13 Teil 12 sind die Nennmaße der Flankendurchmesser d_2 und D_2, der Kerndurchmesser d_3 und D_1, der Gewindetiefen h_3 und H_1 und der Rundung R in DIN 13 Teil 1 für Regelgewinde M1 bis M68 sowie in den Teilen 2 bis 11 der DIN 13 für Feingewinde mit Steigungen von $P = 0{,}2$ bis $P = 8$ mm genormt (s. Tabelle 2.2).

Die Grundlagen des Toleranzsystems sind in DIN 13 Teil 14, die tabellierten Grundabmaße und Toleranzen in Teil 15 dieser Norm enthalten. Die entsprechende ISO-Norm ist ISO 965 Teil 1.

Die Toleranz wird durch den mit Ziffern bezeichneten Genauigkeitsgrad und die durch große (Muttergewinde) oder kleine (Bolzengewinde) Buchstaben gekennzeichnete Toleranzlage beschrieben. Die nachfolgenden Bezeichnungsbeispiele sollen dies verdeutlichen.

Beispiel für Muttergewinde (Feingewinde):

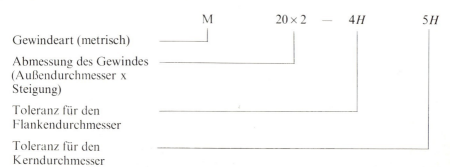

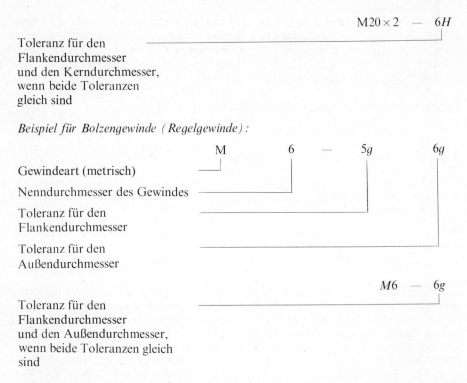

Grenzmaße für Regelgewinde mit Nenndurchmessern von 1 bis 68 mm mit den gebräuchlichen Toleranzen enthält DIN 13 Teil 20. In den Teilen 21 bis 27 dieser Norm sind die entsprechenden Angaben für Feingewinde aufgeführt. Kern- und Spannungsquerschnitte sowie Steigungswinkel für Regel- und Feingewinde enthält DIN 13 Teil 28.

Für Gewinde mit Oberflächenüberzügen gelten nach DIN 13 Teil 14 die Toleranzen für die Werkstücke vor dem Aufbringen des Überzugs, falls nichts anderes vereinbart wurde. Das Profil des mit einem Überzug versehenen Gewindes darf an keiner Stelle die der Toleranzlage H bzw. h entsprechenden Grenzen überschreiten.

Die zur Herstellung und Anwendung notwendigen Angaben für Lehren zum Prüfen metrischer ISO-Gewinde enthalten die Teile 16 (Lehrensystem und Benennung), 17 (Lehrenmaße und Baumerkmale) und 18 (Lehrung der Werkstücke und Handhabung der Lehren) der DIN 13. Diese Normen stimmen sachlich mit ISO 1502 (1978) überein. Für die Abnahme gilt grundsätzlich: In Zweifelsfällen entscheidet die Prüfung mit den in DIN 13 Teile 16 bis 18 empfohlenen Lehren (s. DIN 13 Teil 18, Abschnitt 1.3.1).

2.2 Maßnormen (Produktnormen)

Die Maßnormen für Schrauben sowie für Muttern und ähnliche Formteile sind in den DIN-Taschenbüchern 10 (Schrauben) bzw. 140 (Muttern) zusammengefaßt (s. Tabelle 2.1). Durch die Übernahme einer Reihe von ISO-Normen in das deutsche Normenwerk während der letzten Jahre wurde dabei in einigen Bereichen eine Neuordnung erforderlich. Neben neuen Schlüsselweiten für einige Abmessungen (s.

2.2 Maßnormen (Produktnormen)

Abschnitt 2.3.1) wurden insbesondere größere Mutterhöhen mit höheren Prüfkräften festgelegt, um die gestiegenen Anforderungen hinsichtlich der Abstreiffestigkeit zu erfüllen (s. Abschnitt 2.3.2). Es werden hierbei zwei Muttertypen unterschieden, deren Maße im Vergleich zu der bisher üblichen Mutter nach DIN 934 aus Tabelle 2.3 zu entnehmen sind.

Tabelle 2.3. Übersicht über alte und neue Mutterhöhen [2.2]

Gewinde	Schlüsselweite	Mutterhöhe m^a) und Mutterhöhenverhältnis m/D^b)								
		ISO Typ 1 (ISO 4032)			ISO Typ 2 (ISO 4033)			DIN 934 (bisher)		
	mm	min. mm	max. mm	m/D	min. mm	max. mm	m/D	min. mm	max. mm	m/D
M5	8	4,4	4,7	0,94	4,8	5,1	1,02	3,52	4	0,8
M6	10	4,9	5,2	0,87	5,4	5,7	0,95	4,52	5	0,83
M7	11	6,14	6,5	0,93	6,84	7,2	1,03	5,02	5,5	0,79
M8	13	6,44	6,8	0,85	7,14	7,5	0,94	5,92	6,5	0,81
M10	16	8,04	8,4	0,84	8,94	9,3	0,93	7,42	8	0,8
M12	18	10,37	10,8	0,90	11,57	12	1,00	9,42	10	0,83
M14	21	12,1	12,8	0,91	13,4	14,1	1,01	10,3	11	0,79
M16	24	14,1	14,8	0,92	15,7	16,4	1,02	12,3	13	0,81
M18	27	15,1	15,8	0,88	16,9	17,6	0,98	14,3	15	0,83
M20	30	16,9	18	0,90	19	20,3	1,02	15,3	16	0,8
M22	34	18,1	19,4	0,88	20,5	21,8	0,93	17,3	18	0,82
M24	36	20,2	21,5	0,90	22,6	23,9	1,00	18,16	19	0,79
M27	41	22,5	23,8	0,88	25,4	26,7	0,99	21,16	22	0,81
M30	46	24,3	25,6	0,85	27,3	28,6	0,95	23,16	24	0,8
M33	50	27,4	28,7	0,87	30,9	32,5	0,98	25,16	26	0,79
M36	55	29,4	31	0,86	33,1	34,7	0,96	28,16	29	0,81
M39	60	31,8	33,4	0,86	35,9	37,5	0,96	30	31	0,79

^{a}) Toleranzen nach ISO 4759/I bzw. DIN 267 Teil 2 (Produktklasse B)
^{b}) D Nenndurchmesser des Muttergewindes; m/D bezogen auf m_{max}

Tabelle 2.4. Auswahl von Muttern mit Regelgewinde nach Typ 1 und Typ 2 [2.3]

Muttern	Festigkeitsklasse	Gewinde		
		über	bis	
Typ 1	4	M16	M39	unvergütet
	5	—	M39	unvergütet
	6	—	M39	unvergütet
	8	—	M16	unvergütet
		M16	M39	vergütet
	10	—	M39	vergütet
	12	—	M16	vergütet
Typ 2	8	M16	M39	unvergütet
	9	—	M16	unvergütet
	12	—	M39	vergütet

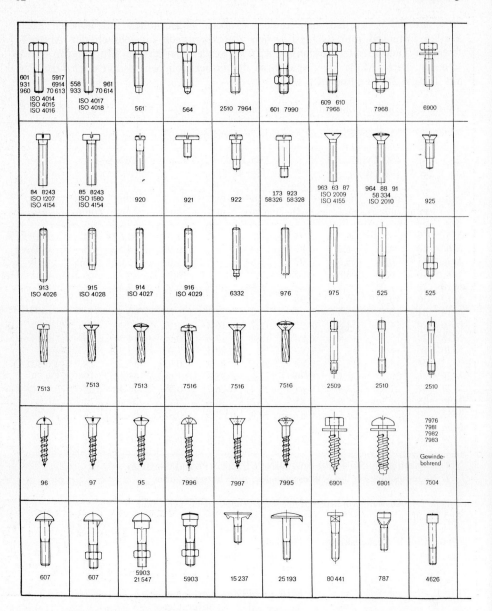

Bild 2.4. Übersicht über derzeit genormte Schraubenformen. Die Zahlen geben die jeweiligen DIN-Normen an. ISO-Normen sind gesondert gekennzeichnet.

Da jedoch aus Gründen der Lagerhaltung und auf Grund vieler noch aktueller Zeichnungsunterlagen nicht generell und kurzfristig auf die bisher üblichen Sechskantmuttern z. B. nach DIN 934 ($m/D \approx 0{,}8$) verzichtet werden kann, muß ein befristetes Nebeneinander von Muttern nach nationalen und internationalen Normen bis zur völligen Umstellung auf die neuen Mutterhöhen in Kauf genommen werden.

2.2 Maßnormen (Produktnormen)

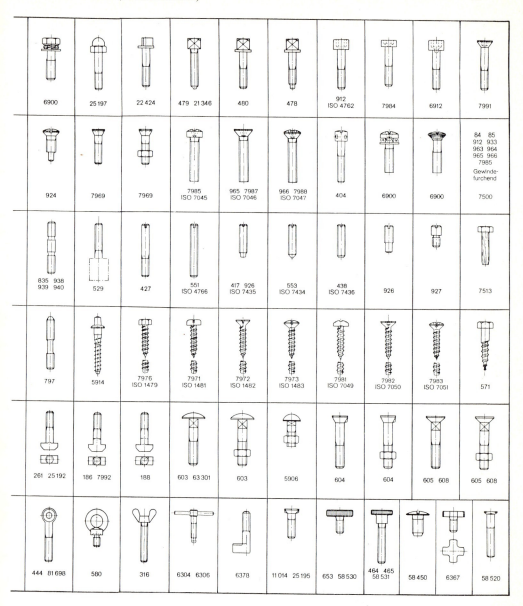

Eine Auswahl von Muttern nach Typ 1 und Typ 2 enthalten die Tabellen 2.4 und 2.5 [2.3]. Hierbei ist bei Muttern mit Regelgewinde der Festigkeitsklasse 8 im Bereich über M16 eine Überschneidung beider Muttertypen möglich. Die Anwendung von Muttern nach Typ 1 und Typ 2 beschränkt sich im übrigen zunächst nur auf Kohlenstoffstähle sowie auf legierte Stähle im Sinne von DIN ISO 898 Teil 2 bzw. DIN 267

Tabelle 2.5. Auswahl von Muttern mit Feingewinde nach Typ 1 und Typ 2 [2.3]

Muttern	Festigkeits- klasse	Gewinde bis	
Typ 1	5 8	M39	unvergütet vergütet
Typ 2	10 12	M39 M16	vergütet vergütet

Tabelle 2.6. Gebräuchlichste Sechskantschrauben nach ISO und DIN mit Festigkeitsklassen nach DIN ISO 898 Teil 1

ISO	DIN		Inhalt
4014	931 Teil 1	ISO 4014 modifiziert	Sechskantschrauben mit Schaft, Produktklassen A und B (Gewinde M1,6 bis M39)
4015	keine		Sechskantschrauben mit Schaft-durchmesser $\approx$ Flankendurch-messer, Produktklasse B (Gewinde M3 bis M20)
4016	601	ISO 4016 modifiziert	Sechskantschrauben mit Schaft, Produktklasse C (Gewinde M5 bis M52)
4017	933	ISO 4017 modifiziert	Sechskantschrauben mit Gewinde bis Kopf, Produktklassen A und B (Gewinde M1,6 bis M52)
4018	558	ISO 4018 modifiziert	Sechskantschrauben mit Gewinde bis Kopf, Produktklasse C (Gewinde M5 bis M36)
in Vor- bereitung	960		Sechskantschrauben mit Schaft, metrisches Feingewinde, Produkt-klassen A und B (Gewinde M8 $\times$ 1 bis M100 $\times$ 4)
in Vor- bereitung	961		Sechskantschrauben mit Gewinde bis Kopf, metrisches Feingewinde, Produktklassen A und B (Ge-winde M8 $\times$ 1 bis M52 $\times$ 3)

Teil 23. Die Tabellen 2.6 und 2.7 geben einen Überblick über die gebräuchlichsten Sechskantschrauben und Sechskantmuttern nach ISO und DIN, den gegenwärtigen Stand der Normen sowie einige Anwendungshinweise.

Gegenstand weiterer internationaler Normungsarbeiten waren die Sechskant-schrauben und Sechskantmuttern mit Flansch. Hier sind bisher folgende nationale Normen erschienen:

2.2 Maßnormen (Produktnormen)

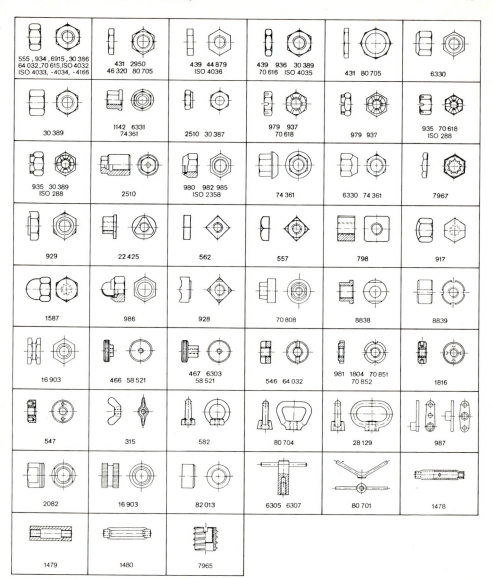

Bild 2.5. Übersicht über derzeit genormte Mutterformen. Die Zahlen geben die jeweiligen DIN-Normen an. ISO-Normen sind gesondert gekennzeichnet

- DIN 6921 Sechskantschrauben mit Flansch,
- DIN 6922 Sechskantschrauben mit Flansch und reduziertem Schaft,
- DIN 6923 Sechskantmuttern mit Flansch.

Die bisherigen Muttern nach DIN 980 und 982 sollen langfristig zugunsten neuer sog. Muttern mit Klemmteil ersetzt werden. Es sind dabei Ausführungen mit nichtmetallischen Einsatz und Ganzmetallmuttern sowie entsprechende Nor-

Tabelle 2.7. Gebräuchlichste Sechskantmuttern nach ISO und DIN

ISO	DIN	Inhalt	Festigkeitsklassen nach	Bemerkungen
4032	970	ISO 4032 modifiziert Sechskantmuttern (M1,6 bis M39), Typ 1, metrisches Regelgewinde, Produktklassen A und B	DIN ISO 898 Teil 2	– sollten im Bereich bis M39 bei legierten und unlegierten Stählen anstelle von DIN 934 verwendet werden
4033 4034	keine 972	Sechskantmuttern, Typ 2 ISO 4034 modifiziert Sechskantmuttern (M5 bis M39), Typ 1, metrisches Regelgewinde, Produktklasse C	DIN ISO 898 Teil 2 DIN ISO 898 Teil 2	
4035	439 Teil 2	ISO 4035 modifiziert Sechskantmuttern (M1,6 bis M52), niedrige Form (mit Fase), metrisches Regel- und Feingewinde	DIN ISO 898 Teil 2	– enthält die Festigkeitsklassen 04 und 05 (eingeschränkte Belastbarkeit) nach DIN ISO 898 Teil 2 (bisher DIN 267 Teil 4)
4036	439 Teil 1	ISO 4036 modifiziert Sechskantmuttern (M1,6 bis M10), niedrige Form (ohne Fase), metrisches Regelgewinde	DIN 267 Teil 23	– Festigkeitsklasse (Härteklasse) 11h nach DIN 267 Teil 24 (bisher nach DIN 267 Teil 4)
in Vorbereitung	971 Teil 1	Sechskantmuttern (M8 × 1 bis M39 × 3), Typ 1, metrisches Feingewinde, Produktklassen A und B, Festigkeitsklassen 6 und 8	DIN 267 Teil 23	– bleibt auf die Festigkeitsklassen 6 und 8 beschränkt, weil Feingewindemuttern vom Typ 1 für höhere Festigkeiten nicht ausreichen – Mutternabmessungen entsprechend ISO 4033
in Vorbereitung	971 Teil 2	Sechskantmuttern (M8 × 1 bis M39 × 3), Typ 2, metrisches Feingewinde, Produktklassen A und B, Festigkeitsklassen 10 und 12		– Festigkeitsklasse 12 nur bis M16
keine	555	Sechskantmuttern (M5 bis M100 × 6), metrisches Regelgewinde, Produktklasse C	DIN 267 Teil 4	– bleibt sachlich unverändert – Ziel ist Streichung der Größen bis M39 zugunsten von Muttern nach DIN 972 und Festigkeitsklassen nach DIN ISO 898 Teil 2

2.2 Maßnormen (Produktnormen)

keine	934	Sechskantmuttern mit metrischem Regel- und Feingewinde (M1 bis M160×6), Produktklassen A und B	DIN 267 Teil 4	— bleibt sachlich unverändert — gilt auch für Muttern aus nichtrostenden Stählen und aus Nichteisenmetallen — Ziel ist Streichung der Festigkeitsklassen nach DIN 267 Teil 4 zugunsten von Muttern nach DIN 970 und DIN 971 Teil 1 und Teil 2 mit Festigkeitsklassen nach DIN ISO 898 Teil 2 bei den Größen bis M39
keine	936	niedrige Sechskantmuttern (alte Ausführung)	DIN 267 Teil 24	— bleibt sachlich unverändert — erhält den Aufdruck „Nicht für Neukonstruktionen" — Ziel ist die Streichung der Norm zugunsten von DIN 439 Teil 2

men für Sechskantmuttern mit Flansch und Klemmteil vorgesehen. Entsprechende Angaben dazu finden sich in DIN 267 Teil 15 (s. auch Abschnitt 2.3.2).

Gewindeformende Schrauben gestalten die Montage von Bauteilen durch den Verzicht auf zusätzliche Arbeitsgänge, z. B. Schneiden des Muttergewindes, in vielen Fällen einfach, schnell und kostengünstig. Die gewindeformenden Schrauben können entsprechend ihrer Funktion gemäß Tabelle 2.8 eingeteilt werden.

Die Bilder 2.4 und 2.5 zeigen eine Gesamtübersicht über die derzeit genormten Schrauben- und Mutterformen.

Tabelle 2.8. Gewindeformende Schrauben

DIN	Bezeichnung	Wirkungsweise
7500	gewindefurchende Schrauben	das Gegengewinde wird beim Einschrauben in ein vorgebohrtes Kernloch durch geeignete Formgebung des Gewindeendes spanlos geformt
7504	Bohrschrauben mit Blechschraubengewinde nach DIN 7970	durch geeignete Formgebung der Spitze wird beim Einschrauben zunächst das Kernloch gebohrt und mit dem anschließenden Einlaufteil des Gewindes das Gegengewinde spanlos geformt
7513 7516	Gewindeschneidschrauben — mit Schlitz — mit Kreuzschlitz	das Gegengewinde wird beim Einschrauben in ein vorgebohrtes Kernloch spanend geformt

2.3 Grundnormen

Die Grundnormen für Schrauben, Muttern und ähnliche Formteile gliedern sich in

— Grundmaßnormen mit den maßlichen Eigenschaften und
— Gütenormen bzw. technische Lieferbedingungen mit den funktionellen Eigenschaften

der Verbindungselemente. Die Grundnormen DIN ISO 272, DIN ISO 273 und DIN ISO 4759 Teil 1 bilden dabei zusammen mit DIN ISO 898 Teil 1 und Teil 2 die Basis für Produktnormen über Schrauben und Muttern.

Tabelle 2.9 gibt eine Übersicht über die wichtigsten Grundnormen für mechanische Verbindungselemente.

2.3.1 Grundmaßnormen

Die Grundmaßnormen sind Bestandteil von DIN-Taschenbuch 193 [2.5] (s. Tabelle 2.9). Die Gewindenormen wurden aufgrund ihrer zentralen Bedeutung bereits in Abschnitt 2.1 gesondert erläutert und werden daher hier nicht mehr behandelt.

Für bestimmte Schraubenabmessungen wurden neue Schlüsselweiten festgelegt, die für handelsübliche Sechskantschrauben und -muttern und für Schraubenverbindungen im Stahlbau (Stahlbauschrauben und -muttern nach DIN 7968 und DIN 7990) aus Tabelle 2.10 zu entnehmen sind.

Tabelle 2.9. Wichtigste Grundnormen für mechanische Verbindungselemente [2.4]

Norm	Ausgabe	Titel (Kurzform)	Bemerkung
DIN 13 Teil 12	11. 75	Regel- und Feingewinde M1–M300	Auswahl für Durchmesser und Steigungen
DIN 13 Teil 13	10. 83	Auswahlreihen für Schrauben und Muttern M1–M52	Grenzmaße
DIN 13 Teil 15	8. 82	Grundabmaße und Toleranzen ab M1	
DIN 74	12. 80	Senkungen	
DIN 78	12. 83	Gewindeenden und Schraubenüberstände	
DIN ISO 225	1. 84	Bemaßungen für Schrauben und Muttern	internat. Verständigungsnorm in sechs Sprachen
DIN ISO 272	10. 79	Schlüsselweiten für Sechskantschrauben u. -Muttern	
DIN ISO 273	9. 79	Durchgangslöcher für Schrauben	Ersatz für DIN 69
DIN 962	12. 83	Formen und Ausführungen, Bezeichnungsangaben	
DIN ISO 1891	9. 79	Benennungen für Schrauben und Muttern	internat. Verständigungsnorm in sechs Sprachen
DIN 7962	12. 84	Kreuzschlitze	ISO 4757 modifiziert
DIN 7970	11. 84	Blechschraubengewinde und Schraubenenden	ISO 1478 modifiziert
DIN 7998	2. 75	Holzschraubengewinde und Schraubenenden	

Tabelle 2.10. Alte und neue Schlüsselweiten für Sechskantschrauben

Gewinde		M10	M12	M14	M22
Schlüsselweite mm	bisher	17	19	22	32
	neu	16	18	21	34

2.3.2 Technische Lieferbedingungen

Die technischen Lieferbedingungen sind Bestandteil von DIN-Taschenbuch 55 [2.6]. Grundlage der technischen Lieferbedingungen bildet dabei DIN 267, deren Inhalt in Tabelle 2.11 als Übersicht dargestellt ist. Einige Teile dieser Norm sind inzwischen von entsprechenden DIN ISO-Normen abgelöst worden, worauf bei den folgenden Ausführungen im Einzelfall hingewiesen wird. Fernziel ist die generelle Umstellung bestehender DIN-Normen für mechanische Verbindungselemente auf DIN ISO-Normen.

DIN 267 gilt für mechanische Verbindungselemente als Fertigteile im Lieferzustand. Die Norm legt allgemeine Anforderungen fest und erfaßt die im Rahmen der technischen Lieferbedingungen geltenden DIN-Normen über Toleranzen, Werkstoffe und Werkstoffprüfung. Nähere Angaben darüber finden sich in DIN 267 Teil 1.

Tabelle 2.11. Übersicht über die technischen Lieferbedingungen nach DIN 267 [2.6]

DIN	Ausg.	Titel
267 T 1	8.82	Mechanische Verbindungselemente; Technische Lieferbedingungen; Allgemeine Anforderungen
267 T 2	11.84	Mechanische Verbindungselemente; Technische Lieferbedingungen; Ausführung und Maßgenauigkeit
267 T 2 Bbl 1	12.84	Mechanische Verbindungselemente; Technische Lieferbedingungen; Ausführung und Maßgenauigkeit; Beispiele für Toleranzangaben
267 T 3	8.83	Mechanische Verbindungselemente; Technische Lieferbedingungen; Festigkeitsklassen für Schrauben aus unlegierten oder legierten Stählen; Umstellung der Festigkeitsklassen
267 T 4	8.83	Mechanische Verbindungselemente; Technische Lieferbedingungen; Festigkeitsklassen für Muttern (bisherige Klassen)
267 T 5	2.86	Mechanische Verbindungselemente; Technische Lieferbedingungen; Annahmeprüfung
267 T 6	9.75	Mechanische Verbindungselemente; Technische Lieferbedingungen; Ausführungen und Maßgenauigkeit für Produktklasse F
267 T 9	8.79	Mechanische Verbindungselemente; Technische Lieferbedingungen; Teile mit galvanischen Überzügen
267 T 10	3.77	Mechanische Verbindungselemente; Technische Lieferbedingungen; Feuerverzinkte Teile
267 T 11	1.80	Mechanische Verbindungselemente; Technische Lieferbedingungen mit Ergänzungen zu ISO 3506; Teile aus rost- und säurebeständigen Stählen
267 T 12	11.81	Schrauben, Muttern und ähnliche Gewinde- und Formteile; Technische Lieferbedingungen; Blechschrauben
267 T 13	3.80	Mechanische Verbindungselemente; Technische Lieferbedingungen; Teile für Schraubenverbindungen vorwiegend aus kaltzähen oder warmfesten Werkstoffen
267 T 15	11.83	Mechanische Verbindungselemente; Technische Lieferbedingungen; Muttern mit Klemmteil
267 T 18	2.81	Mechanische Verbindungselemente; Technische Lieferbedingungen; Teile aus Nichteisenmetallen
267 T 19	10.84	Mechanische Verbindungselemente; Technische Lieferbedingungen; Oberflächenfehler an Schrauben
267 T 20	10.84	Mechanische Verbindungselemente; Technische Lieferbedingungen; Oberflächenfehler an Muttern
267 T 21	6.81	Mechanische Verbindungselemente; Technische Lieferbedingungen; Aufweitversuch für Muttern
267 T 23	8.83	Mechanische Verbindungselemente; Technische Lieferbedingungen; Festigkeitsklassen für Muttern mit Feingewinde (ISO-Klassen)
267 T 24	8.83	Mechanische Verbindungselemente; Technische Lieferbedingungen; Festigkeitsklassen für Muttern (Härteklassen)
V 267 T 25	11.84	Mechanische Verbindungselemente; Technische Lieferbedingungen; Torsionsversuch für Schrauben M1 bis M10
E 267 T 26	1.85	Mechanische Verbindungselemente; Technische Lieferbedingungen; Mitverspannte Elemente aus Federstahl

2.3 Grundnormen

Tabelle 2.12. Produktklassen und Normen über Toleranzen für mechanische Verbindungselemente nach DIN 267 Teil 2 bzw. DIN ISO 4759 Teil 1

Produktklasse (Ausführung)		Toleranzen	
neu	bisher	Maß-, Form- und Lagetoleranzen	Allgemeintoleranzen
A	m	DIN ISO 4759 Teil 1 bzw.	DIN 7168 — m
B	mg		
C	g	DIN 267 Teil 2	DIN 7168 — g

DIN 267 Teil 2 wird teilweise durch DIN ISO 4759 Teil 1 ersetzt und enthält zulässige Oberflächenrauheiten sowie Hinweise auf Maß-, Form- und Lagetoleranzen für Schrauben und Muttern. Für Gewinde-Nenndurchmesser von 1,6 bis 150 mm werden dabei die drei in Tabelle 2.12 aufgeführten Produktklassen unterschieden.

DIN ISO 898 Teil 1, welche DIN 267 Teil 3 und Teil 7 ersetzt, legt Festigkeitsklassen, mechanische Eigenschaften sowie Prüfverfahren fest für Schrauben

— mit Nenndurchmessern bis 39 mm,
— mit ISO-Gewinde nach ISO 68, ISO 261 und ISO 262,
— mit beliebigen Formen,
— aus unlegiertem oder legiertem Stahl.

Sie gilt nicht für Schrauben, an die spezielle Anforderungen gestellt werden wie Schweißbarkeit, Korrosionsbeständigkeit, Warmfestigkeit über 300 °C oder Kaltzähigkeit unter −50 °C.

Tabelle 2.13. Bezeichnungssystem der Festigkeitsklassen nach DIN ISO 898 Teil 1

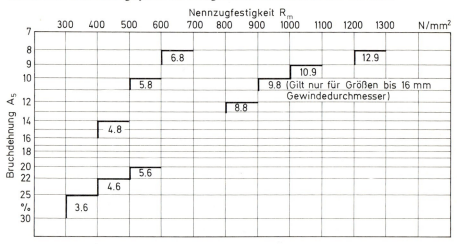

Tabelle 2.13 zeigt das *Bezeichnungssystem für die Festigkeitsklassen von Schrauben*. Das jeweils zugehörige Kennzeichen besteht aus zwei Zahlen, die durch einen Punkt voneinander getrennt sind. Die erste Zahl entspricht 1/100 der Nennzugfestigkeit R_m in N/mm², die zweite Zahl gibt das 10fache des Verhältnisses von Nennstreckgrenze zur Nennzugfestigkeit an. Durch Multiplikation beider Zahlen erhält man 1/10 der Nennstreckgrenze in N/mm².

Beispiel
Festigkeitsklasse 12.9
Nennzugfestigkeit $R_m = 1200$ N/mm²
Nennstreckgrenze bzw. Nenn-0,2%-Dehngrenze $= 10 \times 12 \times 9 = 1080$ N/mm²

Zur Identifikation von Festigkeitsklasse und Hersteller müssen Sechskant- und Zylinderschrauben mit dem entsprechenden Festigkeitskennzeichen und zusätzlich mit einem Herkunftssymbol versehen sein (s. DIN ISO 898 Teil 1, Abschnitt 9.2).

Tabelle 2.14. Festigkeitsklassen und Ausgangswerkstoffe für Schrauben nach DIN ISO 898 Teil 1

Festigkeits-klasse	Werkstoff und Wärmebehandlung	Chemische Zusammensetzung (Gewichts-%) Stückanalyse				Anlaß-temperatur °C [a]
		C		P	S	
		min.	max.	max.	max.	min.
3.6 [b]	Kohlenstoffstahl	—	0,20	0,05	0,06	
4.6 [b]		—	0,55	0,05	0,06	
4.8 [b]		—	0,55	0,05	0,06	—
5.6		0,15	0,55	0,05	0,06	
5.8 [b]		—	0,55	0,05	0,06	
6.8 [b]		—	0,55	0,05	0,06	
8.8 [c]	Kohlenstoffstahl mit Zusätzen (z. B. Bor, Mn oder Cr), abgeschreckt und angelassen oder	0,15[g]	0,40	0,035	0,035	425
	Kohlenstoffstahl, abgeschreckt und angelassen	0,25	0,55	0,035	0,035	425
9.8	Kohlenstoffstahl mit Zusätzen (z. B. Bor, Mn oder Cr), abgeschreckt und angelassen oder	0,15[g]	0,35	0,035	0,035	425
	Kohlenstoffstahl, abgeschreckt und angelassen	0,25	0,55	0,035	0,035	425
10.9 [d]	Kohlenstoffstahl mit Zusätzen (z. B. Bor, Mn oder Cr), abgeschreckt und angelassen	0,15[g]	0,35	0,035	0,035	340

2.3 Grundnormen

Festigkeits-klasse	Werkstoff und Wärmebehandlung	Chemische Zusammensetzung (Gewichts-%) Stückanalyse				Anlaß-temperatur °C [a]
		C		P	S	
		min.	max.	max.	max.	min
10.9 [e], [h]	Kohlenstoffstahl, abgeschreckt und angelassen oder	0,25	0,55	0,035	0,035	425
	Kohlenstoffstahl mit Zusätzen (z. B. Bor, Mn oder Cr), abgeschreckt und angelassen oder	0,20[g]	0,55	0,035	0,035	425
	legierter Stahl, abgeschreckt und angelassen	0,20	0,55	0,035	0,035	425
12.9 [e], [f], [h]	legierter Stahl, abgeschreckt und angelassen	0,20	0,50	0,035	0,035	380

[a]) Der Mittelwert aus drei Härtemessungen an einer Schraube jeweils vor und nach dem Wiederanlassen mit einer (Prüf-)Temperatur 10 °C unter der Mindest-Anlaßtemperatur darf bei einer Haltezeit von 30 Minuten nicht um mehr als 30 Vickerseinheiten differieren

[b]) Für diese Festigkeitsklasse ist Automatenstahl mit folgenden maximalen Phosphor-, Schwefel- und Bleianteilen zulässig:
$$P = 0{,}11\%;\ S = 0{,}34\%;\ Pb = 0{,}35\%$$

[c]) Für Größen über M20 kann es notwendig sein, einen für die Festigkeitsklasse 10.9 vorgesehenen Werkstoff zu verwenden, um eine ausreichende Härtbarkeit sicherzustellen

[d]) Für Produkte mit diesem Ausgangswerkstoff muß das Kennzeichen der Festigkeitsklasse unterstrichen sein

[e]) Der Werkstoff für diese Festigkeitsklasse muß ausreichend härtbar sein, um sicherzustellen, daß im Gefüge des Kerns im Gewindeteil im gehärteten Zustand, d. h. vor dem Anlassen, ein Martensitanteil von ungefähr 90% vorhanden ist.

[f]) Schrauben der Festigkeitsklasse 12.9 müssen unmittelbar vor der Wärmebehandlung entphosphatiert werden. Dies gilt nicht für Schrauben, deren zugbeanspruchte Teile (z. B. Gewinde und Schaft) nach der Wärmebehandlung spanend bearbeitet werden

[g]) Bei Kohlenstoffstählen mit Bor als Zusatz und einem Kohlenstoffgehalt unter 0,25% (Schmelzanalyse) muß ein Mangangehalt von mindestens 0,60% vorhanden sein

[h]) Legierter Stahl muß eines oder mehrere der folgenden Legierungselemente enthalten: Chrom, Nickel, Molybdän, Vanadium

Tabelle 2.14 enthält die *Ausgangswerkstoffe* für die Schrauben der genannten Festigkeitsklassen. Die Norm schreibt die chemische Zusammensetzung der Ausgangswerkstoffe nur für solche Schrauben verbindlich vor, die nicht im Zugversuch geprüft werden können. Dagegen sind die in Tabelle 2.14 aufgeführten Mindestanlaßtemperaturen für Schrauben der Festigkeitsklassen 8.8 bis 12.9 einzuhalten. Die *Prüfverfahren zur Kontrolle der mechanischen Eigenschaften von Schrauben* gemäß Tabelle 2.15 umfassen die Zug- und Härteprüfung, den Prüfkraft-, Schrägzug- und Kerbschlagbiegeversuch, die Prüfung von Kopfschlagzähigkeit, Randentkohlung und von Oberflächenfehlern sowie die Kontrolle der Mindestanlaßtemperatur.

Im März 1981 wurde die internationale Norm ISO 898 Teil 2 für Muttern als DIN ISO 898 Teil 2 ins nationale Normenwerk übernommen. Sie weist gegenüber

Tabelle 2.15. Mechanische Eigenschaften von Schrauben nach DIN ISO 898 Teil 1

Eigenschaft		Festigkeitsklasse										
		3.6	4.6	4.8	5.6	5.8	6.8	8.8 [f] ≤ M16	> M16 [b]	9.8 [c]	10.9	12.9
Zugfestigkeit R_m N/mm² [a]	Nennwert min.	300 330	400 400	400 420	500 500	500 520	600 600	800 800	800 830	900 900	1000 1040	1200 1220
Vickershärte HV 10 F = 98 N	min. max.	95 255	120 255	130 255	155 255	160 255	190 255	250 320	255 335	290 360	320 380	385 435
Brinellhärte HB F = 30 D^2	min. max.	90 242	114 242	124 242	147 242	152 242	181 242	238 304	242 318	276 342	304 361	366 414
Rockwellhärte HR	min. HRB HRC max. HRB HRC	52 — 100 —	67 — 100 —	71 — 100 —	79 — 100 —	82 — 100 —	89 — — 100	— 22 — 32	— 23 — 34	— 28 — 37	— 32 — 39	— 39 — 40
Oberflächenhärte HV 0,3		— —	— —	— —	— —	— —	— —	siehe Fußnote [d]		— —	— —	— —
Streckgrenze R_{eL} [e] N/mm²	Nennwert min.	180 190	240 240	320 340	300 300	400 420	480 480					
0,2 %-Dehngrenze $R_{p0,2}$ N/mm²	Nennwert min.	— —						640 640	640 660	720 720	900 940	1080 1100
Spannungsverhältnis R_t/R_{eL} oder $R_t/R_{p0,2}$		0,94	0,94	0,91	0,94	0,91	0,91	0,91	0,91	0,91	0,88	0,88
Prüfspannung R_t	N/mm²	180	225	310	280	380	440	580	600	650	830	970
Bruchdehnung A_5 in %	min.	25	22	14	20	10	8	12	12	10	9	8

2.3 Grundnormen

Festigkeit unter Schrägbelastung		Die Werte unter Schrägbelastung müssen für ganze Schrauben mit den angegebenen Mindestzugfestigkeiten übereinstimmen.									
Kerbschlagarbeit in J	min.	—	—	25	—	—	30	30	25	20	15
Kopfschlagzähigkeit		kein Bruch									
Mindesthöhe der nicht entkohlten Gewindezone E [e)]		—	—	—	—	—	$1/2H_1$	$1/2H_1$	$1/2H_1$	$2/3H_1$	$3/4H_1$
Maximale Tiefe der Auskohlung G [g)]	mm	—	—	—	—	—	0,015	0,015	0,015	0,015	0,015

[a)] Die Mindestzugfestigkeiten gelten für Schrauben mit Nennlängen $> 2,5d$. Die Mindesthärten gelten für Schrauben mit Nennlängen $< 2,5d$ und für solche Produkte, die nicht im Zugversuch geprüft werden können, z. B. wegen der Kopfform

[b)] Für Stahlbauschrauben ab M12

[c)] Die Festigkeitsklasse 9.8 gilt nur für Größen bis 16 mm Gewindedurchmesser

[d)] Die Oberflächenhärte darf am jeweiligen Produkt nicht mehr als 30 Vickerspunkte über der gemessenen Kernhärte liegen (gemessen mit HV 0,3). Für die Festigkeitsklasse 10.9 darf eine Oberflächenhärte von 390 HV 0,3 nicht überschritten werden

[e)] Falls die Streckgrenze R_{eL} nicht bestimmt werden kann, gilt die 0,2 %-Dehngrenze $R_{p0,2}$

[f)] Für Schrauben der Festigkeitsklasse 8.8 in Größen bis 16 mm Gewindedurchmesser besteht ein erhöhtes Abstreifrisiko für Muttern, wenn die Schraubenverbindung über die Prüfkraft der Schraube hinaus angezogen wird (auf die in Überarbeitung befindliche Norm ISO 898/2 (DIN ISO 898 Teil 2) wird hingewiesen)

[g)] s. Abschnitt 8.8.1.6 in DIN ISO 898 Teil 1

Tabelle 2.16. Kennzahlen und Kennzeichen für Muttern nach DIN 267 Teil 4

Kennzahl der Festigkeitsklasse		4 [a]	5	6	8	10	12
Prüfspannung S_p	N/mm²	400	500	600	800	1000	1200
Kennzeichen der Festigkeitsklasse		|4|	|5|	|6|	|8|	|10|	|12|

[a]) Nur über M16

der alten DIN 267 Teil 4 einige Verbesserungen auf. Insbesondere führte die Modifikation der Festigkeitsklassen zu einer Vergrößerung der bisher üblichen Mutterhöhe (s. Tabelle 2.3) und zur Festlegung höherer Prüfkräfte.

Auf der Basis von DIN ISO 898 Teil 2 werden nunmehr unter Berücksichtigung von DIN 267 Teil 4 alte und neue (modifizierte) Festigkeitsklassen und die entsprechenden Produktnormen (s. Tabelle 2.7) eindeutig getrennt. DIN 267 Teil 4 bleibt in ihrer bisherigen Form zunächst unverändert bestehen. Jedoch müssen Muttern nach dieser Norm wegen der gegenüber DIN ISO 898 Teil 2 niedrigeren Prüfkräfte und der damit verbundenen geringeren Sicherheit gegen Abstreifen gemäß Tabelle 2.16 besonders gekennzeichnet sein.

Für Neukonstruktionen sind die Festigkeitsklassen nach DIN ISO 898 Teil 2 anzuwenden. Hierbei wird unterschieden zwischen Muttern der Klassen

— 4   5   6   8   10   12
mit voller Belastbarkeit
(Nennhöhe $m \approx 0{,}8D$)
und
— 04   05
mit eingeschränkter Belastbarkeit
(Nennhöhe $0{,}5D \leq m < 0{,}8D$)

Tabelle 2.17. Festigkeitsklassen und mechanische Eigenschaften von Muttern mit Regelgewinde nach DIN ISO 898 Teil 2

Gewinde-Nenndurchmesser		Festigkeitsklasse												
		04			05			4			5			6		
		Prüfspannung S_p	Vickershärte HV		Prüfspannung S_p	Vickershärte HV		Prüfspannung S_p	Vickershärte HV		Prüfspannung S_p	Vickershärte HV		Prüfspannung S_p	Vickershärte HV	
mm über	mm bis	N/mm²	min.	max.	N/mm²	min.	max.	N/mm²	min.	max.	N/mm²	min.	max.	N/mm²	min.	max.
—	4	380	188	302	500	272	353	—	—	—	520	130	302	600	150	302
4	7	380	188	302	500	272	353	—	—	—	580	130	302	670	150	302
7	10	380	188	302	500	272	353	—	—	—	590	130	302	680	150	302
10	16	380	188	302	500	272	353	—	—	—	610	130	302	700	150	302
16	39	380	188	302	500	272	353	510	117	302	630	146	302	720	170	302
39	100	—	188	302	—	272	353	—	117	302	—	128	302	—	142	302

[a]) Muttern Typ 1 (ISO 4032)
[b]) Muttern Typ 2 (ISO 4033)
— Die Mindesthärten sind nur verbindlich für Muttern, bei denen ein Prüfkraftversuch nicht durchgeführt werden kann und für vergütete Muttern. Für alle anderen Muttern gelten die Mindesthärten nur als Richtlinie
— Die Mindesthärten für Muttern mit Gewinde-Nenndurchmessern über 39 bis 100 mm gelten nur als Richtlinie

2.3 Grundnormen

Tabelle 2.17 gibt eine Übersicht über die mechanischen Eigenschaften von Muttern mit Regelgewinde nach DIN ISO 898 Teil 2.

Damit ergeben sich für die Paarung Schraubenbolzen/Mutter die in Tabelle 2.18 aufgeführten möglichen Kombinationen, die zunächst nur für Verbindungen mit Regelgewinde gelten. Für die Auswahl von Feingewindepaarungen wird auf die für eine Übergangszeit erstellte nationale Norm DIN 267 Teil 23 (s. u.) verwiesen.

Ausführliche Erläuterungen zur Belastbarkeit von Schraubenverbindungen finden sich im Anhang A von DIN ISO 898 Teil 2 (s. auch Abschnitt 5.1.5.2).

Mit DIN 267 Teil 5 ist dem Besteller oder Anwender von Verbindungselementen durch die *Annahmeprüfung* ein Verfahren an die Hand gegeben, mit welchem er bei seiner Eingangskontrolle entscheiden kann, ob die Lieferung den festgelegten Anforderungen entspricht. Die Norm wurde mit dem internationalen Norm-Entwurf

Tabelle 2.18. Mögliche Paarungen von Schraubenbolzen und Muttern nach DIN ISO 898 Teil 2

Festigkeitsklasse der Mutter	Zugehörige Schraube	
	Festigkeitsklasse	Gewinde
4	3.6, 4.6, 4.8	> M16
5	3.6, 4.6, 4.8	$\leq$ M16
	5.6, 5.8	alle
6	6.8	alle
8	8.8	alle
9	8.8	> M16 $\leq$ M39
	9.8	$\leq$ M16
10	10.9	alle
12	12.9	$\leq$ M39

Festigkeitsklasse											
8			9			10			12		
Prüf-spannung Sp N/mm²	Vickers-härte HV		Prüf-spannung Sp N/mm²	Vickers-härte HV		Prüf-spannung Sp N/mm²	Vickers-härte HV		Prüf-spannung Sp N/mm²	Vickers-härte HV	
	min.	max.		min.	max.		min.	max.		min.	max.
800	170	302	900	170	302	1040	272	353	1150	295 [a]) 272 [b])	353
810	170	302	915	170	302	1040	272	353	1150	295 [a]) 272 [b])	353
830	188	302	940	188	302	1040	272	353	1160	295 [a]) 272 [b])	353
840	188	302	950	188	302	1050	272	353	1190	295 [a]) 272 [b])	353
920	233	353	920	188	302	1060	272	353	1200	— 272 [b])	353
—	207	353	—	—	—	—	272	353	—	—	—

Tabelle 2.19. Schichtdicken galvanischer Überzüge für Teile mit Außengewinde nach DIN 267 Teil 9

Gewinde-steigung P mm	Regelgewinde	Toleranzlage g			Toleranzlage f			Toleranzlage e		
		Grundabmaß A_0 µm	mögliche Schichtdicke im Gewinde µm	Schichtdicke an der Meßstelle[a] µm	Grundabmaß A_0 µm	mögliche Schichtdicke im Gewinde µm	Schichtdicke an der Meßstelle[a] µm	Grundabmaß A_0 µm	mögliche Schichtdicke im Gewinde µm	Schichtdicke an der Meßstelle[a] µm
0,35	M1,6	−19	4	3						
0,4	M2	−19	4	3 oder 5						
0,45	M2,5	−20	5		−34	8	5	−48	12	8 oder 12
0,5	M3	−20	5		−34	8	5 oder 8	−48	12	
0,6	M3,5	−21	5		−35	8		−50	12	
0,7 und 0,75	M4, M4,5	−22	5		−36	9		−53	13	
0,8	M5	−24	6		−36	9		−56	14	
1	M6, M7	−26	6		−38	9		−60	15	12 oder 15
1,25	M8	−28	7		−40	10		−60	15	
1,5	M10	−32	8	3, 5 oder 8	−42	10		−63	15	
1,75	M12	−34	8		−45	11	8 oder 12	−67	16	
2	M14, M16	−38	9		−48	12		−71	17	
2,5	M18, M20, M22	−42	10		−52	13		−71	17	
3	M24, M27	−48	12	3, 5, 8 oder 12	−58	14	12 oder 15	−80	20	15 oder 20
3,5	M30, M33	−53	13		−63	15		−85	21	
4	M36, M39	−60	15	3, 5, 8, 12 oder 15	−70	17		−90	22	
4,5	M42, M45	−63	15		−75	18		−95	23	
5	M48, M52	−71	17		−80	20		−100	25	
5,5	M56, M60	−75	18		−85	21		−106	26	
6	M64, M68	−80	20		−90	22		−112	28	
					−95	23		−118	29	

[a] Mögliche Meßstellen s. Bild 6.22

2.3 Grundnormen

Tabelle 2.20. Schichtdicken galvanischer Überzüge für Teile mit Innengewinde nach DIN 267 Teil 9

Gewindesteigung P	Regelgewinde	Toleranzlage H			Toleranzlage G		
mm		Grundabmaß A_u μm	mögliche Schichtdicke im Gewinde μm	Schichtdicke an der Meßstelle[a] μm	Grundabmaß A_u μm	mögliche Schichtdicke im Gewinde μm	Schichtdicke an der Meßstelle[a] μm
0,35	M1,6	0	0	[b]	+19	4	3
0,4	M2				+19	4	3 oder 5
0,45	M2,5				+20	5	
0,5	M3				+20	5	
0,6	M3,5				+21	5	
0,7 und 0,75	M4, M4,5				+22	5	
0,8	M5				+24	6	
1	M6, M7				+26	6	
1,25	M8				+28	7	
1,5	M10				+32	8	3, 5, 8 oder 12
1,75	M12				+34	8	
2	M14, M16				+38	9	
2,5	M18, M20, M22				+42	10	
3	M24, M27				+48	12	3, 5, 8 oder 12
3,5	M30, M33				+53	13	
4	M36, M39				+60	15	3, 5, 8, 12 oder 15
4,5	M42, M45				+63	15	
5	M48, M52				+71	17	
5,5	M56, M60				+75	18	
6	M64, M68				+80	20	

[a] Mögliche Meßstellen s. Bild 6.22
[b] Eine bestimmte Schichtdicke an der Meßstelle kann nicht gefordert werden. Nach vorliegenden Erfahrungen der Praxis beträgt sie etwa 5 μm

ISO/DIS 3269 (1983) abgestimmt und enthält neben spezifischen Definitionen aus dem Bereich der Stichprobenprüfung (insbesondere annehmbare Qualitätsgrenzlage AQL sowie Grenzqualität LQ) auch Angaben zum Umfang sowie Anweisungen zur Durchführung der Annahmeprüfung. Zusätzlich wurden Angaben über die Annahmewahrscheinlichkeit und das Lieferantenrisiko aufgenommen.

Für mechanische Verbindungselemente, an die hinsichtlich Ausführung und Maßgenauigkeit besondere Anforderungen gestellt werden, z. B. in der Feinwerktechnik, enthält DIN 267 Teil 6 Lieferbedingungen für *Schrauben und Muttern der Produktklasse F* mit Nenndurchmessern $1 \leq d < 3$ mm.

Verbindungselemente mit galvanischen Überzügen sind Inhalt von DIN 267 Teil 9. Da im allgemeinen die Schichtdicke des Überzugs das Hauptkriterium ist, werden hierfür eine geeignete Bezeichnung sowie die Schichtdickenprüfung festgelegt. Grundlage für die Schichtdicken sind die Toleranzen für metrisches ISO-Gewinde nach DIN 13 mit den Toleranzlagen

— g, f und e für Bolzengewinde (Tabelle 2.19) sowie
— H und G für Muttergewinde (Tabelle 2.20),

die vor dem Aufbringen des Überzugs gelten. Für die Ausführung der Oberflächenbehandlung wird im Anhang zu DIN 267 Teil 9 ein Schlüsselschema gegeben, das die Art des Überzugsmetalls, die Schichtdicke bzw. den Schichtaufbau sowie Angaben über Glanzgrad und Nachbehandlung enthält (s. auch Tabellen 6.7 und 6.8).

Die *Lieferbedingungen für feuerverzinkte Teile* sind in DIN 267 Teil 10 festgelegt und gelten für Schrauben und Muttern der Abmessungen M6 bis M33 der Festigkeitsklassen bis einschließlich 10.9 bzw. 10. Das Bolzengewinde muß vor dem Feuerverzinken innerhalb des Genauigkeitsgrads 8 (grob) bzw. 6 (mittel) liegen. Durch den Überzug darf die Nullinie des Bolzengewindes nicht überschritten werden. Für die Grundabmaße und Mindestschichtdicken gilt Tabelle 2.21.

Muttergewinde werden nicht feuerverzinkt, sondern nachträglich in den feuerverzinkten Rohling eingeschnitten. Werden Schrauben und Muttern in feuerverzinkter Ausführung zusammen (als Garnitur) geliefert, so kann nach Vereinbarung zwischen Besteller und Lieferer das Abmaß auch in die Mutter gelegt werden.

Auf Grund der verminderten Flankenüberdeckung feuerverzinkter Gewinde muß insbesondere im Durchmesserbereich bis M10 mit einer um etwa 10% geringeren Belastbarkeit gegenüber Verbindungen mit geringerem Grundabmaß, z. B. für die Toleranzlagen g bis e, gerechnet werden.

Tabelle 2.21. Grundabmaße und Mindestschichtdicken für feuerverzinkte Teile nach DIN 267 Teil 10

Regelgewinde (Schraube)	Gewindesteigung P mm	Grundabmaß A_0 µm	Mindestschichtdicke an der Meßstelle[a] µm
M 6	1	−290	40
M 8	1,25	−295	40
M 10	1,5	−300	40
M 12	1,75	−310	40
M 14, M 16	2	−315	40
M 18, M 20, M 22	2,5	−325	40
M 24, M 27	3	−335	40
M 30, M 33	3,5	−345	40

[a] Mögliche Meßstellen s. Bild 6.22

2.3 Grundnormen

Tabelle 2.22. ISO-Stahlgruppenbezeichnung für Verbindungselemente aus rost- und säurebeständigen Stählen nach DIN 267 Teil 11

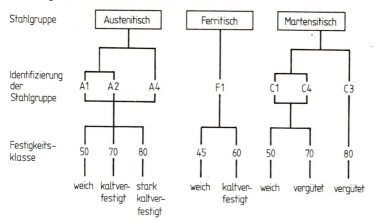

Die technischen Lieferbedingungen für *Teile aus rost- und säurebeständigen Stählen* enthält DIN 267 Teil 11, in die die internationale Norm ISO 3506 eingearbeitet ist. Tabelle 2.22 gibt eine Übersicht über die hierfür verwendeten Stahlgruppen. Die Norm enthält Angaben über die mechanischen Eigenschaften von rost- und säurebeständigen Verbindungselementen (Tabelle 2.23 und Tabelle 2.24) sowie die entsprechenden Prüfverfahren.

Grundlage für die Werkstoffauswahl ist DIN 17440. Die Prüfung der mechanischen Eigenschaften wird an Schrauben als Fertigteilen durchgeführt. Zusätzlich sind in DIN 267 Teil 11 für austenitische Stähle Mindestbruchdrehmomente für Schrauben bis zur Abmessung M5 angegeben sowie für die Stahlgruppen A2, A4, C1 und C3 0,2%-Dehngrenzen bzw. Streckgrenzen bei höheren Temperaturen bis 400 °C aufgeführt (s. auch Kapitel 7).

DIN 267 Teil 12 enthält technische Lieferbedingungen für *Blechschrauben*. Diese Norm soll sicherstellen, daß sich weder das Blechschraubengewinde beim Einschrauben verformt noch die Schraube bricht. Hauptmerkmale für die Beurteilung der Funktionseigenschaften von Blechschrauben sind deshalb die Randhärte und das Mindestbruchdrehmoment gemäß Tabelle 2.25.

DIN 267 Teil 13 beinhaltet *mechanische Verbindungselemente vorwiegend aus kaltzähen oder warmfesten Werkstoffen*. Diese Norm gilt in erster Linie für Schrauben, Muttern und Dehnhülsen. Sie enthält Angaben zur Oberflächen- und Gewindebeschaffenheit. Zudem sind die für kaltzähe und warmfeste Schraubenverbindungen einsetzbaren Werkstoffe angegeben (s. auch Tabellen 7.2 und 7.4), die nach anwendungstechnischen Gesichtspunkten in drei Temperaturbereiche gegliedert sind:

- −253 °C bis unter − 10 °C,
- − 10 °C bis +300 °C,
- über +300 °C.

Hinsichtlich der Festigkeitswerte von Schrauben und Muttern gelten neben DIN ISO 898 Teil 1, DIN 267 Teil 4 und Teil 11 zusätzlich die Werkstoffnormen

— DIN 17240 Warmfeste und hochwarmfeste Werkstoffe für Schrauben und Muttern; Gütevorschriften

Tabelle 2.23. Mechanische Eigenschaften von Verbindungselementen der martensitischen und ferritischen Stahlgruppen nach DIN 267 Teil 11

Werkstoffgruppe	Stahlgruppe	Festigkeits-klasse	Schrauben			Muttern	Schrauben, Stiftschrauben und Muttern						
			Zug-festig-keit R_m [a]) N/mm² min.	0,2%-Dehn-grenze $R_{p0,2}$ [a]) N/mm² min.	Bruch-dehnung A_L [b]) mm min.	Prüf-spannung S_p N/mm²	Härte						
							HV		HB		HRC		
							min.	max.	min.	max.	min.	max.	
martensitisch	C1	50	500	250	0,2d	500	—	—	—	—	—	—	
		70	700	410	0,2d	700	220	330	209	314	20	34	
	C3	80	800	640	0,2d	800	240	340	228	323	21	35	
	C4	50	500	250	0,2d	500	—	—	—	—	—	—	
		70	700	410	0,2d	700	220	330	209	314	20	34	
ferritisch	F1 [c])	45	450	250	0,2d	450	—	—	—	—	—	—	
		60	600	410	0,2d	600	—	—	—	—	—	—	

[a]) Alle Werte sind bezogen auf den Spannungsquerschnitt des Gewindes (s. DIN 267 Teil 11, Anhang C)
[b]) Die Bruchdehnung wird in Übereinstimmung mit den Prüfverfahren nach DIN 267 Teil 11 Abschnitt 6.4 an der jeweiligen Länge der Schraube bestimmt und nicht an abgedrehten Proben mit einer Meßlänge von 5d (s. DIN 267 Teil 11, Anhang D)
[c]) Für die Stahlgruppe F1 ist M24 der größte Durchmesser

2.3 Grundnormen

Tabelle 2.24. Mechanische Eigenschaften von Verbindungselementen der austenitischen Stahlgruppen nach DIN 267 Teil 11

Werk-stoff-gruppe	Stahl-gruppe	Festig-keits-klasse	Gewinde	Schrauben Zug-festig-keit $R_m{}^a)$ N/mm² min.	0,2%-Dehn-grenze $R_{p0,2}{}^a)$ N/mm² min.	Bruch-dehnung $A_L{}^b)$ mm min.	Muttern Prüf-span-nung S_p N/mm²
austeni-tisch	A 1, A 2 und A 4	50	≤ M39	500	210	0,6d	500
		70	≤ M20	700	450	0,4d	700
			> M20 ≤ M30^c)	500	250	0,4d	500
		80	≤ M20^c)	800	600	0,3d	800

^{a}) Alle Werte sind bezogen auf den Spannungsquerschnitt des Gewindes (s. DIN 267 Teil 11, Anhang C)
^{b}) Die Bruchdehnung wird in Übereinstimmung mit den Prüfverfahren nach DIN 267 Teil 11 Abschnitt 6.4 an der jeweiligen Länge der Schraube bestimmt und nicht an abgedrehten Proben mit einer Meßlänge von 5d (s. DIN 267 Teil 11, Anhang D)
^{c}) Für Durchmesser über M30 (Festigkeitsklasse 70) bzw. M20 (Festigkeitsklasse 80) müssen die Festigkeitswerte zwischen Besteller und Hersteller besonders vereinbart werden, weil bei den Zugfestigkeiten nach Tabelle 2.24 andere Werte für die 0,2%-Dehngrenze möglich sind

Tabelle 2.25. Mindestbruchdrehmomente für Blechschrauben nach DIN 267 Teil 12

Nenndurchmesser mm	Mindest-bruchdrehmoment Nm
2,2	0,45
2,9	1,5
3,5	2,8
3,9	3,4
4,2	4,5
4,8	6,5
5,5	10
6,3	14
8	31

— DIN 17440   Nichtrostende Stähle; Gütevorschriften
— Stahl-Eisen-Werkstoffblatt 680   Kaltzähe Stähle; Gütevorschriften

DIN 267 Teil 15 legt die *Festigkeitsklassen und die Prüfverfahren für Muttern mit Klemmteil* fest. Neben allgemeinen Anforderungen hinsichtlich Werkstoff, Wärmebehandlung, Ausführung und Gewinde enthält diese Norm eine Übersicht über die mechanischen Eigenschaften und die geforderten Sicherungseigenschaften in Form von Prüfkräften bzw. Klemm-Drehmomenten. Die Prüfverfahren (Prüfkraftversuch, Härteprüfung, Aufweitversuch und die Drehmomentprüfung) werden

Tabelle 2.26. Empfohlene Paarungen für Muttern mit Klemmteil und Schrauben nach DIN 267 Teil 15

Festigkeitsklasse	
Mutter	Schraube
5, 6	bis 5.8 bzw. 6.8
8 [a]	bis 8.8
10 [a]	8.8, 9.8, 10.9
12 [a]	10.9, 12.9

[a]) Wird in Sonderfällen eine vergütete Ganzmetallmutter mit einer unvergüteten Schraube gepaart, können sich die Klemm-Eigenschaften erheblich verändern

ebenfalls beschrieben. Für die Paarung von Muttern mit Klemmteil und Schrauben werden die Kombinationen gemäß Tabelle 2.26 empfohlen.

In DIN 267 Teil 18 sind die technischen Lieferbedingungen für *mechanische Verbindungselemente aus Nichteisenmetallen* aufgeführt, wobei neben einer Werkstoffauswahl Werte für die mechanischen Eigenschaften der Verbindungselemente als Fertigteile angegeben sind.

DIN 267 Teile 19 und 20 legen für verschiedene Arten von *Oberflächenfehlern an Schrauben un Muttern* Ausschußkriterien fest. Dabei wird gefordert, daß durch die Summe der Fehlereinflüsse die Mindestwerte für die mechanischen und funktionellen Eigenschaften nach DIN ISO 898 Teil 1 oder Teil 2 bzw. die üblichen Dauerhaltbarkeitswerte bei Schwingbeanspruchung nicht unterschritten werden. Die Normen enthalten umfassende Angaben über Arten, Ursachen und Erscheinungsformen von Oberflächenfehlern mit vielen Beispielen.

Mit einem *Aufweitversuch für Muttern* gemäß DIN 267 Teil 21 kann die Querzähigkeit von Muttern sowie der Einfluß festgestellter Oberflächenfehler beurteilt werden.

Die technischen Lieferbedingungen für *Muttern mit Feingewinde* nach ISO-Klassen sind in DIN 267 Teil 23 aufgeführt. Den erforderlichen Festigkeitswerten bzw. Prüfkräften liegen dabei die Angaben für Muttern mit Regelgewinde nach DIN ISO 898 Teil 2 zugrunde. Für die Festigkeitsklassen der Muttern mit Feingewinde werden wegen verminderter Abstreiffestigkeit Härtewerte vorgeschrieben, die der jeweils nächsthöheren Festigkeitsklasse der Muttern mit Regelgewinde entsprechen, z. B.

Härte der Mutter mit Feingewinde der Festigkeitsklasse 8
$\hat{=}$
Härte der Mutter mit Regelgewinde der Festigkeitsklasse 10.

Muttern, für die auf Grund ihrer Form oder ihrer Maße keine Prüfkräfte angegeben werden können, lassen sich nach DIN 267 Teil 24 durch eine Klassifizierung nach ihrer Härte in verschiedene *Festigkeitsklassen (Härteklassen)* einteilen und gemäß Tabelle 2.27 kennzeichnen: Die Zahl steht für 1/10 der Mindesthärte nach Vickers, H steht für Härte.

Tabelle 2.27. Festigkeitsklassen (Härteklassen) nach DIN 267 Teil 24

		Festigkeitsklasse			
		11H	14H	17H	22H
Vickershärte	min.	110	140	170	220
HV 5	max.	185	215	245	300
Brinellhärte	min.	105	133	162	209
HB 30	max.	176	204	233	285

Härtewerte umgewertet nach DIN 50150.

Die Vornorm DIN 267 Teil 25 legt Mindestbruchdrehmomente für Schrauben der Abmessungen M1 bis M10 verschiedener Festigkeitsklassen fest und beschreibt die Versuchsdurchführung.

Der Vollständigkeit halber sei noch auf DIN 522 hingewiesen, in der in ausführlicher Form die technischen Lieferbedingungen für Scheiben genannt sind. Für die Güte von Scheiben sind der Werkstoff und die Ausführung (Oberflächenrauhtiefen, Maß-, Lage- und Formabweichungen) bestimmend. DIN 522 beschreibt auch die Kennzeichnung, Verpackung und die Annahmeprüfung von Scheiben.

2.4 Schrifttum

2.1 DIN-Taschenbuch 45. Gewindenormen. 5. Aufl. Berlin: Beuth 1985
2.2 Sparenberg, H.: Internationale Normung von Sechskantschrauben und Sechskantmuttern. DIN-Mitt. 58 (1979) 557–561
2.3 Sparenberg, H.: Sechskantschrauben und Sechskantmuttern. Nationale und internationale Normung. DIN-Mitt. u. Elektronorm 62 (1983) 402–409
2.4 Strelow, D.: Technische Lieferbedingungen für mechanische Verbindungselemente. Persönliche Mitt. April 1985
2.5 DIN-Taschenbuch 193. Mechanische Verbindungselemente 5. Grundnormen. 1. Aufl. Berlin: Beuth 1985
2.6 DIN-Taschenbuch 55. Mechanische Verbindungselemente 3. Technische Lieferbedingungen für Schrauben und Muttern. Normen. 4. Aufl. Berlin: Beuth 1985

3 Werkstoffe

3.1 Allgemeines

Die Wahl des Werkstoffs für eine Schraubenverbindung richtet sich im wesentlichen nach folgenden Gesichtspunkten:

— Werkstoffestigkeit in Abhängigkeit von der Höhe der erforderlichen Montagevorspannung,
— Betriebsanforderungen auf Grund zusätzlicher mechanischer Beanspruchung, gegebenenfalls unter Berücksichtigung von Einflüssen wie Temperatur, Korrosion und Strahlung,
— Fertigungsbedingungen.

Die Funktionsfähigkeit der Schraube wird neben ihrer Gestaltung und Bemessung wesentlich durch den Werkstoff und seine Eigenschaften nach der Schraubenfertigung bestimmt.

Aus der funktionsbedingten Formgebung der Schraube als gekerbtes Bauteil resultiert eine extrem hohe mechanische Beanspruchung, die im Bereich größter Spannungsüberhöhung bereits bei verhältnismäßig niedriger Vorspannung zum Überschreiten der Werkstoffstreckgrenze führen kann (s. Abschnitt 5.1).

Für den Werkstoff bedeutet dies, daß auch bei hoher Festigkeit, die oft das Hauptkriterium für die Werkstoffauswahl darstellt, noch ein ausreichendes plastisches Formänderungsvermögen sichergestellt sein muß.

Darüberhinaus hängt die Funktionsfähigkeit der Schraubenverbindung maßgeblich von der gewählten Paarung aus Schrauben- und Mutterwerkstoff und deren Festigkeits- und Zähigkeitseigenschaften bei zügiger und wechselnder Beanspruchung ab.

Aber auch die Fertigungsbedingungen haben auf die Werkstoffeigenschaften sowie auf die mechanischen Eigenschaften der Schraubenverbindung im eingebauten Zustand einen wesentlichen Einfluß. Hier spielt neben der Art der Formgebung (spanend oder spanlos) sowie der Wärme- und Oberflächenbehandlung vor allem die Reihenfolge der Fertigungsschritte (Gewinde schlußgewalzt oder schlußvergütet) eine entscheidende Rolle (s. Abschnitt 5.2.2.1).

Vor diesem Hintergrund lassen sich die eingangs genannten Gesichtspunkte hinsichtlich der Auswahl geeigneter Werkstoffe wie folgt konkretisieren:

- Im allgemeinen kommen für Schrauben diejenigen Stähle in Betracht, mit denen sich durch eine geeignete Wärmebehandlung hohe Festigkeiten bei gleichzeitig guten Zähigkeitseigenschaften erzielen lassen.
- Die zu berücksichtigenden speziellen Betriebsbedingungen wie korrosiv wirkende Umgebung, hohe oder tiefe Temperaturen, Strahlungseinflüsse usw. können Stähle mit bestimmter chemischer Zusammensetzung erforderlich machen. Unter Umstän-

den kann hier auch der Einsatz anderer Werkstoffe notwendig sein wie Nichteisenschwermetall-Legierungen mit den Basismetallen Kupfer (elektrische Leitfähigkeit) oder Nickel (Hochtemperaturbeständigkeit) sowie Leichtmetall-Legierungen (großes Verhältnis von Festigkeit zu Gewicht). Nichtmetallische Werkstoffe eignen sich jedoch für Schraubenverbindungen nur, wenn geringe Festigkeitsanforderungen gestellt werden.
- Die Forderung nach speziellen mechanischen Eigenschaften wie hohe Schwingfestigkeit kann schließlich den Gesichtspunkt der Fertigungsbedingungen für die Werkstoffauswahl in den Vordergrund rücken.

Nachfolgend werden vorwiegend die Stähle als wichtigste Werkstoffgruppe behandelt.

3.2 Werkstoffe für Schraubenverbindungen bei mechanischer Beanspruchung

Schrauben als verbindende Konstruktionsteile haben in nahezu jedem Fall verhältnismäßig hohe mechanische Kräfte zu übertragen. Es ist daher erklärlich, daß Werkstoffe für Schraubenverbindungen primär nach Festigkeitsgesichtspunkten ausgewählt werden. Zur Erzielung der geforderten Festigkeitseigenschaften werden werkstofftechnisch drei festigkeitssteigernde Grundmechanismen genutzt, die sowohl einzeln als auch in kombinierter Form Anwendung finden:
— Festigkeitssteigerung durch Mischkristallhärtung (γ-α-Umwandlung),
— Festigkeitssteigerung durch Kaltverfestigung, z. B. bei austenitischen Werkstoffen,
— Festigkeitssteigerung durch Ausscheidungshärtung, z. B. Nickel-Basislegierungen.

Unter Berücksichtigung anwendungs- und sicherheitstechnischer Erfordernisse kann die Werkstoffauswahl nach Festigkeitsgesichtspunkten vorgenommen werden. Bei der Forderung nach leichter Bauweise ist das spezifische Gewicht des Schrauben- und Mutterwerkstoffs ein zusätzliches Auswahlkriterium.

3.2.1 Zugfestigkeiten unterhalb 800 N/mm²

Die Werkstoffanforderungen bis zu Zugfestigkeiten von etwa 800 N/mm² können im allgemeinen mit unlegierten Kohlenstoffstählen erfüllt werden, wobei für die bei Schraubenwerkstoffen erforderliche gute Kaltformbarkeit der Einsatz von Stählen mit geringem Kohlenstoffgehalt sinnvoll ist (s. Tabelle 3.1).
Zudem kann aus folgenden Gründen eine bestimmte Stahlreinheit vorgeschrieben werden:
- Hohe Umformgrade setzen ein möglichst gleichmäßiges und ungestörtes Gefüge ohne Fremdeinschlüsse, Feinporosität und Seigerungen voraus.
- Die aus konstruktiven Gründen unvermeidlichen hohen Spannungskonzentrationen in bestimmten Querschnittsbereichen (erster tragender Gewindegang, Kopf-Schaft-Übergang, Gewindeauslauf) verlangen eine möglichst geringe Kerbempfindlichkeit des Schraubenwerkstoffs.
- Die für Schraubenverbindungen notwendigen hohen Vorspannungen erfordern auf Grund der Kerbwirkung und der damit verbundenen Formänderungsbehinderung ausreichende Zähigkeitseigenschaften.

Tabelle 3.1. Geeignete übliche Werkstoffe für Schrauben mit Festigkeitsklassen entsprechend DIN ISO 898 Teil 1, Fertigungsverfahren und Abmessungen [3.1]

Festigkeits-klasse	Fertigungsverfahren		
	Kaltformen	Warmformen	Zerspanen
3.6 4.6	QSt 36-2 ≙ 1.0203 UQSt 36-2 ≙ 1.0204 USt 38-2 ≙ 1.0217 UQSt 38-2 ≙ 1.0224	USt 37-1 ≙ 1.0110 RSt 44-2 ≙ 1.0419	9 S 20 ≙ 1.0711
4.8	QSt 36-2 ≙ 1.0203 QSt 38-2 ≙ 1.0204		9 S 20 ≙ 1.0711
5.6	Cq 22 ≙ 1.1152	St 50-2 ≙ 1.0533	
5.8	Cq 22 ≙ 1.1152 Cq 35 ≙ 1.1172		9 SMn 28 ≙ 1.0715 10 S 20 ≙ 1.0721
6.8	Cq 35 ≙ 1.1172 35 B 2 ≙ 1.5511 Cq 45 ≙ 1.1192	C 45 ≙ 1.0503 46 Cr 2 ≙ 1.7006	10 S 20 ≙ 1.0721
8.8	22 B 2 ≙ 1.5508 28 B 2 ≙ 1.5510	22 B 2 ≙ 1.5508 28 B 2 ≙ 1.5510	nicht üblich
	19 MnB 4 ≙ 1.5523 35 B 2 ≙ 1.5511 Cq 35 ≙ 1.1172 Cq 45 ≙ 1.1192	C 45 ≙ 1.0503 46 Cr 1 ≙ 1.7002	
	34 Cr 4 ≙ 1.7033 37 Cr 4 ≙ 1.7034	46 Cr 2 ≙ 1.7006	
10.9	19 MnB 4 ≙ 1.5523 35 B 2 ≙ 1.5511 Cq 35 ≙ 1.1172	19 MnB 4 ≙ 1.5523 35 B 2 ≙ 1.5511 Cq 35 ≙ 1.1172	
	34 Cr 4 ≙ 1.7033	41 Cr 4 ≙ 1.7035	wenig bzw. nicht üblich
	41 Cr 4 ≙ 1.7035 34 CrMo 4 ≙ 1.7220 42 CrMo 4 ≙ 1.7225	41 Cr 4 ≙ 1.7035 34 CrMo 4 ≙ 1.7220 42 CrMo 4 ≙ 1.7225	
12.9	34 CrMo 4 ≙ 1.7220 37 Cr 4 ≙ 1.7034 41 Cr 4 ≙ 1.7035	34 CrMo 4 ≙ 1.7220 37 Cr 4 ≙ 1.7034 41 Cr4 ≙ 1.7035	
	42 CrMo 4 ≙ 1.7225	42 CrMo 4 ≙ 1.7225	
	30 CrNiMo 8 ≙ 1.6580 34 CrNiMo 6 ≙ 1.6582	30 CrNiMo 8 ≙ 1.6580 34 CrNiMo 6 ≙ 1.6582	

[a]) DIN ISO 898 Teil 1 gilt nur für Schrauben mit Nenndurchmessern bis M39. Schrauben mit größeren Durchmessern können aus den Werkstoffen, deren Verwendung bis M39 vorge-

3.2 Werkstoffe für Schraubenverbindungen bei mechanischer Beanspruchung

Schrauben-abmessung	Wärmebehandlung nach		
	Kaltformen	Warmformen	Zerspanen
bis M39	glühen	glühen	keine
üblich bis M16	keine		keine
bis M 39	glühen	glühen	
bis M39	keine		keine oder vergüten
bis M39	keine oder vergüten	vergüten	keine oder vergüten
bis M12			
bis M22			
von M24 bis M39			
bis M8			
ab M8 bis M18		vergüten	
bis M39			
bis M18			
bis M24			
bis M39			

sehen ist, gefertigt werden, wobei die mechanischen Eigenschaften den Anforderungen nach DIN ISO 898 Teil 1 entsprechen müssen

3.2.2 Zugfestigkeiten zwischen 800 und 1400 N/mm²

Für Schrauben mit Zugfestigkeiten zwischen etwa 800 und 1400 N/mm² sind bereits überwiegend niedrig legierte Vergütungsstähle zur Erzielung ausreichender Festigkeits- und Zähigkeitskennwerte erforderlich (s. Tabelle 3.1). Die hierfür üblichen Legierungselemente sind

— Chrom,
— Nickel,
— Molybdän,
— Vanadium,
— Mangan

sowie zunehmend auch Bor.
Borlegierte Stähle mit niedrigem Kohlenstoffgehalt besitzen eine gute Kaltformbarkeit bei gleichzeitig verbesserter Härtbarkeit (s. Abschnitt 3.4). Sie werden bereits mit gutem Erfolg für Schrauben bis zur Festigkeitsklasse 10.9 verwendet [3.2] (Tabelle 3.1 sowie Tabelle 2.14).

Grundlage für die Werkstoffauswahl ist DIN 1654. Diese Norm enthält Stähle für Schrauben und Muttern mit Richtwerten für die jeweilige chemische Zusammensetzung sowie Angaben der Festigkeits- und Zähigkeitskennwerte.

In den Tabellen 2.14 und 2.15 sind für Schrauben die nach DIN ISO 898 Teil 1 erforderlichen Ausgangswerkstoffe für die einzelnen Festigkeitsklassen, die chemische Zusammensetzung sowie wichtige geforderte mechanische Eigenschaften angegeben. Tabelle 3.2 zeigt die Grenzwerte der chemischen Zusammensetzung von Stählen für Muttern gemäß DIN ISO 898 Teil 2.

Tabelle 3.2. Grenzwerte der chemischen Zusammensetzung von Stählen für Muttern mit Festigkeitsklassen gemäß DIN ISO 898 Teil 2

Festigkeitsklasse		Chemische Zusammensetzung in Gew.-% (Stückanalyse)			
		C max.	Mn min.	P max.	S max.
4 [a]), 5 [a]), 6 [a])	—	0,50	—	0,110	0,150
8, 9	04 [a])	0,58	0,25	0,060	0,150
10 [b])	05 [b])	0,58	0,30	0,048	0,058
12 [b])	—	0,58	0,45	0,048	0,058

[a]) Muttern dieser Festigkeitsklassen dürfen aus Automatenstahl hergestellt werden, wenn nicht zwischen Besteller und Lieferer andere Vereinbarungen getroffen sind. Bei Verwendung von Automatenstahl sind folgende maximale Schwefel-, Phosphor- und Bleianteile zulässig:
Schwefel 0,34%
Phosphor 0,12%
Blei 0,35%

[b]) Bei diesen Festigkeitsklassen müssen gegebenenfalls Legierungselemente hinzugefügt werden, um die geforderten mechanischen Eigenschaften der Muttern zu erreichen

Muttern der Festigkeitsklassen 05, 8 (Typ 1 > M16), 10 und 12 müssen vergütet werden.

Die Auswahl des jeweiligen Stahls zur Erzielung der erforderlichen Eigenschaften bzw. Kennwerte bleibt dem Hersteller bzw. Anwender überlassen, was hauptsächlich für Sonderausführungen wichtig ist.

3.2.3 Zugfestigkeiten oberhalb 1400 N/mm²

Für die sogenannten höchstfesten Schraubenverbindungen mit Zugfestigkeiten $R_m > 1400$ N/mm² werden im allgemeinen höherlegierte Stähle eingesetzt. Bei diesen sind hinsichtlich Reinheit und Verarbeitung besondere Anforderungen zu stellen, um die festigkeitsbedingte erhöhte Kerbempfindlichkeit weitgehend zu mindern.

Ein hoher Reinheitsgrad läßt sich durch das Umschmelzen und Vergießen von Werkstoffen im Vakuum erzielen. Tabelle 3.3 verdeutlicht, daß bei einem hochfesten Ni-Cr-Mo-Vergütungsstahl bei gleicher Zugfestigkeit und 0,2%-Dehngrenze die Zähigkeitskennwerte der Bruchdehnung und Brucheinschnürung bei der Umschmelzung im Vakuum weitaus besser sind als die entsprechenden Werte des an Luft im Elektroofen hergestellten Stahls [3.3]. Für eine quantitative Bewertung eignet sich dabei insbesondere das in Tabelle 3.3 dargestellte Verhältnis der jeweiligen Zähigkeitskennwerte in Quer- und Längsrichtung.

Verbunden mit einer geeigneten Wärmebehandlung der Stähle sowie durch Gewindewalzen nach der Wärmebehandlung, können bei beanspruchungsgerechter konstruktiver Gestaltung der Schrauben optimale mechanische Eigenschaften mit Zugfestigkeiten bis zu 2000 N/mm² bei zugleich hohem Streckgrenzenverhältnis erzielt werden.

Tabelle 3.3. Einfluß der Erschmelzungsart des Stahls 38 NiCrMoV 7 3 auf die Zähigkeitseigenschaften bei einer Vergütungsfestigkeit von ca. 1800 N/mm² [3.3]

Stahlerzeugungsverfahren	Bruchdehnung A ($L_0 = 5d_0$) %		Bruchein- schnürung Z %		Verhältnis von Kennwert quer / Kennwert längs	
	längs	quer	längs	quer	A_q/A_l	Z_q/Z_l
Erschmelzen im Elektroofen	10	4	40	12	0,40	0,30
Umschmelzen im Vakuumlichtbogenofen	11	8	40	27	0,73	0,68

Tabelle 3.4 (s. S. 42) enthält stellvertretend für eine Vielzahl möglicher Werkstoffe (z. B. DIN 17200) drei hochfeste Stähle, die insbesondere wegen ihrer günstigen gewichtsspezifischen Eigenschaften vorwiegend im Leicht-, Flugzeug- und Triebwerksbau sowie in der Raumfahrt Anwendung finden.

3.2.4 Schraubenverbindungen für den Leichtbau

Schraubenverbindungen im Leichtbau zeichnen sich durch ein besonders großes Verhältnis von Zugfestigkeit und spezifischem Gewicht aus. Dieses kann auf zwei Wegen erreicht werden:

— Einsatz von höchstfesten Werkstoffen gemäß Abschnitt 3.2.3,
— Einsatz von Leichtmetallegierungen mit besonders geringem spezifischem Gewicht, z. B. Titanlegierungen (Tabelle 3.5), sowie Aluminium-, Magnesium- und Berylliumlegierungen.

Tabelle 3.4. Werkstoffe für höchstfeste Schrauben

Werkstoffbezeichnung			Mechanische Eigenschaften bei Raumtemperatur				Physikalische Eigenschaften bei Raumtemperatur				Wärmebehandlungszustand
Kurzname nach DIN 17006	Werkstoffnummer nach DIN 17007	Luftfahrtwerkstoffnummer	R_m	$R_{p0,2}$	A_5	Z	E-Modul	α	ϱ	R_m/ϱ	
			N/mm²	N/mm²	%	%	10³ N/mm²	μm/mK	kg/dm³	$\dfrac{\text{N/mm}^2}{\text{kg/dm}^3}$	
X 41 CrMoV 5 1	1.7783	1.7784.5 [a]	1520–1670 [b]	1340 [b]	9 [b]	40 [b]	215 [c]	11,4 [c]	7,75	196–216	vergütet
		1.7784.6 [a]	1800–2000 [b]	1500 [b]	7 [b]	35 [b]	215 [c]	11,4 [c]	7,75	232–258	vergütet
X 2 NiCoMo 18 8 5	1.6359		930–1180 [d]	640– 940 [d]	10–18 [d]			12,2 [d]	7,75	120–152	lösungsgeglüht
			1670–2210 [d]	1570–1820 [d]	6– 8 [d]				7,75	216–286	ausgehärtet
X 3 CrNiMoAl 13 8 2	1.4534	1.4534.5	1410 [e]	1310 [e]	9 [e]	50 [e]	202 [f]	10,5 [f]	7,75	182	ausgehärtet
		1.4534.6	1520 [e]	1410 [e]	9 [e]	45 [e]	202 [f]	10,5 [f]	7,75	196	ausgehärtet

[a] für Gewinde bis M39
[b] [3.4]
[c] [3.5]
[d] [3.6]
[e] [3.7]
[f] [3.8]

3.2 Werkstoffe für Schraubenverbindungen bei mechanischer Beanspruchung

Tabelle 3.5. Titanlegierungen für Schraubenverbindungen im Leichtbau

Werkstoffbezeichnung			Mechanische Eigenschaften bei Raumtemperatur				Physikalische Eigenschaften bei Raumtemperatur				Wärme-behandlungs-zustand
Kurzname nach DIN 17006	Werkstoff-nummer nach DIN 17007	Luftfahrt-Werkstoff-nummer	R_m	$R_{p0,2}$	A	Z	E-Modul	α	ϱ	$\dfrac{R_m/\varrho}{N/mm^2 \cdot kg/dm^3}$	
			N/mm^2	N/mm^2	%	%	$10^3 N/mm^2$	$\mu m/mK$	kg/dm^3		
TiAl 6 V 4	3.7165	3.7164.1	900 [b]	830 [b]	8–10 [b]	20–25 [b]	111 [c]		4,45	202	geglüht
		3.7164.7 [a]	1070–1100 [b]	1000–1030 [b]	8 [b]	15 [b]	111 [c]	8,0 [d]	4,45	240–247	ausgehärtet
TiAl 6 V 6 Sn 2		3.7174.1	1000 [e]	930 [e]	7–8 [e]	15–20 [e]	114 [c]		4,45	225	geglüht
		3.7174.7	1200 [e]	1100 [e]	6 [e]	15 [e]	114 [c]	8,8 [d]	4,45	270	ausgehärtet

[a] bis Nenndurchmesser 25 mm
[b] [3.9]
[c] [3.6]
[d] [3.10]
[e] [3.11]

3.3 Werkstoffe für Schraubenverbindungen bei Komplexbeanspruchung

Bei einer Komplexbeanspruchung überlagern sich den rein mechanischen Beanspruchungen noch zusätzliche Komponenten, z. B.

— Korrosionsbeanspruchung, insbesondere elektrochemische Korrosion,
— thermische Beanspruchung durch hohe oder tiefe Temperaturen,
— Strahlungseinflüsse,

so daß bei der Werkstoffauswahl immer der Gesamtbeanspruchungszustand zu berücksichtigen ist. Dies erweist sich insbesondere beim gleichzeitigen Auftreten mehrerer zusätzlicher Beanspruchungskomponenten oft als recht problematisch.

Die chemische Zusammensetzung geeigneter Schraubenwerkstoffe für Komplexbeanspruchung ist vielfach ähnlich. Dennoch wird im Hinblick auf die praktische Anwendung nach Werkstoffen unterschieden, die neben den ohnehin geforderten Festigkeits- und Zähigkeitseigenschaften

— hohen Korrosionswiderstand,
— hohe Warmfestigkeit bzw. hohen Kriechwiderstand,
— hohe Kaltzähigkeit

aufweisen. Da zusätzliche Korrosion sowie auch hohe oder tiefe Temperaturen einen nachhaltigen Einfluß auf die mechanischen Eigenschaften von Schraubenverbindungen ausüben, wird in den Kapiteln 6 und 7 neben den notwendigen Grundlagen auch gesondert auf die Werkstoffauswahl unter derartigen Beanspruchungen eingegangen.

3.4 Einfluß der wichtigsten Legierungselemente auf die mechanisch-technologischen Eigenschaften von Stählen

Die Qualität eines Stahls hinsichtlich seiner mechanischen sowie seiner Verarbeitungseigenschaften wird sowohl durch die während der Stahlherstellung aufgenommenen Begleitelemente als auch durch gezielt eingesetzte Legierungselemente beeinflußt. Auf die Wirkung der wichtigsten dieser Elemente wird im folgenden kurz eingegangen.

— **Kohlenstoff (C)**
  Kohlenstoff erhöht die Festigkeit bzw. die Härte. Die für die Schraubenfertigung unerläßliche Kaltformbarkeit nimmt jedoch mit steigendem C-Gehalt ab. Als obere Grenze für die praktische Anwendung kann ein C-Gehalt von etwa 0,45% angegeben werden.
— **Bor (B)**
  Um das bessere Umformverhalten niedriggekohlter Stähle (C < 0,25%) nutzen zu können, ohne an Vergütungsfestigkeit einzubüßen, nutzt man seit einiger Zeit die festigkeitssteigernde Wirkung von Bor als Legierungselement [3.2, 3.12, 3.13, 3.14]. Mit Borgehalten zwischen 5 und 50 ppm (1 ppm = 1 µg B/1 g Fe) kann die Härtbarkeit solcher Stähle entscheidend verbessert werden. Voraussetzung hierfür ist jedoch, daß Bor in gelöster Form vorliegt. Auf Grund der großen Neigung von Bor zur Bildung von Nitriden und Oxiden werden daher bei borlegierten Stählen die Elemente Stickstoff und Sauerstoff bereits während der Stahl-

herstellung weitgehend reduziert. Nicht zuletzt daraus resultieren die guten Zähigkeitseigenschaften dieser Stähle.

Die hohe Affinität von Bor zu Kohlenstoff bewirkt eine kontinuierliche Abnahme der Härtbarkeitssteigerung mit zunehmendem C-Gehalt des Stahls. Oberhalb von etwa 0,60% C hat das Zulegieren von Bor keine festigkeitssteigernde Wirkung mehr [3.15]. Hier führen jedoch die üblichen Zusätze von 5 bis 50 ppm zu einer Verbesserung der Zähigkeitseigenschaften.

Im Gegensatz zu den herkömmlichen durchhärtbarkeitssteigernden Legierungselementen (z. B. Chrom, Molybdän) besitzt Bor den großen Vorteil, daß es die Festigkeitseigenschaften des Stahls im unvergüteten Zustand nicht beeinflußt. Ein Weichglühen vor der Kaltumformung ist daher im allgemeinen nicht erforderlich.

— **Chrom (Cr)**
Chrom erhöht die Zugfestigkeit (Mischkristallbildung) und verringert die kritische Abkühlgeschwindigkeit. Dadurch erhöht sich die Einhärtetiefe (Behinderung der C-Diffusion). Neben der Warmfestigkeit verbessert Chrom die Zunderbeständigkeit (s. Abschnitt 7.1.3.4) und wirkt ab einer Konzentration von ca. 13% sowohl in ferritischen als auch in austenitischen Stählen korrosionshemmend durch die Bildung von resistenten Chrom-Oxid-Passivschichten, solange es in gelöster Form im Mischkristall vorliegt (s. Abschnitt 6.4.2).

— **Vanadium (V)**
Bei den in Vergütungsstählen üblichen Vanadinanteilen von etwa 0,1% wirkt dieses Element durch Bildung feinverteilter Karbide kornverfeinernd und behindert eine Anlaßversprödung. Es verbessert somit indirekt die Zähigkeitseigenschaften des Werkstoffs.

— **Molybdän (Mo)**
Ein Molybdänanteil von etwa 0,2% in Stählen steigert die Durchhärtbarkeit und behindert die Anlaßversprödung. Es wirkt insgesamt gesehen wie alle sonderkarbidbildenden Elemente (z. B. Chrom, Vanadium, Wolfram, Bor) härte- und festigkeitssteigernd. Es findet sich wegen seiner bei höheren Temperaturen gefügestabilisierenden Wirkung häufig in Werkstoffen für höhere Betriebstemperaturen (s. Abschnitt 7.1.2.2).

— **Nickel (Ni)**
In Verbindung mit Chrom und Molybdän kommt Nickel mit Gehalten von etwa 2% als Legierungselement bei Vergütungsstählen zur Anwendung. Es erhöht als Substitutionselement die Festigkeit des Mischkristalls und besitzt, da es keine Karbide bildet, eine vorteilhafte Wirkung auf die Zähigkeit des Stahls. Es empfiehlt sich insbesondere für die Vergütung großer Querschnitte, die hohe Festigkeits- und optimale Zähigkeitskennwerte aufweisen müssen. Da es als Legierungselement allein anlaßversprödend wirkt, wird es meist gemeinsam mit Molybdän angewandt (z. B. 30 CrNiMo 8).

Nickel in ausreichender Menge ist in Verbindung mit Chrom Hauptlegierungselement nichtrostender austenitischer Stähle mit ausgezeichneten Zähigkeitseigenschaften bis zu extrem niedrigen Temperaturen (s. Abschnitt 6.4.2 und 7.3.2).

— **Kobalt (Co)**
Kobalt wird als Legierungselement vorwiegend zur Verbesserung der Anlaßbeständigkeit und zur Erhöhung der Warmfestigkeit eingesetzt.

— **Titan (Ti)**
Titan wirkt desoxidierend, denitrierend, schwefelbindend sowie karbidbildend. Die feinverteilten Karbide führen insbesondere bei korrosionsbeständigen Stählen

zu einer verringerten Anfälligkeit gegenüber interkristalliner Korrosion (s. Abschnitt 6.4.2).
— **Mangan (Mn)**
Mangan erhöht als Legierungselement die Festigkeit und die Zähigkeit. Mn desoxidiert und bindet Schwefel als Mangansulfid (MnS). Bei größeren Schwefelgehalten reduzieren die beim Walzen zeilenförmig verstreckten Mangansulfide die Verformungsfähigkeit senkrecht zur Walzrichtung.
— **Silizium (Si)**
Si wird vorwiegend zur Stahlberuhigung eingesetzt, was insbesondere für die Zähigkeit und Alterungsbeständigkeit unlegierter Baustähle wichtig ist. Als Legierungselement verbessert es die Zunderbeständigkeit bei hitzebeständigen Stählen.
— **Aluminium (Al)**
Aluminium wirkt stark desoxidierend und denitrierend. Durch die Bildung von Al-Nitriden hoher Härte wird insbesondere die Alterungsanfälligkeit von Stählen erheblich vermindert. Bei ferritischen Chromstählen führt das Zulegieren von Aluminium neben einer Verbesserung der Zunderbeständigkeit auch zu einer verringerten Empfindlichkeit gegenüber interkristalliner Korrosion (s. Abschnitt 6.4.2).
— **Stickstoff (N)**
Stickstoff wird als Legierungselement vorwiegend bei austenitischen Stählen zur Stabilisierung des Austenitgefüges eingesetzt. Die feindispersen Nitridausscheidungen bewirken eine Festigkeitssteigerung und eine Verbesserung der mechanischen Eigenschaften bei erhöhter Temperatur.

Ausscheidungsvorgänge können jedoch auch zu einer Beeinträchtigung der Zähigkeitseigenschaften führen (Alterung) sowie bei unlegierten und niedriglegierten Stählen die Empfindlichkeit gegenüber interkristalliner Korrosion erhöhen.
— **Phosphor (P)**
Phosphor wirkt stark anlaßversprödend. Diese zähigkeitsmindernde Wirkung macht sich als Kaltsprödigkeit und als Empfindlichkeit gegenüber Schlagbeanspruchung bemerkbar. Daher wird im allgemeinen der Phosphorgehalt auf ein Minimum reduziert.
— **Schwefel (S)**
Schwefel wird wie Phosphor als unerwünschtes Begleitelement angesehen. Die üblicherweise ausreichenden Gehalte an Mangan binden den Schwefel zu punktförmig im Stahl verteiltem Mangansulfid mit hohem Schmelzpunkt und verringern damit die Rot- bzw. Heißbruchgefahr.

Bis auf Sonderfälle wie Automatenstähle, bei denen zur Erzeugung kurzbrüchiger Späne mehr Schwefel zugesetzt wird, begrenzt man daher den Schwefelgehalt auf bestimmte Höchstwerte.
— **Wasserstoff (H)**
Wasserstoff schädigt den Stahl. Er kann unter anderem bei der Stahlherstellung und/oder bei bestimmten Oberflächenbehandlungsverfahren, z. B. Beizen, in den Werkstoff gelangen und zur sogenannten wasserstoffinduzierten Rißbildung führen (s. Abschnitt 6.4.5).

Bei der Betrachtung der Einflüsse verschiedener Elemente auf die mechanisch-technologischen Werkstoffeigenschaften ist stets zu beachten, daß die Wirkung der einzelnen Legierungselemente nicht losgelöst von der Gesamtzusammensetzung des Werkstoffs gesehen werden darf. Das gilt besonders für die hier genannten Elemente im Zusammenhang mit dem jeweiligen Kohlenstoffgehalt. Gesteuert wird das Zusammenspiel schließlich durch eine auf Legierung und gewünschte Eigenschaftskennwerte abgestimmte Wärmebehandlung.

3.5 Schrifttum

3.1   Bossard: Handbuch der Verschraubungstechnik. Zürich: Verlag Industrielle Organisation 1982
3.2   Strelow, D.: Mechanische Eigenschaften hochfester Schrauben aus niedriggekohlten borlegierten Werkstoffen bei Raumtemperatur und bei 300 °C. VDI-Z. 125 (1983) 92–98
3.3   Plöckinger, E.: Eigenschaften von nach Sonderschmelzverfahren hergestellten Edelbaustählen einschließlich Stählen für Schmiedestücke. Stahl Eisen 92 (1972) 972–981
3.4   Werkstoff-Leistungsblatt 1.7784, Teil 3. Köln: Beuth 1976
3.5   Werkstoff-Leistungsblatt 1.7784 Beiblatt 1. Köln: Beuth 1976
3.6   Wellinger; Gimmel; Bodenstein: Werkstofftabellen der Metalle. 7. Aufl. Stuttgart: Kröner 1972
3.7   Werkstoff-Leistungsblatt 1.4534. Köln: Beuth 1976
3.8   Werkstoff-Leistungsblatt 1.4534 Beiblatt 1. Köln: Beuth 1976
3.9   Werkstoff-Leistungsblatt 1.7164 Blatt 2. Köln: Beuth 1973
3.10 Smithels, Colin A.: Metals Reference Book. 5th edition, London and Boston: Butterworths 1976
3.11 Werkstoff-Leistungsblatt 3.7174, Teil 2. Köln: Beuth 1979
3.12 Schuster, M.: Borlegierte Vergütungsstähle für das Kaltpressen. Draht-Welt 58 (1972) 649–651
3.13 Härkönen, S.: Kaltstauchdraht IB 18. Draht 25 (1974) 225–229
3.14 Engineer, S.: Borlegierter Manganstahl TEW-25 MnB 4 zum Kaltstauchen. TEW-Technische Berichte 2 (1976) 125–129
3.15 Treppschuh, H.; Randak, A.; Domalski, H. H.; Kurzcja, J.: Einfluß von Bor auf die Eigenschaften von Bau- und Werkzeugstählen. Stahlwerke Südwestfalen. Tech. Ber. S. 59–67

4 Berechnung von Schraubenverbindungen

4.1 Einführung

Der Berechnungsgang bei einer Schraubenverbindung zur Ermittlung der Tragfähigkeit bei mechanischer Beanspruchung hängt in entscheidendem Maße von der Verbindungsgeometrie ab, die in die Hauptgruppen nach Bild 4.1 unterteilt werden kann [4.1, 4.2].

Die nachfolgend erläuterten Berechnungsgänge erfolgen in enger Anlehnung an die VDI-Richtlinie 2230, in der erstmals in systematischer Form Rechenschritte für zylindrische Einschraubenverbindungen zusammengestellt wurden, die auch als Ausschnitt aus unendlich biegesteif gestalteten Mehrschraubenverbindungen betrachtet werden können (z. B. Zylinderkopfverschraubung, Gehäuseverschraubung).

4.2 Kraft-Verformungs-Verhältnisse

Die Betriebsbeanspruchung von Schraubenverbindungen wird maßgeblich von den Nachgiebigkeitsverhältnissen von Schraube und verspannten Teilen beeinflußt. Deshalb ist eine optimale Ausnutzung hochbeanspruchter Schraubenverbindungen nur durch eine gründliche Erfassung des Kraft-Verformungs-Zustands möglich.

4.2.1 Montagezustand

Die Längenänderung eines Bauteils errechnet sich im elastischen Verformungsbereich nach dem Hookeschen Gesetz $\varepsilon = \sigma/E$. Mit

$$\varepsilon = \frac{\text{Längenänderung } f}{\text{Ausgangslänge } l}$$

läßt sich aus dem Verhältnis von Längenänderung f und Kraft F die „elastische Nachgiebigkeit" δ folgendermaßen aus dem Elastizitätsgesetz formulieren:

$$\delta = \frac{f}{F} = \frac{l}{EA} \ . \tag{4.1}$$

Für den Sonderfall der zentrisch verschraubten Verbindung (Schraubenachse = Schwerpunktachse der verspannten Teile) kann das Kraft-Verformungs-Verhalten wie folgt abgeleitet werden:

Wird eine Schraube auf eine bestimmte Vorspannkraft F_V, in diesem Fall auf die Montagevorspannkraft F_M, angezogen, dann längt sie sich um den Betrag f_{SM}. Die verspannten Teile drücken sich dabei um einen Betrag f_{PM} zusammen (Bilder 4.2 und 4.3).

4.2 Kraft-Verformungs-Verhältnisse

Schraubenverb.	Einschraubenverbindungen			Mehrschraubenverbindungen			
Schraubenachsen	zentrisch oder exzentrisch		in einer Ebene	rotationssymmetrisch		symmetrisch	asymmetrisch
	Zylinder	Balken	Balken	Kreisplatte	Flansch mit Dichtring	Flansch mit Flächenauflage	rechteckige Mehrschraubenverbind.	Mehrschraubenverbindung
Geometrie								
Berechnung	VDI 2230		Bedingt nach VDI 2230	Plattentheorie	DIN 2505 AD-Merkb. B7 VDI 2230	Bedingt nach Ersatzmodellen	Bedingt nach VDI 2230	
	Balkenbiegetheorie (VDI 2230) mit Zusatzbedingungen			Methode der finiten Elemente				

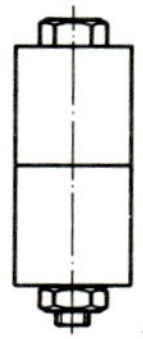

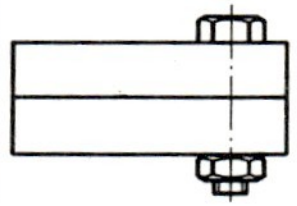

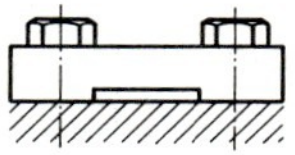

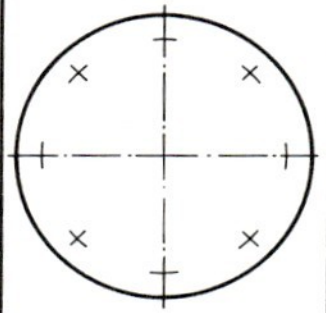

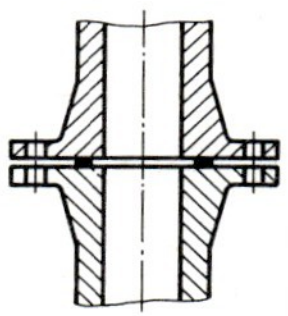

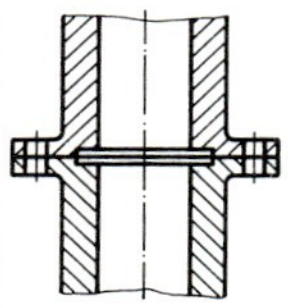

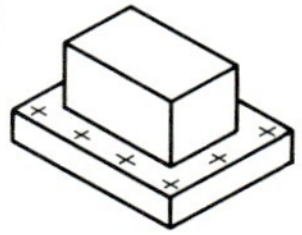

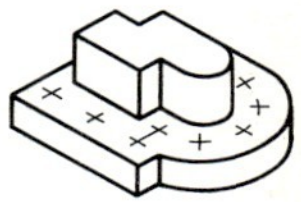

Bild 4.1. Übersicht über die Verbindungsgeometrie bei Schraubenverbindungen [4.2]

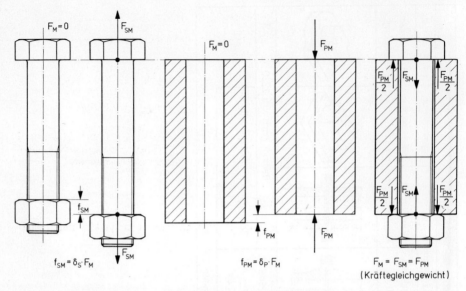

Bild 4.2. Längenänderungen von Schraube f_{SM} und verspannten Teilen f_{PM} infolge der Montagevorspannkraft F_M

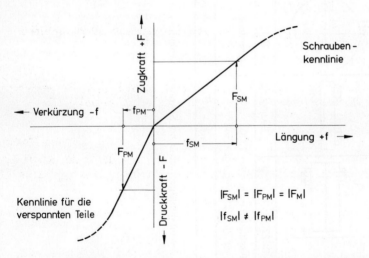

Bild 4.3. Kraft-Verformungs-Schaubild für den Montagezustand einer Schraubenverbindung

Wird die Montagevorspannkraft F_M vorzeichenunabhängig als absolute Größe aufgetragen und eine horizontale Verschiebung der Kraft-Verformungs-Kennlinie für die verspannten Teile vorgenommen, dann läßt sich die bekannte Form des Verspannungsschaubilds, das sog. Verspannungsdreieck, konstruieren (Bild 4.4).

Die Summe der Verformungen in der Schraubenverbindung bei der Montagevorspannkraft F_M beträgt $f_{SM} + f_{PM} = (\delta_S + \delta_P) F_M$.

4.2 Kraft-Verformungs-Verhältnisse

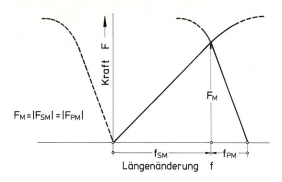

Bild 4.4. Verspannungsschaubild für den Montagezustand einer Schraubenverbindung

4.2.1.1 Elastische Nachgiebigkeit der Schraube

Schrauben bestehen im allgemeinen aus Teilabschnitten mit verschiedenen Querschnitten (Bild 4.5).

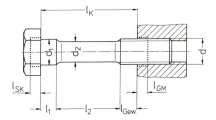

Bild 4.5. Teilabschnitte einer Schraube zur Berechnung von δ_S

Diese Teilabschnitte sind hintereinandergeschaltet, so daß sich die gesamte elastische Nachgiebigkeit δ_S der Schraube als Summe der Nachgiebigkeiten der einzelnen Elemente ergibt (Bild 4.5):

$$\delta_S = \delta_{SK} + \delta_1 + \delta_2 + \delta_{Gew} + \delta_{GM} . \tag{4.2}$$

Die elastischen Nachgiebigkeiten des Schraubenkopfes und des in das Muttergewinde eingeschraubten Gewindeteils werden durch die Anteile δ_{SK} und δ_{GM} berücksichtigt,

$$\delta_{SK} = \frac{0{,}4d}{E_S A_N} , \quad \left(\text{mit } A_N = \frac{\pi}{4} d^2\right) \quad \text{bzw.} \tag{4.3.1}$$

$$\delta_{GM} = \delta_G + \delta_M , \tag{4.3.2}$$

wobei sich δ_{GM} aus der Nachgiebigkeit δ_G des eingeschraubten Schraubengewindekerns [4.3] und der Nachgiebigkeit δ_M infolge der Mutterverschiebung (axiale Relativbewegung zwischen Schraube und Mutter infolge elastischer Biege- und Druckverformung der Schrauben- und Muttergewindezähne) zusammensetzt.

Für genormte Stahlmuttern nach DIN 934 gilt:

$$\delta_G = \frac{0{,}5d}{E_S A_{d3}} \tag{4.4}$$

und

$$\delta_M = \frac{0,4d}{E_S A_N}.\qquad(4.5)$$

Die elastische Nachgiebigkeit des nicht eingeschraubten, freien belasteten Schraubengewindes berechnet sich [4.3] zu

$$\delta_{Gew} = \frac{l_{Gew}}{E_S A_{d3}}, \quad \left(\text{mit } A_{d3} = \frac{\pi}{4} d_3^2\right).\qquad(4.6)$$

Damit ergibt sich schließlich die gesamte elastische Nachgiebigkeit einer Schraube mit n zylindrischen Einzelelementen wie folgt:

$$\begin{aligned}\delta_S &= \delta_{SK} + \delta_1 + \delta_2 + \ldots + \delta_n + \delta_{Gew} + \delta_{GM}\\ &= \frac{0,4d}{E_S A_N} + \frac{l_1}{E_S A_1} + \frac{l_2}{E_S A_2} + \ldots + \frac{l_n}{E_S A_n} + \frac{l_{Gew}}{E_S A_{d3}} + \frac{0,5d}{E_S A_{d3}} + \frac{0,4d}{E_S A_N}\\ &= \frac{l_1}{E_S A_1} + \frac{l_2}{E_S A_2} + \ldots + \frac{l_n}{E_S A_n} + \frac{l_{Gew} + 0,5d}{E_S A_{d3}} + \frac{0,8d}{E_S A_N}\\ &= \frac{4}{\pi E_S}\left(\frac{l_1}{d_1^2} + \frac{l_2}{d_2^2} + \ldots + \frac{l_n}{d_n^2} + \frac{l_{Gew} + 0,5d}{d_3^2} + \frac{0,8d}{d^2}\right).\end{aligned}\qquad(4.7)$$

4.2.1.2 Elastische Nachgiebigkeit aufeinanderliegender verspannter Teile

Die Berechnung der elastischen Nachgiebigkeit δ_P der von der Schraube vorgespannten Teile verursacht besondere Schwierigkeiten, weil im Klemmbereich zwischen Schraubenkopf bzw. Mutter und Trennfuge der verspannten Teile die Druckspan-

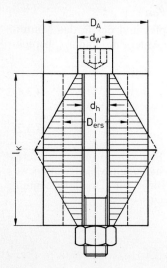

Bild 4.6. Druckeinflußzone in einer zylindrischen Durchsteckverschraubung (schematisch) [4.4]

4.2 Kraft-Verformungs-Verhältnisse

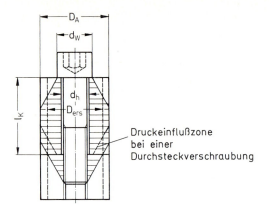

Druckeinflußzone bei einer Durchsteckverschraubung

Bild 4.7. Druckeinflußzone in einer zylindrischen Sacklochverschraubung (schematisch) [4.4]

nung im Querschnitt radial nach außen abnimmt, wenn die Querabmessungen der verschraubten Teile den Kopfauflagedurchmesser d_w überschreiten. Die druckbeanspruchte Zone verbreitert sich vom Schraubenkopf bzw. der Mutter ausgehend zur Trennfuge hin. In den Bildern 4.6 und 4.7 ist in vereinfachter Form die Druckeinflußzone vom Schraubenkopf zur gepreßten Trennfuge linear zunehmend dargestellt [4.4].

Weil demnach bei verspannten Teilen, deren Außendurchmesser D_A größer ist als der Kopfauflagedurchmesser d_w, nur Teilbereiche druckbeansprucht werden, vermindert sich der für die Berechnung der elastischen Nachgiebigkeit δ_P zugrundezu-

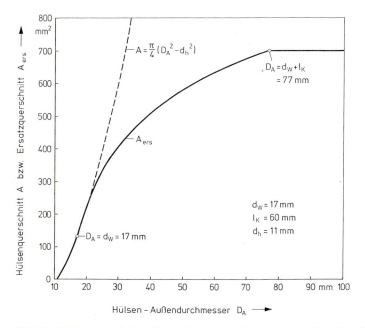

Bild 4.8. Hülsenquerschnitt A bzw. Ersatzquerschnitt A_{ers} einer Durchsteckverschraubung M10

legende Querschnitt. Deshalb wird der sog. Ersatzquerschnitt A_{ers} als Hilfsgröße herangezogen (Bild 4.8).

Ersatzquerschnitt A_{ers}

Gegenüber früheren Arbeiten [4.5–4.11] wird der für die Berechnung der elastischen Nachgiebigkeit δ_P verspannter Teile zugrundezulegende Ersatzquerschnitt A_{ers} nunmehr nach folgender Gleichung ermittelt:

$$A_{ers} = \frac{\pi}{4}(d_w^2 - d_h^2) + \frac{\pi}{8} d_w (D_A - d_w)[(x+1)^2 - 1] \tag{4.8}$$

mit

$$x = \sqrt[3]{\frac{l_K d_w}{D_A^2}}.$$

Diese Rechenbeziehung gilt für den Bereich

$$d_w \leq D_A \leq d_w + l_K.$$

Sie gilt für $d_w < D_A \leq 1{,}5 d_w$ bis zu einer maximalen Klemmlänge von $l_{K\,max} = 8d$.

Nach [4.12] ist die elastische Nachgiebigkeit δ_P für Sacklochverschraubungen kleiner als für Durchsteckverschraubungen. Allgemein sind jedoch die Nachgiebigkeitsverhältnisse für Sacklochverschraubungen noch nicht hinreichend erforscht. Deshalb wird zunächst für Durchsteck- und Sacklochverschraubungen der gleiche Rechengang zur Ermittlung der elastischen Nachgiebigkeiten verspannter Teile vorgeschlagen, zumal dadurch für die Sacklochverschraubungen eine größere Schraubenzusatzkraft errechnet wird und damit das Ergebnis auf der „sicheren" Seite liegt.

Für $D_A < d_w$ bzw. $D_A > d_w + l_K$ werden folgende Annahmen getroffen:

1. $D_A < d_w$.

In diesem Außendurchmesserbereich der verspannten Teile (schlanke Hülse) wird von einer homogenen Druckbeanspruchung über dem gesamten Hülsenquerschnitt ausgegangen. Damit wird

$$A_{ers} = \frac{\pi}{4}(D_A^2 - d_h^2). \tag{4.9}$$

2. $D_A > d_w + l_K$.

Für $D_A > d_w + l_K$ bleibt der Ersatzquerschnitt A_{ers} annähernd const. Daher wird in solchen Fällen A_{ers} mit Gl. (4.8) aus der Grenzbedingung $D_A = d_w + l_K$ ermittelt,

$$A_{ers} = \frac{\pi}{4}(d_w^2 - d_h^2) + \frac{\pi}{8} d_w l_K [(x+1)^2 - 1], \tag{4.10}$$

mit

$$x = \sqrt[3]{\frac{l_K d_w}{(l_K + d_w)^2}}$$

und damit die Berechnung der Nachgiebigkeit δ_P durchgeführt.

4.2 Kraft-Verformungs-Verhältnisse

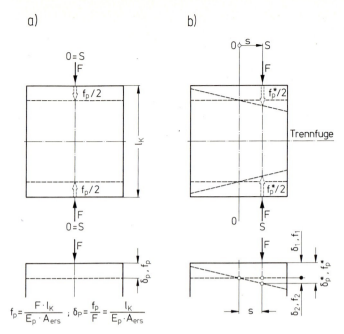

Bild 4.9a, b. Elastische Verformung eines „Biegekörpers" (Montagezustand). a) zentrische Verschraubung, b) exzentrische Verschraubung [4.1]

Elastische Nachgiebigkeit bei zentrischer Schraubenanordnung und zentrischer Krafteinleitung

Die elastische Nachgiebigkeit δ_P zentrisch verspannter Teile (Abstand der Schraubenachse $S-S$ von der Schwerpunktachse $0-0$ des Biegekörpers $s = 0$) ergibt sich aus Bild 4.9a zu

$$\delta_P = \frac{f_P}{F} = \frac{l_K}{A_{ers} E_P}. \qquad (4.11)$$

Diese Beziehung gilt in der Regel nur für satt aufeinanderliegende Teile und z. B. nicht für dünne Bleche größerer Anzahl, die nicht völlig eben sind. Sie enthält darüber hinaus nicht den Einfluß der Kontaktnachgiebigkeit. Durch diese wird die Längsnachgiebigkeit δ_P vergrößert. Sie ist im Bedarfsfall lastabhängig experimentell zu bestimmen.

Gleichung (4.11) berücksichtigt den für die Ermittlung des Kraftverhältnisses (s. Abschnitt 4.2.2) relevanten linearen Bereich der Entlastungskennlinie, der gemäß Bild 4.10 für Druckkörper aus Stahl oder Grauguß wegen der verschiedenen E-Moduln erhebliche Unterschiede aufweist.

Elastische Nachgiebigkeit bei exzentrischer Schraubenanordnung und exzentrischer Krafteinleitung

Liegt die Schraubenachse außerhalb der Schwerpunktachse der verspannten Teile (exzentrische Verschraubung, $s \neq 0$), dann wird neben einer Längsverformung des Ersatzdruckkörpers eine zusätzliche Biegeverformung der verspannten Teile hervor-

56   4 Berechnung von Schraubenverbindungen

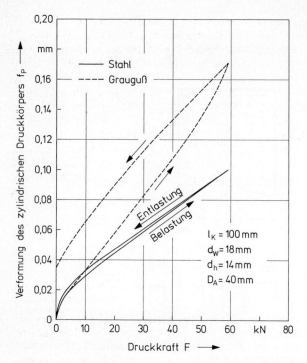

Bild 4.10. Verformung zylindrischer Druckkörper aus Stahl (41 Cr 4) und Grauguß (GG 20) [4.4]

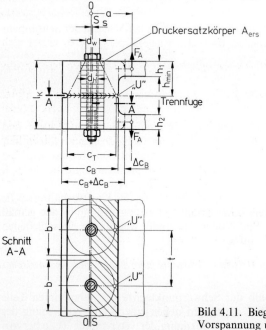

Bild 4.11. Biegekörper und Trennfugenflächen mit Vorspannung und Krafteinleitung [4.1]

4.2 Kraft-Verformungs-Verhältnisse

gerufen. Die Längsnachgiebigkeit der exzentrisch verspannten Teile wird dadurch von δ_P auf δ_P^* vergrößert (Bild 4.9 b). Der Rechenansatz in [4.1] setzt voraus, daß die verspannten Teile einen prismatischen „Biegekörper" bilden, in dessen Trennquerschnitt der Trennfugendruck auf der Biegezugseite größer als Null ist (d. h. kein Auseinanderklaffen der Trennfuge) und daß alle Querschnitte dieses prismatischen Körpers unter Belastung eben bleiben (lineare Spannungsverteilung).

Diese vereinfachenden Annahmen erfordern eine Begrenzung der Querabmessung des Biegekörpers auf $d_w + h_{min}$ (Bild 4.11, z. B. $b = d_w + h_{min}$, s. auch Bild 4.30).

Der Biegekörper nach Bild 4.11 hat bei konstantem Querschnitt ohne Lochabzug die Fläche $A_B = bc_B$ bzw. bei gestuftem Biegekörper mit zusätzlich mitwirkenden steifigkeitserhöhenden Teilen der Breiten $\Delta c_{B,i}$ die Querschnittsfläche $A_{B,i} = b(c_B + \Delta c_{B,i})$, ebenfalls ohne Lochabzug. Das Ersatzträgheitsmoment des gestuften Biegekörpers ergibt sich daraus zu

$$I_{Bers} = \frac{l_K}{\dfrac{h_1}{I_{B1}} + \dfrac{h_2}{I_{B2}} + \dfrac{l_K - (h_1 + h_2)}{I_B}} \tag{4.12}$$

und geht über in

$$I_{Bers} = I_B = \frac{bc_B^3}{12}, \tag{4.13}$$

wenn $h_1 = h_2 = 0$. Das Schraubenloch bleibt hierbei unberücksichtigt, weil seine die Biegenachgiebigkeit vergrößernde Wirkung durch die Schraube wieder kompensiert wird.

Für einen Biegekörper mit beliebig veränderlicher Querschnittsfläche über l_K kann das Integral

$$I_{Bers} = \frac{l_K}{\displaystyle\int_0^{l_K} \frac{dx}{I(x)}} \tag{4.14}$$

grafisch ermittelt werden. I_{Bers} wird für die Berechnung der elastischen Nachgiebigkeit δ_P^* benötigt (Bild 4.9 b).

Anhand dieses Bildes läßt sich die durch die zusätzliche Biegeverformung infolge exzentrischer Verspannung vergrößerte Plattennachgiebigkeit δ_P^* herleiten. In der Schraubenachse addieren sich die infolge des Axialkraftanteils F ($= F_M$ für den Montagezustand) und des Biegemoments $M_b = F_M s$ hervorgerufenen Stauchungen zu

$$f_P^* = f_{Pax} + f_{Pb} = \frac{F_M l_K}{E_P A_{ers}} + \frac{\sigma_b l_K}{E_P}. \tag{4.15}$$

Mit $\sigma_b = M_b/W_b$ und $W_b = I_B/s$ wird daraus:

$$f_P^* = \frac{F_M l_K}{E_P A_{ers}} + \frac{F_M s l_K}{(I_B/s) E_P}.$$

Damit ergibt sich f_P^* zu:

$$f_P^* = \frac{F_M l_K}{E_P A_{ers}} + \frac{F_M s^2 l_K A_{ers}}{I_B E_P A_{ers}} = \frac{F_M l_K}{E_P A_{ers}} \left(1 + \frac{s^2}{I_B/A_{ers}}\right).$$

Mit $\delta_P^* = f_P^*/F_M$ gilt:

$$\delta_P^* = \underbrace{\frac{l_K}{E_P A_{ers}}}_{\delta_P}\left(1 + \frac{s^2}{I_B/A_{ers}}\right).$$

Für die exzentrisch verspannte Verbindung ergibt sich daher mit $\delta_P^* = f_P^*/F_M$ die elastische Nachgiebigkeit der verspannten Teile:

$$\delta_P^* = \delta_P\left(1 + \frac{s^2}{I_B/A_{ers}}\right). \tag{4.16}$$

4.2.2 Betriebszustand

Die in vorgespannten Schraubenverbindungen wirkenden Betriebskräfte F_B werden im allgemeinen über die verspannten Teile in die Verbindung eingeleitet (Bild 4.12). Sie wirken in den weitaus häufigsten Fällen außerhalb der Schraubenlängsachse

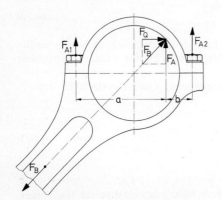

Bild 4.12. Exzentrisch betriebsbeanspruchte Pleuelverschraubung

(exzentrische Betriebsbeanspruchung ist der Regelfall!) und bewirken damit eine zusätzliche Biegebeanspruchung. Betriebskräfte greifen im allgemeinen innerhalb eines bestimmten Klemmbereichs der verspannten Teile und nicht direkt unter dem Schraubenkopf oder der Mutter an.

4.2.2.1 Zentrischer Angriff einer axialen Betriebskraft in der Ebene der Schraubenkopf- bzw. Mutterauflagefläche

Die Schraubenkopf- bzw. Mutterauflagefläche als Krafteinleitungsebene für eine Betriebskraft ist zwar in der Praxis kaum realisierbar, aber zur Ableitung der Kraft-Verformungs-Verhältnisse gut geeignet.

Wird die bis zur Montagevorspannkraft F_M vorgespannte Schraubenverbindung durch eine äußere, axial wirkende Komponente der Betriebskraft $F_A = f(F_B)$ (Bild 4.13) zugbeansprucht, dann wird das innere Kräftegleichgewicht verändert. Durch F_A wird die Schraube zusätzlich zugbeansprucht und damit weiter über den Betrag f_{SM} hinaus gelängt, während sich die zunächst bei der Montage um den Betrag f_{PM} zusammengedrückten Teile entspannen und die Trennfugenkraft damit abnimmt.

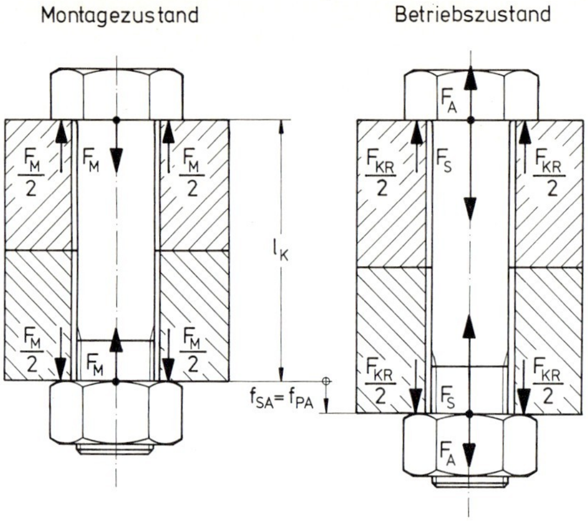

4.2 Kraft-Verformungs-Verhältnisse

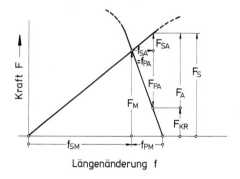

Bild 4.13. Zentrisch verspannte und betriebsbeanspruchte Schraubenverbindung (Sonderfall)

Bild 4.14. Verspannungsschaubild für den Betriebszustand einer Schraubenverbindung

Im Gegensatz zum Montagezustand sind Betrag *und* Richtung der Verformung von Schraube und verspannten Teilen infolge der Betriebskraft F_A identisch ($f_{SA} = f_{PA}$). Die Schraubenkraft nimmt um $F_{SA} = f_{SA}/\delta_S$ auf F_S zu, die Trennfugenkraft analog um $F_{PA} = f_{PA}/\delta_P$ auf die Restklemmkraft F_{KR} ab: $F_{KR} = F_M - F_{PA}$ (Bild 4.14).

Die Abnahme der Montagedruckkraft in den verspannten Teilen infolge der Betriebskraft F_A bewirkt, daß die Schraube von der Betriebskraft F_A nur den Differenzbetrag $F_{SA} = F_A - F_{PA}$ „spürt".

Im Montagezustand beträgt die Summe der Verformungen von Schraube und verspannten Teilen $f_{ges} = f_{SM} + f_{PM}$. Unter der Betriebskraft F_A wird sie zu

$$f_{ges} = f_{SM} + f_{SA} + (f_{PM} - f_{PA}) . \tag{4.17}$$

Mit $f_{SA} = f_{PA}$ gilt

$$f_{ges} = f_{SM} + f_{PM} .$$

Die Gesamtverformung bleibt also immer const, solange die Restklemmkraft F_{KR} größer als Null ist, d. h. solange die Trennfuge infolge der Betriebskraft nicht vollständig entlastet wird.

Betriebskraft als statische Zugkraft

Analog zum Montagezustand (Bild 4.4) läßt sich auch für den Betriebszustand das Verspannungsschaubild darstellen (Bild 4.14).

Der Anteil F_{SA} der Betriebskraft F_A, um den die Schraube im Betrieb zusätzlich beansprucht wird, wird üblicherweise als Funktion von der Betriebskraft F_A angegeben. Dazu wird das Kraftverhältnis Φ eingeführt:

$$\Phi = F_{SA}/F_A, \quad \text{oder} \quad F_{SA} = \Phi \cdot F_A .$$

Bei zentrischem Angriff der Betriebskraft unter dem Schraubenkopf und der Mutter wird das Kraftverhältnis mit Φ_K gekennzeichnet.

Φ_K berechnet sich zu

$$\Phi_K = \frac{\delta_P}{\delta_S + \delta_P}, \quad \text{d. h.}$$

$$F_{SA} = \frac{\delta_P}{\delta_S + \delta_P} F_A . \tag{4.18}$$

Nach Bild 4.14 tritt ein Abheben, d. h. völliges Entlasten der Trennfugen, dann ein, wenn die Kraft F_{PA} die Größe der Montagevorspannkraft erreicht. Die zum Abheben nötige Betriebskraft F_A beträgt:

$$F_{PAab} = (1 - \Phi_K) F_{Aab} = F_M$$

und damit

$$F_{Aab} = F_M/(1 - \Phi_K) . \tag{4.19}$$

Betriebskraft als statische Druckkraft

Eine von außen auf die vorgespannte Verbindung wirkende Druck-Betriebskraft F_A vermindert die Montagevorspannkraft der Schraube und erhöht die Trennfugenkraft der verspannten Teile. In diesem Fall sind die Zusatzkräfte wegen der Kongruenz der Kraft-Verformungs-Verhältnisse lediglich mit negativem Vorzeichen, aber in gleicher Größe in die Rechnung einzuführen (Bild 4.15).

Betriebskraft als sinusförmige Schwingkraft

Bei Schwell-Betriebsbeanspruchung ($F_{au} = 0$, $F_{ao} = F_A$) ergibt sich die Zusatzamplitude in der Schraube gemäß Bild 4.16 zu

$$F_{SA} = \Phi_K F_A/2 = F_{SA}/2 . \tag{4.20}$$

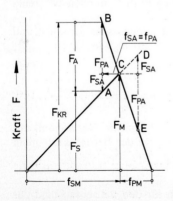

Bild 4.15. Verspannungsschaubild für den Fall einer Druck-Betriebskraft

4.2 Kraft-Verformungs-Verhältnisse

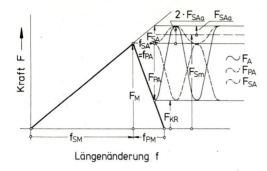

Bild 4.16. Verspannungsschaubild für den Fall einer Schwell-Betriebskraft ($F_{Au} = 0$, $F_{Ao} = F_A$)

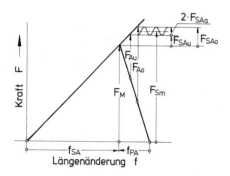

Bild 4.17. Verspannungsschaubild für den Fall einer Zug-Schwell-Betriebskraft

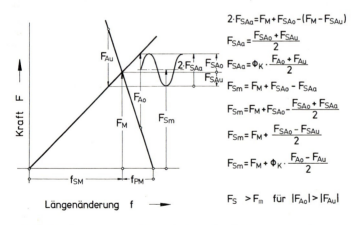

Bild 4.18. Verspannungsschaubild für den Fall einer Zug-Druck-Betriebskraft ($F_{Ao} > 0$, $F_{Au} < 0$)

Die mittlere Schraubenkraft beträgt $F_{Sm} = F_M + F_{SAa} = F_M + \Phi_K F_A/2$.

Die Kraft-Verformungs-Verhältnisse bei Zug-Schwell-Betriebsbeanspruchung ($F_{Au} > 0$, $F_{Au} < F_A < F_{Ao}$) verdeutlicht Bild 4.17.

Bild 4.18 stellt den Fall einer Zug-Druck-Betriebsbeanspruchung dar ($F_{Ao} > 0$, $F_{Au} < 0$).

Überelastische Beanspruchung durch die Betriebskraft

Bewirkt die Betriebskraft F_A eine überelastische Verformung der Schraube $f_{Z(S)}$ oder der verspannten Teile $f_{Z(P)}$, dann vermindert sich die Montagevorspannkraft F_M gemäß Bild 4.19 um den Betrag

$$F_Z = \frac{f_{Z(S/P)}}{\delta_S + \delta_P}. \tag{4.21}$$

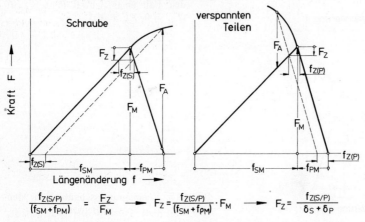

Bild 4.19a, b. Verspannungsschaubild für den Fall einer überelastischen Beanspruchung von Schraube oder verspannten Teilen durch F_A. a) Schraube, b) verspannte Teile

4.2.2.2 Zentrischer Angriff einer axialen Betriebskraft innerhalb der verspannten Teile zwischen Schraubenkopf und Mutter

Die Betriebskräfte werden in der Praxis im allgemeinen über bestimmte Klemmbereiche innerhalb der verspannten Teile in die Verbindung eingeleitet. Gegenüber

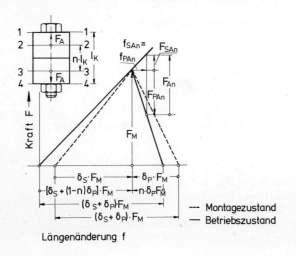

Bild 4.20. Verspannungsschaubild für den Fall einer innerhalb der verspannten Teile eingeleiteten Betriebskraft F_A

4.2 Kraft-Verformungs-Verhältnisse

der Krafteinleitung in den Ebenen der Schraubenkopf- bzw. Mutterauflagefläche bewirkt dies eine Veränderung der Nachgiebigkeitsverhältnisse und damit der Schraubenzusatzkräfte (Bild 4.20).

Eine in den Ebenen 2—2 und 3—3 wirkende Betriebskraft längt nicht nur die Schraube zusätzlich, sondern bewirkt darüber hinaus eine zusätzliche Zusammendrückung der verspannten Teile zwischen den Ebenen 1—1 und 2—2 sowie 3—3 und 4—4. Diese Klemmlänge $l_K - nl_K = (1-n)\, l_K$ der verspannten Teile muß deshalb bei der Berechnung der elastischen Dehnung der Schraube hinzugerechnet werden.

Damit bewirkt die Betriebskraft F_{An} eine der Berechnung der elastischen Nachgiebigkeit der Schraube zugrundezulegende Zusatzverformung f_{SAn}:

$$f_{SAn} = \underbrace{\frac{F_{SAn} l_K}{E_S A_S}}_{\substack{\text{Schrauben-}\\\text{längung}}} + \underbrace{\frac{F_{SAn}(1-n)\, l_K}{E_P A_{ers}}}_{\substack{\text{Stauchung der}\\\text{verspannten Teile}}}. \tag{4.22}$$

Daraus ergibt sich:

$$\frac{f_{SAn}}{F_{SAn}} = \delta_{SAn} = \underbrace{\frac{l_K}{E_S A_S}}_{\delta_S} + \underbrace{\frac{(1-n)\, l_K}{E_P A_{ers}}}_{(1-n)\cdot \delta_P}.$$

oder für die elastische Nachgiebigkeit der Schraube:

$$\delta_{SAn} = \delta_S + (1-n)\, \delta_P. \tag{4.23}$$

Das Ergebnis zeigt, daß die der Schraube zugeordnete Nachgiebigkeit δ_{SAn} um den Betrag $(1-n)\, \delta_P$, der dem Anteil der zusätzlich gedrückten Teile entspricht, größer wird, wenn die Betriebskraft in einem Abstand von nl_K innerhalb der verspannten Teile angreift. Lediglich der zwischen den Ebenen 2—2 und 3—3 liegende Teil der verspannten Teile mit der reduzierten Klemmlänge nl_K entlastet sich infolge der Betriebskraft F_{An} um den Betrag

$$f_{PAn} = \frac{F_{PAn}\, nl_K}{E_P A_{ers}}.$$

Die elastische Nachgiebigkeit der verspannten Teile wird nach Bild 4.20 um den Faktor n reduziert.

$$\delta_{PAn} = \frac{f_{PAn}}{F_{PAn}} = n\, \frac{l_K}{E_P A_{ers}} = n\delta_P.$$

Mit $f_{SAn} = f_{PAn}$ und $F_{SAn} + F_{PAn} = F_{An}$ gilt:

$$F_{SAn} = \frac{n\delta_P}{\delta_S + \delta_P}\, F_{An} = n\Phi_K F_{An} = \Phi_n F_{An} \tag{4.24}$$

$$F_{PAn} = \frac{\delta_S + (1-n)\, \delta_P}{\delta_S + \delta_P}\, F_{An} = (1 - n\Phi_K)\, F_{An} = (1 - \Phi_n)\, F_{An}. \tag{4.25}$$

Das Kraftverhältnis Φ_n für jeden beliebigen Kraftangriff zwischen $0 \leq n < 1$ errechnet sich demnach durch Multiplikation von Φ_K mit dem Klemmlängenanteil n:

$$\Phi_n = n\Phi_K. \tag{4.26}$$

Die Verschiebung der Kraftangriffspunkte der Betriebskraft in Richtung zur Trennfuge der verspannten Teile bewirkt wegen des abnehmenden Faktors n eine Verringerung der Schraubenzusatzkraft F_{SA}. Im Grenzfall $n = 0$ beträgt die Zusatzkraft in der Schraube ebenfalls Null. Tabelle 4.1 gibt für die Grenzfälle $n = 0$ und $n = 1$ und den in der Praxis oft mit guter Näherung zutreffenden Wert $n = 0.5$ [4.13] einen Überblick über die daraus resultierenden Kraft-Verformungs-Verhältnisse.

Tabelle 4.1. Kraft-Verformungs-Verhältnisse für $n = 0; 0.5; 1$

n	0	0,5	1
$\Phi_n = n \cdot \Phi_K$	0	$\Phi_K/2$	Φ_K
F_{SAn}	0	$F_A \cdot \Phi_K/2$	$F_A \cdot \Phi_K$
F_{PAn}	F_A	$F_A \cdot (1 - \Phi_K/2)$	$F_A (1 - \Phi_K)$
δ_{SAn}	$\delta_S + \delta_P$	$\delta_S + \delta_P/2$	δ_S
δ_{PAn}	0	$\delta_P/2$	δ_P

Die sicherste Methode zur Bestimmung des Faktors n stellt die direkte Messung der Schraubenkraft in der ausgeführten Konstruktion dar.

Wegen der relativ großen Unsicherheiten in bezug auf die Festlegung des Faktors n werden von [4.14] die Richtwerte entsprechend Bild 4.21 vorgeschlagen.

Aus Sicherheitsgründen sollten nach [4.14] zwei Berechnungen ausgeführt werden: Eine mit hoch geschätztem Faktor n, die die maximale Schraubenbeanspruchung ergibt, und eine mit niedrig angenommenem Wert n, um die Einhaltung einer erforderlichen Restklemmkraft zu überprüfen (Beispiel: $n = 0.7$ und $n = 0.3$).

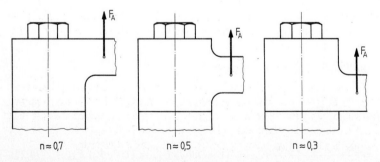

Bild 4.21. Richtwerte für den Faktor n [4.4]

4.2 Kraft-Verformungs-Verhältnisse

4.2.2.3 Exzentrischer Angriff einer axialen Betriebskraft

Exzentrisch verspannte und exzentrisch betriebsbeanspruchte Schraubenverbindungen sind der Regelfall: Die Wirkungslinie $A-A$ der axialen Komponente F_A der Betriebskraft liegt nicht in der Schraubenachse $S-S$, und die Schraubenachse selbst ist nicht mit der Schwerpunktachse der verschraubten Teile $0-0$ identisch (Bild 4.22). Die elastische Nachgiebigkeit der verspannten Teile berechnet sich für diesen Fall mit dem gegenüber δ_P veränderten Wert

$$\delta_P^{**} = \delta_P \left(1 + \frac{a s A_{ers}}{I_{Bers}}\right). \qquad (4.27)$$

Für $a = s$ wird $\delta_P^{**} = \delta_P^{*}$.

Der Abstand a ist dabei immer als positiver Wert in die Rechnung einzusetzen; hingegen ist s positiv, wenn Schraubenachse $S-S$ und Kraftwirkungslinie $A-A$ auf der gleichen Seite neben der Schwerpunktachse $0-0$ liegen und negativ, wenn sich $S-S$ und $A-A$ auf entgegengesetzten Seiten neben $0-0$ befinden.

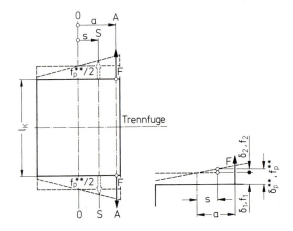

Bild 4.22. Elastische Verformung eines „Biegekörpers" (Betriebszustand)

Die Möglichkeit, daß ein einseitiges Aufklaffen der Trennfuge eintritt, wenn F_A einen von der Montagevorspannkraft F_M und den Außermittigkeiten a und s abhängigen Wert überschreitet, wird bei der Berechnung der elastischen Nachgiebigkeit δ_P^{**} nicht berücksichtigt.

Begründung: Die konstruktive Gestaltung der Schraubenverbindung soll nach [4.1] so vorgenommen werden, daß durch eine ausreichende Mindestklemmkraft ein einseitiges Aufklaffen verhindert wird.

Kräfte und Verformungen bis zur Abhebegrenze

Für den Fall der Einleitung der Betriebskraft F_A in der Ebene der Kopf- bzw. Mutterauflagefläche (Bild 4.23) leitet sich das Kraftverhältnis analog Bild 4.14 wie folgt ab:

Die Schraube längt sich unter der Betriebskraft F_A um den gleichen Betrag, um den die verspannten Teile aufgrund der Entspannung auffedern, d. h. $f_{SA} = f_{PA}$.

Mit $f_{SA} = \delta_S F_{SA}$, $f_{PA} = \delta_P F_{PA}$ und $F_{SA} + F_{PA} = F_A$ gilt allgemein:

$$\delta_S F_{SA} = \delta_P F_A - \delta_P F_{SA}$$

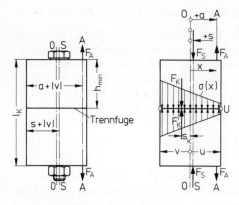

Bild 4.23. Exzentrische Verspannung und exzentrischer Betriebskraftangriff

und für den Fall der exzentrisch verspannten und exzentrisch betriebsbelasteten Schraubenverbindung

$$\delta_S F_{SA} = \delta_P^{**} F_A - \delta_P^* F_{SA} . \qquad (4.28)$$

In dieser Gleichung wird die der Betriebskraft F_A zugeordnete Nachgiebigkeit der verspannten Teile mit δ_P^{**} bezeichnet, weil die Betriebskraft F_A außerhalb der Schwerpunktachse der verspannten Teile im Abstand a und außerhalb der Schraubenachse ($a > s$) wirkt.

Die der Schraubenzusatzkraft F_{SA} zugeordnete Nachgiebigkeit der verspannten Teile erhält die Modifikation δ_P^*, weil F_{SA} zwar in der Schraubenachse, aber nicht in der Schwerpunktachse der verspannten Teile wirkt. Aus Gl. (4.28) erhält man zunächst

$$F_{SA} = \frac{\delta_P^{**}}{\delta_S + \delta_P^*} F_A$$

und daraus das für diesen Beanspruchungsfall relevante Kraftverhältnis

$$\Phi = \frac{F_{SA}}{F_A} = \frac{\delta_P^{**}}{\delta_S + \delta_P^*} = \Phi_{eK} . \qquad (4.29)$$

Mit

$$\delta_P^* = \delta_P \left(1 + \frac{s^2 A_{ers}}{I_{Bers}}\right)$$

und

$$\delta_P^{**} = \delta_P \left(1 + \frac{as A_{ers}}{I_{Bers}}\right)$$

wird

$$\Phi_{ek} = \frac{\delta_P \left(1 + \dfrac{as A_{ers}}{I_{Bers}}\right)}{\delta_S + \delta_P \left(1 + \dfrac{s^2 A_{ers}}{I_{Bers}}\right)} . \qquad (4.30)$$

4.2 Kraft-Verformungs-Verhältnisse

Bei Krafteinleitung von F_A innerhalb der verspannten Teile (Abstand nl_K in Bild 4.20) ändert sich Gl. (4.28), so daß nunmehr gilt:

$$[\delta_S + (1-n)\delta_P^*] F_{SA} = n\delta_P^{**} F_A - n\delta_P^* F_{SA}$$

oder

$$(\delta_S + \delta_P^*) F_{SA} = n\delta_P^{**} F_A .$$

Das Kraftverhältnis wird für diesen Belastungsfall mit Φ_{en} gekennzeichnet:

$$\Phi_{en} = \frac{F_{SA}}{F_A} = n \frac{\delta_P^{**}}{\delta_S + \delta_P^*} = n\Phi_{eK} . \qquad (4.31)$$

Tabelle 4.2 gibt eine Übersicht über die Kraftverhältnisse Φ in Abhängigkeit von den Betriebskraft-Einleitungsbedingungen.

Kräfte und Verformungen an der Abhebegrenze

Das einseitige Abheben exzentrisch verspannter und betriebsbeanspruchter Teile auf der Zugseite einer Schraubenverbindung beginnt dann, wenn die Trennfugenpressung an der Stelle $x = u$ in Bild 4.23 gerade den Wert Null erreicht. Unter der Annahme einer linearen Spannungsverteilung in der Trennfuge gilt gemäß Bild 4.23:

$$\sigma(x) = -\frac{F}{A_D} + \frac{M_B}{I_{BT}} x , \qquad (4.32)$$

A_D: Trennfugenfläche abzüglich der Fläche des Loches für die Schraube
I_{BT}: Trägheitsmoment der Trennfugenfläche.

Mit

$$F = F_V - F_{PA} = F_V - (1 - \Phi_{en}) F_A$$

F_V: Vorspannkraft der Schraube im Betrieb

Tabelle 4.2. Krafteinleitung und Kräfteverhältnis Φ bei unterschiedlichen Verschraubungsfällen

Position der Schraube	Angriffspunkt der Betriebskraft F_A	Kraftverhältnis $\Phi = F_{SA}/F_A$
In Schwerpunktachse, $s=0$	In Schraubenachse, in Schraubenkopf- bzw. Mutterauflagefläche $a=0, n=1$	$\Phi_K = \dfrac{\delta_P}{\delta_S + \delta_P}$
In Schwerpunktachse, $s=0$	In Schraubenachse, innerhalb der verspannten Teile $a=0, 0<n<1$	$\Phi_n = n\Phi_K = n\cdot\dfrac{\delta_P}{\delta_S + \delta_P}$
In Schwerpunktachse, $s=0$	Außerhalb der Schraubenachse, in Schraubenkopf- bzw. Mutterauflagefläche $a\neq 0, n=1$	$\Phi_{eK} = \Phi_K$
In Schwerpunktachse, $s=0$	Außerhalb der Schraubenachse, innerhalb der verspannten Teile $a\neq 0, 0<n<1$	$\Phi_{en} = \Phi_n = n\cdot\Phi_K$
Außerhalb der Schwerpunktachse, $s\neq 0$	In Schraubenachse, in Schraubenkopf- bzw. Mutterauflagefläche $a=s, n=1$	$\Phi_{eK} = \dfrac{\delta_P^{**}}{\delta_S + \delta_P^*} = \dfrac{\delta_P^*}{\delta_S + \delta_P^*}$
Außerhalb der Schwerpunktachse, $s\neq 0$	In Schraubenachse, innerhalb der verspannten Teile $a=s, 0<n<1$	$\Phi_{en} = n\Phi_{eK} = n\cdot\dfrac{\delta_P^*}{\delta_S + \delta_P^*}$
Außerhalb der Schwerpunktachse, $s\neq 0$	Außerhalb der Schraubenachse, in Schraubenkopf- bzw. Mutterauflagefläche $a>s, n=1$	$\Phi_{eK} = \dfrac{\delta_P^{**}}{\delta_S + \delta_P^*}$
Außerhalb der Schwerpunktachse, $s\neq 0$	Außerhalb der Schraubenachse, innerhalb der verspannten Teile $a>s, 0<n<1$	$\Phi_{en} = n\Phi_{eK} = n\cdot\dfrac{\delta_P^{**}}{\delta_S + \delta_P^*}$

und
$$M_B = aF_A - sF_S = aF_A - s(F_V + \Phi_{en}F_A)$$
wird
$$\sigma(x) = \frac{1}{A_D}\left[F_A(1 - \Phi_{en}) - F_V + \frac{F_A(a - s\Phi_{en}) - F_V s}{I_{BT}/A_D}x\right]$$

Aus der Abhebebedingung $\sigma(x = u) = 0$ folgt $F_A = F_{Aab}$ und damit (s. o.)
$$F_{Aab}(1 - \Phi_{en}) - F_V + \frac{F_{Aab}(a - s\Phi_{en}) - F_V s}{I_{BT}/A_D}u = 0,$$

woraus sich ergibt:
$$F_{Aab} = \frac{F_V}{\left(1 + \dfrac{au}{I_{BT}/A_D}\right)\Big/\left(1 + \dfrac{su}{I_{BT}/A_D}\right) - \Phi_{en}}. \tag{4.33}$$

Bei vorgegebener Betriebskraft F_A wird die das Klaffen verhindernde Mindestvorspannkraft F_{Vab}:
$$F_{Vab} = \underbrace{\frac{(a-s)u}{I_{BT}/A_D + su}F_A}_{F_{Kab}} + \underbrace{(1 - \Phi_{en})F_A}_{F_{PA}}. \tag{4.34}$$

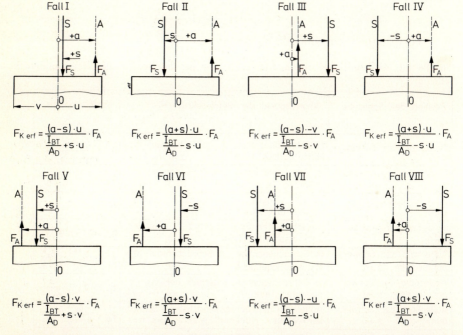

Bild 4.24. Berechnung der erforderlichen Mindestklemmkraft F_{Kerf} für verschiedene mögliche Belastungsfälle [4.1]

4.2 Kraft-Verformungs-Verhältnisse

Die Klemmkraft an der Abhebegrenze beträgt damit:

$$F_{Kab} = F_{Vab} - (1 - \Phi_{en}) F_A = \frac{(a-s)u}{I_{BT}/A_D + su} F_A .\qquad(4.35)$$

Soll sichergestellt sein, daß kein einseitiges Abheben unter der exzentrisch angreifenden Axialkraft F_A eintritt, dann muß die dazu erforderliche Klemmkraft F_{Kerf} mindestens so groß sein wie die an der Abhebegrenze vorhandene Klemmkraft, d. h.

$$F_{Kerf} = \frac{(a-s)u}{I_{BT}/A_D + su} F_A .\qquad(4.36)$$

Die Rechenbeziehung für F_{Kerf} auch für andere Belastungsfälle als nach Bild 4.23 enthält Bild 4.24.

Überschreitet die Betriebskraft F_A den für den Beginn des Klaffens kritischen Wert F_{Aab}, dann verläßt die zunächst lineare Kraft-Verformungs-Kennlinie für die verspannten Teile ihren ursprünglichen Verlauf und knickt ab (Bild 4.25).

Nach dem Beginn des einseitigen Klaffens steigen die Schraubenzusatzkräfte besonders stark an. Im Grenzfall des einseitigen Kantentragens hat das bekannte Verspannungsschaubild keine Gültigkeit mehr. Hier gelten nur noch die Hebelgesetze,

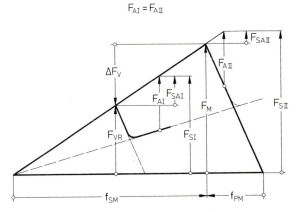

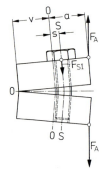

I. Aufklaffen der Trennfuge ($F_A > F_{Aab}$) (Hebelgesetz)

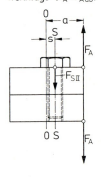

II. Kein Aufklaffen der Trennfuge ($F_A < F_{Aab}$)

Bild 4.25. Zunahme der Schraubenzusatzkraft F_{SA} durch einseitiges Aufklaffen der Trennfuge

d. h.

$$F_{SA} = \frac{a+v}{s+v} F_A - F_V, \qquad (4.37)$$

und die Schraubenzusatzkraft ist unter diesen Bedingungen von der Vorspannkraft abhängig (Bild 4.25). Bild 4.25 verdeutlicht darüber hinaus, daß das vollständige einseitige Kantentragen, das mit abnehmender Vorspannkraft eher auftritt, Schraubenzusatzkräfte hervorrufen kann, die sogar die in die Verbindung eingeleitete Betriebskraft überschreiten können (Hebelgeometrie).

Biegemomente, Biegeverformungen und Schraubenbeanspruchung

Die außerhalb der Schwerpunktachse der verspannten Teile angreifenden Kräfte F_A und F_S und äußeren Biegemomente M_B verursachen in der Schraube eine Zusatzbiegespannung σ_{SAb}, die insbesondere bei der Beurteilung der Dauerhaltbarkeit berücksichtigt werden muß.

Das aus der Betriebsbelastung resultierende Zusatzbiegemoment bestimmt sich bei der Schraubenverbindung in Bild 4.26 (*a* positiv, *s* negativ) zu

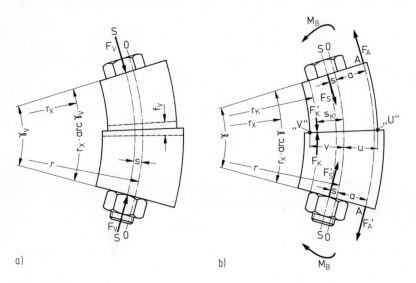

Bild 4.26a, b. Biegeverformungen einer exzentrisch beanspruchten Schraubenverbindung. a) Montagezustand, b) Betriebszustand [4.1]

$$M_b = M_{B\,gesamt} - F_V s = F_A a + F_S s + M_B - F_V s, \qquad (4.38)$$
$$M_b = F_A a + F_{SA} s + M_B = F_A a + \Phi_{en} F_A s + M_B$$

$$M_b = F_A a \left(1 + \Phi_{en} \frac{s}{a} + \frac{M_B}{F_A a}\right).$$

Liegen Schraubenachse und Kraftwirkungslinie der Betriebskraft auf der gleichen Seite neben der Schwerpunktachse der verspannten Teile (*a und s* positiv), dann

4.2 Kraft-Verformungs-Verhältnisse

vermindert sich das Zusatzbiegemoment um den von der Schraubenzusatzkraft herrührenden Betrag:

$$M_b = F_A a \left(1 - \Phi_{en} \frac{s}{a} + \frac{M_B}{F_A a}\right). \tag{4.39}$$

Die aus dem Zusatzbiegemoment M_b in der Schraubenverbindung resultierende Biegeverformung, die als Biegewinkel γ ausgedrückt wird, ist für Schraube und verspannte Teile gleich groß:

$$\gamma_S = \gamma_P = \gamma.$$

Mit Einführung der elastischen Biegenachgiebigkeit β, die sich analog zur elastischen Längsnachgiebigkeit $\delta = \frac{l}{EA}$ bestimmt,

$$\beta = \frac{l}{EI}, \tag{4.40}$$

wird

$$\gamma_S = \beta_S M_{bS}$$

bzw.

$$\gamma_P = \beta_P M_{bP}.$$

Aus der Gleichheit des Biegewinkels folgt:

$$\beta_S M_{bS} = \beta_P M_{bP}$$

oder

$$M_{bP} = \frac{\beta_S}{\beta_P} M_{bS},$$

und mit

$$M_b = M_{bP} + M_{bS}$$

ergibt sich das Biegemoment zu

$$M_b = \left(1 + \frac{\beta_S}{\beta_P}\right) M_{bS}$$

oder

$$M_{bS} = \frac{M_b}{1 + \beta_S/\beta_P}. \tag{4.41}$$

Für $\beta_S \gg \beta_P$ kann vereinfachend geschrieben werden:

$$M_{bS} = \frac{\beta_P}{\beta_S} M_b. \tag{4.42}$$

Mit $M_b = F_A a \left(1 + \Phi_{en} \frac{s}{a} + \frac{M_B}{F_A a}\right)$ für die Verbindung in Bild 4.26 und vereinfachend für den überwiegenden Fall $M_B = 0$ ergibt sich schließlich aus Gl. (4.42):

$$M_{bS} = \frac{\beta_P}{\beta_S}\left(1 + \Phi_{en}\frac{s}{a}\right)F_A a \ . \tag{4.43}$$

Die dauerhaltbarkeitsbestimmende Gesamt-Zusatzspannung auf der maximal beanspruchten Biegezugseite der Schraube, resultierend aus Axial- und Biegezusatzspannung (s. Abschnitt 5.2.2.3), berechnet sich zu

$$\sigma_{SAb} = \sigma_{SA} + \sigma_b = \frac{F_{SA}}{A_{d3}} + \frac{M_{bS}}{W_{d3}} \ . \tag{4.44}$$

Für die Bestimmung der Spannungen wird der Gewindekernquerschnitt A_{d3} bzw. das zugehörige Widerstandsmoment W_{d3} herangezogen, da dieser Querschnitt für die Dauerhaltbarkeitswerte von Schrauben maßgeblich ist.

Mit

$$F_{SA} = \Phi_{en}F_A \ , \qquad A_{d3} = \frac{\pi}{4}d_3^2 \ , \qquad M_{bs} = \frac{\beta_P}{\beta_S}\left(1 + \Phi_{en}\frac{s}{a}\right)F_A a$$

und

$$W_{d3} = \frac{I_{d3}}{d_3/2}$$

wird

$$\sigma_{SAb} = \frac{\Phi_{en}F_A}{A_{d3}} + \frac{\beta_P}{\beta_S}\left(1 + \Phi_{en}\frac{s}{a}\right)\frac{F_A a d_3}{2 I_{d3}}$$

oder schließlich

$$\sigma_{SAb} = \frac{\Phi_{en}F_A}{A_{d3}}\left[1 + \frac{\beta_P}{\beta_S}\left(\frac{1}{\Phi_{en}} + \frac{s}{a}\right)\frac{a\pi d_3^3}{8 I_{d3}}\right] . \tag{4.45}$$

Dabei berechnet sich die elastische Biegenachgiebigkeit β_S der Schraube als Summe der Teilnachgiebigkeiten analog zu Gl. (4.2):

$$\beta_S = \beta_{SK} + \beta_1 + \beta_2 + \ldots + \beta_n + \beta_{GM} + \beta_{Gew} \ . \tag{4.46}$$

Wird diese elastische Biegenachgiebigkeit β_S auf einen zylindrischen Stab mit der Länge l_{ers}, dem konstanten Querschnitt A_{d3} und dem konstanten Trägheitsmoment I_{d3} zurückgeführt, dann errechnet sich für diesen Stab die Ersatzlänge zu

$$l_{ers} = \beta_S E_S I_{d3} \ , \tag{4.47}$$

wobei $l_{ers} \neq l_K$.

Die Einführung dieser Ersatzlänge l_{ers} vereinfacht die Berechnung des Spannungsausschlags der exzentrisch betriebsbeanspruchten Schraubenverbindung. Mit

$$\beta_S = \frac{l_{ers}}{E_S I_{d3}} \quad \text{und} \quad \beta_P = \frac{l_K}{E_P \bar{I}_{Bers}}$$

wird

$$\frac{\beta_P}{\beta_S} = \frac{l_K}{l_{ers}}\frac{E_S}{E_P}\frac{I_{d3}}{\bar{I}_{Bers}} \ .$$

4.2 Kraft-Verformungs-Verhältnisse

$\bar{I}_{Bers}$ ist das Ersatzträgheitsmoment für den gestuften Biegekörper abzüglich des Trägheitsmoments für das Schraubenloch.

Damit kann für σ_{SAb} geschrieben werden:

$$\sigma_{SAb} = \frac{\Phi_{en} F_A}{A_{d3}} \left[1 + \frac{l_K}{l_{ers}} \frac{E_S}{E_P} \left(\frac{1}{\Phi_{en}} + \frac{s}{a} \right) \frac{a \pi d_3^3}{8 \bar{I}_{Bers}} \right]. \qquad (4.48)$$

Liegen a und s auf der gleichen Seite neben der Schwerpunktachse der verspannten Teile, so folgt schließlich

$$\sigma_{SAb} = \underbrace{\frac{\Phi_{en} F_A}{A_{d3}}}_{\sigma_{SA}} \underbrace{\left[1 + \frac{l_K}{l_{ers}} \frac{E_S}{E_P} \left(\frac{1}{\Phi_{en}} - \frac{s}{a} \right) \frac{a \pi d_3^3}{8 \bar{I}_{Bers}} \right]}_{1 + \sigma_b/\sigma_{SA}}. \qquad (4.49)$$

Verspannungsschaubild

Bild 4.27 zeigt das Verspannungsschaubild für eine exzentrisch verspannte und exzentrisch betriebsbeanspruchte Schraubenverbindung. Für dieses Beispiel wurde die Betriebskraft F_A gleich der Kraft F_{Aab} an der Abhebegrenze gewählt.

a) Montagezustand

Die Schraube längt sich durch die Montagekraft F_M um $f_{SM} = \delta_S F_M \triangleq \overline{SO}$. Die

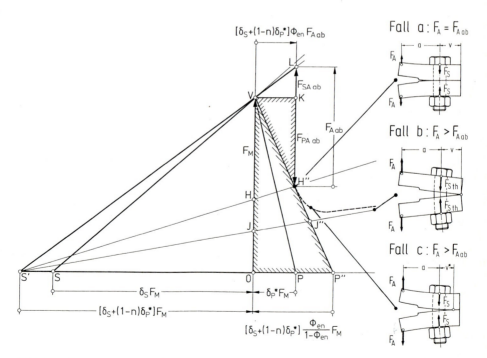

Bild 4.27. Verspannungsschaubild für eine exzentrisch verspannte und exzentrisch betriebsbeanspruchte Schraubenverbindung

verspannten Teile drücken sich durch F_M um $f_{PM} = \delta_P^* F_M \triangleq \overline{OP}$ zusammen. Dabei ist nach Gl. (4.16)

$$\delta_P^* = \delta_P \left(1 + \frac{s^2 A_{ers}}{I_{Bers}}\right).$$

Das Verspannungsschaubild für den Montagezustand ist somit das Dreieck SVP.

b) Betriebszustand
Bei Einleitung der Betriebskraft F_A über die verspannten Teile wird ein Anteil n von deren elastischer Nachgiebigkeit der Schraube zugerechnet. Die Kennlinie der Schraube verläuft jetzt flacher und entspricht der Strecke $S'VL$, so daß sich für den Betriebszustand folgende Längenänderungen für die Schraube ergeben (Bild 4.27):

$$f_{SMn} = [\delta_S + (1-n)\delta_P^*] F_M \triangleq \overline{S'O} \quad \text{bzw.} \quad (4.50)$$

$$f_{SAn} = [\delta_S + (1-n)\delta_P^*] F_{SA} \triangleq \overline{VK}. \quad (4.51)$$

Die Längenänderung der verspannten Teile an der Abhebegrenze ergibt sich aus Bild 4.27 durch Ähnlichkeitsbeziehungen (schraffierte Dreiecke):

$$\frac{\overline{VK}}{\overline{KH''}} = \frac{\overline{OP''}}{\overline{OV}} \quad \text{oder} \quad \overline{OP''} = \frac{\overline{VK}}{\overline{KH''}} \overline{OV}.$$

$\overline{VK}$ bestimmt sich mit Gl. (4.31) aus Gl. (4.51):

$$f_{SAn} = [\delta_S + (1-n)\delta_P^*] F_{SAab} = [\delta_S + (1-n)\delta_P^*] \Phi_{en} F_{Aab}. \quad (4.52)$$

$\overline{KH''}$ errechnet sich aus

$$F_{PAab} = (1 - \Phi_{en}) F_{Aab}. \quad (4.53)$$

Mit $\overline{OV} = F_M$ wird somit

$$\overline{OP''} = \frac{[\delta_S + (1-n)\delta_P^*] \Phi_{en} F_{Aab}}{(1-\Phi_{en}) F_{Aab}} F_M = \frac{[\delta_S + (1-n)\delta_P^*] \Phi_{en}}{1-\Phi_{en}} F_M. \quad (4.54)$$

Überschreitet die Betriebskraft F_A die Abhebekraft F_{Aab}, dann tritt einseitiges Klaffen in den Trennfugen ein. Der Beginn dieses Vorgangs entspricht im Verspannungsschaubild nach Bild 4.27 dem Punkt H'' (Fall a). Bei weiter ansteigender Betriebskraft schreitet das Aufklaffen fort, bis schließlich im Grenzfall einseitiges Kantentragen auftritt (Fall b). Hier können die Kraft-Verformungs-Verhältnisse nicht mehr im Verspannungsschaubild gekennzeichnet werden, sondern es gilt das Hebelgesetz

$$F_A(a + |v|) = F_S(s + |v|).$$

Diese Beziehung ist von allen Punkten der Geraden $S'JJ''$ in Bild 4.27 erfüllt für

$$\frac{\overline{VJ}}{\overline{VO}} = \frac{s + |v|}{a + |v|}.$$

Das einseitige Kantentragen ist allerdings nur ein theoretischer Grenzfall, welcher in der Praxis auf Grund der mit abnehmender Berührfläche der verspannten Teile stark zunehmenden Flächenpressung und der damit verbundenen Plastifizierungsvorgänge nicht erreicht wird (Fall c).

4.3 Rechenschritte

Die Ausgangsgrößen für die Berechnung der Schraubenverbindung, wie z. B. die Betriebskraft F_A, die Querkraft F_Q, das Biegemoment M_B und/oder das Torsionsmoment M_T, werden als bekannt vorausgesetzt.

VDI 2230 unterscheidet bei der Darstellung der Rechenschritte zwischen dem elementaren Berechnungsansatz (VDI 2230, Abschnitt 3) und dem nichtlinearen Berechnungsansatz.

4.3.1 Rechenschritte des elementaren Berechnungsansatzes

Bei der Auslegung einer Schraube nach Durchmesser und Festigkeitsklasse geht man von der axialen Komponente F_A einer in der Verbindung beliebig gerichteten Betriebskraft F_B aus. Hierbei werden folgende Einflußfaktoren berücksichtigt:

— Vorspannkraftverluste F_Z durch Setzvorgänge,
— Klemmkraftverluste $F_{PA} = (1 - \Phi) F_A$,
— erforderliche Klemmkraft $F_{K\,erf}$ für bestimmte betriebliche Anforderungen, z. B. Dichtfunktion, Verhinderung einseitigen Aufklaffens der Trennfugen und/oder selbsttätigen Losdrehens,
— Anziehfaktor $\alpha_A = F_{M\,max}/F_{M\,min}$ als Maß für die Streuung der Montagevorspannkraft.

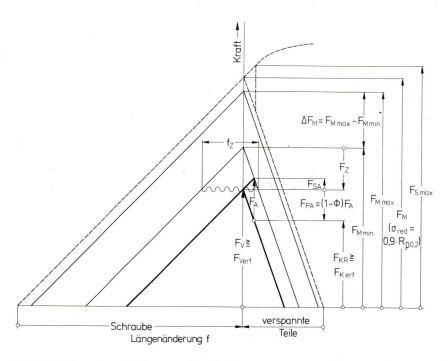

Bild 4.28. Hauptdimensionierungsgrößen im Verspannungsschaubild

4 Berechnung von Schraubenverbindungen

Tabelle 4.3. Abschätzen des Durchmesserbereichs von Schrauben [4.1]

1	2	3	4
Kraft in N	Nenndurchmesser in mm		
	Festigkeitsklasse		
	12.9	10.9	8.8
250			
400			
630			
1 000			
1 600	3	3	3
2 500	3	3	4
4 000	4	4	5
6 300	4	5	5
10 000	5	6	8
16 000	5	8	8
25 000	8	10	10
40 000	10	12	14
63 000	12	14	16
100 000	16	16	20
160 000	20	20	24
250 000	24	27	30
400 000	30	36	
630 000	36		

Ⓐ Wähle in Spalte 1 die nächstgrößere Kraft zu der an den Verschraubungen angreifenden Betriebskraft F_A

Ⓑ Die erforderliche Mindestvorspannkraft F_{Mmin} ergibt sich, indem man von dieser Zahl weitergeht um:

4 Schritte für statische und dynamische Querkraft

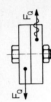

2 Schritte für dynamische und exzentrisch angreifende Axialkraft

1 Schritt für dynamisch und zentrisch oder statisch und exzentrisch angreifende Betriebskraft

0 Schritte für statisch und zentrisch angreifende Axialkraft

Ⓒ Die erforderliche maximale Vorspannkraft F_{Mmax} ergibt sich, indem man von dieser Kraft F_{Mmin} weitergeht um:

2 Schritte für Anziehen der Schraube mit einfachem Drehschrauber, der über Nachziehmoment eingestellt wird

1 Schritt für Anziehen mit Drehmomentschlüssel oder Präzisionsdrehschrauber, der mittels dynamischer Drehmomentmessung oder Längenmessung der Schraube eingestellt und kontrolliert wird

0 Schritte für Anziehen über Winkelkontrolle im überelastischen Bereich oder mittels Streckgrenzkontrolle durch Computersteuerung

Ⓓ Neben der gefundenen Zahl steht in Spalte 1 bis 4 die erforderliche Schraubenabmessung für die gewählte Festigkeitsklasse.

Beispiel:
Eine Verbindung wird dynamisch und exzentrisch durch die Axialkraft F_A = 8500 N belastet. Die Schraube mit der Festigkeitsklasse 12.9 soll mit Drehmomentschlüssel montiert werden.

Ⓐ 10 000 N ist die nächst größere Kraft zu F_A in Spalte 1

Ⓑ 2 Schritte für „exzentrische und dynamische Axialkraft" führen zu F_{Mmin} = 25 000 N

Ⓒ 1 Schritt für „Anziehen mit Drehmomentschlüssel" führt zu F_{Mmax} = 40 000 N

Ⓓ Für F_{Mmax} = 40 000 N findet man in Spalte 2 (Festigkeitsklasse 12.9) : M 10

4.3 Rechenschritte

Diese in der Hauptdimensionierungsformel

$$F_{M\,max} = \alpha_A F_{M\,min} = \alpha_A [F_{K\,erf} + (1 - \Phi) F_A + F_Z]. \qquad (4.55)$$

aufsummierten Einflußfaktoren machen deutlich, daß die Schraube für eine relativ hohe Montagevorspannkraft ($F_{M\,max}$) ausgelegt werden muß, um die im Betrieb erforderliche Klemmkraft $F_{K\,erf}$ sicherzustellen.

Die Montagevorspannkraft F_M dient in VDI 2230 als Basis für die Festlegung des Schraubendurchmessers. Bei F_M wird die Mindeststreckgrenze der Schraube zu 90% ausgenutzt, d. h. die sich aus Axial- und Torsionsspannung unter Verwendung der Gestaltänderungsenergiehypothese ergebende reduzierte Spannung σ_{red} bzw. Vergleichsspannung σ_V beträgt 90% der Streckgrenze bzw. der 0,2%-Dehngrenze (s. Abschnitt 8.3). Für Schaftschrauben ergibt sich somit

$$F_M = \sigma_M A_S = \frac{0{,}9 R_{p0,2}}{\sqrt{1 + 3 \left[\frac{4}{1 + d_3/d_2} \left(\frac{P}{\pi d_2} + 1{,}155 \mu_G \right) \right]^2}} A_S. \qquad (4.56)$$

Daraus folgt nach VDI 2230, daß die von der axialen Komponente F_A der Betriebskraft herrührende Komponente F_{SA} nicht größer als $0{,}1 R_{p0,2} A_S$ sein darf, wenn gefordert wird, daß die Gesamtschraubenkraft F_S die Streckgrenze nicht überschreitet:

$$F_{SA} = \Phi_n F_A \leq 0{,}1 R_{p0,2} A_S.$$

Im Fall einer Schwingbeanspruchung darf die Schwingkraftamplitude $\pm F_{SAa}$ die zulässige Schraubenschwingkraft (Dauerhaltbarkeit) nicht überschreiten.

Rechenschritt 1

Überschlägige Bestimmung des Schraubendurchmessers mit Hilfe von Tabelle 4.3, des Klemmlängenverhältnisses l_K/d und überschlägige Bestimmung der Flächenpressung p unter dem Schraubenkopf:

$$p = \frac{F_M/0{,}9}{A_P} \leq p_G \qquad (4.57)$$

mit der Auflagefläche

$$A_P = \frac{\pi}{4} (d_w^2 - d_h^2), \qquad (4.58)$$

F_M aus Tabelle 4.4 bis 4.7,
p_G aus Tabelle 4.8 (s. auch Abschnitt 5.1.7),
A_p unter Beachtung einer eventuellen Lochanfasung.

Rechenschritt 2

Festlegung des Anziehfaktors α_A nach Tabelle 4.9 (s. auch Kapitel 8).

Rechenschritt 3

Bestimmung der erforderlichen Mindestklemmkraft $F_{K\,erf}$ unter Berücksichtigung folgender Forderungen:

— Übertragung von Querkräften F_Q oder Drehmomenten M_T durch Reibschluß,
— Dichtfunktion,
— kein einseitiges Aufklaffen der Trennfugen bei exzentrischer Belastung und/oder Verspannung (s. Gl. (4.36)).

Tabelle 4.4. Montagevorspannkräfte F_M und Anziehdrehmomente M_A für Schaftschrauben mit metrischem Regelgewinde nach DIN 13 Teil 13 [4.1]

Abm.	Klasse	Montagevorspannkräfte F_M in N für $\mu_G =$							Anziehdrehmomente M_A in Nm für $\mu_K =$						
		0,08	0,10	0,12	0,14	0,16	0,20	0,24	0,08	0,10	0,12	0,14	0,16	0,20	0,24
M 4	8.8	4400	4200	4050	3900	3700	3400	3150	2,2	2,5	2,8	3,1	3,3	3,7	4,0
	10.9	6400	6200	6000	5700	5500	5000	4600	3,2	3,7	4,1	4,5	4,9	5,4	5,9
	12.9	7500	7300	7000	6700	6400	5900	5400	3,8	4,3	4,8	5,3	5,7	6,4	6,9
M 5	8.8	7200	6900	6600	6400	6100	5600	5100	4,3	4,9	5,5	6,1	6,5	7,3	7,9
	10.9	10500	10100	9700	9300	9000	8200	7500	6,3	7,3	8,1	8,9	9,6	10,7	11,6
	12.9	12300	11900	11400	10900	10500	9600	8800	7,4	8,5	9,5	10,4	11,2	12,5	13,5
M 6	8.8	10100	9700	9400	9000	8600	7900	7200	7,4	8,5	9,5	10,4	11,2	12,5	13,5
	10.9	14900	14300	13700	13200	12600	11600	10600	10,9	12,5	14,0	15,5	16,5	18,5	20,0
	12.9	17400	16700	16100	15400	14800	13500	12400	12,5	14,5	16,5	18,0	19,5	21,5	23,5
M 7	8.8	14800	14200	13700	13100	12600	11600	10600	12,0	14,0	15,5	17,0	18,5	21,0	22,5
	10.9	21700	20900	20100	19300	18500	17000	15600	17,5	20,5	23,0	25	27	31	33
	12.9	25500	24500	23500	22600	21700	19900	18300	20,5	24,0	27	30	32	36	39
M 8	8.8	18500	17900	17200	16500	15800	14500	13300	18	20,5	23	25	27	31	33
	10.9	27000	26000	25000	24200	23200	21300	19500	26	30	34	37	40	45	49
	12.9	32000	30500	29500	28500	27000	24900	22800	31	35	40	43	47	53	57
M 10	8.8	29500	28500	27500	26000	25000	23100	21200	36	41	46	51	55	62	67
	10.9	43500	42000	40000	38500	37000	34000	31000	52	60	68	75	80	90	98
	12.9	50000	49000	47000	45000	43000	40000	36500	61	71	79	87	94	106	115
M 12	8.8	43000	41500	40000	38500	36500	33500	31000	61	71	79	87	94	106	115
	10.9	63000	61000	59000	56000	54000	49500	45500	90	104	117	130	140	155	170
	12.9	74000	71000	69000	66000	63000	58000	53000	105	121	135	150	160	180	195
M 14	8.8	59000	57000	55000	53000	50000	46500	42500	97	113	125	140	150	170	185
	10.9	87000	84000	80000	77000	74000	68000	62000	145	165	185	205	220	250	270
	12.9	101000	98000	94000	90000	87000	80000	73000	165	195	215	240	260	290	320
M 16	8.8	81000	78000	75000	72000	70000	64000	59000	145	170	195	215	230	260	280
	10.9	119000	115000	111000	106000	102000	94000	86000	215	250	280	310	340	380	420
	12.9	139000	134000	130000	124000	119000	110000	101000	250	300	330	370	400	450	490
M 18	8.8	102000	98000	94000	91000	87000	80000	73000	210	245	280	300	330	370	400
	10.9	145000	140000	135000	129000	124000	114000	104000	300	350	390	430	470	530	570
	12.9	170000	164000	157000	151000	145000	133000	122000	350	410	460	510	550	620	670
M 20	8.8	131000	126000	121000	117000	112000	103000	95000	300	350	390	430	470	530	570
	10.9	186000	180000	173000	166000	159000	147000	135000	420	490	560	620	670	750	820
	12.9	218000	210000	202000	194000	187000	171000	158000	500	580	650	720	780	880	960
M 22	8.8	163000	157000	152000	146000	140000	129000	118000	400	470	530	580	630	710	780
	10.9	232000	224000	216000	208000	200000	183000	169000	570	670	750	830	900	1020	1110
	12.9	270000	260000	250000	243000	233000	215000	197000	670	780	880	970	1050	1190	1300
M 24	8.8	188000	182000	175000	168000	161000	148000	136000	510	600	670	740	800	910	990
	10.9	270000	260000	249000	239000	230000	211000	194000	730	850	960	1060	1140	1300	1400
	12.9	315000	305000	290000	280000	270000	247000	227000	850	1000	1120	1240	1350	1500	1650
M 27	8.8	247000	239000	230000	221000	213000	196000	180000	750	880	1000	1100	1200	1350	1450
	10.9	350000	340000	330000	315000	305000	280000	255000	1070	1250	1400	1550	1700	1900	2100
	12.9	410000	400000	385000	370000	355000	325000	300000	1250	1450	1650	1850	2000	2250	2450
M 30	8.8	300000	290000	280000	270000	260000	237000	218000	1000	1190	1350	1500	1600	1800	2000
	10.9	430000	415000	400000	385000	370000	340000	310000	1450	1700	1900	2100	2300	2600	2800
	12.9	500000	485000	465000	450000	430000	395000	365000	1700	2000	2250	2500	2700	3000	3300
M 33	8.8	375000	360000	350000	335000	320000	295000	275000	1400	1600	1850	2000	2200	2500	2700
	10.9	530000	520000	495000	480000	460000	420000	390000	1950	2300	2600	2800	3100	3500	3900
	12.9	620000	600000	580000	560000	540000	495000	455000	2300	2700	3000	3400	3700	4100	4500
M 36	8.8	440000	425000	410000	395000	380000	350000	320000	1750	2100	2350	2600	2800	3200	3500
	10.9	630000	600000	580000	560000	540000	495000	455000	2500	3000	3300	3700	4000	4500	4900
	12.9	730000	710000	680000	660000	630000	580000	530000	3000	3500	3900	4300	4700	5300	5800
M 39	8.8	530000	510000	490000	475000	455000	420000	385000	2300	2700	3000	3400	3700	4100	4500
	10.9	750000	730000	700000	670000	650000	600000	550000	3300	3800	4300	4800	5200	5900	6400
	12.9	880000	850000	820000	790000	760000	700000	640000	3800	4500	5100	5600	6100	6900	7500

4.3 Rechenschritte

Tabelle 4.5. Montagevorspannkräfte F_M und Anziehdrehmomente M_A für Taillenschrauben $d_T = 0{,}9d_3$ mit metrischem Regelgewinde nach DIN 13 Teil 13 [4.1]

Abm.	Klasse	Montagevorspannkräfte F_M in N für $\mu_G =$							Anziehdrehmomente M_A in Nm für $\mu_K =$						
		0,08	0,10	0,12	0,14	0,16	0,20	0,24	0,08	0,10	0,12	0,14	0,16	0,20	0,24
M 4	8.8 10.9 12.9														
M 5	8.8 10.9 12.9	5000 7300 8600	4750 7000 8200	4500 6600 7800	4300 6300 7400	4100 6000 7000	3700 5400 6400	3350 4900 5800	3,0 4,4 5,1	3,4 5,0 5,8	3,8 5,5 6,5	4,1 6,0 7,0	4,4 6,4 7,5	4,8 7,1 8,3	5,2 7,6 8,9
M 6	8.8 10.9 12.9	7000 10200 12000	6700 9800 11400	6300 9300 10900	6000 8800 10300	5700 8400 9800	5200 7600 8900	4700 6900 8000	5,1 7,5 8,8	5,8 8,6 10,0	6,5 9,5 11,1	7,0 10,3 12,0	7,5 11,0 13,0	8,2 12,1 14,0	8,8 13,0 15,0
M 7	8.8 10.9 12.9	10400 15300 18000	10000 14700 17200	9500 14000 16400	9100 13300 15600	8600 12700 14800	7800 11500 13400	7100 10400 12200	8,5 12,5 14,5	9,8 14,5 17,0	10,9 16,0 18,5	11,9 17,5 20,5	12,5 18,5 22,0	14,0 20,5 24,0	15,0 22,0 26
M 8	8.8 10.9 12.9	12900 19000 22200	12300 18100 21200	11800 17300 20200	11200 16400 19200	10600 15600 18300	9600 14100 16500	8700 12800 15000	12,4 18,0 21,5	14,0 21,0 24,5	16,0 23,0 27,1	17,0 25,0 30,0	18,5 27,0 32,0	20,5 30,0 35,0	21,5 32,0 37,0
M 10	8.8 10.9 12.9	20700 30500 35500	19800 29000 34000	18900 27500 32500	18000 26500 31000	17100 25000 29500	15400 22700 26500	14000 20600 24100	25 37 43	29 42 49	32 47 55	35 51 60	37 55 64	41 60 71	44 65 76
M 12	8.8 10.9 12.9	30500 44500 52000	29000 42500 50000	27500 40500 47500	26500 38500 45000	25000 36500 43000	22600 33000 39000	20500 30000 35500	43 63 74	49 73 85	55 81 95	60 88 103	64 94 110	71 104 122	76 112 130
M 14	8.8 10.9 12.9	42000 61000 72000	40000 59000 69000	38000 56000 65000	36000 53000 62000	34500 51000 59000	31000 46000 54000	28500 41500 48500	69 101 118	79 116 135	88 130 150	96 140 165	103 150 175	114 165 195	122 180 210
M 16	8.8 10.9 12.9	58000 86000 100000	56000 82000 96000	53000 79000 92000	51000 75000 88000	48500 71000 83000	44000 65000 76000	40000 59000 69000	106 155 185	123 180 210	135 200 235	150 220 260	160 235 280	180 260 310	195 280 330
M 18	8.8 10.9 12.9	72000 103000 121000	69000 99000 115000	66000 94000 110000	63000 89000 105000	60000 85000 100000	54000 77000 90000	49000 70000 82000	150 215 250	175 245 290	195 280 320	210 300 350	225 320 380	250 360 420	270 380 450
M 20	8.8 10.9 12.9	94000 134000 157000	90000 128000 150000	86000 123000 144000	82000 117000 137000	78000 111000 130000	71000 101000 118000	64000 92000 107000	215 310 360	250 350 410	280 400 460	310 430 510	330 460 540	360 520 610	390 560 650
M 22	8.8 10.9 12.9	119000 169000 198000	114000 162000 190000	109000 155000 182000	104000 148000 173000	99000 141000 165000	90000 128000 150000	82000 116000 136000	290 420 490	340 480 560	380 540 630	420 590 690	450 640 740	500 710 830	540 770 900
M 24	8.8 10.9 12.9	136000 193000 226000	130000 185000 216000	124000 177000 207000	118000 168000 197000	113000 160000 188000	102000 145000 170000	93000 132000 154000	370 530 620	430 610 710	480 680 800	520 740 870	560 800 940	620 890 1040	670 960 1120
M 27	8.8 10.9 12.9	181000 255000 300000	173000 247000 290000	166000 236000 275000	158000 225000 265000	151000 215000 250000	137000 195000 228000	124000 177000 207000	550 780 920	640 910 1060	720 1020 1190	790 1120 1300	850 1200 1400	940 1350 1550	1020 1450 1700
M 30	8.8 10.9 12.9	218000 310000 365000	209000 300000 350000	200000 285000 335000	191000 270000 320000	182000 260000 305000	165000 235000 275000	150000 214000 250000	740 1060 1240	860 1230 1450	970 1400 1600	1060 1500 1750	1140 1600 1900	1250 1800 2100	1350 1950 2300
M 33	8.8 10.9 12.9	275000 390000 460000	265000 375000 440000	250000 360000 420000	241000 345000 400000	230000 325000 385000	208000 295000 345000	189000 270000 315000	1010 1450 1700	1180 1700 1950	1300 1900 2200	1450 2050 2400	1550 2250 2600	1750 2500 2900	1900 2700 3100
M 36	8.8 10.9 12.9	320000 460000 535000	310000 440000 510000	295000 420000 490000	280000 400000 470000	270000 380000 445000	243000 345000 405000	221000 315000 370000	1300 1850 2150	1500 2150 2500	1700 2400 2800	1850 2600 3100	2000 2800 3300	2250 3200 3700	2400 3400 4000
M 39	8.8 10.9 12.9	390000 550000 650000	375000 530000 620000	355000 510000 600000	340000 485000 570000	325000 465000 540000	295000 420000 490000	270000 380000 445000	1700 2400 2800	1950 2800 3300	2200 3100 3700	2400 3500 4000	2600 3700 4400	2900 4200 4900	3200 4500 5300

Tabelle 4.6. Montagevorspannkräfte F_M und Anziehdrehmomente M_A für Schaftschrauben mit metrischem Feingewinde nach DIN 13 Teil 13 [4.1]

Abm.	Klasse	Montagevorspannkräfte F_M in N für $\mu_G =$							Anziehdrehmomente M_A in Nm für $\mu_K =$						
		0,08	0,10	0,12	0,14	0,16	0,20	0,24	0,08	0,10	0,12	0,14	0,16	0,20	0,24
M 8 ×1	8.8	20300	19600	18800	18100	17400	16000	14700	19	22	24,5	27	30	33	36
	10.9	29500	28500	27500	26500	25500	23400	21500	28	32	36	40	43	49	53
	12.9	35000	33500	32500	31000	30000	27500	25000	32	38	43	47	51	57	62
M 9 ×1	8.8	26500	25500	24800	23800	22900	21100	19400	27	32	36	40	43	49	53
	10.9	39000	38000	36500	35000	33500	31000	28500	40	46	53	58	63	71	78
	12.9	45500	44000	42500	41000	39500	36000	33500	46	54	62	68	74	83	91
M 10 ×1	8.8	34000	32500	31500	30500	29000	27000	24700	39	45	52	57	62	70	77
	10.9	50000	48000	46500	44500	43000	39500	36500	57	67	76	84	91	103	113
	12.9	58000	56000	54000	52000	50000	46000	42500	66	78	89	98	107	121	130
M 10 ×1,25	8.8	31500	30500	29500	28500	27000	24900	22900	37	43	49	54	58	66	72
	10.9	46500	45000	43000	41500	40000	36500	33500	55	64	72	79	86	97	105
	12.9	54000	53000	51000	48500	46500	43000	39500	64	74	84	93	100	113	123
M 12 ×1,25	8.8	48000	46500	45000	43000	41500	38000	35000	65	77	87	96	104	118	130
	10.9	71000	68000	66000	64000	61000	56000	52000	96	112	125	140	150	175	190
	12.9	83000	80000	77000	74000	71000	66000	60000	112	130	150	165	180	205	225
M 12 ×1,5	8.8	45500	44000	42500	40500	39000	36000	33000	63	74	83	92	99	112	122
	10.9	67000	65000	62000	60000	57000	53000	48500	93	108	122	135	145	165	180
	12.9	78000	76000	73000	70000	67000	62000	57000	109	125	145	155	170	190	210
M 14 ×1,5	8.8	65000	63000	61000	58000	56000	52000	47500	103	121	135	150	165	185	205
	10.9	96000	92000	89000	86000	82000	76000	70000	150	175	200	220	240	270	300
	12.9	112000	108000	104000	100000	96000	89000	82000	175	205	235	260	280	320	350
M 16 ×1,5	8.8	88000	85000	82000	79000	76000	70000	64000	155	180	205	230	250	280	310
	10.9	129000	125000	121000	116000	112000	103000	95000	225	270	300	340	370	420	450
	12.9	151000	147000	141000	136000	131000	120000	111000	270	310	360	390	430	490	530
M 18 ×1,5	8.8	118000	114000	110000	106000	102000	94000	87000	230	270	310	350	380	430	470
	10.9	168000	163000	157000	152000	146000	134000	124000	330	390	440	490	540	610	670
	12.9	197000	191000	184000	177000	170000	157000	145000	380	450	520	580	630	710	780
M 18 ×2	8.8	110000	106000	102000	98000	94000	87000	80000	220	260	290	330	350	400	430
	10.9	156000	151000	146000	140000	135000	124000	114000	320	370	420	460	500	570	620
	12.9	183000	177000	170000	164000	157000	145000	133000	370	430	490	540	590	660	720
M 20 ×1,5	8.8	149000	144000	139000	134000	129000	119000	110000	320	380	430	480	530	600	660
	10.9	212000	206000	199000	191000	184000	170000	156000	460	540	620	690	750	850	940
	12.9	248000	240000	232000	224000	215000	199000	183000	530	630	720	800	880	1000	1090
M 22 ×1,5	8.8	183000	177000	171000	166000	159000	147000	135000	430	510	580	640	700	800	880
	10.9	260000	255000	245000	236000	227000	209000	193000	610	720	820	920	1000	1140	1250
	12.9	305000	295000	285000	275000	265000	245000	225000	710	840	960	1070	1170	1350	1450
M 24 ×1,5	8.8	221000	215000	207000	200000	193000	178000	164000	640	700	760	830	890	1020	1140
	10.9	315000	306000	295000	285000	274000	253000	233000	900	990	1090	1180	1270	1450	1630
	12.9	369000	358000	346000	333000	321000	296000	273000	1060	1170	1270	1380	1480	1690	1910
M 24 ×2	8.8	210000	203000	196000	189000	182000	168000	154000	540	640	730	810	890	1010	1100
	10.9	300000	290000	280000	270000	260000	239000	220000	780	920	1040	1160	1250	1450	1550
	12.9	350000	340000	325000	315000	305000	280000	255000	910	1070	1220	1350	1500	1700	1850
M 27 ×1,5	8.8	285000	276000	267000	258000	248000	229000	211000	920	1010	1110	1200	1290	1480	1670
	10.9	405000	394000	381000	367000	354000	326000	301000	1310	1440	1580	1710	1840	2110	2380
	12.9	474000	461000	445000	430000	414000	382000	352000	1530	1690	1850	2000	2160	2470	2780
M 27 ×2	8.8	270000	265000	255000	245000	236000	218000	200000	790	940	1070	1190	1300	1500	1600
	10.9	385000	375000	365000	350000	335000	310000	285000	1130	1350	1500	1700	1850	2100	2300
	12.9	455000	440000	425000	410000	395000	365000	335000	1300	1580	1800	2000	2150	2450	2700
M 30 ×1,5	8.8	356000	346000	335000	323000	311000	287000	265000	1280	1410	1540	1670	1800	2060	2320
	10.9	507000	493000	477000	460000	443000	409000	377000	1820	2000	2190	2370	2560	2930	3300
	12.9	594000	576000	558000	538000	518000	479000	441000	2130	2340	2560	2780	2990	3430	3860
M 30 ×2	8.8	342000	332000	321000	309000	297000	274000	253000	1240	1370	1490	1610	1740	1990	2240
	10.9	487000	472000	457000	440000	424000	391000	360000	1770	1940	2120	2300	2480	2830	3190
	12.9	570000	553000	534000	515000	496000	457000	421000	2070	2270	2480	2690	2900	3310	3730

4.3 Rechenschritte

Abm.	Klasse	Montagevorspannkräfte F_M in N für μ_G =							Anziehdrehmomente M_A in Nm für μ_K =						
		0,08	0,10	0,12	0,14	0,16	0,20	0,24	0,08	0,10	0,12	0,14	0,16	0,20	0,24
M 33 ×1,5	8.8	436000	423000	410000	396000	381000	352000	324000	1700	1880	2050	2220	2400	2740	3090
	10.9	621000	603000	584000	563000	543000	501000	462000	2430	2670	2920	3170	3410	3910	4400
	12.9	726000	705000	683000	659000	635000	587000	541000	2840	3130	3420	3710	4000	4570	5150
M 33 ×2	8.8	420000	410000	395000	380000	365000	340000	310000	1450	1750	2000	2250	2450	2800	3100
	10.9	600000	580000	560000	540000	520000	480000	445000	2100	2500	2800	3200	3500	4000	4300
	12.9	700000	680000	660000	630000	610000	560000	520000	2450	2900	3300	3700	4100	4600	5100
M 36 ×1,5	8.8	523000	508000	492000	475000	458000	423000	390000	2230	2450	2680	2910	3140	3590	4050
	10.9	745000	724000	701000	677000	652000	603000	556000	3170	3490	3820	4140	4470	5110	5760
	12.9	872000	847000	820000	792000	763000	705000	650000	3710	4090	4470	4850	5230	5980	6740
M 36 ×3	8.8	470000	455000	440000	425000	410000	375000	345000	1850	2200	2500	2800	3000	3400	3700
	10.9	670000	650000	630000	610000	580000	540000	495000	2600	3100	3500	3900	4300	4900	5300
	12.9	790000	760000	740000	710000	680000	630000	580000	3100	3600	4100	4600	5000	5700	6200
M 39 ×1,5	8.8	619000	601000	582000	562000	542000	501000	462000	2850	3140	3430	3720	4010	4600	5180
	10.9	881000	857000	830000	801000	772000	713000	658000	4050	4470	4890	5300	5720	6550	7380
	12.9	1031000	1002000	971000	937000	903000	835000	770000	4740	5230	5720	6200	6690	7670	8640
M 39 ×3	8.8	560000	550000	530000	510000	490000	450000	415000	2350	2800	3200	3600	3900	4400	4800
	10.9	800000	780000	750000	720000	700000	640000	590000	3400	4000	4600	5100	5500	6300	6900
	12.9	940000	910000	880000	850000	810000	750000	690000	3900	4700	5300	5900	6500	7400	8100

Tabelle 4.7. Montagevorspannkräfte F_M und Anziehdrehmomente M_A für Taillenschrauben $d_T = 0{,}9d_3$ mit metrischem Feingewinde nach DIN 13 Teil 13 [4.1]

Abm.	Klasse	Montagevorspannkräfte F_M in N für $\mu_G =$							Anziehdrehmomente M_A in Nm für $\mu_K =$						
		0,08	0,10	0,12	0,14	0,16	0,20	0,24	0,08	0,10	0,12	0,14	0,16	0,20	0,24
M 8 ×1	8.8	14600	14000	13400	12700	12100	11000	10000	13,5	15,5	17,5	19	20,5	23	24,5
	10.9	21500	20500	19600	18700	17800	16100	14700	20	23	26	28	30	34	36
	12.9	25000	24000	23000	21900	20800	18900	17200	23,5	27	30	33	35	39	42
M 9 ×1	8.8	19500	18700	17800	17000	16200	14700	13400	19,5	23	26	28	30	34	37
	10.9	28500	27500	26000	25000	23800	21600	19700	29	34	38	41	45	50	54
	12.9	33500	32000	30500	29500	28000	25500	23000	34	39	44	49	52	58	63
M 10 ×1	8.8	25000	24000	23000	21900	20900	19000	17300	29	33	37	41	44	50	54
	10.9	36500	35500	34000	32000	30500	28000	25500	42	49	55	61	65	73	79
	12.9	43000	41500	39500	37500	36000	32500	29500	49	57	64	71	76	85	92
M 10 ×1,25	8.8	22800	21900	20900	19900	18900	17200	15600	27	31	35	38	41	45	49
	10.9	33500	32000	30500	29000	28000	25000	22900	39	45	51	56	60	67	72
	12.9	39000	37500	36000	34000	32500	29500	27000	46	53	60	65	70	78	84
M 12 ×1,25	8.8	35500	34000	32500	31000	29500	27000	24500	48	56	63	69	74	83	90
	10.9	52000	50000	48000	45500	43500	39500	36000	71	82	92	101	109	122	130
	12.9	61000	59000	56000	53000	51000	46500	42000	83	96	108	119	130	145	155
M 12 ×1,5	8.8	33000	31500	30000	28500	27500	24700	22500	46	53	59	64	69	77	83
	10.9	48500	46000	44000	42000	40000	36500	33000	67	77	87	95	102	113	122
	12.9	57000	54000	52000	49000	47000	42500	38500	78	91	101	111	119	130	145
M 14 ×1,5	8.8	48000	46000	44000	42000	40000	36000	33000	75	88	99	108	117	130	140
	10.9	70000	67000	64000	62000	59000	53000	48500	111	130	145	160	170	190	205
	12.9	82000	79000	75000	72000	69000	62000	57000	130	150	170	185	200	225	240
M 16 ×1,5	8.8	66000	63000	60000	58000	55000	50000	45500	115	135	150	165	180	200	220
	10.9	96000	92000	88000	85000	81000	73000	67000	170	195	220	245	260	300	320
	12.9	113000	108000	104000	99000	94000	86000	78000	195	230	260	290	310	350	370
M 18 ×1,5	8.8	89000	85000	82000	78000	75000	68000	62000	175	205	230	250	270	310	330
	10.9	126000	121000	116000	111000	106000	97000	88000	245	290	330	360	390	440	470
	12.9	148000	142000	136000	130000	124000	113000	103000	290	340	380	420	460	510	560
M 18 ×2	8.8	80000	77000	74000	70000	67000	61000	55000	160	190	210	230	250	280	300
	10.9	114000	110000	105000	100000	95000	87000	79000	230	270	300	330	360	400	430
	12.9	134000	128000	123000	117000	112000	101000	92000	270	310	350	390	420	460	500
M 20 ×1,5	8.8	113000	108000	104000	99000	95000	86000	79000	240	290	320	360	390	430	470
	10.9	160000	154000	148000	142000	135000	123000	112000	350	410	460	510	550	620	670
	12.9	188000	181000	173000	166000	158000	144000	131000	400	480	540	590	640	720	790
M 22 ×1,5	8.8	139000	134000	129000	123000	118000	107000	98000	320	380	430	480	520	590	640
	10.9	199000	191000	183000	176000	168000	153000	139000	460	540	620	680	740	830	900
	12.9	232000	224000	215000	206000	196000	179000	163000	540	640	720	800	870	980	1060
M 24 ×1,5	8.8	169000	163000	156000	150000	143000	131000	119000	480	530	580	620	670	750	860
	10.9	241000	232000	223000	213000	204000	186000	169000	680	750	820	890	960	1090	1230
	12.9	282000	271000	261000	250000	239000	217000	198000	800	880	960	1040	1120	1280	1440
M 24 ×2	8.8	158000	152000	145000	139000	133000	121000	110000	410	480	540	600	650	730	790
	10.9	224000	216000	207000	198000	189000	172000	156000	580	680	770	850	920	1030	1120
	12.9	265000	255000	242000	231000	221000	201000	183000	680	800	900	1000	1080	1210	1300
M 27 ×1,5	8.8	219000	211000	203000	194000	186000	169000	154000	700	770	840	910	980	1120	1270
	10.9	312000	301000	289000	277000	265000	241000	220000	990	1100	1200	1300	1400	1600	1800
	12.9	365000	352000	338000	324000	310000	282000	257000	1160	1280	1400	1520	1640	1870	2110
M 27 ×2	8.8	206000	198000	190000	182000	174000	158000	144000	600	700	800	880	960	1080	1170
	10.9	295000	280000	270000	260000	247000	225000	205000	850	1000	1140	1250	1350	1550	1650
	12.9	345000	330000	315000	305000	290000	265000	240000	1000	1170	1350	1450	1600	1800	1950
M 30 ×1,5	8.8	275000	265000	255000	245000	234000	213000	195000	970	1070	1170	1270	1370	1570	1770
	10.9	392000	378000	363000	348000	333000	304000	277000	1380	1520	1670	1810	1950	2230	2510
	12.9	458000	442000	425000	408000	390000	356000	324000	1620	1790	1950	2120	2280	2610	2940
M 30 ×2	8.8	260000	251000	241000	231000	220000	201000	183000	930	1030	1120	1210	1310	1490	1680
	10.9	371000	357000	343000	328000	314000	286000	260000	1330	1460	1590	1730	1860	2130	2390
	12.9	434000	418000	401000	384000	367000	335000	305000	1550	1710	1870	2020	2180	2490	2800

4.3 Rechenschritte

Abm.	Klasse	Montagevorspannkräfte F_M in N für $\mu_G =$							Anziehdrehmomente M_A in Nm für $\mu_K =$						
		0,08	0,10	0,12	0,14	0,16	0,20	0,24	0,08	0,10	0,12	0,14	0,16	0,20	0,24
M 33 ×1,5	8.8	338000	326000	313000	301000	288000	263000	240000	1300	1440	1570	1700	1830	2100	2360
	10.9	481000	464000	446000	428000	410000	374000	341000	1860	2050	2230	2420	2610	2990	3370
	12.9	563000	543000	522000	501000	479000	438000	399000	2170	2390	2610	2840	3060	3500	3940
M 33 ×2	8.8	320000	310000	300000	285000	275000	248000	226000	1120	1300	1500	1650	1800	2050	2200
	10.9	460000	440000	425000	405000	390000	355000	320000	1600	1900	2150	2400	2600	2900	3200
	12.9	540000	520000	495000	475000	455000	415000	375000	1850	2200	2500	2800	3000	3400	3700
M 36 ×1,5	8.8	407000	393000	378000	362000	347000	317000	289000	1710	1880	2060	2230	2410	2760	3110
	10.9	579000	559000	538000	516000	494000	451000	412000	2430	2680	2930	3180	3430	3920	4420
	12.9	678000	655000	630000	604000	578000	528000	482000	2850	3140	3430	3720	4010	4590	5170
M 36 ×3	8.8	355000	340000	325000	310000	300000	270000	247000	1400	1600	1850	2000	2200	2450	2700
	10.9	500000	485000	465000	445000	425000	385000	350000	1950	2300	2600	2900	3100	3500	3800
	12.9	590000	570000	540000	520000	495000	450000	410000	2300	2700	3100	3400	3600	4100	4400
M 39 ×1,5	8.8	482000	466000	448000	430000	412000	376000	343000	2190	2410	2640	2860	3090	3540	3990
	10.9	687000	663000	638000	612000	586000	536000	489000	3120	3440	3760	4080	4400	5040	5680
	12.9	804000	776000	747000	717000	686000	627000	572000	3650	4020	4400	4770	5150	5900	6650
M 39 ×3	8.8	425000	410000	390000	375000	360000	325000	295000	1800	2100	2400	2600	2800	3200	3500
	10.9	610000	580000	560000	530000	510000	465000	425000	2500	3000	3400	3700	4100	4600	4900
	12.9	710000	680000	650000	630000	600000	540000	495000	3000	3500	4000	4400	4700	5300	5800

Tabelle 4.8. Grenzflächenpressung für verschiedene Werkstoffe [4.1]

Werkstoff	Zug-festigkeit R_m (N/mm²)	Grenzflächen-pressung*) p_G (N/mm²)
St37	370	260
St50	500	420
C45	800	700
42CrMo4	1000	850
30CrNiMo8	1200	750
X5CrNiMo1810**)	500 bis 700	210
X10CrNiMo189**)	500 bis 750	220
Rostfreie, ausscheidungshärtende Werkstoffe	1200 bis 1500	1000 bis 1250
Titan, unlegiert	390 bis 540	300
Ti-6Al-4V	1100	1000
GG15	150	600
GG25	250	800
GG35	350	900
GG40	400	1100
GGG35.3	350	480
GD MgAl9	300 (200)	220 (140)
GK MgAl9	200 (300)	140 (220)
GK AlSi6 Cu4	–	200
AlZnMg Cu 0,5	450	370
Al99	160	140
GFK-Verbundwerkstoff	–	120
CFK-Verbundwerkstoff	–	140

*) Beim motorischen Anziehen können die Werte der Grenzflächenpressung bis zu 25% kleiner sein.
**) Bei kaltverfestigten Werkstoffen liegen die Grenzflächenpressungen wesentlich höher.

Tabelle 4.9. Richtwerte für den Anziehfaktor α_A [4.1]

Anziehfaktor α_A	Streuung $\frac{\Delta F_M}{2 \cdot F_{Mm}}$ %	Anziehverfahren	Einstellverfahren	Bemerkungen		
(1)*)	±5 bis ±12	Streckgrenzgesteuertes Anziehen motorisch oder manuell		Die Vorspannkraftstreuung wird wesentlich bestimmt durch die Streuung der Streckgrenze im verbauten Schraubenlos. Die Schrauben werden hier für $F_{M\,min}$ dimensioniert; der Anziehfaktor α_A entfällt deshalb für diese Anziehmethoden.		
(1)*)	±5 bis ±12	Drehwinkelgesteuertes Anziehen motorisch oder manuell	Versuchsmäßige Best. v. Voranziehmoment u. Drehwinkel (Stufen)			
1,2 bis 1,6	±9 bis ±23	Hydraulisches Anziehen	Einstellung über Längen- bzw. Druckmessung	Niedrigere Werte für lange Schrauben ($l_K/d \geqq 5$) Höhere Werte für kurze Schrauben ($l_K/d \leqq 2$)		
1,4 bis 1,6	±17 bis ±23	Drehmomentgesteuertes Anziehen mit Drehmomentschlüssel, signalgebendem Schlüssel oder Präzisionsdrehschrauber mit dynamischer Drehmomentmessung	Versuchsmäßige Bestimmung der Sollanziehmomente am Original-Verschraubungsteil, z.B. durch Längungsmessung der Schraube	Niedrigere Werte für: Große Zahl von Einstell- bzw. Kontrollversuchen (z.B. 20). Geringe Streuung des abgegebenen Momentes. Elektronische Drehmomentbegrenzung während der Montage bei Präzisions-Drehschraubern	Niedrigere Werte für: • kleine Drehwinkel, d.h. relativ steife Verbindungen • relativ weiche Gegenlage • Gegenlagen, die nicht zum Fressen neigen, z.B. phosphatiert	
1,6 bis 1,8	±23 bis ±28		Bestimmung des Sollanziehmomentes durch Schätzen der Reibungszahl (Oberflächen- und Schmierverhältnisse)	Niedrigere Werte für: messende Drehmomentschlüssel • gleichmäßiges Anziehen • Präzisionsdrehschrauber Höhere Werte für: signalgebende oder ausknickende Drehmomentschlüssel	Höhere Werte für (bei): • große Drehwinkel, d.h. relativ nachgiebige Verbindungen sowie Feingewinde • große Härte der Gegenlage, verbunden mit rauher Oberfläche • Formabweichungen	
1,7 bis 2,5	±26 bis ±43	Drehmomentgesteuertes Anziehen mit Drehschrauber	Einstellen des Schraubers mit Nachziehmoment, das aus Sollanziehmoment (für geschätzte Reibungszahl) und einem Zuschlag gebildet wird.	Niedrigere Werte für: • große Zahl von Kontrollversuchen (Nachziehmoment) • Schrauber mit Abschaltkupplungen		
2,5 bis 4	±43 bis ±60	Impulsgesteuertes Anziehen mit Schlagschrauber	Einstellen des Schraubers über Nachziehmoment – wie oben	Niedrigere Werte für: • große Zahl von Einstellversuchen (Nachziehmoment) • auf horizontalem Ast der Schrauberkarakteristik • spielfreie Impulsübertragung		

*) α_A ist zwar größer als 1, aber für die Dimensionierungsgleichung wird $\alpha_A = 1$ gesetzt (siehe Abschnitt 8.4.5 bzw. 8.4.6).

4.3 Rechenschritte

Rechenschritt 4
Bestimmung des Kraftverhältnisses Φ:

$$\Phi_{en} = n\Phi_{ek} = n \; \frac{\delta_P \left(1 + \dfrac{as A_{ers}}{I_{Bers}}\right)}{\delta_S + \delta_P \left(1 + \dfrac{s^2 A_{ers}}{I_{Bers}}\right)} \; . \tag{4.59}$$

Rechenschritt 5
Bestimmung des Vorspannkraftverlustes F_Z infolge Setzens:

$$F_Z = \frac{\bar{f}_Z}{\delta_S + \delta_P}, \tag{4.60}$$

mit $\bar{f}_Z$ aus Bild 4.29. Bereits bei Raumtemperatur kann nach der Montage einer Schraubenverbindung ein Vorspannkraftabfall F_Z durch Setzen eintreten.

Mit Setzen bezeichnet man allgemein das Einebnen von Oberflächenrauhigkeiten in den Schraubenkopf- und Mutterauflageflächen, Mutter- und Bolzengewindeflanken und den Trennfugen der verspannten Teile. Weil schon beim Anziehen der Schraube ein Einebnen der Oberflächenrauhigkeiten stattfindet, sind die Setzbeträge f_Z im allgemeinen kleiner, als von der Größe der Rauhigkeitswerte angenommen werden müßte. Die Setzbeträge, die nach einer bestimmten Betriebsdauer einen bestimmten Vorspannkraftabfall bewirken, sind abhängig von der

— Festigkeit der spannenden und verspannten Teile,
— Rauhigkeit der im Eingriff stehenden Flächen,
— Höhe der Flächenpressungen,
— Art und Größe der Beanspruchungen,
— Temperatur,
— elastischen Nachgiebigkeit der spannenden und verspannten Teile.

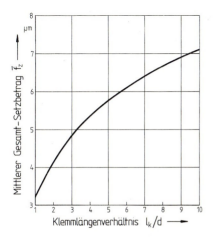

Bild 4.29. Mittlerer Setzbetrag $\bar{f}_Z$ in Abhängigkeit vom Klemmlängenverhältnis l_K/d

Rechenschritt 6

Bestimmung des erforderlichen Schraubendurchmessers durch Wahl einer geeigneten Schraube aus Tabelle 4.4 bis 4.7, für die

$$F_M \geq F_{M\,max} = \alpha_A [F_{K\,erf} + (1 - \Phi) F_A + F_Z] \,.$$

Für streckgrenzüberschreitende Anziehmethoden gilt mit $\alpha_A = 1$:

$$F_{M\,min} = F_{K\,erf} + (1 - \Phi) F_A + F_Z \,. \tag{4.61}$$

Für die Schraube gilt hier: $F_M \geq 0{,}9 F_{M\,min}$.

Rechenschritt 7

Wiederholung der Rechenschritte 4 bis 6, falls Durchmesser und/oder Festigkeitsklasse der Schraube geändert werden müssen.

Rechenschritt 8

Berechnung der zulässigen Gesamtschraubenkraft $F_{S\,max}$. $F_{S\,max}$ wird nicht überschritten, wenn $F_M \geq F_{M\,max}$ (aus Rechenschritt 6) und wenn $F_{SA} = \Phi F_A \leq 0{,}1 R_{p0,2} A_S$. Für Dehnschrauben mit $A_T < A_S$ gilt sinngemäß: $\Phi F_A \leq 0{,}1 R_{p0,2} A_T$.

Bei streckgrenzüberschreitenden Anziehverfahren beschränkt sich die Prüfung auf die Frage, ob eine zusätzliche plastische Längung der Schraube durch die Betriebskraft zulässig ist und wie oft die Schraube wiederverwendet werden kann.

Rechenschritt 9

Überprüfung der Dauerhaltbarkeit:

$$\sigma_a = \Phi_{en} \frac{F_{Ao} - F_{Au}}{2 A_{d3}} \leq \sigma_A \tag{4.62}$$

mit σ_A aus Bild 5.26. Die bei einer exzentrischen Belastung auftretende Biegespannung ist nach Gl. (4.48) bzw. Gl. (4.49) mit zu berücksichtigen:

$$\frac{\sigma_A}{\sigma_{SAb}/2} = \frac{\sigma_A}{\left[1 + \left(\frac{1}{\Phi_{en}} (\pm) \frac{s}{a}\right) \frac{l_K}{l_{ers}} \frac{E_S}{E_P} \frac{a\pi d_3^3}{8 \bar{I}_{B\,ers}}\right] \frac{\Phi_{en} F_A}{2 A_{d3}}} \geq 1 \,, \tag{4.63}$$

wobei $l_{ers} = \beta_S I_{d3} E_S$. Der Wert für die Biegenachgiebigkeit β_S errechnet sich aus Gl. (4.46):

$$\beta_S = \beta_{SK} + \beta_G + \beta_M + \beta_{Gew} + \beta_1 + \ldots + \beta_n =$$

$$= \frac{l_{SK}}{I_d E_S} + \frac{l_G}{I_{d3} E_S} + \frac{l_M}{I_d E_S} + \frac{l_{Gew}}{I_{d3} E_S} + \frac{l_1}{I_{d1} E_S} + \ldots + \frac{l_n}{I_{dn} E_S}$$

$$= \frac{0{,}4d}{\frac{\pi}{64} d^4 E_S} + \frac{0{,}5d}{\frac{\pi}{64} d_3^4 E_S} + \frac{0{,}4d}{\frac{\pi}{64} d^4 E_S} + \frac{l_{Gew}}{\frac{\pi}{64} d_3^4 E_S} + \frac{l_1}{\frac{\pi}{64} d_1^4 E_S} + \ldots + \frac{l_n}{\frac{\pi}{64} d_n^4 E_S}$$

$$= \frac{64}{\pi E_S} \left[\frac{0{,}8d}{d^4} + \frac{0{,}5d}{d_3^4} + \frac{l_{Gew}}{d_3^4} + \frac{l_1}{d_1^4} + \ldots + \frac{l_n}{d_n^4}\right], \tag{4.64}$$

4.3 Rechenschritte

so daß schließlich für l_{ers} folgt:

$$l_{ers} = \frac{64}{\pi E_S} \frac{\pi}{64} d_3^4 E_S [\ldots] = d_3^4 \left(\frac{0{,}8d}{d^4} + \frac{0{,}5d + l_{Gew}}{d_3^4} + \frac{l_1}{d_1^4} + \frac{l_2}{d_2^4} + \ldots + \frac{l_n}{d_n^4} \right). \quad (4.65)$$

Eventuell erforderliche Verbesserungsmaßnahmen hinsichtlich der Dauerhaltbarkeit können Abschnitt 5.2.2 entnommen werden.

Rechenschritt 10
Nachrechnung der Flächenpressung unter der Kopf- bzw. Mutterauflage:

$$p = \frac{F_{M\,max} + \Phi F_A}{A_P} \leqq p_G \quad (4.66)$$

mit A_P nach Gl. (4.58)

Für streckgrenz- und drehwinkelgesteuerte Anziehverfahren kann in erster Näherung geschrieben werden (s. auch Bild 4.33):

$$p_{max} \approx \frac{1{,}4 F_M}{A_P} \leqq p_G, \quad (4.67)$$

mit p_G aus Tabelle 4.8.

4.3.2 Rechenschritte des nichtlinearen Berechnungsansatzes

Auf der Grundlage der Untersuchungen von [4.15] wird in VDI 2230 für Einschraubenverbindungen mit begrenzten Außenmaßen ein nichtlineares Berechnungsverfahren beschrieben. Hierin werden Biegeverformungen berücksichtigt, die möglicherweise zu einem Aufklaffen der Verbindung führen können (s. Bilder 4.25 bis 4.27).

Folgende Voraussetzungen gelten für die Anwendung des nichtlinearen Berechnungsansatzes:

— Die Ausdehnung G der Trennfuge zum klaffgefährdeten bzw. gegenüberliegenden Rand beschränkt sich auf den von der Schraube gebildeten Druckkegel, $G \leqq d_w + h_{min}$ (s. Bild 4.30).
— Biege- und Drucknachgiebigkeit der verspannten Teile bleiben const.
— Der Faktor n der Krafteinleitung bleibt const und wird nur bei der Berechnung der Drucknachgiebigkeit der verspannten Teile berücksichtigt.
— Die Biegenachgiebigkeit der Schraube wird vernachlässigt, das Schraubenloch bleibt unberücksichtigt.

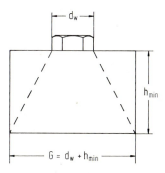

Bild 4.30. Grenzwert G für die Abmessung der Trennfugenfläche

— Die Flanschnachgiebigkeit δ_P kann wie im linearen Berechnungsgang ermittelt werden, ebenso die Schraubennachgiebigkeit δ_S.
— Die angreifenden Kräfte werden als Punktlasten betrachtet.

Der nichtlineare Berechnungsgang läßt sich in drei Hauptabschnitte einteilen und wird nachfolgend anhand von Bild 4.26 erläutert.

Rechenschritt 1

Zunächst wird die Prismenkrümmung infolge der Schraubenkraft F_S ermittelt. Für F_S ($= F_V + F_{SA}$) wird bei noch nicht bekannter Kraft F_{SA} für F_V vorerst nur der Wert F_M eingesetzt. Die Krümmung k der verspannten Teile wird mit der Beziehung für die elastische Linie des geraden Balkens unter Biegebelastung ermittelt. Schubspannungen werden dabei vernachlässigt.

$$k = \frac{1}{r} = \frac{M_{Bges}}{E_P I_B} . \tag{4.68}$$

Für den in Bild 4.26 dargestellten Belastungsfall ist

$$k = \frac{1}{r} = (F_A a + M_B + F_S s)/E_P I_B .$$

Aus trigonometrischen Beziehungen folgt für die neutrale Achse der verspannten Teile:

$$\tan \hat{\gamma} = \frac{l_K}{r} \quad \text{bzw.} \quad \hat{\gamma} = \frac{l_K}{r} \quad (\text{Fehler} < 1\%) .$$

Für die Stelle, an der die Klemmkraft F_K wirkt, folgt:

$$\hat{\gamma} = \frac{l_K - \Delta l}{r - s_K} .$$

Hierin ist Δl die Verformung des Biegekörpers auf Grund der den Betriebskräften entgegenwirkenden Klemmkraft F_K:

$$\Delta l = F_K \delta_P .$$

Damit wird

$$\hat{\gamma} = \frac{l_K - F_K \delta_P}{r - s_K} . \tag{4.69}$$

In der Schraubenachse gilt für den Biegewinkel $\hat{\gamma}$:

$$\hat{\gamma} = \frac{l_K - \Delta l_{F_M} + \Delta l_{F_{PA}}}{r - s} .$$

Dabei ist Δl_{F_M} die Körperdeformation durch F_M ($\Delta l_{F_M} = F_M \delta_P$) und $\Delta l_{F_{PA}}$ die dazu entgegengerichtete Deformation infolge Entlastungswirkung auf die verspannten Teile durch die Betriebskraft F_A ($\Delta l_{F_{PA}} = F_{PA} \delta_P = F_{SA} \delta_S$). Für die Schraubenachse gilt hiermit:

$$\hat{\gamma} = \frac{l_K - F_M \delta_P + F_{SA} \delta_S}{r - s} . \tag{4.70}$$

4.3 Rechenschritte

Durch Gleichsetzen der beiden Gleichungen für $\hat{y}$ in der Klemmkraftwirkungslinie, Gl. (4.69), und der Schraubenachse, Gl. (4.70), ergibt sich:

$$\frac{l_K - F_M \delta_P + F_{SA} \delta_S}{r - s} = \frac{l_K - F_K \delta_P}{r - s_K}.$$

Aus der Summe der Momente in der Schraubenachse,

$$F_K(s_K - s) - F_A(a + s) - M_B = 0,$$

wird die Klemmkraft berechnet:

$$F_K = \frac{M_B + F_A(a + s)}{s_K - s} \tag{4.71}$$

Rechenschritt 2

Aus den Verformungs- und Gleichgewichtsbedingungen am zylindrischen bzw. prismatischen Biegekörper ergibt sich die Gleichung zur Bestimmung der Klemmkraftexzentrizität:

$$s_K^2 + s_K \frac{A}{B} + \frac{C}{B} = 0. \tag{4.72}$$

Daraus folgt:

$$s_K = -\frac{A}{2B} \pm \sqrt{\left(\frac{A}{2B}\right)^2 - \frac{C}{B}},$$

mit den Koeffizienten

$$A = [F_A(a + s) + M_B] \delta_S + (r + s)[F_M(\delta_S + \delta_P) - F_A \delta_S] - 2l_K s,$$

$$B = l_K - F_M(\delta_S + \delta_P) + F_A \delta_S$$

und

$$C = l_K s^2 - [F_A(a + s) + M_B][r(\delta_S + \delta_P) - s\delta_P] - rs[F_M(\delta_S + \delta_P) - F_A \delta_S].$$

Zur Berechnung von A, B und C sollten die Krafteinleitungshöhen bei δ_P durch $n\delta_P$ und bei δ_S durch $\delta_S + (1 - n) \delta_P$ berücksichtigt werden. Die berechnete Klemmkraftexzentrizität wird schließlich mit einem kritischen Wert s_{Kkr} verglichen [4.15]. s_{Kkr} ist für die kreisförmige Trennfugenfläche

$$s_{Kkr} = \frac{D_{min}}{8}$$

und für die rechteckige bzw. quadratische Trennfugenfläche

$$s_{Kkr} = \frac{D_{min}}{6} = \frac{c_T}{6},$$

mit D_{min} = klaffgefährdete Trennfugenseite.

Es tritt nach [4.15] kein einseitiges Aufklaffen der Trennfuge auf, wenn $s_K < s_{Kkr}$ ist. Liegt die Klemmkraft F_K (theoretisch) außerhalb des Biegekörpers oder ist $s_K > s_{Kkr}$, tritt Kantentragen oder ein Klaffen der Verbindung auf. In diesem Fall wird die kraftübertragende Trennfugenfläche vermindert. Es gilt:

$$\Delta s = s_K - s_{Kkr}.$$

Die Flächenträgheitsmomente müssen neu berechnet werden, z. B.

$$I_B = \frac{\pi(D_{min} - \Delta s)^4}{64}$$

und im Rechenschritt 1 zur erneuten Berechnung der Balkenkrümmung verwendet werden.

Rechenschritt 3

Berechnung der Schraubenzusatzkraft F_{SA} und der Schraubenkraft F_S:

$$F_{SA} = F_S - F_M$$
$$F_S = F_K + F_A$$

mit

$$F_K = \frac{F_A(a + s) + M_B}{s_K - s}. \tag{4.73}$$

Genauigkeitssteigernd wirkt sich eine erneute Durchrechnung ab Rechenschritt 1 mit der im Rechenschritt 3 ermittelten Schraubenkraft F_S aus.

Für die Berechnung der zum Abheben der Verbindung erforderlichen Betriebskraft F_{Aab} wird $s_{K\,kr}$ (z. B. $c_T/6$ für den Rechteckquerschnitt) in die Gleichung für s_K (Rechenschritt 2) eingesetzt und nach F_A aufgelöst:

$$F_{Aab} = \frac{F_M}{1 + \dfrac{a}{s_{Kkr}}\left[1 - \dfrac{l_K}{E_P I_{Bers}(\delta_S + \delta_P)} s_{Kkr}^2\right] - \dfrac{n\delta_P}{(\delta_S + \delta_P)}}. \tag{4.74}$$

Für den Fall einseitigen Kantentragens (s. Bild 4.27, Fall b) wird $s_{Kkr} = v$ in die Rechnung eingesetzt und zusätzlich mit dem entsprechend reduzierten Flächenträgheitsmoment I_{Bred} die Grenzkraft F_{Agrenz} berechnet. F_{Agrenz} ist diejenige axiale Betriebskraft, bei der erstmals Kantentragen eintritt.

Überschreitet F_A diese Grenzkraft F_{Agrenz}, dann nimmt die Schraubenkraft F_S direkt proportional mit F_A zu. Es gilt das Hebelgesetz:

$$F_{Sgrenz} = F_{Agrenz}\left(1 + \frac{a}{v}\right).$$

Daraus wird

$$F_{SAgrenz} = F_{Agrenz}\left(1 + \frac{a}{v}\right) - F_M.$$

Im Anschluß an die Berechnung von F_{SA} und F_S wird das Kraftverhältnis $\Phi_{en} = F_{SA}/F_A$ bestimmt. Schließlich werden im elementaren Rechengang die Nachweise für die zulässigen Flächenpressungen, Dauerhaltbarkeiten usw. geführt.

4.4 Beispiel für die Berechnung einer Pleuel-Schraubenverbindung mit dem elementaren Berechnungsansatz

Am Beispiel einer Pleuel-Schraubenverbindung — Durchsteckverschraubung mit Mutter, Bild 4.31 und 4.32 — soll der Rechengang mit dem elementaren Berechnungsansatz erläutert werden [4.16].

4.4 Berechnung einer Pleuel-Schraubenverbindung

$d_h = 9$ mm $h = 5$ mm
$l_K = 45$ mm
$n = 0{,}8$

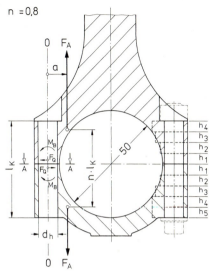

Bild 4.31. Geometrie der Pleuelstange, Kräfte und Momente

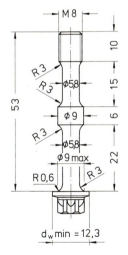

Bild 4.32. Pleuelschraube M8 × 53 — 12.9 mit TORX E 10

Ausgangsgrößen
— Geometrie der Pleuelstange, s. Bild 4.31
— Axiale Betriebskraft in der Trennfuge: $F_A = 5000$ N
— Querkraft in der Trennfuge: $F_Q = 2440$ N
— Biegemoment in der Trennfuge: $M_B = 48$ Nm
— Abstand a der Kraftwirkungslinie von F_A: $a = M_B/F_A = 9{,}6$ mm

Überschlagsdimensionierung

a) Schraubendurchmesser

Mit Hilfe von Tab. 4.3 ergibt sich für $F_A = 5000$ N aus Spalte 1:

— Nächst höhere Betriebskraft: $F_A = 6300$ N
— Zwei Schritte weiter für dynamische und exzentrisch angreifende Axialkraft: $F_{M\,min} = 16000$ N
— Möglichkeiten der Dimensionierung: M6—12.9 oder M8—10.9 oder M8—8.8

Es wird zunächst eine Schraube M8 in die engere Wahl gezogen. Um Gewicht zu sparen und gleichzeitig eine möglichst große elastische Nachgiebigkeit zu erzielen, soll die Schraube als Dehnschraube mit einem Dehnschaftdurchmesser $d_T = 0{,}9 d_3$ ausgeführt werden. Aus diesem Grund wird die Festigkeitsklasse von 10.9 auf 12.9 erhöht.

— Vorläufig gewählte Schraube: M8—12.9
— Dehnschaftdurchmesser: $d_T = 0{,}9 d_3$
$\qquad\qquad\qquad\qquad\ = 0{,}9 \cdot 6{,}466 = 5{,}82$ mm

Die Form der Pleuelschraube zeigt Bild 4.32.

b) Klemmenlängenverhältnis l_K/d

Das Klemmenlängenverhältnis bestimmt sich aus den Abmessungen des Pleuels gemäß Bild 4.31 wie folgt:

— Klemmlänge: $\qquad l_K = 45$ mm
— Schraubendurchmesser: $d = 8$ mm
— Klemmlängenverhältnis: $l_K/d = 45/8 = 5{,}63$

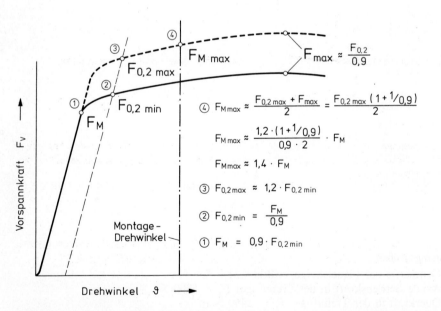

Bild 4.33. Maximal mögliche Montagevorspannkraft $F_{M\,max}$ einer drehwinkelgesteuert angezogenen Schraube (schematisch)

4.4 Berechnung einer Pleuel-Schraubenverbindung

c) Flächenpressung unter dem Schraubenkopf

Die Schraube soll drehwinkelgesteuert angezogen werden. Dabei wird sie über die Streckgrenze hinaus vorgespannt und kann somit gegenüber den Montagevorspannkräften F_M in den Tabellen 4.4 bis 4.7, die nur eine 90%ige Ausnutzung der Mindeststreckgrenze vorsehen ($v = 0{,}9$; F_M bezieht sich in den folgenden Ausführungen immer auf diese Ausnutzung), deutlich höhere Vorspannkräfte erreichen. Die maximal mögliche Montagevorspannkraft $F_{M\,max}$ läßt sich nach Bild 4.33 näherungsweise wie folgt berechnen:

① Montagevorspannkraft F_M bei 90%iger Ausnutzung der Mindeststreckgrenze (Tabellenwerte).

② Montagevorspannkraft bei 100%iger Ausnutzung der Mindeststreckgrenze:

$$F_{0,2\,min} = F_M/0{,}9 \,.$$

③ Montagevorspannkraft bei 100%iger Ausnutzung der maximalen Streckgrenze. Für $F_{0,2\,max}/F_{0,2\,min} \approx 1{,}2$ ergibt sich

$$F_{M\,max} = 1{,}2 \cdot F_M/0{,}9$$

④ Für den Fall, daß die Schraube etwa bis zu einer mittleren Kraft zwischen Höchstzugkraft F_{max} und Streckgrenzkraft $F_{0,2\,max}$ vorgespannt wird (Punkt ④), erhöht sich die Montagevorspannkraft bei einem angenommenen Streckgrenzenverhältnis $S = R_{p0,2}/R_m = 0{,}9$ gegenüber ③ um den Faktor $(1 + 1/0{,}9)/2 \approx 1{,}06$. Damit erhöht sich die maximal mögliche Montagevorspannkraft $F_{M\,max}$ gegenüber ① auf

$$F_{M\,max} = \frac{1{,}06 \cdot 1{,}2}{0{,}9} \cdot F_M \approx 1{,}4 \cdot F_M$$

Die maximale Flächenpressung p_{max} berechnet sich daraus überschlägig:

$$p_{max} \approx 1{,}4 \cdot \frac{F_M}{A_P}$$

Für die gewählte Dehnschraube M8-12.9 ergibt sich aus Tab. 4.5 bei einer sicherheitshalber niedrig angenommenen Gewindereibungszahl $\mu_G = 0{,}08$ die Montagevorspannkraft $F_{M(v=0,9)}$:

$$F_M = 22\,220 \text{ N}$$

Die kleinstmögliche Kopf- bzw. Mutterauflagefläche A_P für einen Torx-Schraubenkopf der Torx-Größe E10 bestimmt sich gemäß den Bildern 4.31 und 4.32:

$$A_P = \frac{\pi}{4}(d_{w\,min}^2 - d_h^2) = \frac{\pi}{4}(12{,}3^2 - 9^2)$$

$$A_P = 55{,}2 \text{ mm}^2$$

Daraus ergibt sich die maximale Flächenpressung:

$$p_{max} = \frac{1{,}4 \cdot 22220}{55{,}2}$$

$$p_{max} = 564 \text{ N/mm}^2$$

Die Grenzflächenpressung p_G kann aus Tabelle 4.8 ermittelt werden.
Bei einem Pleuelwerkstoff C 45, vergütet auf 800 N/mm², erhält man:

$$p_G = 700 \text{ N/mm}^2$$

Die maximal mögliche Flächenpressung liegt also noch unter diesem kritischen Grenzwert p_G:

$$p_{max} < p_G$$

Anziehfaktor α_A

Der Anziehfaktor α_A beim drehwinkelgesteuerten Anziehverfahren wird nach Tabelle 4.9 festgelegt:

$$\alpha_A = 1$$

Mindestklemmkraft $F_{K\,erf}$

a) Vermeidung von Querschiebungen in der Trennfuge

Die Mindestklemmkraft $F_{K1\,erf}$ zur Übertragung der in der Trennfuge angreifenden Querkraft ergibt sich unter Berücksichtigung einer geschätzten kleinstmöglichen Reibungszahl μ_{Tr} in der Trennfuge:

$$F_{K1\,erf} = \frac{F_Q}{\mu_{Tr}}.$$

— Reibungszahl in der Trennfuge: $\mu_{Tr} = 0{,}15$

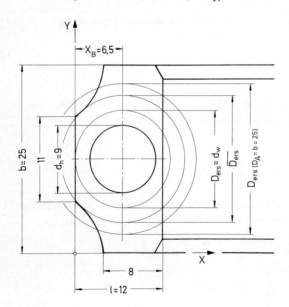

Bild 4.34. Trennfugenfläche in der Pleuelstange (Ansicht A–A in Bild 4.31)

4.4 Berechnung einer Pleuel-Schraubenverbindung

— Mindestklemmkraft:
$$F_{K1\,erf} = \frac{2440}{0,15}$$
$$F_{K1\,erf} = 16\,267\text{ N}$$

b) Vermeidung einseitigen Aufklaffens der Trennfugen
Mit Gl. (4.36) gilt

$$F_{K2\,erf} = \frac{(a-s)u}{I_{BT}/A_D + su} F_A$$

Die erforderlichen Größen zur Berechnung von $F_{K2\,erf}$ bestimmen sich wie folgt:

1. Flächenträgheitsmoment I_{BT}
Die Berechnung des Flächenträgheitsmoments I_{BT} der Trennfugenfläche geschieht ohne Abzug des Schraubenlochs (Bilder 4.34 und 4.35).

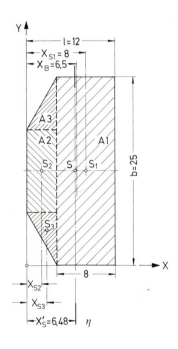

Bild 4.35. Vereinfachte Darstellung der Trennfugenfläche (ohne Schraubenloch)

— Querschnitte (Bild 4.35)

$A_1 = 200\text{ mm}^2$,
$A_2 = 44\text{ mm}^2$,
$A_3 = 14\text{ mm}^2$,
$A_{ges} = A_1 + A_2 + 2A_3 = 272\text{ mm}^2$.

— Abstände x_{Si} der Schwerpunktachsen der Flächen A_i von der y-Achse

$x_{S1} = 8\text{ mm}$,
$x_{S2} = 2\text{ mm}$,
$x_{S3} = 8/3\text{ mm}$.

— Abstand x'_S des Gesamtschwerpunkts von der y-Achse

$$x'_S = \frac{\sum A_i x_{Si}}{\sum A_i} = \frac{200 \cdot 8 + 44 \cdot 2 + 2 \cdot 14 \cdot 8/3}{200 + 44 + 28} = 6{,}48 \text{ mm}.$$

— Abstand s der Schraubenachse von der Schwerpunktachse η

$s = x_B - x'_S = 6{,}5 - 6{,}48 = 0{,}02$ mm.

— Abstände Δx_i der Schwerpunktachsen der Flächen A von η

$x_i = x_{Si} - x'_S$
$\Delta x_1 = 8 - 6{,}48 = 1{,}52$ mm,
$\Delta x_2 = 2 - 6{,}48 = -4{,}48$ mm,
$\Delta x_3 = 8/3 - 6{,}48 = -3{,}81$ mm.

— Flächenträgheitsmomente I_{BT}, bezogen auf η (ohne Lochabzug)

$I_{BT}(\eta) = I_1 + I_2 + 2 \cdot I_3$

$$I_1 = \frac{b \cdot 8^3}{12} + \Delta x_1^2 \cdot A_1$$

$$I_1 = \frac{25 \cdot 8^3}{12} + 1{,}52^2 \cdot 200 = 1528{,}7 \text{ mm}^4$$

$$I_2 = \frac{11 \cdot (l - 8)^3}{12} + \Delta x_2^2 \cdot A_2$$

$$I_2 = \frac{11 \cdot 4^3}{12} + 4{,}48^2 \cdot 44 = 941{,}8 \text{ mm}^4$$

$$2 \cdot I_3 = 2 \left[\frac{\left(\frac{b - 11}{2}\right) \cdot (l - 8)^3}{36} + \Delta x_3^2 \cdot A_3 \right]$$

$$2 \cdot I_3 = 2 \cdot \left(\frac{7 \cdot 4^3}{36} + 3{,}81^2 \cdot 14 \right) = 431{,}3 \text{ mm}^4$$

$I_{BT}(\eta) = 1528{,}7 + 941{,}8 + 431{,}3 = 2901{,}8 \text{ mm}^4$

oder abgerundet:

$I_{BT}(\eta) = 2900 \text{ mm}^4$

2. Trennfugenfläche A_D

$A_D = A_1 + A_2 + 2A_3 - A_{Bohrung}$

$A_D = 272 - \frac{\pi}{4} \cdot 9^2 = 208{,}4 \text{ mm}^2$

4.4 Berechnung einer Pleuel-Schraubenverbindung

Mit den geometrischen Größen
- a (Abstand der Kraftwirkungslinie, Bild 4.31)

  $a = 9{,}60$ mm
- s (Abstand der Schraubenachse von der Schwerpunktachse)

  $s = 0{,}02$ mm
- $u = l - x'_S$ (zugseitiger Randabstand von der Schwerpunktachse, Bild 4.35)

  $u = 12 - 6{,}48 = 5{,}52$ mm

ergibt sich somit F_{K2erf} aus Gl. (4.36) zu

$$F_{K2erf} = \frac{(9{,}60 - 0{,}02) \cdot 5{,}52}{\dfrac{2900}{208{,}4} + 0{,}02 \cdot 5{,}52} \cdot 5000 \text{ N} = 18851 \text{ N}$$

Da $F_{K2erf} > F_{K1erf}$, gilt für die weitere Rechnung:

$$F_{Kerf} = 18850 \text{ N}$$

Kraftverhältnis Φ

Das Kraftverhältnis wird nach Gl. (4.31) zusammen mit Gl. (4.30) ermittelt:

$$\Phi_{en} = n\Phi_{ek} = n \frac{\delta_P \left(1 + \dfrac{as A_{ers}}{I_{Bers}}\right)}{\delta_S + \delta_P \left(1 + \dfrac{s^2 A_{ers}}{I_{Bers}}\right)}.$$

Die erforderlichen Rechengrößen bestimmen sich wie folgt:

a) Faktor n für die Höhe der Krafteinleitung
   Der Faktor n wird nach Bild 4.31 geschätzt:

$$n = 0{,}8\,.$$

b) Elastische Nachgiebigkeit δ_P der verspannten Teile.
   Es gilt nach Gl. (4.11)

$$\delta_P = \frac{l_K}{A_{ers} E_P}.$$

Der Ersatzquerschnitt A_{ers} ist nur schwer exakt zu erfassen, weil die Form des Druckkörpers über der Klemmlänge nicht konstant und zudem nicht um die Schraubenachse rotationssymmetrisch ausgebildet ist. Es wird eine Näherungslösung in der Form versucht, daß für die Trennfugenfläche ein mittlerer Ersatzquerschnitt $\bar{A}_{ers}$ berechnet wird. Zunächst wird der Ersatzquerschnitt für die rotationssymmetrische Trennfuge mit $D_A = b$ ermittelt:

— Außendurchmesser D_A der rotationssymmetrischen Trennfuge (Bild 4.34):
$$D_A = b = 25 \text{ mm}$$

— Ersatzquerschnitt A_{ers} für die rotationssymmetrische Trennfuge (Gl. 4.8):

$$A_{ers(D_A=25)} = \frac{\pi}{4}(d_w^2 - d_h^2) + \frac{\pi}{8} d_w(D_A - d_w) \cdot [(x+1)^2 - 1],$$

wobei

$$x = \sqrt[3]{\frac{l_K \cdot d_w}{D_A^2}} = \sqrt[3]{\frac{45 \cdot 13}{25^2}} = 0{,}98$$

und

d_w aufgerundet (Bild 4.32):
$d_w = 13$ mm.

Damit ergibt sich für den Ersatzquerschnitt:

$$A_{ers(D_A=25)} = \frac{\pi}{4}(13^2 - 9^2) + \frac{\pi}{8} \cdot 13(25 - 13)[(0{,}98 + 1)^2 - 1]$$
$$= 69{,}12 + 61{,}26 \cdot 2{,}92 = 248{,}02 \text{ mm}^2.$$

— Gesamtfläche A_{ges}:

$$A_{ges} = A_{ers} + A_{Bohrung} = 248{,}02 + 63{,}6 = 311{,}62 \text{ mm}^2.$$

— Ersatzdurchmesser $D_{ers(D_A=25)}$

$$D_{ers(D_A=25)} = \sqrt{\frac{A_{ges} \cdot 4}{\pi}} = \sqrt{\frac{311{,}62 \cdot 4}{\pi}} = 19{,}92 \text{ mm}.$$

Dieser Ersatzdurchmesser reicht deutlich über die schmalen Trennfugenseiten hinaus. Er ist damit für die Rechnung zu groß. Ein Ersatzdurchmesser für $D_A = d_w$ mit $D_{ers} = d_w$ wiederum wäre zu klein, weil er den in den breiten Seiten der Trennfugen über d_w hinausragenden Druckverlauf nicht erfaßte. Die Näherungsrechnung geht deshalb davon aus, daß eine Hälfte des Druckkörpers als Ringquerschnitt mit $D_A = d_w = 13$ mm, die andere Hälfte mit $D_A = b = 25$ mm ausgebildet ist. Aus dieser Annahme resultiert ein mittlerer Ersatzquerschnitt $\bar{A}_{ers}$:

$$\bar{A}_{ers} = \frac{A_{ers(D_A=25)} + A_{ers(D_A=d_w)}}{2}$$

$$= \frac{\frac{\pi}{4}(d_w^2 - d_h^2) + \frac{\pi}{4}(d_w^2 - d_h^2) + \frac{\pi}{8} d_w(D_A - d_w)[(x+1)^2 - 1]}{2}$$

$$= \frac{2 \cdot 69{,}12 + 178{,}88}{2} = 158{,}56 \text{ mm}^2.$$

4.4 Berechnung einer Pleuel-Schraubenverbindung

Daraus errechnet sich der dazugehörige Ersatzdurchmesser

$$\bar{D}_{ers} = \sqrt{\frac{4}{\pi}(\bar{A}_{ers} + A_{Bohrung})} = \sqrt{\frac{4}{\pi}(158{,}56 + 63{,}6)} = 16{,}82 \text{ mm}.$$

Mit l_K = 45 mm,
$\bar{A}_{ers}$ = 158,56 mm² und
E_P = 210000 N/mm²

wird

$$\delta_P = 1{,}35 \cdot 10^{-6} \text{ mm/N}.$$

c) Elastische Nachgiebigkeit δ_S der Schraube
Die elastische Nachgiebigkeit δ_S der Schraube berechnet sich nach Abschnitt 4.2.2.1:

$$\delta_S = \frac{4}{\pi E_S}\left(\frac{l_1}{d_1^2} + \frac{l_2}{d_2^2} + \ldots + \frac{l_n}{d_n^2} + \frac{l_{Gew} + 0{,}5d}{d_{3\,Gew}^2} + \frac{0{,}8d}{d^2}\right).$$

Die zur Berechnung erforderlichen Größen ergeben sich aus Bild 4.32:

E_S = 210000 N/mm² ,
l_1 = 22 mm ,
d_1 = 5,8 mm ,
l_2 = 6 mm ,
d_2 = 9 mm ,
l_3 = 15 mm ,
d_3 = 5,8 mm ,
l_{Gew} = 2 mm ,
d = 8 mm ,
d_3 = 6,466 mm .

Daraus folgt:

$$\delta_S = \frac{4}{\pi\,210000}\left(\frac{22}{5{,}8^2} + \frac{6}{9^2} + \frac{15}{5{,}8^2} + \frac{2 + 0{,}5 \cdot 8}{6{,}466^2} + \frac{0{,}8}{8}\right)$$

$$\delta_S = 8{,}59 \cdot 10^{-6} \text{ mm/N}.$$

d) Ersatz-Flächenträgheitsmoment I_{Bers}
Bei der vorliegenden Pleuelverschraubung handelt es sich um einen gestuften Biegekörper, bei dem der biegebeanspruchte Querschnitt und damit das Flächenträgheitsmoment über der Klemmlänge nicht const ist. Daher wird zur Ermittlung des Kraftverhältnisses Φ die Berechnung eines Ersatz-Flächenträgheitsmoments I_{Bers} erforderlich. Sie wird vereinfacht ausgeführt durch Aufteilung des Biegekörpers in einzelne Teilabschnitte h_1 bis h_5 mit annähernd konstantem Flächenträgheitsmoment (Bild 4.31). Nach Abschnitt 4.2.1.2 gilt:

$$I_{Bers} = \frac{l_K}{\dfrac{2h_1}{I_{B1}} + \dfrac{2h_2}{I_{B2}} + \dfrac{2h_3}{I_{B3}} + \dfrac{2h_4}{I_{B4}} + \dfrac{h_5}{I_{B5}}}.$$

Tabelle 4.10. Teil-Flächenträgheitsmomente des gestuften Biegekörpers nach Bild 4.31 (ohne Lochabzug)

Rechengrößen		Dimension	Abschnitt				
			1	2	3	4	5
Querschnitte A_i	A_1	mm²	200	225	287,5	325	325
	A_2	mm²	44	44	44	44	44
	A_3	mm²	14	14	14	14	14
	$A_{ges} = A_1 + A_2 + 2A_3$	mm²	272	297	359,5	397	397
Abstände x_{Si} der Schwerpunktachsen von der y-Achse	x_{S1}	mm	8	8,5	9,75	10,5	10,5
	x_{S2}	mm	2	2	2	2	2
	x_{S3}	mm	8/3	8/3	8/3	8/3	8/3
Abstand des Gesamtschwerpunkts von der y-Achse	x'_s	mm	6,48	6,99	8,25	9,01	9,01
Abstand der Schraubenachse von der Schwerpunktachse	s	mm	0,02	−1,13	−4,40	−5,75	−5,75
Abstände Δx_i der Schwerpunktachsen der Flächen A_i von η	Δx_1	mm	1,52	1,51	−1,50	−1,49	−1,49
	Δx_2	mm	−4,48	−4,99	−6,25	−7,01	−7,01
	Δx_3	mm	−3,81	−4,32	−5,58	−6,34	−6,34
Trägheitsmomente I	I_1	mm⁴	1528,7	2031,8	3815,4	5298,6	5298,6
	I_2	mm⁴	941,8	1154,3	1777,4	2220,8	2220,8
	I_3	mm⁴	431,3	547,4	896,7	1150,4	1150,4
	$I_B = I_1 + I_2 + I_3$	mm⁴	2901,8	3733,5	6489,5	8669,8	8669,8

4.4 Berechnung einer Pleuel-Schraubenverbindung

Mit den in Tabelle 4.10 berechneten Flächenträgheitsmomenten I_{B1} bis I_{B5} folgt:

$$I_{Bers} = \frac{45}{\dfrac{10}{2901,8} + \dfrac{10}{3733,5} + \dfrac{10}{6489,5} + \dfrac{10}{8669,8} + \dfrac{5}{8669,8}} = 4789 \text{ mm}^4.$$

Für die Berechnung des Kraftverhältnisses Φ_{en} stehen jetzt die Ausgangsgrößen zur Verfügung:

n = 0,8 (geschätzt),
δ_P = 1,35 · 10⁻⁶ mm/N,
δ_S = 8,59 · 10⁻⁶ mm/N,
I_{Bers} = 4789 mm⁴,
$\bar{A}_{ers}$ = 158,6 mm²,
a = 9,60 mm,
s = 0,02 mm.

Daraus folgt:

$$\Phi_{en} = 0,8 \cdot \frac{1,35 \cdot \left(1 + \dfrac{9,60 \cdot 0,02 \cdot 158,6}{4789}\right)}{8,59 + 1,35 \cdot \left(1 + \dfrac{0,02^2 \cdot 158,6}{4789}\right)} = 0,109.$$

Die Berechnung von Φ_{en} wurde in dieser Ausführlichkeit hauptsächlich zur Erläuterung der Teilrechengänge vorgenommen, obwohl wegen der sehr kleinen Exzentrizität s für Φ_{en} vereinfachend auch Φ_n gesetzt werden könnte ($\Phi_n = n\Phi_K$ = 0,1087).

Vorspannkraftverlust F_Z infolge Setzens

Nach Gl. (4.21) gilt: $F_Z = f_Z/(\delta_S + \delta_P)$. Aus Bild (4.29) folgt

$$f_Z = 6 \text{ μm} \quad \text{für} \quad l_K/d \approx 5,6.$$

Damit wird der Vorspannkraftverlust:

$$F_Z = \frac{6 \cdot 10^{-3}}{(1,35 + 8,59) \cdot 10^{-6}} \text{ N},$$

$$F_Z = 604 \text{ N}$$

Erforderlicher Schraubendurchmesser

Hauptdimensionierungsformel:

$$F_{M \max} = \alpha_A F_{M \min} = \alpha_A [F_{Kerf} + (1 - \Phi) F_A + F_Z].$$

Benötigte Rechengrößen:

α_A = 1
F_{Kerf} = 18850 N
Φ_{en} = 0,109 für $n = 0,8$
F_A = 5000 N
F_Z = 604 N

Daraus ergibt sich die für die Betriebssicherheit erforderliche Mindest-Montagevorspannkraft

$$F_{M\,min} = 18\,850 + (1 - 0{,}109) \cdot 5000 + 604 = 23\,910 \text{ N}.$$

Es muß überprüft werden, ob diese Montgagevorspannkraft von einer Dehnschraube M 8 — 12.9 mit einem Dehnschaftdurchmesser $d_T = 5{,}82$ mm aufgebracht werden kann.

Die Montagevorspannkraft F_M wird in Abhängigkeit vom Ausnutzungsgrad v der Schraubenstreckgrenze wie folgt berechnet (s. Kapitel 8):

$$F_M = A_T \frac{vR_{p0,2}}{\sqrt{1 + 3\left[\dfrac{2d_2}{d_T}\tan(\varphi + \varrho')\right]^2}},$$

wobei $A_T = \dfrac{\pi}{4} d_T^2 = \dfrac{\pi}{4} \cdot 5{,}82^2 = 26{,}6$ mm².

Beim drehwinkelgesteuerten Anziehverfahren wird die Mindeststreckgrenze der Schraube nicht nur in jedem Fall erreicht, sondern sie wird im allgemeinen überschritten. Die Montagevorspannkraft liegt dann zwischen der Streckgrenzkraft und der Höchstzugkraft F_{max}. Bei einem für die Festigkeitsklasse 12.9 geschätzten Mindest-Streckgrenzenverhältnis von 0,9 wird somit eine Montagevorspannkraft erreicht, die sich wie folgt ermitteln läßt (s. Bild 4.33):

$$F_M \approx \frac{F_{0,2} + F_{max}}{2} = \frac{F_{0,2} + F_{0,2}/0{,}9}{2} = 1{,}06 \cdot F_{0,2}.$$

Der Ausnutzungsgrad v kann demnach mit etwa 1,06 angesetzt werden.

Mit $R_{p0,2\,min} = 1100$ N/mm² ergeben sich in Abhängigkeit von der Gewindereibungszahl die in Tabelle 4.11 zusammengestellten Montagevorspannkräfte.

Tabelle 4.11. Montagevorspannkraft F_M als Funktion der Gewindereibungszahl μ_G für eine Dehnschraube M8 — 12.9 bei einem Ausnutzungsgrad $v = 1{,}06$

μ_G	F_M N
0,08	26 170
0,10	24 980
0,12	23 790
0,14	22 630

Die Zahlenwerte zeigen, daß erst bei der relativ hohen Gewindereibungszahl von $\mu_G = 0{,}14$ die erforderliche Mindest-Montagevorspannkraft nicht mehr ganz erreicht wird. Die Differenz beträgt -5%.

Bei phosphatierter und geölter Oberfläche von Schraube und Mutter und in Anbetracht der Tatsache, daß die Zugfestigkeit der Schraube im allgemeinen über dem genormten Mindestwert liegt, dürfte die Dehnschraube M 8 — 12.9 den Anfor-

4.4 Berechnung einer Pleuel-Schraubenverbindung

derungen in bezug auf die das einseitige Abheben verhindernde Montagevorspannkraft genügen, zumal selbst bei einem relativ kleinen Betriebskraft-Angriffsfaktor $n = 0,5$ die erforderliche Montagevorspannkraft $F_{M\,min}$ infolge des gravierenden Einflusses von $F_{K\,erf}$ nur um weniger als 1 % vergrößert wird.

Gesamtschraubenkraft F_S

$$F_S = F_M + F_{SA} = F_M + \Phi F_A \; .$$

Mit F_M wird die Schraube zwar bereits über die Streckgrenze vorgespannt. Die Betriebskraft F_A führt im allgemeinen dennoch ohne weitere plastische Verformung zu einer Erhöhung der Schraubenkraft über F_M hinaus, weil insbesondere durch zumindest teilweisen Abbau der Torsionsbeanspruchung nach Beendigung des Montagevorgangs die Gesamtbeanspruchung im Schraubenbolzen reduziert wird und damit neue Beanspruchungsreserven frei werden (s. Abschnitt 8.3.3.1).

Die größtmögliche Schraubenzusatzkraft F_{SA} berechnet sich im ungünstigsten Fall ($n = 1$) für den elastischen Verformungsbereich wie folgt:

$$F_{SA} = \Phi_{en} \cdot \frac{1}{0,8} \cdot F_A = \Phi_{ek} F_A = \frac{0,109}{0,8} \cdot 5000 \text{ N} = 681 \text{ N} \; .$$

Dies entspricht nur etwa 3 % der Montagevorspannkraft F_M. Eine Überbeanspruchung der Schraube durch F_A ist daher ausgeschlossen.

Dauerhaltbarkeit der Schraube

Infolge des exzentrischen Kraftangriffs müssen zusätzlich zu axialen Zusatzspannungen auch Biegezusatzspannungen von der Schraube ertragen werden. Die aus Axial- und Biegespannungen resultierende Zusatzspannung in der Schraube errechnet sich für positives s zu:

$$\sigma_{SAb} = \frac{\Phi_{en} F_A}{A_{d3}} \left[1 + \frac{l_K}{l_{ers}} \frac{E_S}{E_P} \left(\frac{1}{\Phi_{en}} - \frac{s}{a} \right) \frac{a\pi d_3^3}{8 \bar{I}_{B\,ers}} \right] .$$

— Flächenträgheitsmoment $\bar{I}_{B\,ers}$ mit Abzug des Schraubenlochs (Rechengang analog $I_{B\,ers}$).
Mit den Rechenwerten in Tabelle 4.12 ergibt sich:

$$\bar{I}_{B\,ers} = \frac{45}{\dfrac{10}{2579,8} + \dfrac{10}{3392,2} + \dfrac{10}{5930,7} + \dfrac{10}{7872,1} + \dfrac{5}{7872,1}} = 4320 \text{ mm}^4 .$$

— Ersatzlänge l_{ers} der Schraube.
Die Ersatzlänge l_{ers} der Schraube berechnet sich zu:

$$l_{ers} = d_{3Gew}^4 \cdot \left[\frac{l_1}{d_1^4} + \frac{l_2}{d_2^4} + \frac{l_3}{d_3^4} + \frac{l_{Gew} + 0,5d}{d_{3Gew}^4} + \frac{0,8d}{d^4} \right] .$$

Erforderliche Rechenwerte (s. Bild 4.32):

$d_{3Gew} = 6{,}466$ mm,
$l_1 = 22$ mm,
$l_2 = 6$ mm,
$l_3 = 15$ mm,

Tabelle 4.12. Berechnung der Teil-Flächenträgheitsmomente der gestuften Biegekörper nach Bild 4.31 (mit Lochabzug)

Rechengrößen		Dimension	Abschnitt				
			1	2	3	4	5
Querschnitte	A_1	mm²	200	225	287,5	325	325
	A_2	mm²	44	44	44	44	44
	A_3	mm²	14	14	14	14	14
	$A_{ges} = A_1 + A_2 + 2A_3$	mm²	272	297	359,5	397	397
	$A_{Bohrung}$	mm²	63,6	63,6	63,6	63,6	63,6
	$A_{D'} = A_{ges} - A_{Bohrung}$	mm²	208,4	233,4	295,9	333,4	333,4
Abstände x_{Si} der Schwerpunktachse der Flächen A_i von der y-Achse	x_{S1}	mm	8	8,5	9,75	10,5	10,5
	x_{S2}	mm	2	2	2	2	2
	x_{S3}	mm	8/3	8/3	8/3	8/3	8/3
	$x_{Bohrung}$	mm	6,5	6,5	6,5	6,5	6,5
Abstand des Gesamtschwerpunkts von der y-Achse	x'_S	mm	6,47	7,12	8,63	9,48	9,48
Abstand der Schraubenachse von der Schwerpunktachse	s	mm	0,03	−0,62	−2,13	−2,98	−2,98
Abstände Δx_i der Schwerpunktachsen der Flächen A_i von η'	Δx_1	mm	1,63	1,38	1,12	1,02	1,02
	Δx_2	mm	−4,47	−5,12	−6,63	−7,48	−7,48
	Δx_3	mm	−3,80	−4,45	−5,96	−6,81	−6,81
Trägheitsmomente I_i	I_1	mm⁴	1534,9	1947,2	3529,1	4915,2	4915,2
	I_2	mm⁴	937,8	1212,1	1992,8	2520,5	2520,5
	I_3	mm⁴	429,2	579,4	1019,5	1323,4	1323,4
	$I_{Bohrung}$	mm⁴	322,1	346,5	610,7	887,0	887,0
	$I_B = I_1 + I_2 + I_3 - I_{Bohrung}$	mm⁴	2579,8	3392,2	5930,7	7872,1	7872,1

4.4 Berechnung einer Pleuel-Schraubenverbindung

l_{Gew} = 8 mm,
d = 2 mm,
d_1 = 5,8 mm,
d_2 = 9 mm,
d_3 = 5,8 mm,

Damit ergibt sich:

$$l_{ers} = 67,48 \text{ mm}.$$

Zur Berechnung der Biegezusatzspannung werden benötigt:

Φ_{en} = 0,109,
F_A = 5000 N,
A_{d3} = $\frac{\pi}{4}d_3^2$ = 32,84 mm²
l_K = 45 mm,
l_{ers} = 67,48 mm,
E_S, E_P = 210 000 N/mm²,
s = 0,02 mm,
a = 9,6 mm,
d_{3Gew} = 6,466 mm,
$\bar{I}_{Bers}$ = 4320 mm⁴.

Damit folgt schließlich:

$$\sigma_{SAb} = 40,5 \text{ N/mm}^2.$$

Diese Biegezusatzspannung im Schraubengewinde ist relativ gering.
Begründung: Relativ großes Flächenträgheitsmoment der verspannten Teile, geringer positiver Abstand s der Schraubenachse von der Schwerpunktachse der verspannten Teile und Verhinderung des einseitigen Aufklaffens der Trennfuge durch hohe Montagevorspannkraft.

Für einen größtmöglichen Kraftangriffsfaktor $n = 1$ wäre $\sigma_{SAb} = 44,7$ N/mm² und damit der Spannungsausschlag.

$$\pm \sigma_a = \pm \frac{\sigma_{SAb}}{2} = \pm 22,35 \text{ N/mm}^2.$$

Diese Schwingbeanspruchung stellt nach Bild 5.26 keine hohen Anforderungen an Schraubengewinde. Für ein schlußvergütetes Schraubengewinde M 8 gilt nach Bild 5.26

$$\sigma_A \approx 56 \text{ N/mm}^2.$$

Das gewählte Schraubengewinde ist demnach dauerfest.
Wegen der relativ geringen Zusatzbeanspruchung des Schraubengewindes kann mit Hilfe des nichtlinearen Berechnungsansatzes eine Optimierung vorgenommen werden mit dem Ziel einer besseren Ausnutzung der Schraube [4.17].

Nachrechnung der Flächenpressung unter dem Schraubenkopf

Der bereits geführte Nachweis der Flächenpressung bleibt gültig, weil beim drehwinkelgesteuerten Anziehen die dort zugrundegelegten Flächenpressungen infolge von zusätzlichen Betriebskräften nicht mehr nennenswert gesteigert werden können.

4.5 Schrifttum

4.1 Systematische Berechnung hochbeanspruchter Schraubenverbindungen. VDI-Richtlinie 2230. Köln: Beuth 1986
4.2 Beitz, W.; Grote, K. H.: Calculation of bolted connections. Japan Res. Inst. Screw Threads and Fasteners. 13 (1982)
4.3 Schneider, W.: TH Darmstadt, unveröffentlicht
4.4 Thomala, W.: Elastische Nachgiebigkeit verspannter Teile einer Schraubenverbindung. VDI-Z. 124 (1982) 205–214
4.5 Rötscher, F.: Die Maschinenelemente. Berlin: Springer 1927
4.6 Weiß, H.; Wallner, F.: Die HV-Schraube unter Zugbelastung. Stahlbau Rundsch. 24 (1963) 15–22
4.7 Fritsche, G.: Grundlagen einer genaueren Berechnung statisch und dynamisch beanspruchter Schraubenverbindungen. Diss. TU Berlin 1962
4.8 Birger, J. A.: Die Stauchung zusammengeschraubter Platten oder Flansche. Russ. Eng. J. 5 (1961) 28–35 und Konstr. Masch. Appar. Gerätebau 15 (1963) 160
4.9 Vitkup, E. B.: Die Verformung zusammengeschraubter Platten. Russ. Eng. J. 5 (1961) 39–40 und Konstr. Masch. Appar. Gerätebau 15 (1963) 161
4.10 Rydchenko, V. M.; Tkachenko, V. A.: Die maximale Schraubenkraft einer vorgespannten Schraubenverbindung. Russ. Eng. 8 (1962) 11–13 und Konstr. Masch. Appar. Gerätebau 15 (1963) 466
4.11 Fernlund, J.: Druckverteilung zwischen Dichtflächen an verschraubten Flanschen. Konstr. Masch. Appar. Gerätebau 22 (1970) 218ff
4.12 Wächter, K.; Beer, R.; Jannasch, D.: Berechnung der elastischen Flanschnachgiebigkeit von Schraubenverbindungen. Maschinenbautechnik 26 (1977) 61–66
4.13 Illgner, K. H.: Das Verspannungs-Schaubild von Schraubenverbindungen. Draht-Welt 53 (1967) 43–49
4.14 Galwelat, M.: Rechnerunterstützte Gestaltung von Schraubenverbindungen. Diss. TU Berlin 1979
4.15 Agatonovic, P.: Verhalten von Schraubenverbindungen bei zusammengesetzter Betriebsbeanspruchung. Diss. TU Berlin 1973
4.16 Thomala, W.: Erläuterungen zur Richtlinie VDI 2230 Blatt 1 (1986). RIBE Blauheft Nr. 40 (1986), Richard Bergner GmbH, Schwabach
4.17 Faulhaber, A.; Thomala, W.: Erläuterungen zur Richtlinie VDI 2230 Blatt 1 (1986) — Der nichtlineare Berechnungsansatz. VDI-Z. 129 (1987) 9, 79–84

5 Tragfähigkeit von Schraubenverbindungen bei mechanischer Beanspruchung

Das Festigkeitsverhalten insbesondere gekerbter Bauteile gegenüber mechanischer Beanspruchung wird nachhaltig von der Belastungs-Zeit-Funktion (zügige oder schwingende Beanspruchung) beeinflußt. Während konstruktiv bedingte Kerben (Querschnittsübergänge) bei rein zügiger Beanspruchung die Tragfähigkeit von Bauteilen im Falle ausreichender Werkstoffzähigkeit verbessern können, wird diese bei Schwingbeanspruchung grundsätzlich herabgesetzt.

Wegen der grundlegend unterschiedlichen Versagenskriterien bei diesen beiden Beanspruchungsformen unterscheidet sich auch die werkstoffmechanische Behandlung des Festigkeitsnachweises voneinander. Deshalb ist eine getrennte Betrachtung der Tragfähigkeit von Schraubenverbindungen bei zügiger Beanspruchung und bei Schwingbeanspruchung erforderlich.

5.1 Tragfähigkeit bei zügiger Beanspruchung

Schraubenverbindungen haben vornehmlich die Aufgabe, zwei oder mehrere Teile einer Konstruktion lösbar miteinander zu verbinden. Die für die Funktion einer Schraubenverbindung erforderlichen Vorspannkräfte (zügige Beanspruchung) wirken jeweils in Richtung der Schraubenachse und stellen somit Längskräfte dar. Die Beanspruchungsrichtung im Schraubenbolzen bleibt auch dann axial, wenn die von außen angreifenden Betriebskräfte nicht in Schraubenachsrichtung wirken. Hier muß jedoch vorausgesetzt werden, daß die Querkraftkomponenten der Betriebskraft durch Reibschluß zwischen den verspannten Teilen und unter dem Schraubenkopf bzw. der Mutter aufgenommen werden können. Aus Gründen größtmöglicher Ausnutzbarkeit der Festigkeitseigenschaften von Schraubenverbindungen ist konstruktiv in jedem Fall anzustreben, die Beanspruchungen in der Schraube auf reine Axialspannungen zu beschränken. Wegen ihrer praktischen Bedeutung werden jedoch zusätzlich auch biege- und scherbeanspruchte Verbindungen (z. B. Paßschrauben) im Hinblick auf ihr Tragvermögen besprochen.

Der Einfluß von Torsionsmomenten beim Anziehen von Schraubenverbindungen auf deren Tragfähigkeit wird im Kapitel 8 erläutert.

Bei der Bemessung von Schraubenverbindungen hat sich in der Vergangenheit das Konstruktionsprinzip durchgesetzt, daß im Falle einer Überbeanspruchung der Schraubenbolzen im freien belasteten Gewinde (Kerbstelle 5 in Bild 5.1) brechen soll [5.1]. Der Bruch an dieser Stelle ist in der Regel mit einer deutlichen plastischen Verformung des Gewindes verbunden, wodurch das bevorstehende Bruchereignis, z. B. durch Undichtwerden von Flanschen oder Geräuschentwicklung gelockerter Teile unter schwingender Beanspruchung, angekündigt werden kann. Es besteht so

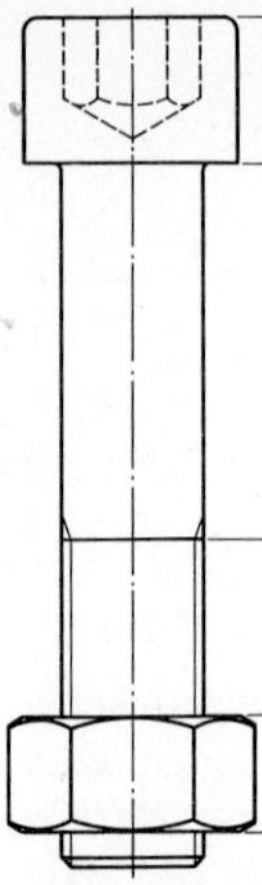

	Tragfähigkeit	Versagensort	Versagen durch:
Kopf	$F_{S\ Kopf}$	1	Abscheren des Schraubenkopfes
		2	Bruch am Übergang Kopf - Schaft
Schaft	$F_{B\ Schaft}$	3	Bruch im ungekerbten Schaftteil
freies belastetes Gewinde	$F_{B\ Gewinde}$	4	Bruch im Gewindeauslauf
		5	Bruch im freien belasteten Gewindeteil
		6	Bruch im ersten tragenden Gewindegang
im Eingriff befindliches Gewinde	$F_{S\ Gewinde}$	7	Abstreifen des im Eingriff befindlichen Bolzen - und/oder Muttergewindes

Konstruktionsprinzip: $F_{B\ Gewinde} < F_{S\ Kopf}$
$F_{B\ Schaft}$
$F_{S\ Gewinde}$

Bild 5.1. Das Konstruktionsprinzip einer Schraube

die Möglichkeit des Stillsetzens einer Anlage vor dem eigentlichen Schadensereignis. Folgeschäden können auf diese Weise entweder ganz vermieden oder zumindest eingeschränkt werden.

Die Erfüllung dieses Konstruktionsprinzips erfordert eine gezielte Abstimmung der Tragfähigkeit der einzelnen für einen Bruch der Verbindung infragekommenden Stellen (Bild 5.1). Die verspannten Teile bleiben hierbei unberücksichtigt.

Bild 5.2 zeigt, daß Schrauben unter Zugbelastung infolge Kerbwirkung örtlich erhebliche Spannungskonzentrationen aufweisen, und zwar

— am Kopf-Schaft-Übergang,
— im Gewindeauslauf,
— im freien belasteten Gewinde,
— im Bereich des ersten in das Muttergewinde eingeschraubten Bolzengewindegangs (erster tragender Gewindegang).

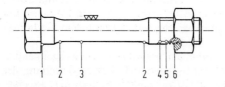

Kerbstelle	1	2	3	4	5	6
Formzahl $\alpha_K^{*\ a)}$	≈3-5	1,1	1	≈3-4	≈2-3	≈4-10

Bild 5.2. Kerbstellen einer Schraubenverbindung

[a)] Die Formzahl α_K^* beinhaltet gegenüber α_K auch die zusätzlichen Spannungsüberhöhungen infolge der Krafteinleitung am Übergang Kopf–Schaft sowie über die flankenbelasteten Gewindezähne.

5.1 Tragfähigkeit bei zügiger Beanspruchung

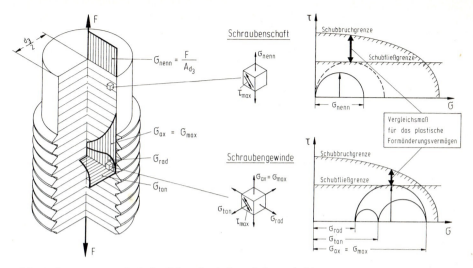

Bild 5.3. Spannungszustände im Schraubenbolzen (schematisch)

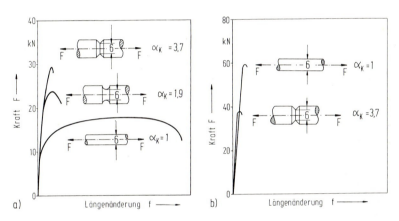

Bild 5.4a, b. Einfluß einer Spannungsversprödung infolge Kerben bei zähem und sprödem Werkstoffzustand [5.2]. a) 41 Cr 4 — normalgeglüht; b) 41 Cr 4 — gehärtet

Im Bereich dieser Kerben wird unter Zugbeanspruchung die Querkontraktion behindert. Es entsteht ein mehrachsiger gleichsinniger Spannungszustand mit inhomogener Verteilung von Axial-, Tangential- und Radialspannung über dem Kerbquerschnitt (Bild 5.3).

Die Mehrachsigkeit des Spannungszustands beeinflußt maßgeblich das Tragvermögen gekerbter Bauteile bei zügiger Beanspruchung in Abhängigkeit von der Werkstoffzähigkeit. Spannungskonzentrationen bewirken bei Werkstoffen mit ausreichenden Zähigkeitseigenschaften i. a. eine Tragfähigkeitssteigerung bei gleichzeitiger Verringerung des Formänderungsvermögens (Spannungsversprödung) [5.2]. Diese festigkeitssteigernde Wirkung verringert sich mit abnehmender Werkstoffzähigkeit und kehrt sich ab einer unteren Grenzzähigkeit in eine festigkeitsmindernde

Wirkung um. Bild 5.4 zeigt hierzu die Ergebnisse von Zugversuchen an ungekerbten und unterschiedlich scharf gekerbten Proben aus dem Vergütungsstahl 41 Cr 4 im normalgeglühten (zähen) und gehärteten (spröden) Werkstoffzustand. Die Kerbschärfe wird jeweils durch die Formzahl α_K beschrieben. Sie kennzeichnet das Verhältnis der Maximalspannung zur Nennspannung.

Auf Schrauben übertragen, bedeutet dieser Sachverhalt:

- Schrauben aus einem zähen Werkstoff besitzen unter der Voraussetzung gleicher tragender Querschnitte an den Stellen höherer Kerbwirkung (Formzahl α_K^* in Bild 5.2) auch eine höhere Tragfähigkeit. Bei Vollschaftschrauben ($d_{Gewinde} = d_{Schaft}$), deren Gewinde tief genug, d. h. überkritisch (s. Abschnitt 5.1.5), in das Muttergewinde eingeschraubt sind, tritt daher bei zügiger Überbeanspruchung der Bruch stets im freien belasteten Gewinde ein (Bild 5.5a). In Abhängigkeit vom Verformungsverhalten des Werkstoffs und von den konstruktiven Gegebenheiten (z. B. freie belastete Gewindelänge) erfolgt der Gewaltbruch an dieser Stelle mit deutlicher plastischer Verformung.
- Schrauben aus Werkstoffen mit eingeschränkten Zähigkeitseigenschaften (spröd) versagen an der Stelle höchster Spannungskonzentration verformungsarm (Bild 5.5b).

Neben den geschilderten werkstoffmechanischen Einflüssen sind für die Tragfähigkeit der Schraube weiterhin folgende Faktoren maßgeblich:

Festigkeit und Zähigkeit des Werkstoffs. Grundsätzlich läßt sich die Tragfähigkeit der Schraube mit zunehmender Werkstofffestigkeit erhöhen, vorausgesetzt, der Werkstoff besitzt selbst bei höchsten Festigkeiten noch ausreichende Zähigkeit, damit durch teilplastisches Fließen eine Spannungsumlagerung stattfinden kann. Hierzu werden besondere Anforderungen an die chemische Zusammensetzung des Werkstoffs, an das Erschmelzungs- und Vergießungsverfahren sowie an die Wärmebehandlung gestellt (s. Abschnitt 3.2.3).

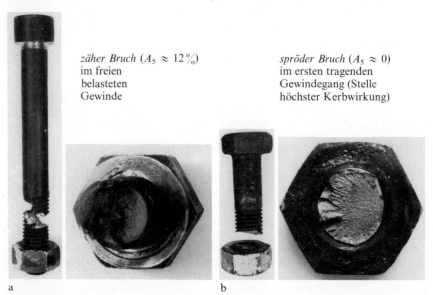

zäher Bruch ($A_5 \approx 12\%$) im freien belasteten Gewinde

spröder Bruch ($A_5 \approx 0$) im ersten tragenden Gewindegang (Stelle höchster Kerbwirkung)

a b

Bild 5.5a, b. Bruchverhalten von Schrauben aus zähen und spröden Werkstoffen bei zügiger Überbeanspruchung

5.1 Tragfähigkeit bei zügiger Beanspruchung

Oberflächenbehandlung. Die Zähigkeitseigenschaften des Schraubenwerkstoffs können durch Oberflächenbehandlungsverfahren, die eine unkontrollierte Randaufkohlung oder Wasserstoffeindiffusion bewirken, verschlechtert werden. Vor allem bei hochfesten Schrauben mit Festigkeitsklassen ab 12.9 sind deshalb Aufkohlungs- bzw. Rückkohlungsprozesse oder die Einhaltung des Kohlenstoffpegels im Schutzgas beim Härten der Schrauben zu kontrollieren. Ebenso ist eine Aufnahme atomaren Wasserstoffs in den Stahl, z. B. beim Beizen oder bei einer chemischen bzw. elektrochemischen Oberflächenbehandlung, möglichst zu vermeiden (s. Kapitel 6).

Durch eine Feuerverzinkung wird die Tragfähigkeit von Schrauben bis zur Festigkeitsklasse 12.9 nicht beeinträchtigt [5.3–5.5]. Dies gilt auch für hochtemperaturverzinkte Schrauben der Festigkeitsklasse 10.9 (Zinkbadtemperatur oberhalb 530 °C) [5.6].

Fertigungsbedingungen. Die durch das Walzen des Gewindes hervorgerufene Kaltverfestigung in der oberflächennahen Randschicht kann eine Festigkeitssteigerung des Gewindes bewirken, die soweit führt, daß der Bruch der Schraube im nicht kaltverfestigten Schraubenschaft erfolgt.

Beispiele hierfür sind hochfeste Schrauben kleiner Durchmesser, deren Gewinde nach dem Vergüten des Schraubenrohlings aufgewalzt worden sind, und Schrauben aus austenitischen Stählen, deren Festigkeitseigenschaften nicht durch eine Vergütung, sondern ausschließlich durch Kaltverfestigung erzielt werden können (Bild 5.6).

Mutterwerkstoffestigkeit. Bei hoher Festigkeit des Schraubenwerkstoffs und gleichzeitig niedriger Zähigkeit besteht zunehmend die Gefahr eines verformungsarmen Gewaltbruchs der Schraube im Bereich des ersten tragenden Gewindegangs. Hohe

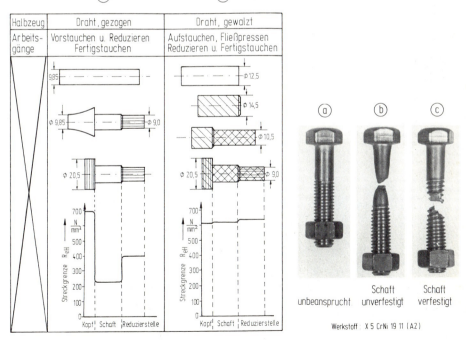

Bild 5.6. Bruchverhalten von Sechskantschrauben DIN 931 — M12 × 55 aus nichtrostendem Stahl mit kaltverfestigtem Gewinde

Festigkeiten des Mutterwerkstoffs begünstigen diese Bruchform infolge besonders ungleichmäßiger Gewindelastverteilung. In [5.7] wird daher empfohlen, hochfeste Schraubenbolzen mit hinreichend hohen Muttern zu paaren, deren Festigkeit höchstens 2/3 der Schraubenwerkstoffestigkeit beträgt.

Beanspruchungsart. Infolge der beim Anziehen durch Drehen der Mutter oder der Schraube zusätzlich wirksamen Torsionsspannungen wird die Bruchkraft der Schraube gegenüber der ausschließlich zugbelasteten Verbindung vermindert. Zunehmende Gewindereibung verstärkt diesen Effekt (s. Abschnitt 8.3).

Umgebungsbedingungen. Besondere Umgebungsbedingungen wie korrosiv wirkende Medien und/oder hohe bzw. tiefe Temperaturen können die Tragfähigkeit von Schrauben beeinflussen.

Diese Einflüsse werden in den Kapiteln 6 und 7 eingehend behandelt.

5.1.1 Freies belastetes Gewinde

Bei Vollschaftschrauben aus einem zähen Werkstoff ist die Tragfähigkeit des freien belasteten Gewindes infolge der hier herrschenden Kerbwirkung um bis zu 20%

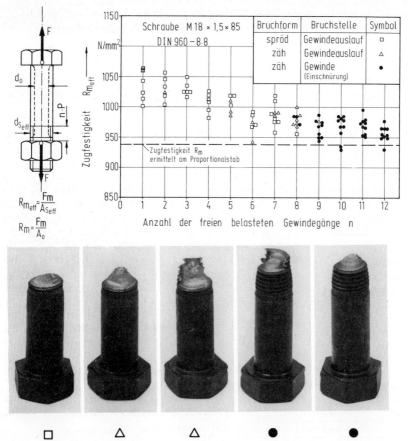

Bild 5.7. Einfluß des Abstands zwischen Gewindeauslauf und Mutterauflagefläche (nP) auf die Zugfestigkeit und die Bruchausbildung des Feingewindes M18 × 1,5 × 85-8.8 [5.8]

5.1 Tragfähigkeit bei zügiger Beanspruchung

größer als die eines ungekerbten Probestabs mit dem Durchmesser d_3 (Gewindekerndurchmesser) [5.8]. Sie ist jedoch wegen der Entlastungskerbwirkung der nebeneinanderliegenden Gewindegänge nicht so groß wie im Gewindeauslauf und im Bereich des ersten tragenden Gewindegangs. Mit geringer werdendem Abstand zwischen Gewindeauslauf und Mutterauflagefläche nimmt infolge der abnehmenden Anzahl freier belasteter Gewindegänge (Verringerung der Entlastungskerbwirkung) die Formänderungsbehinderung zu. Dies wird als Übergangseffekt [5.9] bezeichnet und führt zu einer Tragfähigkeitssteigerung, die für den Grenzfall der Einzelkerbe, bei dem das Bolzengewinde bis zum Gewindeauslauf in die Mutter eingeschraubt wird, ein Maximum erreicht (Bild 5.7). Die Haltbarkeit des ungekerbten Schafts wird jedoch wegen des gegenüber dem Gewindedurchmesser größeren Schaftdurchmessers nicht erreicht.

Der Übergangseffekt und die festigkeitserhöhende Wirkung des mehrachsigen Spannungszustands im freien belasteten Gewinde werden bei der Zugprüfung von Schrauben als Fertigteile nach DIN ISO 898 Teil 1 folgendermaßen berücksichtigt:

— Festlegung eines Mindestabstands von $1 \times d$ zwischen Gewindeauslauf und Mutterauflagefläche,
— Einführung des sog. Spannungsquerschnitts A_S.

Die Anwendung des Spannungsquerschnitts erlaubt die näherungsweise Ermittlung der Zugfestigkeit des Schraubenwerkstoffs direkt durch Prüfung des fertigen Bauteils:

$$R_m = \frac{F_m}{A_S}.$$

Die empirisch ermittelte Formel für den Spannungsquerschnitt metrischer Gewinde,

$$A_S = \frac{\pi}{4} d_S^2 = \frac{\pi}{4} \left(\frac{d_2 + d_3}{2}\right)^2, \qquad (5.1)$$

hat sich hierfür inzwischen weltweit durchgesetzt.

Der dem Spannungsquerschnitt zugeordnete Durchmesser liegt gemäß Gl. (5.1) zwischen dem Kern- und Flankendurchmesser und drückt aus, daß ein ungekerbter Probestab mit dem Durchmesser d_S die gleiche Höchstzugkraft überträgt wie ein metrisches Gewinde mit dem Kerndurchmesser d_3 und dem Flankendurchmesser d_2.

Für metrische Gewinde sind die Spannungsquerschnitte in DIN 13 Teil 28 als Nennspannungsquerschnitte aufgeführt, denen die Gewindenenndurchmesser zugrundeliegen.

Die mit Hilfe des Nennspannungsquerschnitts ermittelte Werkstoffzugfestigkeit kann aus folgenden Gründen nur eine Näherung sein [5.8]:

- Die Kern- und Flankendurchmesser d_3 und d_2 streuen innerhalb der Toleranzen nach DIN 13 und sind wegen des Gewinde-Grundabmaßes kleiner als die Nennmaße (insbesondere bei kleinen Gewinden).
- Die Abhängigkeit der Erhöhung der Tragfähigkeit des Gewindes vom Festigkeits- und Zähigkeitsverhalten des Werkstoffs wird nicht berücksichtigt (s. Bild 5.4).
- Mögliche Festigkeitsunterschiede über dem Gewindebolzenquerschnitt (z. B. bei nach der Kaltumformung nicht wärmebehandelten Teilen) können nicht erfaßt werden.

Die Tragfähigkeit des freien belasteten Gewindes wird auch durch die Gewindefeinheit beeinflußt. Sie ist bei Feingewinden auf Grund des größeren tragenden

Querschnitts höher als bei Regelgewinden. Der Tragfähigkeitsunterschied entspricht etwa dem Verhältnis der Spannungsquerschnitte [5.10]. Dies gilt jedoch nur bei ausreichenden Mutterhöhen (Einschraubtiefen).

5.1.2 Schraubenschaft

Das freie belastete Gewinde und der Schraubenschaft besitzen dann die gleiche Tragfähigkeit, wenn folgende Forderung erfüllt wird:

Höchstzugkraft des Schaftes = Höchstzugkraft des Gewindes

$$R_m A_{Sch} = R_m A_S, \qquad (5.2)$$

d. h.

$$A_{Sch} = A_S;$$

mit

$$A_{Sch} = \frac{\pi}{4} d_{Sch}^2 \quad \text{und} \quad A_S = \frac{\pi}{4} \left(\frac{d_2 + d_3}{2} \right)^2$$

gilt:

$$d_{Sch} = \frac{d_2 + d_3}{2} = d_S = (1{,}02 \ldots 1{,}06) \, d_3 \,.$$

Hiermit wird das freie belastete Gewinde zur Schwachstelle der Verbindung, wenn der Schaftdurchmesser d_{Sch} größer ist als der dem Spannungsquerschnitt zugeordnete Durchmesser d_S.

5.1.3 Gewindeauslauf und Kopf-Schaft-Übergang

Bei gleichem Kerndurchmesser und ähnlicher Kerbgeometrie wie das Gewinde weist der Gewindeauslauf infolge verminderter Entlastungskerbwirkung eine stärkere Verformungsbehinderung und damit bei ausreichender Werkstoffzähigkeit eine größere Tragfähigkeit auf als das Gewinde.

Der Übergang vom Kopf zum Schaft besitzt im allgemeinen einen dem Schaftdurchmesser entsprechenden kleinsten Querschnitt. Seine Tragfähigkeit ist demnach mindestens so groß wie die des Schaftes, vorausgesetzt, daß keine Verminderung der Tragfähigkeit infolge Stoff- und/oder Spannungsversprödung vorliegt. Die Spannungsüberhöhung unter dem Schraubenkopf nimmt mit zunehmendem Übergangsradius ab.

5.1.4 Schraubenkopf

Bei axialer Zugbeanspruchung erfährt der Schraubenkopf eine Biege- und eine Scherbeanspruchung. Wie die Praxis zeigt, lassen sich die Biegung und die Kerbwirkung bei der Berechnung der erforderlichen Kopfhöhe in erster Näherung vernachlässigen.

Schraubenkopf mit Kraft-Außenangriff

Bei Überbeanspruchung stellt sich bei Schrauben mit Kraft-Außenangriff ein Bruchverlauf gemäß Bild 5.8 ein (Scherbruch). Unter Berücksichtigung des Konstruktionsprinzips ergibt sich daraus für die Berechnung der Höchstscherkraft folgende Forderung:

Höchstscherkraft des Kopfes > Höchstzugkraft des Gewindes

$$\tau_B A_{scher} > R_m A_S, \qquad (5.3)$$

5.1 Tragfähigkeit bei zügiger Beanspruchung

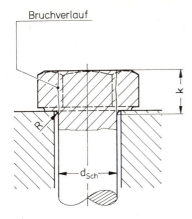

Bild 5.8. Bruchverlauf beim Abscheren eines Schraubenkopfes mit Kraft-Außenangriff

bzw.

$$\tau_B \pi d_{Sch} k > R_m A_S \, ,$$

oder, aufgelöst nach k:

$$k > \frac{A_S}{\pi d_{Sch}} \frac{R_m}{\tau_B} \, . \tag{5.4}$$

Für die üblicherweise verwendeten Schraubenwerkstoffe nimmt die bezogene Scherfestigkeit $x = \tau_B/R_m$ im Festigkeitsbereich von 800 bis 1400 N/mm² etwa linear von 0,70 auf 0,60 ab. Für die praktische Rechnung kann x für die einzelnen Festigkeitsklassen wie folgt eingesetzt werden [5.11]:

$x = 0{,}65$ für Festigkeitsklasse 8.8
$x = 0{,}62$ für Festigkeitsklasse 10.9
$x = 0{,}60$ für Festigkeitsklasse 12.9.

Die mindestens erforderliche Kopfhöhe bestimmt sich daraus schließlich nach Gl. (5.4) zu

$$k_{min} = \frac{A_S}{\pi d_{Sch}} \frac{1}{x} \, . \tag{5.5}$$

Die Kopfhöhen der Sechskantschrauben nach DIN 931 bzw. 933 sind um etwa 65 % größer als die rechnerische Mindestkopfhöhe k_{min}, so daß hier kein Abstreifen der Köpfe auftreten kann.

Schraubenkopf mit Kraft-Innenangriff

Bei Überbeanspruchung von Schraubenköpfen mit Kraft-Innenangriff, z. B. Innensechskant, Innenvielzahn, Torx, Kreuzschlitz usw., tritt der Scherbruch zwischen der unteren Begrenzungslinie der Kraftangriffsflächen (Schlüsselflächen) und dem Schaft an der Stelle des Übergangs zum Kopf auf (Bild 5.9).

Die Restbodendicke y endet demzufolge nicht in Höhe der Schraubenkopfauflage, sondern jeweils um den Betrag des Übergangsradius nach unten versetzt. Dies konnte in umfangreichen Untersuchungen an Zylinderschrauben mit Innensechskant bzw. Innenverzahnung nachgewiesen werden [5.11, 5.12].

Die erforderliche Restbodendicke von Schraubenköpfen mit Kraft-Innenangriff läßt sich auch hier mit Hilfe der mechanischen Beziehungen unter Vernachlässigung

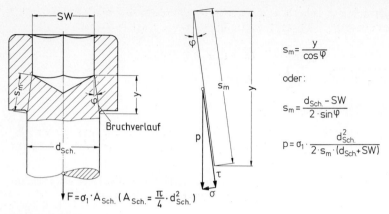

Bild 5.9. Bruchverlauf beim Abstreifen eines Schraubenkopfes mit Kraft-Innenangriff und niedriger Restbodendicke [5.11, 5.12]

der Biegespannungen und der Kerbwirkung berechnen [5.11]. Bild 5.9 zeigt die im maßgeblichen Beanspruchungsbereich wirkenden Spannungen sowie den Bruchverlauf.

Während im Schraubenschaft infolge der von außen angreifenden, in Achsrichtung verlaufenden Kraft F eine Hauptspannung

$$\sigma_1 = \frac{F}{A_{Sch}} = \frac{4F}{\pi d_{Sch}^2} \tag{5.6}$$

wirkt, berechnet sich die im Scherkegel wirksame Spannung p in Achsrichtung zu $p = F/A_{Scher}$.
Die Scherfläche wird dabei wie folgt bestimmt:

$$A_{Scher} = \frac{d_{Sch} + d_m}{2} \pi s_m. \tag{5.7}$$

Die obere Begrenzungslinie der Scherfläche wird für die Berechnung nach Gl. (5.7) vereinfachend durch einen Kreis mit dem Durchmesser d_m ersetzt. Dieser richtet sich nach der jeweiligen Geometrie des Innenangriffs und stellt einen mittleren Durchmesser dar, der von Fall zu Fall festgelegt werden muß.
Beispiel: Innensechskant bei einer Zylinderschraube nach DIN 6912:

$$d_m = \frac{SW + e}{2} = \frac{SW + 1{,}14\,SW}{2} = 1{,}07\,SW\,.$$

Für p ergibt sich durch Einsetzen von $F = \sigma_1 A_{Sch}$:

$$p = \frac{\sigma_1 A_{Sch}}{A_{Scher}} = \sigma_1 \frac{d_{Sch}^2}{2 s_m (d_{Sch} + d_m)}.$$

In der Mantelfläche des Scherkegels werden infolge p sowohl Normalspannungen σ als auch Schubspannungen τ wirksam. Der Normalspannungsanteil σ berechnet sich zu $\sigma = p \sin \varphi$, der Schubspannungsanteil τ zu $\tau = p \cos \varphi$. Für p kann demnach auch geschrieben werden:

$$p = \sqrt{\sigma^2 + \tau^2} = \sqrt{p^2 \sin^2 \varphi + p^2 \cos^2 \varphi} \tag{5.8}$$

5.1 Tragfähigkeit bei zügiger Beanspruchung

Die aus Normal- und Scherbeanspruchung resultierende Bruchfestigkeit — reduzierte Bruchfestigkeit $R_{m_{red}}$ — wird analog Gl. (5.8) wie folgt berechnet:

$$R_{m_{red}} = \sqrt{(R_m \sin \varphi)^2 + (\tau_B \cos \varphi)^2} \,. \tag{5.9}$$

Mit $\tau_B = x R_m$ ergibt sich:

$$R_{m_{red}} = R_m \sqrt{\sin^2 \varphi + x^2 \cos^2 \varphi} \,.$$

Damit bei zügiger Beanspruchung der Schraubenkopf mindestens die gleiche Haltbarkeit aufweist wie das freie belastete Gewinde, muß wieder die Bedingung erfüllt sein:

Höchstscherkraft des Kopfes $\quad >$ Höchstzugkraft des Gewindes

$$R_{m_{red}} A_{Scher} > R_m A_S \,.$$

Mit

$$A_{Scher} = \frac{d_{Sch} + d_m}{2} \pi s_m$$

$$= \frac{d_{Sch} + d_m}{2} \pi \frac{y}{\cos \varphi}$$

$$= y \frac{\pi}{2} \frac{d_{Sch} + d_m}{\cos \varphi}$$

und Gl. (5.9) ergibt sich nach Umformung für die Mindestbodendicke:

$$y_{min} = \frac{2 A_S}{x \pi (d_{Sch} + d_m) \sqrt{\left(\frac{\tan \varphi}{x}\right)^2 + 1}} \,. \tag{5.10}$$

Da der Neigungswinkel φ des Scherkegels bei der Berechnung der Mindestbodendicke nicht bekannt ist, wird er mit $\tan \varphi = (d_{Sch} - d_m)/2 y_{min}$ in Gl. (5.10) eingesetzt. Damit berechnet sich y_{min} zu:

$$y_{min} = \frac{\sqrt{16 A_S^2 - \pi^2 (d_{Sch}^2 - d_m^2)^2}}{2 x \pi (d_{Sch} + d_m)} \,. \tag{5.11}$$

Für Schrauben, bei denen im Schaftbereich nicht das Gewinde, sondern ein kleinerer Querschnitt, zum Beispiel ein Dehnschaft, die schwächste Stelle darstellt, wird anstelle des Spannungsquerschnitts A_S ein entsprechender Querschnitt A_0 des Dehnschafts in die Rechnung eingesetzt.

Aus den Ausführungen in diesem Abschnitt ergeben sich für die Praxis folgende Hinweise:

- Der Kopf-Schaft-Übergangsradius vergrößert im allgemeinen die Scherbruchfläche. Zur Erhöhung der Tragfähigkeit des Schraubenkopfes sollte er deshalb hinreichend groß sein.
- Der Auslauf des Schraubengewindes sollte nicht zu nahe an die Kopfauflagefläche herangewalzt werden, um die Tragfähigkeit des Schraubenkopfes nicht zu vermindern.

5.1.5 Ineinandergreifende Gewinde

Damit das Versagen von Schraubenverbindungen nicht durch Abstreifen der ineinandergreifenden Gewinde eintritt, ist eine ausreichende Einschraubtiefe m des Bolzengewindes im Muttergewinde erforderlich. Als kritische Einschraubtiefe m_{kr} bezeichnet man diejenige, bei der die Tragfähigkeit der ineinandergreifenden Gewindegänge gleich der des Schraubenbolzens ist (Bild 5.10).

Bei kleineren Einschraubtiefen als m_{kr} werden entsprechend dem jeweiligen Festigkeitsverhältnis von Bolzen- und Mutterwerkstoff entweder die Bolzen- oder die Muttergewinde oder beide zugleich abgestreift. In diesem unterkritischen Bereich steigt die Tragfähigkeit der Verbindung mit zunehmender Einschraubtiefe solange linear an, bis die Abstreiffestigkeit der eingeschraubten Gewindegänge die Zugfestigkeit des Schraubenbolzens erreicht. Der Schnittpunkt der die Abstreiffestigkeit kennzeichnenden Geraden mit der von der Einschraubtiefe unabhängigen Zugfestigkeit des Bolzengewindes ergibt die kritische Einschraubtiefe m_{kr} (Bild 5.10).

Eine Tragfähigkeitssteigerung der Verbindung durch Vergrößern der Mutterhöhe über diesen kritischen Bereich hinaus ist deshalb bei zügiger Beanspruchung nicht möglich.

Bei unterkritischen Mutterhöhen treten bereits im unteren Vorspannkraftbereich $(F_V/F_{max} \leq 0{,}4)$ plastische Verformungen der ineinandergreifenden Gewindegänge von Bolzen und Mutter auf. So zeigten Zugversuche an Schraubenverbindungen mit Muttern aus unterschiedlichen Werkstoffen, daß schon bei relativ kleinen Zugkräften die Be- und Entlastungskennlinien nicht mehr übereinstimmen [5.13].

Während im rein elastischen Verformungsbereich des Gewindes die Kraftverteilung auf die einzelnen Muttergewindegänge sehr ungleichmäßig ist und der erste tragende Gewindegang einen Großteil der Gesamtkraft (ca. 40%) allein zu tragen

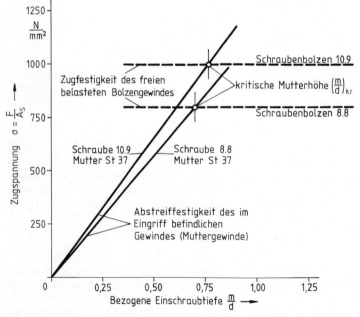

Bild 5.10. Einfluß der Einschraubtiefe auf die Tragfähigkeit von Schraubenverbindungen M10 bei zügiger Beanspruchung [5.1]

5.1 Tragfähigkeit bei zügiger Beanspruchung

hat, werden mit zunehmender plastischer Verformung der höher beanspruchten Gewindegänge auch die zunächst weniger stark belasteten nachfolgenden Gewindegänge verstärkt zur Kraftübertragung mit herangezogen. Mit steigender Belastung vergleichmäßigt sich auf diese Weise nicht nur die Kraftverteilung, sondern auch die elastische und plastische Verformung der Gewindegänge innerhalb des eingeschraubten Bereiches.

Beim Einschrauben von Gewindebolzen in Muttern aus Werkstoffen relativ niedriger Festigkeit streifen bei unterkritischer Einschraubtiefe im Falle einer Überbeanspruchung die nur relativ wenig verformten Bolzengewindegänge das Muttergewinde ab (Bild 5.11). Die Tragfähigkeit der Schraubenverbindung ist in diesem Fall von der Scherfläche, die durch den Außendurchmesser des Schraubengewindes festgelegt wird, und der Scherfestigkeit des Mutterwerkstoffs abhängig.

Bei Annäherung der Werkstoffestigkeit der Mutter an die des Bolzens tritt bei Überbeanspruchung auch im Bolzengewinde eine verstärkte Biegeverformung auf. Je nach Flankenüberdeckungsgrad, der die Größe der Biegebeanspruchung bestimmt, kann es bei unterkritischer Einschraubtiefe zu einem Aneinander-Abgleiten der verbogenen Bolzen- und Muttergewindegänge oder zu deren Abscheren kommen.

Bei weiterer Erhöhung der Werkstoffestigkeit der Mutter bis über die des Bolzens

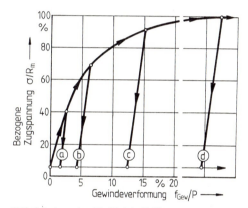

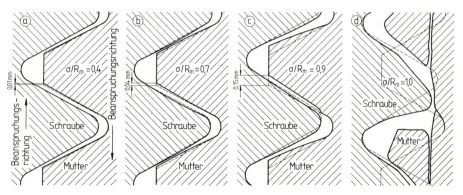

Bild 5.11. Verformung ineinandergreifender Gewindegänge von Schraube und Mutter bei stufenweiser Belastung bis zum Bruch für den Fall niedriger Mutterwerkstoffestigkeit und unterkritischer Einschraubtiefe [5.13]

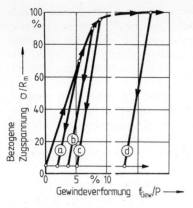

M 16–8.8 eingeschraubt 0,5·d in St 80   ----- Gewindeprofil vor der Belastung

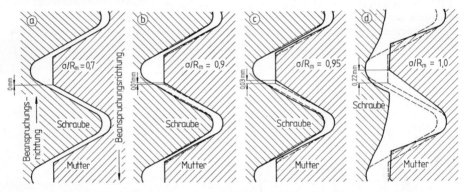

Bild 5.12. Verformung ineinandergreifender Gewindegänge von Schraube und Mutter bei stufenweiser Belastung bis zum Bruch für den Fall großer Mutterwerkstoffestigkeit und unterkritischer Einschraubtiefe [5.13]

hinaus erfolgt schließlich der Bruch der Verbindung durch Abscheren der Bolzengewindegänge. Die Muttergewindegänge verbiegen sich dabei, abhängig von der Mutterwerkstoffestigkeit, mehr oder weniger stark (Bild 5.12).

Die Mutterbeanspruchung ist dann am höchsten, wenn die resultierenden Spannungen im Bereich der Bolzenzugfestigkeit liegen und wenn die Abstreiffestigkeit des Muttergewindes und die Bolzenzugfestigkeit etwa gleich groß sind.

Neben dieser Gewindedeformation stellt sich bei Schraubenverbindungen mit unterkritischen Mutterhöhen nach [5.14] zusätzlich eine merkliche bleibende radiale Aufweitung des Mutterkörpers ein. Dies ist auf die Radialkomponente der zu übertragenden Zugkraft zurückzuführen, deren Größe vom Flankenwinkel des Gewindes abhängt.

Die bleibende radiale Aufweitung der Mutter nimmt mit abnehmender Mutterhöhe zunächst zu. Sie erreicht bei etwa $m/d = 0{,}4$ ein Maximum und nimmt danach mit noch kleiner werdender Mutterhöhe wieder ab, da hier die übertragbare Zugkraft auf Grund verminderter Abstreiffestigkeit ebenfalls verringert wird. Zugversuche ergaben, daß die bleibende Mutteraufweitung dann sehr gering wird bzw. auf Null zurückgeht, wenn die Mutterhöhe die kritische Einschraubtiefe erreicht oder überschreitet [5.14].

5.1 Tragfähigkeit bei zügiger Beanspruchung

Eine Behinderung der radialen Aufweitung kann entstehen, wenn sich im Bereich des ersten tragenden Muttergewindegangs der Mutterwerkstoff auch axial in den Freiraum zwischen Durchgangsloch und Schraubenbolzen hinein verformt.

5.1.5.1 Einflüsse auf die Abstreiffestigkeit

Die kritische Einschraubtiefe und damit die Abstreiffestigkeit hängt von einer Vielzahl von Faktoren ab, die sich zum Teil gegenläufig beeinflussen.

Gewindeform. Von den verschiedenen Gewindeformen läßt das Spitzgewinde mit 60° Flankenwinkel die relativ kleinsten kritischen Einschraubtiefen zu. Wegen der hier auftretenden radialen Querkräfte muß jedoch eine ausreichend dicke Mutterwandstärke (Schlüsselweite) vorhanden sein.

Gewindenenndurchmesser. Das kritische Mutterhöhenverhältnis $(m/d)_{kr}$ steigt mit zunehmendem Gewindedurchmesser d linear an (Bild 5.13). Begründet wird dies mit der Zunahme der elastischen Biegenachgiebigkeit der bei größerem Kerndurchmesser weniger stark gekrümmten Gewindegänge [5.10].

Gewindetoleranzen. Nicht nur eine Verschiebung der Toleranzlage (z. B. von h nach g), sondern bereits die Änderung der Mutter- und Bolzengewindemaße innerhalb der

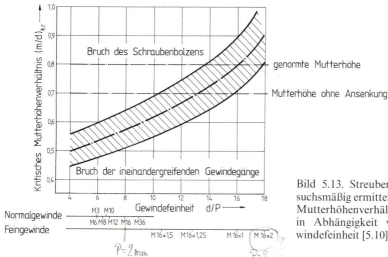

Bild 5.13. Streubereich der versuchsmäßig ermittelten kritischen Mutterhöhenverhältnisse $(m/d)_{kr}$ in Abhängigkeit von der Gewindefeinheit [5.10]

Tabelle 5.1. Kritische Einschraubtiefen $(m/d)_{kr}$ für Schrauben mit ISO-Gewinde unterschiedlicher Abmessungen und Festigkeiten [5.13]

Gewinde	Festigkeitsklasse Schraube/Mutter			
	8.8/8		10.9/10	
	Gewindepassung			
	eng	weit	eng	weit
M3	0,50	0,70	0,51	0,67
M6	0,61	0,68	0,54	0,66
M8	0,55	0,66	0,53	0,62
M10	0,55	0,63	0,54	0,63

Tabelle 5.2. Kritische Einschraubtiefen für Stahlschrauben in Muttergewinden verschiedener Werkstoffe und Festigkeiten [5.13]

Festigkeitsklasse der Schraube	Mutterwerkstoff		Gewinde	Kritische Einschraubtiefe $(m/d)_{kr}$
	Kurzname	Zugfestigkeit R_m N/mm²		
8.8	St 37	435	M6	0,83
			M10	0,72
			M16	0,83
			M16 × 1,5	0,92
10.9	St 37	435	M10	0,87
			M16 × 1,5	1,04
8.8	St 50	536	M6	0,71
			M10	0,73
			M16	0,71
			M16 × 1,5	0,77
10.9	St 50	536	M10	0,77
			M16 × 1,5	0,86
8.8	GG 22	235	M6	0,82
			M10	0,75
			M16	0,82
			M16 × 1,5	0,90
10.9	GG 22	235	M10	0,83
			M16 × 1,5	1,07

genormten Gewindetoleranz (z. B. innerhalb 6g) hat einen deutlichen Einfluß auf die kritische Einschraubtiefe [5.14]. Als Folge einer Ausnutzung der Toleranzfeldgrenzen können bei einer ungünstigen Paarung von kleinsten Bolzengewinden mit weitesten Muttern relativ kleine Flankenüberdeckungsgrade entstehen, die im Vergleich zu der größtmöglichen Flankenüberdeckung eine merklich größere kritische Mutterhöhe erfordern. Insbesondere bei kleinen Gewindeabmessungen wirkt sich die Gewindetoleranz aus. So wurde bei Gewinden M3 im ungünstigsten Fall eine Tragfähigkeitsminderung von 40% und bei Gewinden M10 eine 16%-ige Tragfähigkeitseinbuße festgestellt, bezogen auf die jeweils haltbarste Gewindeverbindung (Tabelle 5.1).

Gewindesteigung. Untersuchungen von [5.10] führten zu folgenden Ergebnissen:
- Die Tragfähigkeit eines Schraubengewindes vergrößert sich mit abnehmender Gewindesteigung infolge zunehmenden tragenden Querschnitts (s. Abschnitt 5.1.1). Um diese höhere Schraubenkraft ohne Abstreifen der Gewindegänge übertragen zu können, muß bei vorgegebener Festigkeit des Mutterwerkstoffs die Scherfläche des Muttergewindes vergrößert werden. Feingewindemuttern besitzen somit zur Erfüllung des Konstruktionsprinzips eine größere kritische Mutterhöhe als Regelgewindemuttern (Bild 5.13 und Tabelle 5.2).
- Bei extrem feinen Gewinden (z. B. M36 × 1 oder M36 × 0,5) kann selbst mit sehr großen Mutterhöhen ($m > 1,5d$) kein Bruch des Schraubenbolzens mehr erreicht werden, weil sich dieser nach dem Überschreiten der Schraubenstreckgrenze bzw. der 0,2%-Dehngrenze im freien belasteten Gewinde einschnürt, so daß die in das Muttergewinde eingeschraubten Bolzengewindegänge außer Eingriff kommen. Dieser Effekt wird durch die radiale Aufweitung der Mutter noch zusätzlich be-

günstigt. Die Stelle höchster Beanspruchung verschiebt sich dadurch weiter ins Innere der Mutter, wo sich die Einschnürung des Bolzens fortsetzt (Reißverschlußeffekt). Wenn die Flankenüberdeckung des Gewindes kleiner ist als die radiale Relativverschiebung von Bolzen- und Muttergewindegängen, dann versagt die Verbindung bei Überbeanspruchung, unabhängig von der Mutterhöhe, durch Abgleiten der ineinandergreifenden Gewindegänge.

Mutterform und Schlüsselweite. Die Mutterform bzw. die Schlüsselweite beeinflußt die bei Zugbeanspruchung entstehende Radialaufweitung des Mutterkörpers. Da sich diese wiederum auf die Größe der Flankenüberdeckung auswirkt, resultiert hieraus eine direkte Abhängigkeit der Abstreiffestigkeit bzw. der kritischen Mutterhöhe von der Wanddicke des Mutterkörpers [5.14].

Schraubenloch. Mit zunehmendem Durchmesser des Schraubenlochs verstärkt sich die Biegebeanspruchung im Mutterkörper. Dies kann größere Einschraubtiefen erfordern, um die volle Tragfähigkeit der Verbindung ausnutzen zu können [5.13].

Relative Festigkeit und Zähigkeit der miteinander gepaarten Werkstoffe. Bei gleichem Schraubenwerkstoff wirken sich die Festigkeit und die Zähigkeit des Mutterwerkstoffs deutlich auf die Tragfähigkeit der Schraubenverbindung aus:

- *Relative Festigkeit.* Im unterkritischen Mutterhöhenbereich werden Muttern mit relativ zum Schraubenwerkstoff geringerer Festigkeit bei Überbeanspruchung durch Abstreifen ihrer Gewindezähne zerstört (Durchmesser des Scherzylinders $\approx$ Durchmesser des Schraubengewindes, s. Bild 5.11). Mit zunehmender Mutterfestigkeit werden die Gewindezähne der Schraube stärker beansprucht und dadurch in zunehmendem Maße verformt. Überschreitet schließlich die Werkstoffestigkeit der Mutter einen bestimmten Grenzwert, dann ändert sich das Bruchereignis, und die Gewindezähne des Schraubengewindes streifen bei Überbeanspruchung ab (Durchmesser des Scherzylinders $\approx$ Mutterkerndurchmesser, s. Bild 5.12). Eine weitere Erhöhung der Mutterfestigkeit ändert an diesem Bruchereignis nichts mehr und wirkt sich daher nicht weiter haltbarkeitssteigernd auf die Schraubenverbindung aus (Bild 5.14). Aus diesem Grund wird die maximale Abstreiffestigkeit erreicht, wenn das Verhältnis der Festigkeiten von Schrauben- und Mutterwerkstoff in der Größenordnung von D_1/d liegt. Dieses Verhältnis beträgt bei den üblichen Gewindeabmessungen etwa 75—85 %. Die kritische Mutterhöhe m_{kr} ist hier am kleinsten. Dieser

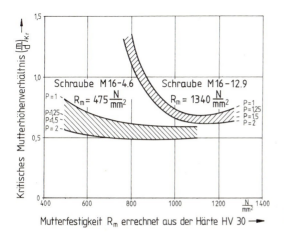

Bild 5.14. Abhängigkeit des kritischen Mutterhöhenverhältnisses $(m/d)_{kr}$ von der Mutterfestigkeit [5.10]

Tabelle 5.3. Kritische Einschraubtiefen für Stahlschrauben in Aluminium-Knetlegierungen bei statischer Zugbeanspruchung [5.15]

Festigkeits-klasse der Schraube	Mutterwerkstoff		Gewinde	Kritische Einschraubtiefe $(m/d)_{kr}$
	Kurzname nach DIN 1725	Zugfestigkeit R_m N/mm²		
4.6	AlCuMg 1 F38	380–420	M4, M6, M8, M10	0,7
8.8	AlCuMg 1 F40	474	M6	1,0
8.8	AlCuMg 1 F40	474	M10	0,85
8.8	AlCuMg 1 F40	474	M16	0,93 bis 1,0
10.9	AlCuMg 1 F40	474	M10	0,9 bis 1,02
8.8	AlCuMg 1 F40	474	M16 × 1,5	0,99 bis 1,2
10.9	AlCuMg 1 F40	474	M16 × 1,5	1,21 bis 1,5
8.8	AlMg 3 F18	222	M5	2,0
8.8	AlMgSi 1 F32	330	M5	1,6
8.8	AlCuMg 1 F40	474	M16	0,93
10.9	Al 99.5			2,2
8.8	AlMg 3 F18	226	M8	2,5
8.8	AlMg 4,5 Mn F28	338	M8	2,0
8.8	AlMgSi 1 F32	401	M8	2,0
8.8	AlZnMgCu 0,5 F50	572	M8	1,0
8.8	AlZnMgCu 0,5 F50	572	M12	1,0
8.8	AlZnMgCu 0,5 F50	572	M16	1,0

Tabelle 5.4 Kritische Mutterhöhen $(m/d)_{kr}$ für hochfeste Stahlschrauben aus dem Werkstoff X 41 CrMoV 5 1 in Muttern unterschiedlicher Werkstoffestigkeiten [5.7]

Schraubenwerkstoff Zugfestigkeit R_m N/mm²	Mutterwerkstoff Zugfestigkeit R_m N/mm²	Gewinde	Kritische Einschraubtiefe $(m/d)_{kr}$
1800	680	M8	1,13
	880		0,89
	1100		0,74
	1430		0,65
	1600		0,64
1800	680	M12 × 1,5	1,54
	880		1,04
	1100		0,81
	1430		0,69
	1600		0,69
1100	680	M12 × 1,5	0,83
	880		0,67
	1100		0,61
	1430		0,59
	1600		0,61

5.1 Tragfähigkeit bei zügiger Beanspruchung

Tabelle 5.5. Empfohlene Mindesteinschraubtiefe (m/d) für Sacklochgewinde [5.16]

Mutterwerkstoff	Festigkeitsklasse der Schraube			
	8.8		10.9	
	Gewindefeinheit			
	$d/p < 9$	$d/p \geqq 9$	$d/p < 9$	$d/p \geqq 9$
AlCuMg 1 F40	1,1	1,4	1,4	—
GG 22	1,0	1,2	1,2	1,4
St 37	1,0	1,25	1,25	1,4
St 50	0,9	1,0	1,0	1,2
C 45 V	0,8	0,9	0,9	1,0

Sachverhalt wird in der Praxis dadurch berücksichtigt, daß bei Schraube-Mutter-Paarungen die Festigkeiten der Mutterwerkstoffe im allgemeinen um etwa 15 bis 25 % niedriger liegen als diejenigen der Schraubenwerkstoffe.

Beispiel:

Schraubenverbindung M10,
  Schraube 8.8 — $HV_{min} = 250$,
  Mutter 8 — $HV_{min} = 188$.

Die Tabellen 5.2 bis 5.5 enthalten Einschraubtiefen für Stahlschrauben unterschiedlicher Festigkeit in Muttergewinden aus verschiedenen Werkstoffen und Festigkeiten. Die Tabellen machen deutlich, daß insbesondere bei der Paarung von hochfesten Stahlschrauben mit Muttern aus Leichtmetallegierungen relativ niedriger Festigkeit teilweise sehr große Einschraubtiefen (m/d bis 2,5) erforderlich sind, um das Konstruktionsprinzip zu erfüllen. Bei der Bemessung der kritischen Mutterhöhe sind in jedem Fall die Aussenkungen im Bereich der Muttergewindeenden zu berücksichtigen, wo das Muttergewinde noch nicht voll ausgebildet ist und dementsprechend eine verminderte Tragfähigkeit besitzt. Solche fertigungsbedingten Bereiche verminderter Tragfähigkeit sind der effektiven kritischen Mutterhöhe hinzuzurechnen (s. Abschnitt 5.1.5.2).

- *Relative Zähigkeit.* Neben der Festigkeit wirkt sich auch die Zähigkeit des Mutterwerkstoffs auf die Abstreiffestigkeit des Muttergewindes aus. Sie wird mit zunehmendem Verhältnis von Scherfestigkeit τ_B und Zugfestigkeit R_m größer. Dieses Verhältnis nimmt im allgemeinen mit der Zähigkeit des Mutterwerkstoffs zu. Hierin liegt beispielsweise die Ursache für die relativ hohe Abstreiffestigkeit nichtrostender austenitischer Muttern [5.17].

Überlagerte Torsionsbeanspruchung. Bei Untersuchungen an Kleinschrauben wurde festgestellt, daß bei reiner Zugbeanspruchung der Schrauben die kritische Mutterhöhe um rund $0,1d$ größer ist als bei zusätzlich überlagerter Torsionsbeanspruchung [5.14]. Dieser Torsionseinfluß verringert sich mit abnehmender Reibung im Gewinde, weil die Zugkraft bis zum Bruch der Schraube ansteigt. Gleichzeitig wird die radiale Relativbewegung zwischen Schrauben- und Muttergewindeflanken erleichtert. Dadurch nimmt die Aufweitung der Mutter zu. Die Flankenüberdeckung verringert sich, und die Abstreiffestigkeit der gepaarten Gewinde wird reduziert.

Gewindeeinsätze. Gewindeeinsätze aus schraubenförmig gewickelten Stahldrähten finden in Mutterwerkstoffen niedriger Festigkeit und zu Reparaturzwecken Verwendung. Bei häufig zu lösenden Schraubenverbindungen können sie aus folgenden Gründen nicht ohne Vorbehalt empfohlen werden [5.15]:

— Gewindeeinsätze bewirken nur einen relativ geringen Anstieg der statischen Auszugskraft.
— Gewindeeinsätze aus gewickeltem CrNi-Stahldraht können sich stark deformieren (verwinden).
— Die obere, scharfe Anfangsseite des Stahldrahts kann das Gewinde der Schraube bei mehrmaligem Anziehen anschneiden.
— Gewindeeinsätze können sich beim Lösen der Schrauben mit herausdrehen.

Selbstschneidende Gewindebuchsen können dagegen in Aluminiumlegierungen ohne Schwierigkeiten verwendet werden. Sie erfordern jedoch je nach Legierung sehr genaue Vorbohrungen, wenn sie optimal ausgenutzt werden sollen.

5.1.5.2 Berechnung der erforderlichen Mutterhöhe

Das Rechenmodell zur Ermittlung der erforderlichen Mutterhöhe bei Zugbeanspruchung berücksichtigt die geometrischen Abmessungen und die mechanischen Eigenschaften der Verbindungselemente Schraube und Mutter und gestattet die Vorhersage der Versagensart bei Überbeanspruchung, z. B. Abstreifen des Bolzen- und/oder Muttergewindes oder Bolzenbruch.

Geometrische Abmessungen. Hierzu gehören der Spannungsquerschnitt des Schraubengewindes, die Scherfläche des Außen- und Innengewindes, die Einschraubtiefe und die Gewindesteigung, ferner Gewindemaße, Gewindetoleranzen, Gewindeform, Mutterform (Schlüsselweite) sowie die Durchgangslöcher für die Schrauben.

Die effektive Einschraubtiefe ergibt sich aus der Differenz von Mutterhöhe und der beidseitigen Aussenkungen im Bereich der Mutterauflageflächen (Bild 5.15). Es wird davon ausgegangen, daß die ausgesenkten Bereiche nur etwa 40% der Trag-

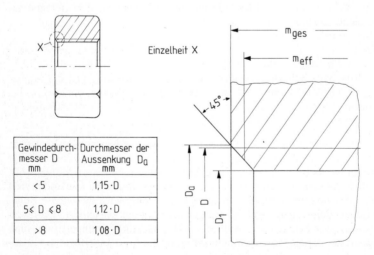

Bild 5.15. Fertigungsbedingte Aussenkung des Muttergewindes im Bereich der Auflagefläche [5.18]

5.1 Tragfähigkeit bei zügiger Beanspruchung

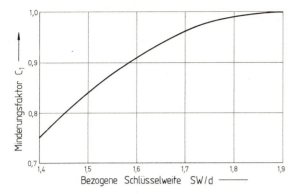

Bild 5.16. Faktor C_1 zur Kennzeichnung der Verminderung der Abstreiffestigkeit von Bolzen- und Muttergewinde infolge Mutteraufweitung [5.18].

fähigkeit des voll ausgebildeten Gewindes gleicher Höhe besitzen. Dies führt zu folgender Beziehung für die effektive Einschraubtiefe:

$$m_{eff} = m_{ges} - (D_a - D_1) \tan 45° (1 - 0,4)$$
$$= m_{ges} - (D_a - D_1) 0,6 . \tag{5.12}$$

Mechanische Eigenschaften. Die Festigkeits- und Zähigkeitseigenschaften des Schrauben- und Mutterwerkstoffs wirken sich, wie bereits in Abschnitt 5.1.5.1 gezeigt, deutlich auf die Tragfähigkeit der Gewindeverbindung aus. Deshalb werden im Berechnungsansatz die Werkstoffkennwerte Scherfestigkeit τ_B und Zugfestigkeit R_m von Mutter- und Schraubenwerkstoff berücksichtigt.

Mutteraufweitung. Die Mutteraufweitung, die durch die Radialkomponente der auf die Gewindeflanke wirkenden Normalkraft hervorgerufen wird, reduziert die Flankenüberdeckung und damit die wirksamen Scherflächen von Bolzen- und Muttergewinde. Die daraus resultierende Verminderung der Tragfähigkeit mit abnehmender Mutterwanddicke (Verhältnis von Schlüsselweite/Durchmesser = SW/d) wird mit dem Faktor C_1 berücksichtigt (Bild 5.16):

$$C_1 = \left[-\left(\frac{SW}{d}\right)^2 + 3,8 \left(\frac{SW}{d}\right) - 2,61 \right], \tag{5.13}$$

für $1,4 \leq \frac{SW}{d} < 1,9$.

Relative Scherfestigkeit R_S von Mutter- und Bolzengewinde. Das Festigkeitsverhältnis

$$R_S = R_{mM} A_{SGM} / R_{mB} A_{SGB} , \tag{5.14}$$

d. h. das Verhältnis der Scherbruchkräfte von Mutter- und Bolzengewinde, bestimmt das Maß der plastischen Verbiegung von Bolzen- und Muttergewinde. Diese vermindert die effektive Scherfläche und verkleinert den Winkel zwischen belasteter Gewindeflanke und Schraubenachse. Hierdurch wird die Radialkraftkomponente verstärkt, die Mutteraufweitung vergrößert und somit die Abstreiffestigkeit reduziert. Der Grad der Verminderung der Abstreiffestigkeit als Folge dieser Einflüsse wird mit den Faktoren C_2 und C_3 gekennzeichnet [5.18] (Bild 5.17).

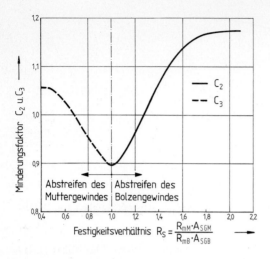

Bild 5.17. Faktoren C_2 und C_3 zur Kennzeichnung der Verminderung der Abstreiffestigkeit von Bolzen- und Muttergewinde als Folge plastischer Gewindeverformung [5.18]

Tabelle 5.6. Festigkeitsminderungsfaktoren C_2 und C_3 [5.18]

Bereich von R_S	Festigkeitsminderungsfaktoren C_2 und C_3
$1 < R_S < 2{,}2$	$C_2 = 5{,}594 - 13{,}682 \cdot R_S + 14{,}107 \cdot R_S^2 - 6{,}057 \cdot R_S^3 + 0{,}9353 \cdot R_S^4$
$R_S \leq 1$	$C_2 = 0{,}897$
$0{,}4 < R_S < 1$	$C_3 = 0{,}728 + 1{,}769 \cdot R_S - 2{,}896 \cdot R_S^2 + 1{,}296 \cdot R_S^3$
$R_S \geq 1$	$C_3 = 0{,}897$

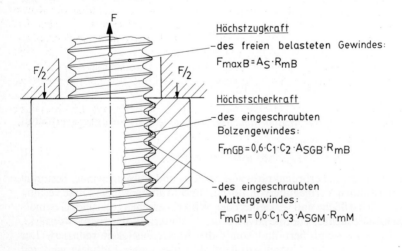

Bild 5.18. Berechnung von Höchstzug- und Höchstscherkraft einer Gewindeverbindung

5.1 Tragfähigkeit bei zügiger Beanspruchung

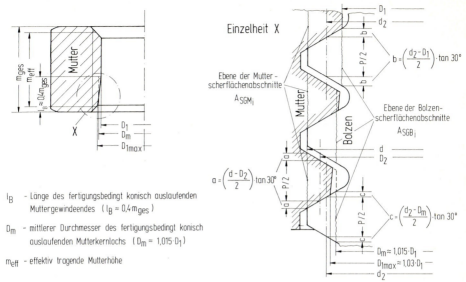

l_B – Länge des fertigungsbedingt konisch auslaufenden Muttergewindeendes ($l_B \approx 0{,}4 \cdot m_{ges}$)

D_m – mittlerer Durchmesser des fertigungsbedingt konisch auslaufenden Mutterkernlochs ($D_m \approx 1{,}015 \cdot D_1$)

m_{eff} – effektiv tragende Mutterhöhe

Bild 5.19. Ermittlung der Bolzen- und Muttergewindescherflächen [5.19]

Das Bild läßt sich wie folgt interpretieren: Das Schraubengewinde besitzt im Bereich $0{,}4 < R_S < 1$ eine größere Festigkeit als das Muttergewinde. Ausgehend von $R_S = 0{,}4$ nimmt mit ansteigender relativer Scherfestigkeit die plastische Verbiegung der Schraubengewindeflanke zu, verbunden mit einer Verminderung der effektiven Scherfläche und einer zunehmenden Mutteraufweitung infolge eines vergrößerten Flankenwinkels. Die Abstreiffestigkeit erreicht schließlich bei $R_S = 1$ ein Minimum. An dieser Stelle ist eine Vorhersage, ob Bolzen- oder Muttergewinde oder beide gleichermaßen abstreifen, unmöglich. R_S-Werte größer als 1 sind durch Bolzengewinde-Abstreifer gekennzeichnet (Bild 5.12). Es gilt die für die Abstreiffestigkeit des Bolzengewindes relevante Kurve C_2, die in gleicher Weise wie die C_3-Kurve interpretiert werden kann. Die vergleichsweise höheren Werte gegenüber der Kurve C_3 resultieren aus dem unterschiedlichen Streckgrenzenverhältnis des Werkstoffs, das bei relativ weichen Mutterwerkstoffen geringer ist als bei hochfesten Schraubenwerkstoffen. In Tabelle 5.6 sind die Gleichungen für die Faktoren C_2 und C_3 bei verschiedenen Festigkeitsverhältnissen R_S angegeben. Die Berechnung der Faktoren C_2 und C_3 basiert auf dem für die Abstreiffestigkeit ungünstigen Fall geringer Reibung.

Die maßgeblichen Querschnitte zur Berechnung der Höchstzugkraft des freien belasteten Gewindes und der Höchstscherkraft der im Eingriff befindlichen Gewinde gemäß Bild 5.18 bestimmen sich aus Bild 5.19 wie folgt:

— Spannungsquerschnitt des freien belasteten Gewindes

$$A_S = \frac{\pi}{4} \left(\frac{d_2 + d_3}{2} \right)^2 ,$$

— Scherquerschnitt des Muttergewindes

$$A_{SGM} = n \left(\frac{P}{2} + 2a \right) \pi d .$$

Mit

$$n = \frac{m_{eff}}{P} \quad \text{(Anzahl der Gewindegänge)}$$

und

$$a = \frac{d - D_2}{2} \tan 30°$$

wird

$$A_{SGM} = \frac{m_{eff}}{P} \pi d \left[\frac{P}{2} + (d - D_2) \tan 30°\right]. \tag{5.15}$$

— Scherquerschnitt des Bolzengewindes

$$A_{SGB} = \frac{m_{eff} - l_B}{P} \left(\frac{P}{2} + 2b\right) \pi D_1 + \frac{l_B}{P} \left(\frac{P}{2} + 2c\right) \pi D_m,$$

wobei

$$\frac{m_{eff} - l_B}{P} = \text{Anzahl der Gewindegänge im zylindrischen Kernloch}$$

und

l_B/P = Anzahl der Gewindegänge im fertigungsbedingt konischen Mutterkernloch.

Mit

$$b = \frac{d_2 - D_1}{2} \tan 30°$$

und

$$c = \frac{d_2 - D_m}{2} \tan 30°$$

wird

$$A_{SGB} = \frac{m_{eff} - l_B}{P} \pi D_1 \left[\frac{P}{2} + \left(d_2 - D_1\right) \tan 30°\right]$$
$$+ \frac{l_B}{P} \pi D_m \left[\frac{P}{2} + \left(d_2 - D_m\right) \tan 30°\right]. \tag{5.16}$$

Aus dem Konstruktionsprinzip

Höchstzugkraft des freien belasteten Gewindes $<$ Höchstscherkraft der im Eingriff befindlichen Gewinde,

d. h.

$$F_{mB} < F_{mGM},$$

bzw.

$$F_{mB} < F_{mGB},$$

ergeben sich die mindestens erforderlichen effektiven Mutterhöhen jeweils wie folgt:

5.1 Tragfähigkeit bei zügiger Beanspruchung

— *Muttergewinde*

bzw.
$$F_{mB} < F_{mGM}$$

$$A_S R_{mB} < 0{,}6 C_1 C_3 A_{SGM} R_{mM} \ .$$

Mit Gl. (5.15) ergibt sich daraus:

$$m_{eff\,min} = \frac{A_S R_{mB} P}{0{,}6 C_1 C_3 \pi d \left[\dfrac{P}{2} + (d - D_2) \tan 30°\right]} \ . \tag{5.17}$$

— *Schraubengewinde*

bzw.
$$F_{mB} < F_{mGB}$$

$$A_S R_{mB} < 0{,}6 C_1 C_2 A_{SGB} R_{mB} \ .$$

Mit Gl. (5.16) folgt daraus:

$$m_{eff\,min} = l_B + \frac{A_S R_{mB} P - l_B \pi D_m \left[\dfrac{P}{2} + (d_2 - D_m) \tan 30°\right]}{C_1 C_2 \pi D_1 \left[\dfrac{P}{2} + (d_2 - D_1) \tan 30°\right]} \ . \tag{5.18}$$

Für die konstruktive Ausführung ist jeweils die größere der nach Gl. (5.17) bzw. Gl. (5.18) errechneten Mutterhöhen maßgebend. Die Gesamtmutterhöhe ergibt sich schließlich aus Gl. (5.12) durch Auflösung nach m_{ges}.

5.1.6 Überlagerte Biegung

In zahlreichen Anwendungsfällen sind Biegebeanspruchungen in Schraubenverbindungen nicht auszuschließen. Solche zusätzlich zur axialen Vorspannung auftretenden Beanspruchungen können beispielsweise hervorgerufen werden durch Fertigungsfehler, wie [5.20]

— schräge Auflageflächen an Schraubenkopf oder Mutter,
— schief geschnittene Gewinde,
— schräge oder exzentrische Schraubenköpfe oder
— nicht fluchtende Gewinde- und Durchgangslöcher.

Auch die Kraft-Verformungs-Verhältnisse exzentrisch verspannter und exzentrisch betriebsbeanspruchter Schraubenverbindungen sind die Ursache von Biege-Zusatzbeanspruchungen im Schraubenbolzen (s. Abschnitt 4.2.2.3).

Die Größe der Biegebeanspruchung hängt ab [5.21] von der

— elastischen Nachgiebigkeit der Schrauben und der verspannten Teile,
— Vorspannkraft,
— Höhe der Betriebskraft.

Die Auswertung von Zugversuchen an Schraubenverbindungen mit zusätzlicher Biegebeanspruchung zeigt, daß trotz örtlich verschärftem Beanspruchungszustand überlagerte Biegebeanspruchungen keinen signifikant negativen Einfluß auf die

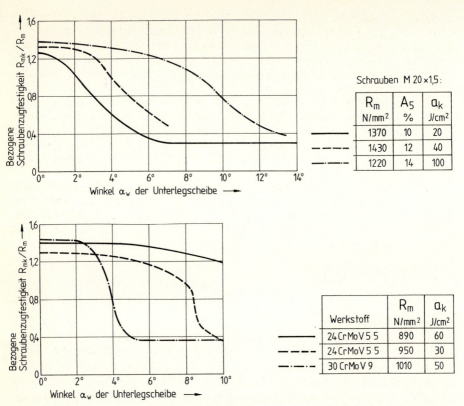

Bild 5.20. Einfluß der Werkstoffzähigkeit auf die Haltbarkeit von Schraubenverbindungen bei zügiger Beanspruchung mit überlagerter Biegung [5.22, 5.23]

Tragfähigkeit der Verbindung ausüben. Voraussetzung dafür sind jedoch eine ausreichend große Mutterhöhe sowie eine hinreichende Werkstoffzähigkeit, um örtlich auftretende Spannungsspitzen durch plastische Verformungen umlagern zu können [5.20, 5.22, 5.23].

Dagegen können Schraubenverbindungen bei ungenügender Werkstoffzähigkeit und/oder zu kleiner Mutterhöhe infolge überlagerter Biegebeanspruchung bereits vorzeitig versagen. Der Einfluß der Werkstoffzähigkeit wird in Bild 5.20 verdeutlicht durch die Abnahme der bezogenen Schraubenfestigkeit mit wachsendem überlagertem Biegeeinfluß, im Versuch realisiert durch Schrägscheiben verschiedener Winkel α_w unter der Kopfauflage.

5.1.7 Flächenpressung

In den Trennfugenflächen von Schraubenverbindungen (z. B. Auflageflächen von Kopf und Mutter, belastete Gewindeflanken, Trennfuge(n) der verspannten Teile) können bereits beim Anziehen so hohe Flächenpressungen auftreten, daß teilplastische Deformationen die Folge sind. Zähe Werkstoffe verfestigen sich bei derartigen Verformungen (Kaltverfestigung), so daß in der Regel höhere Flächenpressungen als die Werkstoff-Quetschgrenze, sog. Grenzflächenpressungen, in den Trennfugenflächen zugelassen werden können [5.24]. Treten jedoch entweder infolge hoher Vorspannkräfte zeitabhängig durch Kriechen zusätzliche bleibende Verformungen auf, wie dies z. B. bei Al- oder Mg-Legierungen bereits bei Raumtemperatur der Fall sein kann, oder werden durch schwingende Betriebskräfte weitere plastische Deformationen hervorgerufen, so kann dadurch die Betriebssicherheit der Verbindung gefährdet werden (z. B. Dauerbruchgefahr und/oder Gefahr selbsttätigen Lösens). Deshalb muß die Forderung gestellt werden, daß die zwischen dem Schraubenkopf bzw. der Mutter und den verspannten Teilen herrschende Flächenpressung die Grenzflächenpressung nicht überschreitet. Tabelle 4.8 enthält für einige Werkstoffe Richtwerte über zulässige Grenzflächenpressungen. Für die Berechnung der Flächenpressung muß jeweils die tatsächliche Auflagefläche zugrundegelegt werden. Übergangsradien oder Anfasungen sind zu beachten.

Bei Verwendung von Unterlegscheiben zur Verminderung der Flächenpressung ist auf ausreichende Festigkeit und Dicke zu achten. Unterlegscheiben sollten keine scharfe äußere Kante auf der dem verspannten Bauteil zugerichteten Seite besitzen, die die Ursache für Einkerbungen im Gegenwerkstoff und damit Ausgangspunkt für einen Dauerbruch sein kann.

5.1.8 Scherbeanspruchung

Quer zur Schraubenachse wirkende Betriebskräfte können grundsätzlich auf drei verschiedene Arten übertragen werden:

— *Formschluß* in nicht vorgespannten Schraubenverbindungen,
— *Formschluß* und *Reibschluß* in teilweise vorgespannten Schraubenverbindungen und
— *Reibschluß* in vorgespannten Schraubenverbindungen.

Derartig beanspruchte Schraubenverbindungen haben ihre Bedeutung vornehmlich im Stahlbau. In der DASt-Richtlinie 010 „Anwendung hochfester Schrauben im Stahlbau" [5.25] werden hierzu Hinweise gegeben.

Nach der Art der Kraftübertragung wird dabei unterschieden in:

— *Scher/Lochleibungsverbindungen* ohne bzw. mit *Paßwirkung* (SL-Verbindung bzw. SLP-Verbindung),
— *Gleitfeste vorgespannte Verbindungen* ohne bzw. mit *Paßwirkung* (GV-Verbindung bzw. GVP-Verbindung).

Nach [5.25] dürfen SL-Verbindungen mit hochfesten Schrauben bei einem Lochspiel von 1,0 mm nur für Bauteile mit vorwiegend ruhender Belastung, solche mit hochfesten Paßschrauben bei einem Lochspiel $\leq 0{,}3$ mm dagegen auch für Bauteile mit nicht vorwiegend ruhender Belastung angewendet werden.

Die zulässige übertragbare Kraft für SL-Verbindungen je Scherfläche senkrecht zur Schraubenachse beträgt nach [5.25]

$$\left.\begin{array}{r}\text{zul } N_{SL}\\ \text{zul } N_{SLP}\end{array}\right\} = \text{zul } \tau_a \frac{\pi d^2}{4}. \qquad (5.19)$$

Ungeachtet der in der Verbindung herrschenden Spannungsverhältnisse berechnet sich der Lochleibungsdruck zu

$$\sigma_L = \frac{N}{\min \Sigma\, td}, \qquad (5.20)$$

N = zu übertragende Scherkraft je Schraube,
min $\Sigma\, t$ = kleinste Summe der Blechdicken mit in gleicher Richtung wirkendem Lochleibungsdruck,
d = Schaftdurchmesser der Schraube.

Werte für zul τ_a, zul σ_L, zul N_{SL} und zul N_{SLP} sind in der DASt-Richtlinie 010 enthalten.

In GV-Verbindungen, in denen die Schrauben ausreichend hoch vorgespannt sind, lassen sich in entsprechend vorbehandelten Berührungsflächen der zu verbindenden Teile senkrecht zur Schraubenachse wirkende Kräfte durch Reibung übertragen (Reibschluß). In gleitfesten Verbindungen mit hochfesten Schrauben, Lochspiel 1,0 mm, beträgt die zulässige übertragbare Kraft zul N_{GV} einer Schraube je Reibfläche senkrecht zur Schraubenachse

$$\text{zul } N_{GV} = \frac{\mu}{\nu} F_V. \qquad (5.21)$$

μ = Reibungszahl der Berührungsflächen (Tabelle 5.7)
ν = Sicherheitszahl gegen Gleiten (Tabelle 5.8)
F_V = Vorspannkraft in der Schraube.

Bei gleitfesten Verbindungen mit hochfesten Paßschrauben erfolgt die Kraftübertragung gleichzeitig durch Scherung und Lochleibung. Bei einem Lochspiel $\leq 0{,}3$ mm beträgt hier die zulässige übertragbare Kraft zul N_{GVP} einer Schraube je Reib- bzw. Scherfläche senkrecht zur Schraubenachse

$$\text{zul } N_{GVP} = \frac{1}{2} \text{zul } N_{SLP} + \text{zul } N_{GV}. \qquad (5.22)$$

Tabelle 5.7. Reibungszahlen μ der Berührungsflächen [5.25]

Reibflächenvorbereitung	Stahlsorte	
	St 37	St 52
Stahlgußkiesstrahlen 2 × Flammstrahlen	0,50	0,55
Sandstrahlen gleitfeste Anstriche		0,50

Tabelle 5.8. Sicherheitszahlen ν gegen Gleiten [5.25]

Belastungsart	Lastfall	
	H[a])	HZ[b])
vorwiegend ruhend, z. B. allgemeiner Stahlhochbau	1,25	1,10
nicht vorwiegend ruhend, z. B. Brücken, Krane, Kranbahnen	1,40	1,25

[a]) H = Hauptlasten (z. B. ständige Last, planmäßige Verkehrslast, Schneelast)
[b]) HZ = Haupt- und Zusatzlasten (z. B. Windlast, Lasten aus Bremsen und Seitenstoß, Wärmewirkungen usw. zuzüglich der Hauptlasten)

Werte für zul N_{SLP} und zul N_{GV} sind entsprechenden Tabellen der Richtlinie DASt 010 zu entnehmen. Bei Verwendung mehrerer Schrauben in gleitfesten Verbindungen und bei vorwiegend ruhender Belastung wird angenommen, daß alle Schrauben gleichermaßen an der Kraftübertragung beteiligt sind.

Die zulässige übertragbare Gesamtkraft ergibt sich demnach durch Addition der zulässigen übertragbaren Kräfte der einzelnen Schrauben. Eine optimale Kraftübertragung mehrerer Schrauben ist dann gewährleistet, wenn sich die Druckzonen der einzelnen Schrauben berühren, ohne sich zu überschneiden.

Richtlinien zu den Abständen zwischen den Schraubenlöchern und dem Abstand vom Rand der verspannten Teile zum Schraubenloch sind in DIN 1050 enthalten.

5.2 Tragfähigkeit bei Schwingbeanspruchung

Schraubenverbindungen sind im Betrieb sehr oft zusätzlich zu zügigen Beanspruchungen — z. B. infolge Vorspannung — auch Schwingbeanspruchungen ausgesetzt. Dies ist für ihre Tragfähigkeit von ausschlaggebender Bedeutung, da Schrauben auf Grund ihrer funktionsbedingten Formgebung infolge Kerbwirkung nur relativ geringe Schwingkräfte übertragen können. Die Haltbarkeit einer Schraubenverbindung bei Schwingbeanspruchung kann dadurch zum Teil auf weniger als 10 % ihrer zügigen Haltbarkeit vermindert werden. Überwiegende Schadensursache ist daher der Dauerbruch. Um für hochbeanspruchte Schraubenverbindungen möglichst gute Dauerhaltbarkeitseigenschaften zu erzielen, müssen die wesentlichen funktionellen und werkstofftechnischen Zusammenhänge beachtet werden. Die Kenntnis des Spannungszustands und der bei Schwingbeanspruchung vorliegenden Schädigungsmechanismen sind Voraussetzung für die konstruktive Gestaltung einer dauerbruchsicheren Verbindung.

5.2.1 Spannungszustand und Schädigungsmechanismen

Für die Haltbarkeit einer schwingbeanspruchten Schraubenverbindung ist im allgemeinen der Ort höchster Spannungskonzentration maßgebend. Im Gegensatz zur zügigen Beanspruchung entsteht der Dauerbruch immer an dieser Stelle höchster Kerbwirkung (s. Abschnitt 5.1). Die kerbwirkungsbedingte örtliche Dauerhaltbarkeitsminderung gegenüber einem nicht gekerbten Bauteil wird mit der Kerbwirkungszahl β_K beschrieben (Bild 5.21). β_K ist im allgemeinen kleiner als die Spannungsformzahl α_K, hauptsächlich wegen der Fähigkeit vieler technischer Werkstoffe, Spannungsspitzen bei örtlichem Überschreiten der werkstoffeigenen Fließgrenze durch plastische Verformung umzulagern, und aufgrund der Stützwirkung, bedingt durch die inhomogene Spannungsverteilung im Kerbquerschnitt (Bild 5.22). Infolge der geometrischen Gestalt und der Krafteinleitungsbedingungen ist die Kerbwirkungszahl β_K bei Schraubenverbindungen besonders groß. Dies ist der Grund für die zum Teil erhebliche Dauerhaltbarkeitsminderung gegenüber ungekerbten Bauteilen, wie dies in Bild 5.23 zum Ausdruck kommt. Bild 5.23 macht weiterhin deutlich, daß die Dauerfestigkeit des ungekerbten Probestabs im Gegensatz zur Schraube eine Mittelspannungsabhängigkeit aufweist.

Die höchstbeanspruchte Stelle einer Schraubenverbindung liegt im allgemeinen im Bereich des ersten tragenden Gewindegangs. Die extreme Spannungsüberhöhung an dieser Stelle ist bedingt durch die Kerbwirkung des Gewindes und die Krafteinleitung in die Gewindeflanke sowie durch die zusätzliche Biegebeanspruchung infolge der Flankenbelastung (Bild 5.21).

136   5 Tragfähigkeit von Schraubenverbindungen bei mechanischer Beanspruchung

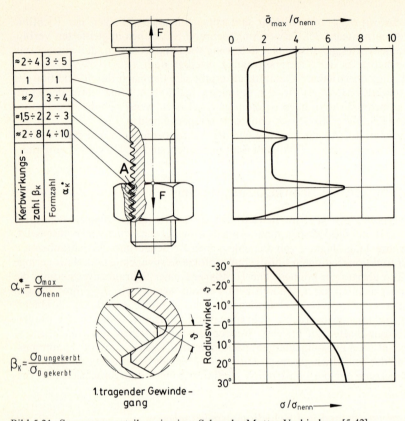

Bild 5.21. Spannungsverteilung in einer Schraube-Mutter-Verbindung [5.42]

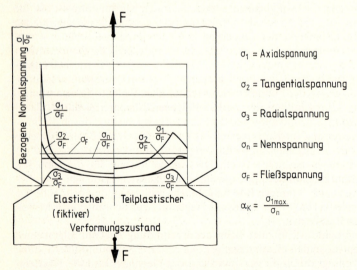

Bild 5.22. Dreiachsiger Spannungszustand im Kerbquerschnitt eines gekerbten Rundstabs bei elastischer und bei teilplastischer Verformung (schematisch)

5.2 Tragfähigkeit bei Schwingbeanspruchung

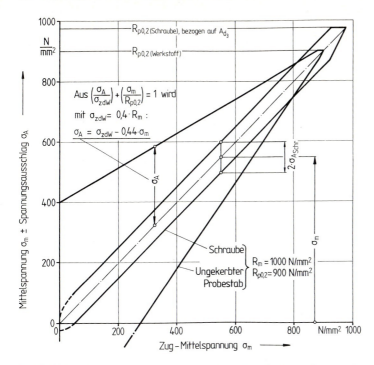

Bild 5.23. Smith-Diagramm eines ungekerbten Rundstabs und einer Schraube der Festigkeitsklasse 10.9 (schematisch) [5.26]

Der negative Einfluß der ungleichmäßigen Lastverteilung im von der Mutter überdeckten Bolzengewinde auf die Dauerhaltbarkeit von Schraubenverbindungen ist schon seit langem bekannt. In zahlreichen Arbeiten [5.27–5.41] wurde dieser Sachverhalt experimentell und auch theoretisch aufgezeigt. Bei den experimentellen Untersuchungen wurde neben der Spannungsoptik [5.30–5.33] und der Dehnmeßstreifentechnik [5.34–5.36] auch die sog. Kupferplattierungsmethode angewandt [5.39, 5.40]. In den theoretischen Arbeiten wurde in jüngster Zeit die Spannungsverteilung in Schraube-Mutter-Verbindungen auch mit Hilfe der Finit-Element-Methode berechnet [5.39–5.41].

Aus den theoretischen und experimentellen Untersuchungen geht hinsichtlich des Schädigungsmechanismus folgendes hervor: Das Spannungsmaximum im Bereich des ersten tragenden Gewindegangs liegt vom Gewindegrund aus um etwa 30° zur belasteten Gewindeflanke hin versetzt [5.34, 5.35]. Bei Überbeanspruchung stellt sich dementsprechend auch hier der Dauerbruchanriß ein (Bild 5.24). Der Bruchverlauf folgt zunächst dieser Winkellage und breitet sich danach in einer Ebene etwa senkrecht zur Schraubenachse aus, bis schließlich der Restgewaltbruch erfolgt. Die Größe der Restbruchfläche ist ein Indiz für die Höhe der Vorspannkraft in der Verbindung im Moment des Versagens und liefert oft wichtige Hinweise für die Schadensursache. Dauerbrüche an Schraubenverbindungen sind in den meisten Fällen auf Dimensionierungsfehler oder mangelnde Vorspannkraft zurückzuführen.

Ursache für eine zu geringe Vorspannkraft ist eine unsachgemäße Montage und/

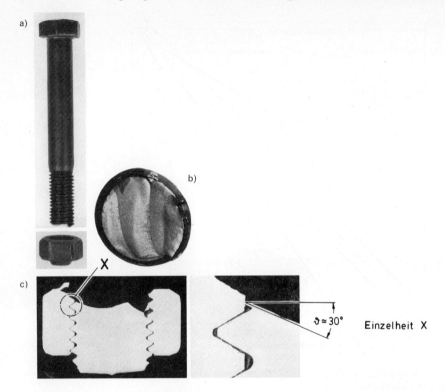

Bild 5.24 a–c. Dauerbruch einer Sechskantschraube M16 — 8.8 im ersten tragenden Gewindegang. [5.42] a) gebrochene Sechskantschraube, b) Bruchfläche, c) Schliff durch Schraube und Mutterbruchstück

oder ein Vorspannkraftabfall durch Lockern und/oder Losdrehen [5.43] (s. Abschnitt 9.2).

5.2.2 Einflüsse auf die Dauerhaltbarkeit von Schraubenverbindungen

Die Dauerhaltbarkeit von Schraubenverbindungen wird durch eine Vielzahl von Einflußfaktoren bestimmt (Tabelle 5.9). Die Werkstoff- und Bauteileigenschaften, die konstruktive Gestaltung sowie die Montage der Schraubenverbindung stehen dabei besonders im Vordergrund. Daraus lassen sich prinzipiell folgende Verbesserungsmaßnahmen ableiten [5.44] (Bild 5.25):

— Erhöhung der Dauerhaltbarkeit der höchstbeanspruchten Stellen des Schraubenbolzens,
— Verminderung der Beanspruchung im ersten tragenden Gewindegang durch gleichmäßigere Verteilung der Schraubenkraft auf alle Muttergewindegänge (Beeinflussung der Schraube-Mutter-Verbindung),
— Verminderung der Schraubenzusatzkraft durch beanspruchungsgerechte konstruktive Gestaltung und sachgerechte Montage (Beeinflussung der Schraubenverbindung).

5.2 Tragfähigkeit bei Schwingbeanspruchung

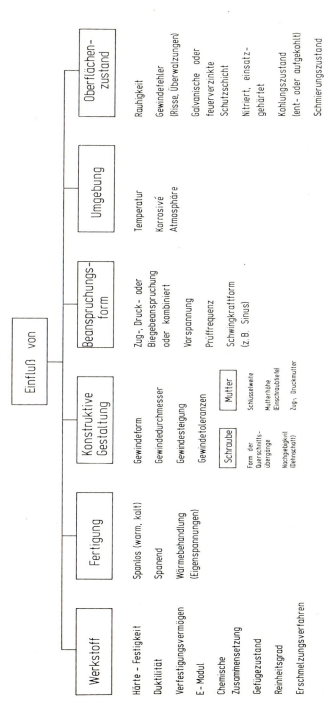

Tabelle 5.9. Einflüsse auf die Dauerhaltbarkeit von Schraubenverbindungen [5.48]

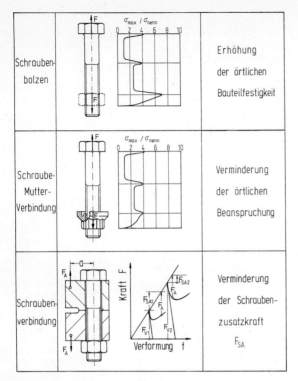

Bild 5.25. Gezielte Beeinflussung der Dauerhaltbarkeit von Schraubenverbindungen [5.44]

5.2.2.1 Dauerhaltbarkeit der Schraube

Die Maßnahmen zur Dauerhaltbarkeitsverbesserung der Schraube zielen darauf ab, die Schwingfestigkeit an den kritischen Stellen

— Übergang Kopf-Schaft,
— Gewindeauslauf und
— erster tragender Gewindegang

zu steigern.

Schraubengewinde

Nachfolgend werden die wesentlichen Einflußgrößen auf die Dauerhaltbarkeit des Schraubengewindes erläutert.

Gewindedurchmesser. Die Dauerhaltbarkeit des Schraubengewindes ist in ausgeprägtem Maße vom Durchmesser abhängig [5.14, 5.45–5.48]. Sie nimmt mit zunehmendem Durchmesser ab (Größeneinfluß, Kerbschärfe), wobei nach Bild 5.26 ein annähernd hyperbelförmiger Zusammenhang besteht [5.48]. Die Kurven in Bild 5.26 stellen die versuchsmäßig ermittelten Dauerhaltbarkeitswerte mit etwa 1%iger Bruchwahrscheinlichkeit dar (σ_{A1}). Sie zeigen, daß der Größeneinfluß ab einem Gewindedurchmesser von etwa 40 mm im wesentlichen abgeklungen ist.

Eine Extrapolation der Versuchsergebnisse auf größere Gewindedurchmesser ist nur mit Einschränkung möglich, weil in diesem Durchmesserbereich die Gewindefeinheit ($d/p \geq 10$) und damit die Kerbschärfe deutlich ansteigt. Darüberhinaus

5.2 Tragfähigkeit bei Schwingbeanspruchung

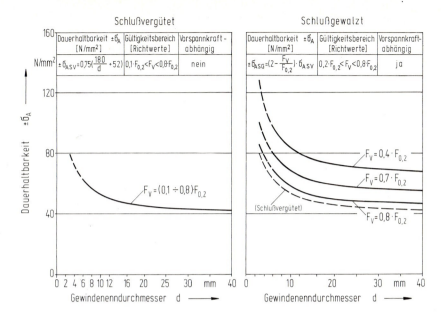

Bild 5.26. Dauerhaltbarkeit von Schraubengewinden der Festigkeitsklassen 8.8, 10.9 und 12.9 in Abhängigkeit vom Gewindenenndurchmesser (Anhaltswerte)

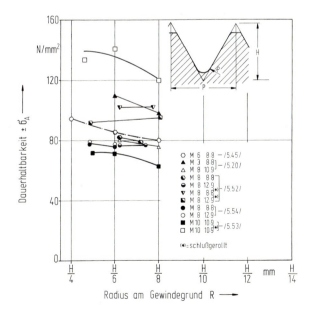

Bild 5.27. Einfluß des Radius am Gewindegrund auf die Dauerhaltbarkeit von Schraubenverbindungen

können auch unterschiedliche Fertigungsbedingungen bei der Herstellung großer Gewinde einen zusätzlichen Einfluß ausüben. Auf Grund der Untersuchungen von [5.49] kann jedoch im Bereich zwischen M120 bis M300 mit Dauerhaltbarkeitswerten von $\pm\sigma_A$ = 30 bis 45 N/mm² gerechnet werden. Versuche mit Niemann-Gewinden M25 × 2, M44 × 3,5 und M74 × 6 führten sogar zu ertragbaren Schwingspannungen von $\pm\sigma_A$ = 85 bis 115 N/mm² [5.50]. Dabei ist allerdings zu beachten, daß in beiden Fällen nur geringe Vorspannungen vorlagen.

Radius am Gewindegrund. Die Vergrößerung des Radius am Gewindegrund vermindert die Kerbwirkung des Gewindes [5.34, 5.51] und führt zu einer Zunahme des Kernquerschnitts. Gleichzeitig wird durch diese Maßnahme die Gewindetiefe verringert, was eine Abnahme der Biegenachgiebigkeit zur Folge hat. Hieraus resultiert eine ungleichmäßigere Aufteilung der Schraubenkraft auf die einzelnen im Eingriff befindlichen Gewindegänge, wodurch der erste tragende Bolzengewindegang relativ höher belastet wird. Die dauerhaltbarkeitssteigernde Wirkung des vergrößerten Radius am Gewindegrund kommt deshalb nicht voll zum Tragen [5.52, 5.53]. In Bild 5.27 sind die Ergebnisse verschiedener Dauerhaltbarkeitsuntersuchungen in Abhängigkeit vom Radius am Gewindegrund dargestellt. Eine signifikante Verbesserung der Dauerhaltbarkeit durch Vergrößerung des Radius R kann daraus nicht eindeutig abgeleitet werden. Verschiedentlich wurde aber bei der Prüfung von schlußgerollten Schrauben insbesondere im Zeitfestigkeitsgebiet bei relativ niedriger Vorspannung ein positiver Einfluß eines vergrößerten Radius am Gewindegrund auf die Schwingfestigkeit festgestellt. In der Luft- und Raumfahrt sind deshalb Gewinde mit einem größeren Radius am Gewindegrund (R_{max} = H/4,8) genormt (DIN ISO 5855). Bei der Verwendung von Schrauben aus Berillium (geringes spezifisches Gewicht, aber sehr kerbempfindlich) werden sogar noch stärker ausgerundete Gewinde eingesetzt (R = H/3,24).

Gewindesteigung. Verschiedene Untersuchungen [5.48, 5.55] haben gezeigt, daß sich eine zunehmende Gewindefeinheit bei höheren Vergütungsfestigkeiten des Schraubenwerkstoffs dauerhaltbarkeitsmindernd auswirkt. Dies ist bei unvergüteten Schrauben niedriger Festigkeit und hoher Zähigkeit (Festigkeitsklasse 4.6) nicht erkennbar (Bild 5.28a).

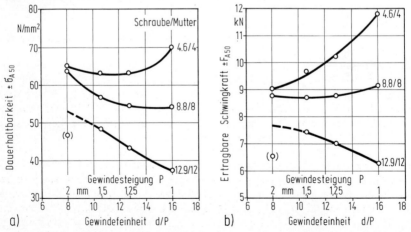

Bild 5.28a, b. Einfluß der Gewindefeinheit auf die Dauerhaltbarkeit von Schraubenverbindungen M16 mit verschiedenen Festigkeitsklassen [5.55]. a) auf den Kernquerschnitt bezogene Dauerhaltbarkeit; b) ertragbare Schwingkraft

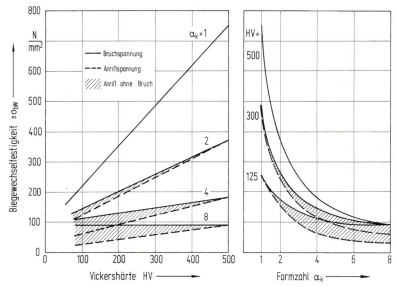

Bild 5.29. Bruch- und Anrißspannung glatter und gekerbter Umlaufbiegeproben ohne Eigenspannungen [5.57]

Hinsichtlich der ertragbaren Schwingkraft fällt die Dauerhaltbarkeitsabnahme bei hochfesten Schrauben weniger deutlich aus (Bild 5.28 b), weil der tragfähigkeitssteigernde Einfluß des Feingewindes (größerer tragender Querschnitt) den kerbwirkungsbedingten dauerhaltbarkeitsmindernden Einfluß zum Teil wieder aufhebt. Bei den Schrauben der Festigkeitsklasse 4.6 scheint der erste Effekt zu überwiegen, wodurch die ertragbaren Schwingkräfte mit abnehmender Gewindesteigung größer werden.

Schraubenfestigkeit und -werkstoff. Die Dauerfestigkeit steigt in einem begrenzten Bereich linear mit der Werkstoffestigkeit an [5.56, 5.57]. Der Festigkeitseinfluß nimmt jedoch mit ansteigender Kerbschärfe ab und ist bei extremen Kerben ab $\alpha_K \approx 6$ im wesentlichen abgeklungen (Bild 5.29).

Dieser Sachverhalt wird auch durch die Ergebnisse zahlreicher Dauerhaltbarkeitsuntersuchungen an Schrauben bestätigt [5.45, 5.52, 5.58, 5.59].

Auch der Einfluß des Werkstoffs auf die Dauerhaltbarkeit von Schraubenverbindungen tritt wegen der dominierenden Kerbwirkung des Gewindes zurück, sofern das Plastifizierungsvermögen ausreichend groß ist, um eine frühzeitige Schädigung (z. B. durch Einreißen der hochbeanspruchten Randschicht im Gewindegrund) zu verhindern. Dies erfordert bei höchstfesten Verbindungselementen den Einsatz vakuumerschmolzener und im Vakuum umgetropfter Werkstoffe und darüberhinaus besondere Vorkehrungen bei der Wärmebehandlung [5.60].

Bei ausreichender Werkstoffzähigkeit bestehen bezüglich der ertragbaren Schwingkraftamplituden zwischen Gewinden aus niedriglegierten und hochlegierten nichtrostenden Stählen keine großen Unterschiede [5.61]. Dies gilt zum Teil auch für Schrauben aus Nichteisenmetallen, z. B. Kupferlegierungen wie Messinge und Bronzen [5.62, 5.63]. Dagegen ist bei Schrauben aus Titanlegierungen von deutlich geringeren Dauerhaltbarkeitswerten auszugehen, wenn die Gewinde vor der Wärmebehandlung gewalzt wurden. Dauerschwingversuche an M8-Schrauben aus der in der Luft- und Raumfahrt bevorzugt eingesetzten Titanlegierung TiAl 6 V 4 ergaben Dauerhaltbarkeitswerte von nur $\pm\sigma_A = 20$ N/mm² [5.64]. Daher werden die Gewinde solcher Schrauben zur Verbesserung der Dauerhaltbarkeit nach der Wärmebehandlung gewalzt.

Wenngleich der Einfluß des Werkstoffs und seiner Festigkeit auf die Dauerhaltbarkeit des Schraubengewindes nur von relativ geringer Bedeutung ist, hängt die Dauerhaltbarkeit einer Schraubenverbindung indirekt doch von diesen beiden Faktoren ab. Mit hohen Vorspannkräften (Schraubenwerkstoffe hoher Festigkeit) und/oder Schrauben mit großer elastischer Nachgiebigkeit (Schraubenwerkstoffe mit kleinem E-Modul, z. B. Leichtmetallegierungen) kann die Dauerhaltbarkeit infolge kleinerer Schraubenzusatzkräfte verbessert werden (s. Abschnitt 5.2.2.3).

Randentkohlung. Eine Randentkohlung führt zu einer Verminderung der Randschichthärte und kann damit die statischen und dynamischen Festigkeitseigenschaften von Bauteilen negativ beeinflussen. Ursachen für eine Randentkohlung bei Schraubenverbindungen können ungünstige Wärmebehandlungsbedingungen entweder bereits bei der Herstellung und Verarbeitung des Ausgangsmaterials (Warmwalzen, Glühen) oder bei der späteren Vergütung des Schraubenrohlings sein. Untersuchungen von [5.48, 5.65, 5.66] zeigen allerdings übereinstimmend, daß selbst eine Randentkohlung, deren Ausmaß die zulässigen Grenzwerte nach DIN ISO 898 Teil 1 zum Teil erheblich überschreitet, die Dauerhaltbarkeit von Schraubenverbindungen kaum negativ beeinflußt. Dies ist auf den gegenüber der örtlich verminderten Randhärte dominierenden Einfluß der Kerbwirkung zurückzuführen (s. Einfluß der Werkstoffestigkeit). Bei schlußgewalzten Schrauben wird ein möglicher negativer Einfluß verminderter Randhärte dadurch reduziert, daß randentkohlte Bereiche des Schraubendrahts beim Gewindewalzen aus dem Gewindegrund in die Gewindespitzen verdrängt werden.

Allerdings muß in diesem Zusammenhang betont werden, daß sich eine stärkere Randentkohlung der Gewindeflanken von Schrauben auf das Anziehverhalten (Freßneigung) und insbesondere auf die Haltbarkeit bei zügiger Beanspruchung (Abstreiffestigkeit) negativ auswirken kann.

Thermochemische Oberflächenbehandlung. Durch Nitrieren oder Einsatzhärten ist eine Steigerung der Dauerhaltbarkeit schwingbeanspruchter Bauteile erzielbar. Sie ist die Folge der höheren Festigkeit der Randschicht, verbunden mit Druckeigenspannungen durch die Volumenzunahme. Da derartige Randschichten jedoch sehr spröde sind, ist die dauerhaltbarkeitssteigernde Wirkung bei Schraubenverbindungen auf geringe Vorspannungen beschränkt. Werden Schrauben hoch vorgespannt, reißen Nitrier- oder Einsatzschichten bei örtlichem Überschreiten der Werkstoffstreckgrenze bevorzugt im Gewindegrund ein. Wegen der dadurch vergrößerten Kerbwirkung muß daher mit einer Verringerung der Dauerhaltbarkeit gerechnet werden [5.67]. Aufgekohlte und nitrierte Schrauben sollten aus diesem Grund bei hohen Vorspannungen nicht schwingbeansprucht werden.

Korrosionsschutzschichten. Elektrochemisch abgeschiedene Oberflächenschutzschichten (z. B. Zink oder Cadmium) haben im allgemeinen auf die Dauerhaltbarkeit von Schrauben keinen negativen Einfluß [5.67]. Bei Schrauben, die durch eine Feuerverzinkung korrosionsgeschützt sind, muß dagegen infolge der relativ spröden Eisen-Zink-Legierungsschicht mit einer um bis zu 20% verminderten Dauerhaltbarkeit gerechnet werden [5.3–5.6].

Elektrochemisch abgeschiedene Chrom- oder Nickelschichten sollten für hochbeanspruchte Schrauben nicht als Korrosionsschutz vorgesehen werden. Sie können die Dauerhaltbarkeit je nach Abscheidungsbedingungen (Härte der Schicht und gegebenenfalls Zugeigenspannungen in der Randschicht) erheblich herabsetzen.

5.2 Tragfähigkeit bei Schwingbeanspruchung

Gewindefertigung. Von allen Einflußparametern hat die Gewindefertigung die größte Bedeutung für die Dauerhaltbarkeit von Schrauben [5.45, 5.48, 5.53, 5.68].

Schraubengewinde können spanend oder spanlos hergestellt werden. Aus wirtschaftlichen Gründen beschränkt sich der Einsatz spanend gefertigter Gewinde auf größere Abmessungen und auf Kleinserien. Vorwiegend werden Schraubengewinde spanlos hergestellt (gewalzt). Dies kann sowohl vor als auch nach der Wärmebehandlung erfolgen (schlußvergütet bzw. schlußgewalzt), was sich in unterschiedlichem Maße auf die Dauerhaltbarkeit auswirkt.

Bei schlußvergüteten Schrauben kann je nach Gewindedurchmesser mit einer Dauerhaltbarkeit von etwa 45 bis 70 N/mm^2 gerechnet werden [5.48]. Demgegenüber besitzen schlußgewalzte Gewinde eine höhere Dauerhaltbarkeit (Bild 5.26), welche zusätzlich in erheblichem Maße von den Umformbedingungen beim Gewindewalzen (unterschiedliche Walzwerkzeuge) beeinflußt wird. So lassen sich beispielsweise mit Rollen erfahrungsgemäß bessere Dauerhaltbarkeitseigenschaften erzielen als mit Flachbacken. Das Gewinderollen ist allerdings mit höheren Kosten verbunden.

Die Verbesserung der Dauerhaltbarkeit schlußgewalzter Gewinde beruht in erster Linie auf den bei der Fertigung induzierten Druckeigenspannungen 1. Art in der Randzone [5.69–5.71]. Diese nehmen mit der Höhe der Streckgrenze des Schraubenwerkstoffs zu. Damit wächst auch der positive Einfluß auf die Schwingfestigkeitseigenschaften [5.47, 5.68]. Allerdings zeigen schlußgewalzte im Gegensatz zu schlußvergüteten Schrauben hinsichtlich der ertragbaren Schwingkräfte im allgemeinen einen signifikanten Vorspannkrafteinfluß [5.48, 5.72, 5.73] (Bild 5.30).

Das Bild zeigt jedoch, daß schlußgewalzte Gewinde im allgemeinen auch noch bei hohen Vorspannkräften schlußvergüteten Gewinden überlegen sind [5.47, 5.48, 5.53, 5.72, 5.73].

Untersuchungen an zunächst vorprofilierten und anschließend auf Fertigmaß nachgewalzten Gewinden der Festigkeitsklasse 12.9 [5.44, 5.74] führten bei hohen Vorspannkräften zu folgenden Ergebnissen (Bild 5.31):

- Bei Schrauben der Abmessung M8 ist die Dauerhaltbarkeit am größten, wenn das vollständige Gewindeprofil ohne Vorprofilierung in den vergüteten Schraubenrohling gewalzt wird (Bild 5.31a und b).
- Bei der Abmessung M12 ergeben sich auch dann maximale Dauerhaltbarkeitswerte, wenn das Gewinde zunächst vorprofiliert wird. Dabei spielt es hier für die Höhe der Dauerhaltbarkeit praktisch keine Rolle, ob die Vorprofilierung in den unvergüteten oder in den vergüteten Schraubenrohling vorgenommen wurde (Bild 5.31c und d).

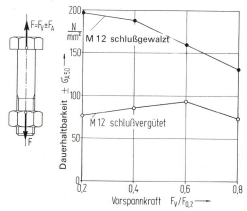

Bild 5.30. Dauerhaltbarkeit von schlußvergüteten und schlußgewalzten Schrauben M12 — 12.9 in Abhängigkeit von der Vorspannkraft

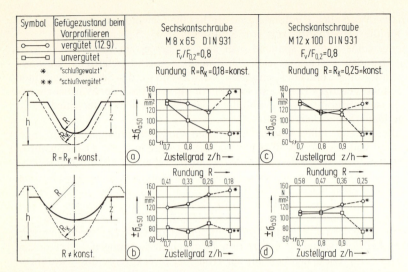

Bild 5.31. Dauerhaltbarkeit unterschiedlich hergestellter Schraubengewinde der Festigkeitsklasse 12.9 [5.74]

Das abweichende Verhalten der beiden Schraubenabmessungen dürfte auf den unterschiedlichen Umformgrad bei der Gewindefertigung zurückzuführen sein.

Unter Berücksichtigung zusätzlicher schwingfestigkeitssteigernder Einflüsse können weitere Dauerhaltbarkeitsverbesserungen erzielt werden.

In [5.60, 5.75] wird von höchstfesten Schrauben ($R_m = 1550$–2000 N/mm²) aus dem Luftfahrtwerkstoff X 41 CrMoV 5 1 berichtet, deren Gewinde in der Halbwärme ($\vartheta = 425$ °C) gewalzt wurden und dadurch neben fertigungsinduzierten Druckeigenspannungen zusätzlich eine temperaturbedingte Steigungsdifferenz (s. auch Abschnitt 5.2.2.2) aufweisen. Hierdurch wurden je nach Vorspannkraft Dauerhaltbarkeitswerte von $\pm \sigma_A = 180$ N/mm² ($F_V = 0{,}7 F_{0,2}$) bzw. $\pm \sigma_A = 250$ N/mm² ($F_V = 0{,}5 F_{0,2}$) erreicht. Noch höhere Dauerhaltbarkeitswerte konnten durch die gleichzeitige Anwendung folgender Maßnahmen erzielt werden [5.73]:

— schlußgerolltes Gewinde mit asymmetrischem Profil (Bild 5.42),
— Gewindepaarung mit beabsichtigter Steigungsdifferenz (Bild 5.43),
— hohe Mutter ($m = 1{,}25d$),
— relativ geringe Festigkeit des Mutterwerkstoffs (günstige Gewindelastverteilung).

Kopf-Schaft-Übergang und Gewindeauslauf

Obwohl der erste tragende Bolzengewindegang im allgemeinen die höchste Spannungskonzentration aufweist (Bild 5.21), sind dennoch unter bestimmten Voraussetzungen der Kopf-Schaft-Übergang und/oder der Gewindeauslauf dauerbruchgefährdet (z. B. durch Biegekräfte). Insbesondere dann, wenn die Dauerhaltbarkeit im Bereich des ersten tragenden Bolzengewindegangs durch fertigungstechnische und/oder konstruktive Maßnahmen heraufgesetzt wurde (z. B. schlußgewalztes Gewinde oder Mutter aus einem Werkstoff mit kleinerem E-Modul, s. Abschnitt 5.2.2.2), sollte die Dauerhaltbarkeit des Kopf-Schaft-Übergangs und des Gewindeauslaufs überprüft und gegebenenfalls durch geeignete Maßnahmen verbessert werden.

5.2 Tragfähigkeit bei Schwingbeanspruchung

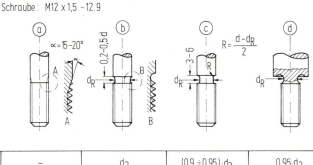

d_R [mm]	–	d_3	$(0{,}9 \div 0{,}95) \cdot d_3$	$0{,}95 \cdot d_3$
$\pm \sigma_A'$ $\left[\dfrac{N}{mm^2}\right]$	55	70	75	75

Bild 5.32. Einfluß der konstruktiven Gestaltung von Gewindeausläufen (Übergang vom Gewinde zum Schaft) auf die Dauerhaltbarkeit [5.45]

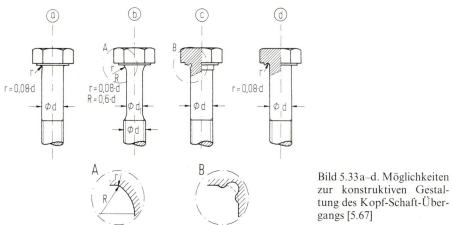

Bild 5.33 a–d. Möglichkeiten zur konstruktiven Gestaltung des Kopf-Schaft-Übergangs [5.67]

Grundsätzlich sind zwei Arten von Maßnahmen zur Verbesserung der Dauerhaltbarkeit von Gewindeauslauf und Kopf-Schaft-Übergang geeignet und in der Praxis üblich:

1. *Konstruktive Maßnahmen*
— ausreichend gerundeter Gewindeauslauf oder Freistich im Anschluß an das Schraubengewinde (Bild 5.32),
— vergrößerte Ausrundung, z. B. Doppelradienkontur bzw. Einstich unter dem Schraubenkopf (Bild 5.33).

2. *Fertigungstechnische Maßnahmen*
— Festwalzen des Gewindeauslaufs und des Kopf-Schaft-Übergangs.

Durch das Festwalzen kann zwar die Dauerhaltbarkeit dieser Kerbstellen infolge fertigungsbedingter Druckeigenspannungen verbessert werden, jedoch ist folgendes zu beachten:

— Die Reproduzierbarkeit wird durch maßliche und fertigungstechnische Schwankungen erschwert,
— Das Ergebnis ist nicht meßbar,
— Das Verfahren ist zeit- und kostenaufwendig,
— Wulstbildung kann zu einer Veränderung der Kerbgeometrie führen (Veränderung der Auflagefläche, s. Bild 5.33c).

Schraubenschaft

Wegen der großen Kerbwirkung am Kopf-Schaft-Übergang, im Gewindeauslauf und insbesondere im ersten tragenden Gewindegang ist der Schaft von Schrauben normalerweise nicht dauerbruchgefährdet. Dies trifft auch auf Dehnschrauben zu, wenn genügend große Übergangsradien vom Dehn- zum Vollschaft vorgesehen werden ($R > 0{,}5d$) [5.67] und der Schaftdurchmesser nicht zu klein ist.

Auch die Oberflächenrauhtiefe des Dehnschafts beeinträchtigt die Dauerhaltbarkeit der Schraube im allgemeinen nicht. Dies gilt selbst für Rauhtiefen R_t in der Größenordnung bis etwa 50 µm, wie Bild 5.34 zeigt. In diesem Bild sind die Dauerhaltbarkeiten (ohne Bruch ertragbare Schwingkräfte) von Gewinde und Dehnschaft (Dehnschaftdurchmesser $d_T = 0{,}9 d_3$) in Abhängigkeit von der Rauhtiefe R_t des Dehnschafts gegenübergestellt. Die Dauerhaltbarkeitswerte in Bild 5.34 wurden wie folgt ermittelt:

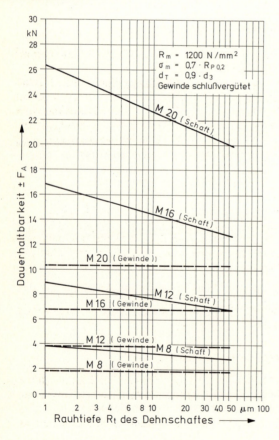

Bild 5.34. Einfluß der Rauhtiefe R_t auf die Dauerhaltbarkeit des Dehnschafts im Vergleich zur Dauerhaltbarkeit des schlußvergüteten Schraubengewindes

5.2 Tragfähigkeit bei Schwingbeanspruchung

— *Gewinde*
Für die Abmessungen M8, M12, M16 und M20 wurden die Dauerhaltbarkeitswerte des schlußvergüteten Gewindes aus Bild 5.26 mit dem jeweiligen Nenn-Gewindekernquerschnitt $A_{d3} = \dfrac{\pi}{4} d_3^2$ multipliziert. Die somit errechneten Schwingkräfte $F_{A(Gewinde)}$ wurden als von der Rauhtiefe des Dehnschafts unabhängige (konstante) Größen aufgetragen.

— *Dehnschaft*
Die Zug-Druck-Dauerhaltbarkeit vergüteter ungekerbter Proben wurde zunächst für eine Vorspannkraft von 70% der 0,2%-Dehngrenze (etwa 90%ige Ausnutzung der Schraubenstreckgrenze aus Zug und Torsion) nach [5.26] berechnet (Bild 5.23):

$$\left(\frac{\sigma_A}{\sigma_{zdW}}\right) + \left(\frac{\sigma_m}{R_{p0,2}}\right) = 1 .$$

Mit $\sigma_{zdW} \approx 0{,}4 R_m$ und $\sigma_m = 0{,}7 R_{p0,2}$ wird daraus:

$$\sigma_A = \left(1 - \frac{0{,}7 \cdot R_{p0,2}}{R_{p0,2}}\right) 0{,}4 R_m$$
$$= 0{,}3 \cdot 0{,}4 R_m$$
$$= 0{,}12 R_m .$$

Für die in dem Beispiel verwendete Schraube ergibt sich für $R_m = 1200$ N/mm² eine Dauerhaltbarkeit $\pm \sigma_A = 144$ N/mm².

Der Einfluß der Rauhtiefe R_t ergibt nach [5.76] im logarithmischen Maßstab eine lineare Abnahme der Dauerfestigkeit. Danach beträgt σ_A bei $R_t = 50$ μm nur noch etwa 76% gegenüber der Dauerfestigkeit bei $R_t = 1$ μm. Die ertragbaren Schwingkräfte F_A der glatten Dehnschäfte ($R_t = 1$ μm) mit $d_T = 0{,}9 d_3$ für die Schrauben M8, M12, M16 und M20 wurden durch Multiplikation von $\pm \sigma_A = 144$ N/mm² mit den jeweiligen Dehnschaftquerschnitten errechnet:

$$\pm F_{A(Schaft)} = \pm \sigma_A \frac{\pi}{4} (0{,}9 d_3)^2 .$$

Für $R_t = 50$ μm wurden diese Werte mit dem Faktor 0,76 multipliziert.

Das Beispiel in Bild 5.34 für die schlußvergüteten Gewinde M8 bis M20 zeigt für eine Vorspannkraft von 70% der 0,2%-Dehngrenze des Schraubenschafts, daß bei einem Schaftdurchmesser von 90% des Gewinde-Kerndurchmessers selbst eine Rauhtiefe des Dehnschafts von 50 μm noch nicht zu einer gegenüber dem Gewinde verminderten Dauerfestigkeit führt.

Aus dem Bild geht hervor, daß hinsichtlich der Betriebssicherheit schwingbeanspruchter Dehnschrauben keine Notwendigkeit für die Forderung nach extremen Oberflächengüten des Schaftes besteht.

5.2.2.2 Dauerhaltbarkeit der Schraube-Mutter-Verbindung

Die Dauerhaltbarkeit der Schraube-Mutter-Verbindung wird entscheidend durch die Spannungsverteilung in den von der Mutter überdeckten Bolzengewindegängen beeinflußt.

Die Maßnahmen zur Dauerhaltbarkeitssteigerung konzentrieren sich daher in

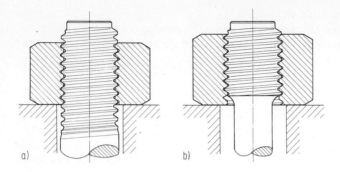

Bild 5.35a, b. Konstruktive Veränderung der Krafteinleitungsbedingungen von der Schraube in die Mutter. a) Schraube mit normalem Gewindeauslauf; b) Schraube mit verjüngtem Schaft und übergreifender Mutter

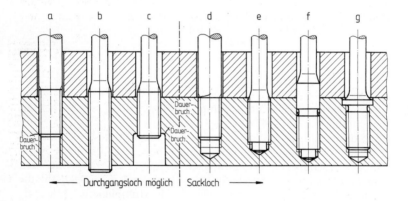

Bild 5.36a–g. Verschiedene Ausführungsformen von Sacklochverschraubungen

erster Linie auf die Verminderung der Beanspruchung an der Stelle des dauerbruchgefährdeten ersten tragenden Gewindegangs (Bild 5.25). Die hierfür maßgeblichen Einflußparameter werden nachfolgend erläutert.

Einschraubbedingungen. Bei einer Anordnung der Schraube-Mutter-Verbindung in der in Bild 5.35b gezeigten Weise ist eine Verbesserung der Dauerhaltbarkeit gegenüber dem Verschraubungsfall a) zu erwarten. Die über das Bolzengewinde übergreifenden Muttergewindegänge bewirken eine geringere Spannungskonzentration im Bereich des ersten tragenden Gewindegangs, da hier nicht wie im Normalfall a) die Kerbwirkung des Gewindes, sondern die des relativ großen Übergangsradius zum Schaft vorliegt. Bei derartigen Schraube-Mutter-Verbindungen sollten jedoch höhere Muttern vorgesehen werden, um eine ausreichende Einschraubtiefe wiederherzustellen.

Auch bei Sacklochverschraubungen kann durch die Ausführungsform der Gewindelöcher und der eingeschraubten Bolzen die Dauerhaltbarkeit der Verbindung beeinflußt werden. Bild 5.36 zeigt verschiedene konstruktive Ausführungen von Sacklochverschraubungen:

5.2 Tragfähigkeit bei Schwingbeanspruchung

a) Dauerbruchgefahr auch im Muttergewinde;
b) Verminderung der Dauerbruchgefahr
   — im Muttergewinde durch übergreifendes Bolzengewinde,
   — im ersten tragenden Gewindegang durch biegeweiche Dehnschaftausführung;
c) Verminderung der Dauerbruchgefahr im Muttergewinde durch gerundete Aussenkung und übergreifendes Bolzengewinde;
d) Dauerbruchgefahr im verklemmten Gewindeauslauf des Schraubengewindes;
e) Verminderung der Dauerbruchgefahr gegenüber d) durch biegeweiche Ausführung, übergreifendes Muttergewinde und Verspannen der Schraube mit der Ansatzkuppe;
f) wie e), jedoch mit Zentrierbund zur Verminderung von Biegespannungen im Schraubengewinde;
g) Verminderung der Dauerbruchgefahr durch Verspannen des Bunds gegen die Auflagefläche des Muttergewindes zur weitgehenden Entlastung des Schraubengewindes von Biegebeanspruchungen.

Mutterform. Durch das Eindrehen einer Rille im Bereich der Mutterauflagefläche lassen sich die Krafteinleitungsbedingungen im Gewinde günstig beeinflussen (weniger schroffe Umlenkung der Kraftlinien, gleichsinnige Verformung von Mutter und

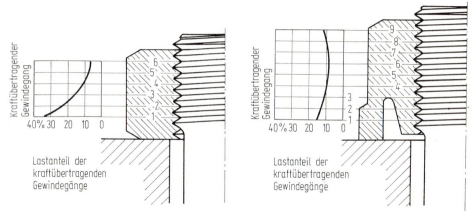

Bild 5.37. Verbesserung der Lastverteilung im Bereich der kraftübertragenden Gewindegänge bei elastischer Verformung durch Eindrehen einer Reihe [5.77]

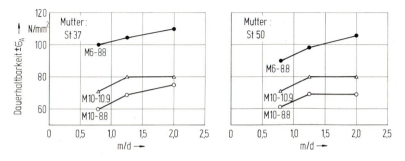

Bild 5.38. Einfluß der Einschraubtiefe auf die Dauerhaltbarkeit von Schraubenverbindungen [5.46]

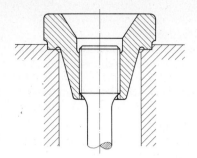

Bild 5.39. Zugmutter mit konischer Außenform und übergreifenden Gewindegängen

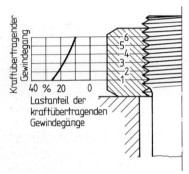

Bolzen: Stahl
Mutter: Titan

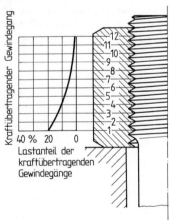

Bolzen: Titan   Stahl
Mutter: Aluminium   Aluminium

Bild 5.40. Gewindelastverteilung bei unterschiedlichen Schrauben- und Mutterwerkstoffen [5.77]

5.2 Tragfähigkeit bei Schwingbeanspruchung

Schraube bis zum Rillengrund). In Verbindung mit einer größeren Mutterhöhe kann infolge verringerten Traganteils im ersten tragenden Gewindegang (Bild 5.37) die Dauerhaltbarkeit der Verbindung verbessert werden [5.68].

Den Einfluß der Einschraubtiefe (Mutterhöhe) auf die Dauerhaltbarkeit zeigt Bild 5.38 [5.46].

Eine Schraube-Mutter-Verbindung, bei der gleichzeitig mehrere Maßnahmen zur Verbesserung der Dauerhaltbarkeit verwirklicht sind, ist in Bild 5.39 dargestellt. Bei dieser Gestaltung sind berücksichtigt:

— gleichsinnige Verformung von Schraube und Mutter,
— gleichmäßigere Gewindelastverteilung durch konische Außenkontur der Mutter,
— übergreifendes Bolzengewinde mit gerundeter Aussenkung,
— übergreifendes Muttergewinde im Bereich des ersten tragenden Bolzengewindegangs.

Die Verwirklichung einer derartigen Mutterform dürfte jedoch aus Kostengründen in der Praxis kaum in Frage kommen.

Mutterwerkstoff. Bei der Verwendung von Muttern aus einem Werkstoff, dessen E-Modul kleiner ist als der des Bolzenwerkstoffs, kann die Spannungskonzentration im Bereich des ersten tragenden Gewindegangs reduziert und damit die Dauerhaltbarkeit erhöht werden [5.68, 5.77]. Denkbar sind Muttern aus Aluminium, Titan oder auch Grauguß (Bild 5.40).

Verbesserungen können auch schon durch Verwendung von Stahlmuttern erzielt werden, deren Festigkeit geringer ist als die der eingesetzten Bolzen. Dies gilt insbesondere für höchstfeste Verbindungselemente ($R_m > 1400$ N/mm^2). Hier sollte nach [5.7] die Mutterfestigkeit etwa 2/3 der Festigkeit des Bolzens betragen. Voraussetzung ist jedoch eine ausreichende Mutterhöhe, um die Verbindung genügend hoch vorspannen zu können und ein Gewindeabstreifen zu vermeiden (s. Abschnitt 5.1.5).

Elastische Nachgiebigkeit der im Eingriff befindlichen Gewinde. Durch eine Vergrößerung der elastischen Nachgiebigkeit der im Eingriff befindlichen Gewindegänge kann die Gewindelastverteilung günstig beeinflußt und damit die Dauerhaltbarkeit verbessert werden.

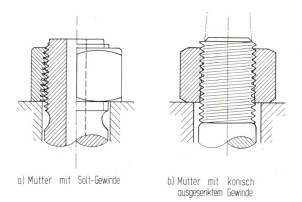

a) Mutter mit Solt-Gewinde   b) Mutter mit konisch ausgesenktem Gewinde

Bild 5.41a, b. Konstruktive Beeinflussung der elastischen Nachgiebigkeit der im Eingriff befindlichen Gewinde. a) Mutter mit Solt-Gewinde; b) Mutter mit konisch ausgesenktem Gewinde

- *Mutter mit Solt-Gewinde.* Hier nimmt der Außendurchmesser des Muttergewindes in Richtung zur Mutterauflagefläche zu (Bild 5.41 a). Die Anwendung eines derartigen Gewindes beschränkt sich jedoch aus fertigungstechnischen Gründen auf größere Abmessungen (d > 50 mm).
- *Mutter mit konisch ausgesenktem Gewinde.* Hier nimmt der Kerndurchmesser des Muttergewindes in Richtung zur Mutterauflagefläche zu [5.78] (Bild 5.41 b).

Gewindetoleranz. Flankenwinkel- und Durchmesserabweichungen innerhalb der genormten Toleranzen haben nur einen relativ geringen Einfluß auf die Höhe der Spannungskonzentration und wirken sich daher nur wenig auf die Dauerhaltbarkeit aus. Gewindeverbindungen mit engen Toleranzen (z. B. 4h/4H) sind im Hinblick auf die Dauerhaltbarkeit eher im Nachteil. Dagegen sind größere Toleranzen für Kern-, Flanken- und Außendurchmesser (z. B. 6g/6H) für die Dauerhaltbarkeit der Gewindeverbindung vorteilhafter, weil sie die elastische Biegenachgiebigkeit der Gewindegänge vergrößern und damit die Lastverteilung verbessern [5.14, 5.45].

Flankenwinkeldifferenz. Flankenwinkeldifferenzen zwischen Schrauben- und Muttergewinde führen zu einer Veränderung der Krafteinleitungsbedingungen und damit auch zu einer Veränderung der elastischen Biegenachgiebigkeit der Gewindegänge. In der Luftfahrt werden Gewindeverbindungen mit Flankenwinkeldifferenzen in Form des sog. asymmetrischen Gewindes eingesetzt (Bild 5.42).

Frühere Untersuchungen an ähnlichen Gewindeprofilen zeigten jedoch, daß selbst eine Flankenwinkeldifferenz von 5° kaum zu einer nennenswerten Dauerhaltbar-

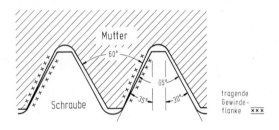

Bild 5.42. Asymmetrisches Gewindeprofil der Schraube [5.75]

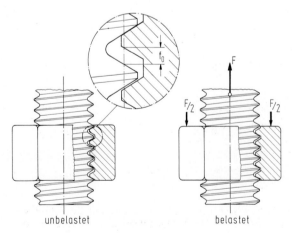

Bild 5.43. Gewindepaarung mit Steigungsdifferenz [5.74]

5.2 Tragfähigkeit bei Schwingbeanspruchung

keitsverbesserung führt [5.79]. Unter bestimmten Versuchsbedingungen (Prüfung im Zeitfestigkeitsgebiet bei relativ niedriger Vorspannkraft) konnten dagegen bei schlußgerollten Schrauben mit asymmetrischem Gewinde um bis zu 30% höhere Schwingfestigkeitswerte im Vergleich zu symmetrischen Gewinden ermittelt werden [5.80].

Steigungsdifferenz. Die Dauerhaltbarkeit von Gewindeverbindungen kann verbessert werden, wenn Bolzen- und Muttergewinde mit einer Steigungsdifferenz gepaart werden [5.45, 5.54, 5.81, 5.82]. Wenn das Bolzengewinde eine kleinere Steigung aufweist als das Muttergewinde (Bild 5.43), wird die Schraubenkraft zunächst in die unteren Gewindegänge eingeleitet. Mit wachsender Vorspannkraft werden auch die näher zur Mutterauflagefläche liegenden Gewindegänge zunehmend an der Kraftübertragung beteiligt [5.74]. Daraus resultiert eine insgesamt gleichmäßigere Lastverteilung der gepaarten Gewindegänge.

5.2.2.3 Dauerhaltbarkeit der Schraubenverbindung

Eine besonders wirkungsvolle Maßnahme zur Steigerung der Dauerhaltbarkeit von Schraubenverbindungen stellt die Verminderung der Schraubenzusatzkraft F_{SA} (s. Kapitel 4) bzw. der daraus resultierenden Zusatzspannung dar [5.74] (Bild 5.25).

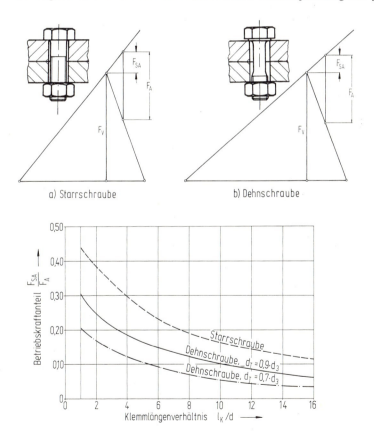

Bild 5.44a, b. Einfluß der elastischen Nachgiebigkeit der Schraube auf die Größe der Schraubenzusatzkraft F_{SA} bei konstanter Betriebskraft F_A [5.67]. a) Starrschraube, b) Dehnschraube

Eine Verminderung von F_{SA} ist durch eine geeignete konstruktive Gestaltung der Verbindung und durch die Anwendung geeigneter Anziehverfahren möglich, mit denen bei der Montage eine möglichst hohe Vorspannkraft in die Verbindung eingeleitet wird (s. Kapitel 8). Dieser Sachverhalt gilt nicht nur für zentrisch beanspruchte, sondern vor allem für die in der Praxis weit häufiger auftretenden exzentrisch beanspruchten Schraubenverbindungen (s. Abschnitt 4.2.2.3).

Im folgenden werden die maßgeblichen Einflüsse auf die Dauerhaltbarkeit exzentrisch und zentrisch beanspruchter Schraubenverbindungen aufgeführt und Möglichkeiten zur Verringerung der Schraubenzusatzkräfte diskutiert.

Elastische Nachgiebigkeit. Die elastischen Nachgiebigkeiten von Schrauben und verspannten Teilen beeinflussen die Höhe der Schraubenzusatzkraft und damit die Dauerhaltbarkeit in entscheidender Weise (s. Abschnitt 4.2.2). Durch Verwendung von Schrauben großer Nachgiebigkeit (z. B. Dehnschrauben) können die Schraubenzusatzkräfte verringert werden [5.83] (Bild 5.44). Da bei der Wahl der Schrauben jedoch auch die erforderliche Vorspannkraft und nicht zuletzt die Fertigungskosten eine wichtige Rolle spielen, muß oft ein Kompromiß eingegangen werden hinsichtlich statischer und dynamischer Tragfähigkeit, elastischer Nachgiebigkeit und Kosten der Schrauben (Bild 5.45).

Eine Verringerung der Schraubenzusatzkraft läßt sich gemäß Bild 5.46 überdies durch eine geringe elastische Nachgiebigkeit der verspannten Teile und die Verlagerung des Kraftangriffspunktes möglichst in die Nähe der Trennfuge der verspannten Teile erreichen (s. Abschnitt 4.2.2). Die in Bild 5.46b bis f dargestellten Verbesserungsmaßnahmen gegenüber dem Verschraubungsfall a sind:

— Verringerung des Schaftdurchmessers b),
— Vergrößerung der Schraubenlänge c),
— Verringerung des Gewindedurchmessers bei gleichzeitiger Erhöhung der Schraubenfestigkeit d),

Schraubenform							
Gewicht (%)	100	91	91	91	91	76	70
statische Tragfähigkeit (%)	100	100	100	100	100	87	70
Nachgiebigkeit (%)	100	116	141	145	143	147	182
dynamische [a]) Tragfähigkeit (%)	100	112	131	130	130	135	162
Kosten (%)	100	96	107	118	118	156	163

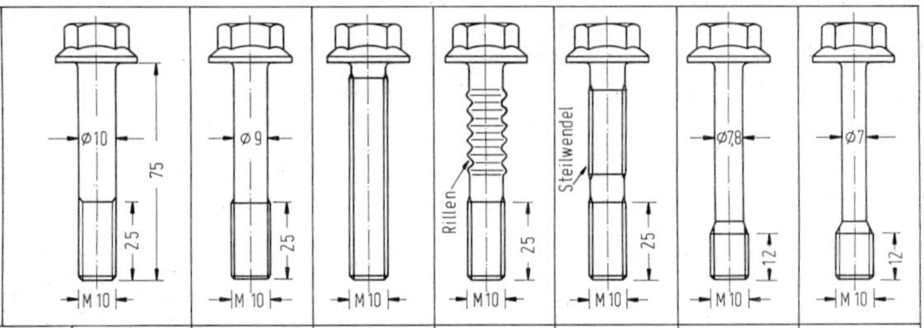

[a]) bezogen auf die Schraubenverbindung

Bild 5.45. Einfluß der konstruktiven Gestaltung von Schrauben auf Gewicht, Tragfähigkeit, Nachgiebigkeit und Kosten [5.75]

5.2 Tragfähigkeit von Schraubenverbindungen bei Schwingbeanspruchung

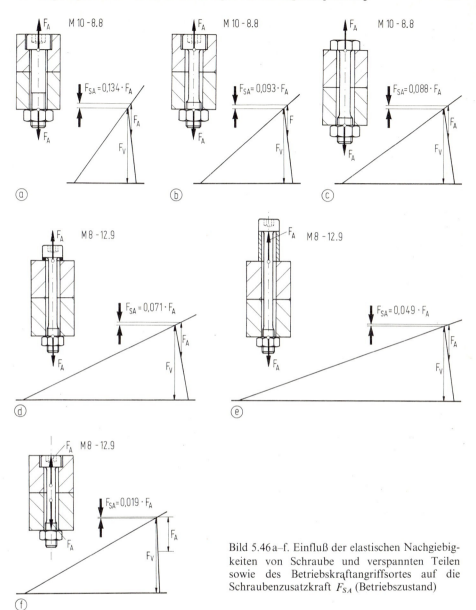

Bild 5.46a–f. Einfluß der elastischen Nachgiebigkeiten von Schraube und verspannten Teilen sowie des Betriebskraftangriffsortes auf die Schraubenzusatzkraft F_{SA} (Betriebszustand)

— Vergrößerung der Schraubennachgiebigkeit durch Mitverspannen einer Hülse e),
— Verlagerung des Angriffspunkts der Betriebskraft in Richtung zur Trennfuge f).

Biege-Zusatzspannungen. Bei überlagerter Biegebeanspruchung nimmt die Dauerhaltbarkeit von Schraubenverbindungen im Gegensatz zur zügigen Beanspruchung (s. Abschnitt 5.1.6) in jedem Fall ab (Bild 5.47). Dies gilt um so mehr, je weniger der Schraubenwerkstoff in der Lage ist, Spannungsspitzen durch Plastifizierungsvorgänge umzulagern.

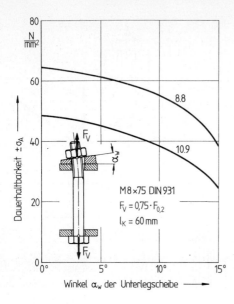

Bild 5.47. Einfluß überlagerter Biegebeanspruchung infolge schräger Mutterauflagefläche auf die Dauerhaltbarkeit von Schraubenverbindungen [5.20]

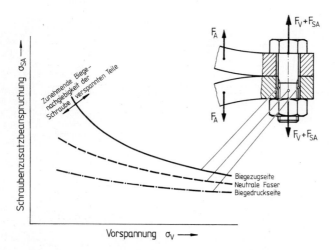

Bild 5.48. Biege-Zusatzbeanspruchung im exzentrisch beanspruchten Schraubenbolzen in Abhängigkeit von der Vorspannung und der Biegenachgiebigkeit von Schraube und verspannten Teilen (schematisch)

Zusätzliche Biegespannungen bei Belastung einer Schraubenverbindung können hervorgerufen werden durch

— Fertigungsfehler, z. B. schräge Auflageflächen am Schraubenkopf oder an der Mutter, schief geschnittene Gewinde oder nicht fluchtende Gewindebohrungen bzw. Durchgangslöcher,
— konstruktiv bedingte schräge Auflageflächen,
— exzentrischen Kraftangriff (Bild 5.48).

5.2 Tragfähigkeit bei Schwingbeanspruchung

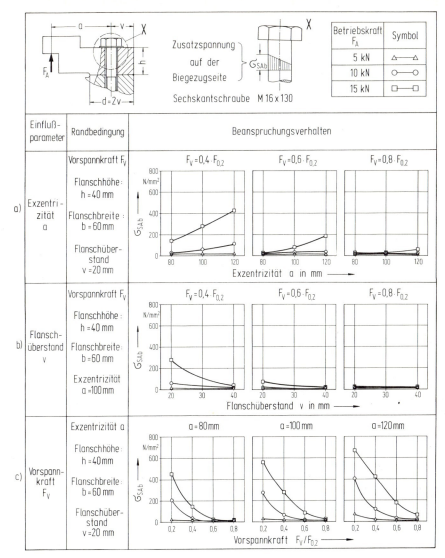

Bild 5.49 a–c. Einfluß von Exzentrizität a, Flanschüberstand v und Vorspannkraft F_V auf die Biegezusatzspannung exzentrisch belasteter Schraubenverbindungen [5.21]

Die durch exzentrischen Kraftangriff hervorgerufenen Biege-Zusatzspannungen werden im wesentlichen durch die Exzentrizität und die Höhe der Vorspannkraft beeinflußt [5.16, 5.21, 5.84–5.87].

Exzentrischer Betriebskraftangriff. Der Abstand des Betriebskraftangriffspunkts von der Schraubenachse (Exzentrizität a) wirkt sich insbesondere bei kleinen Vorspannkräften auf die Biegezusatzspannung (Bild 5.49a) und damit auf die Dauerhaltbarkeit der Verbindung aus. Konstruktiv sollten daher möglichst kleine Exzentrizitäten

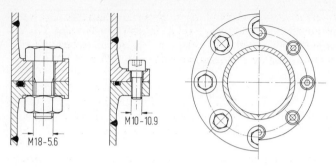

Bild 5.50. Gewichtseinsparung durch Verwendung hochfester Schrauben kleinerer Abmessung

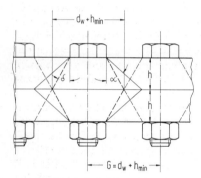

Bild 5.51. Ausbildung der Druckkegel in den verspannten Teilen [5.88]

vorgesehen werden. Dies kann durch den Einsatz von Schrauben kleinerer Durchmesser erreicht werden, wobei entweder höherfeste und/oder eine größere Anzahl von Schrauben vorzusehen sind (z. B. bei Flanschverschraubungen, Bild 5.50).

Nach [5.74, 5.88, 5.89] sollten bei hochbeanspruchten Mehrschraubenverbindungen jeweils so viele Schrauben am Umfang vorgesehen werden, daß sich die unter der Vorspannkraft in den verspannten Teilen ausbildenden Druckkegel überlappen (Bild 5.51). Schrauben kleinerer Abmessungen sind überdies auch wegen ihrer relativ höheren Dauerhaltbarkeit (s. Bild 5.26) und wegen ihrer geringeren Biegeempfindlichkeit gegenüber dickeren Schrauben im Vorteil [5.74, 5.83, 5.90].

Im Falle einseitigen Aufklaffens der Trennfuge bei exzentrisch beanspruchten Schraubenverbindungen beeinflußt die Größe des Flanschüberstands v die Höhe der Zusatzspannung und damit die Dauerhaltbarkeit (Bild 5.49b). Während bei Einschraubenverbindungen ein größerer Flanschüberstand die Schraubenzusatzkraft verringert (Bild 5.49b), kann bei Mehrschraubenverbindungen das Gegenteil eintreten, weil hier infolge veränderter Kraft-Verformungs-Verhältnisse der Einfluß verminderter Flächenpressung überwiegt [5.89].

Vorspannkraft. Die Höhe der Vorspannkraft beeinflußt die Dauerhaltbarkeit und die Betriebssicherheit von Schraubenverbindungen maßgeblich.

- Im Regelfall der exzentrisch verspannten und exzentrisch betriebsbeanspruchten Schraubenverbindung hängt die im Betrieb auf die Schraube einwirkende Zusatzkraft bzw. -spannung vor allem dann von der Höhe der Vorspannkraft ab (Bild 5.49c), wenn ein Aufklaffen der Trennfuge stattfindet.

5.2 Tragfähigkeit bei Schwingbeanspruchung

Die Betriebshaltbarkeit einer solchen Verbindung kann nachhaltig verbessert werden, wenn durch eine ausreichende Montagevorspannkraft ein Aufklaffen der Trennfugen der verspannten Teile verhindert und dadurch eine ausreichende Restklemmkraft in der Verbindung während des Betriebs sichergestellt wird [5.16, 5.21, 5.84].

- Hohe Vorspannkräfte sind bei zügig und/oder schwingbeanspruchten Schraubenverbindungen erforderlich, wenn die Verbindungen Dichtfunktion zu erfüllen haben oder wenn Querschiebungen, die zum selbsttätigen Lösen der Verbindungen und zum anschließenden Dauerbruch führen können, vermieden werden müssen [5.90].
- Hohe Vorspannkräfte gewährleisten auch hohe Restklemmkräfte im Betrieb und damit eine zusätzliche Sicherheit bei Vorspannkraftverlusten infolge Setzens und/oder Kriechens (s. Kapitel 9).

Insgesamt sollten im Hinblick auf eine kompakte Bauweise (kleine Anschlußmaße) und auf eine hohe Dauerhaltbarkeit möglichst hochfeste Schrauben kleinerer Abmessungen gewählt und diese so hoch wie möglich (z. B. überelastisch) vorgespannt werden. Hierbei ist die Grenzflächenpressung der verspannten Teile zu beachten und gegebenenfalls der Einsatz von Verbindungselementen mit vergrößerter Auflagefläche (z. B. Schraubenkopf mit Telleransatz oder Unterlegscheiben) vorzusehen.

Das überelastische Anziehen von Schraubenverbindungen mit Hilfe von streckgrenzüberschreitenden Montageverfahren (streckgrenz- und drehwinkelgesteuertes Anziehen, s. Abschnitt 8.4) wird zunehmend mit Erfolg angewendet. Die hier auftretenden plastischen Verformungen beschränken sich in jedem Fall auf den Gleichmaßdehnungsbereich. Da hochfeste Schrauben der Festigkeitsklassen 8.8 bis 12.9 ausreichende Zähigkeitseigenschaften besitzen, können sie im allgemeinen gefahrlos in den teilplastischen Verformungsbereich vorgespannt werden [5.91].

Aus folgenden Gründen kann davon ausgegangen werden, daß durch überelastisches Anziehen die Betriebshaltbarkeit der Verbindung nicht beeinträchtigt wird:

- Durch das elastische Rückfedern des Systems nach dem Montagevorgang findet ein teilweiser Abbau der beim Anziehen eingebrachten Torsionsspannung statt. Dadurch werden gewisse Beanspruchungsreserven für die spätere Betriebsbeanspruchung freigesetzt [5.74] (s. Abschnitt 8.3).

Tabelle 5.10. Dauerhaltbarkeit unterschiedlich hoch vorgespannter Schraubenverbindungen M10 × 60 DIN 912 — 10.9 [5.91]

Schrauben-Gesamtdehnung f_S beim Vorspannen bzw. Montagevorspannkraft F_M	Dauerhaltbarkeit $\pm \sigma_{A50}$ in N/mm²	
	Gewinde schlußgerollt	Gewinde schlußvergütet
Vorgespannt um $f_S = 120$ μm ($\hat{=} F_M = 0{,}7 F_{0{,}2}$)	118	71
Vorgespannt um $f_S = 320$ μm ($\hat{=} F_M \approx F_{0{,}2}$)	71	63
Vorgespannt um $f_S = 500$ μm ($\hat{=} F_M \approx 1{,}04 F_{0{,}2}$)	68	61
Vorgespannt um $f_S = 500$ μm, danach entlastet auf $F_M = 0{,}7 F_{0{,}2}$	148	≈ 140

5 Tragfähigkeit von Schraubenverbindungen bei mechanischer Beanspruchung

Pkt.	Gestaltungsrichtlinien	ungünstig	günstig
1	Vorspannkraft F_V: Möglichst hoch vorspannen - höhere Festigkeitsklasse - genaues Anziehverfahren - kleine Reibfaktoren	niedrige Vorspannkraft	hohe Vorspannkraft (Anziehverfahren mit kleinem Anziehfaktor α_A wählen)
2	Exzentrizität der Schraube s: Eine möglichst geringe Exzentrizität der Schraubenlage vorsehen.	große Exzentrizität s 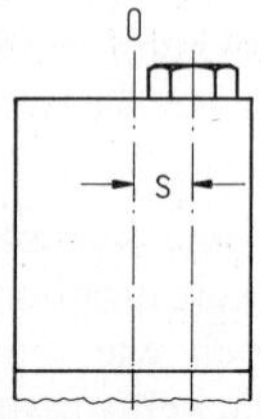	minimale Exzentrizität s 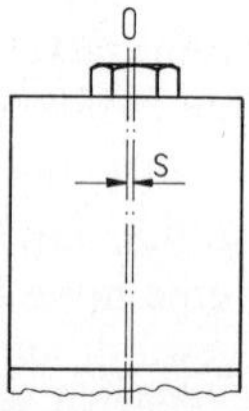
3	Exzentrizität des Kraftangriffs a: Minimale Exzentrizität bewirkt kleinere Schraubenzusatzkräfte.	große Exzentrizität a: 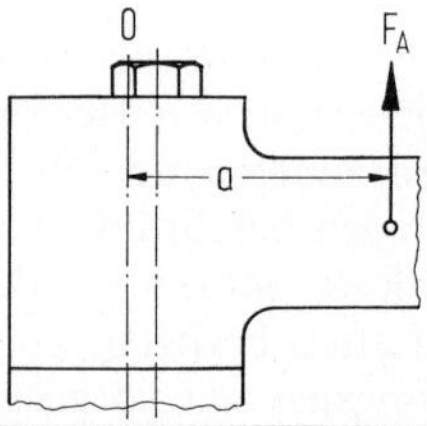	minimale Exzentrizität a: 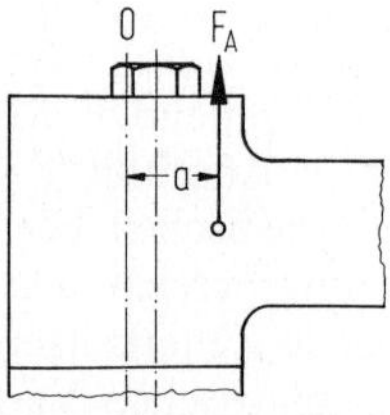
4	Höhe der Krafteinleitung: Den Kraftangriff möglichst weit nach unten zur Trennfuge legen.	Kraftangriff im oberen Bereich 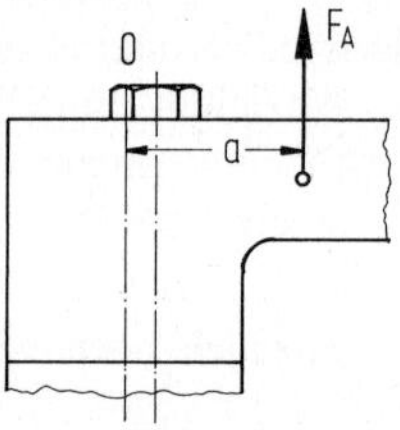	Kraftangriff in der Nähe der Trennfuge 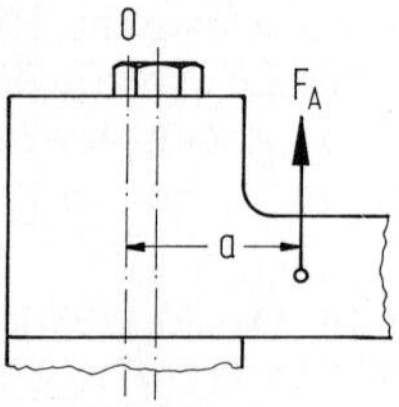
5	Steifigkeiten: Die Nachgiebigkeit der Schraube soll möglichst viel größer sein als die des Zylinders, $\delta_S \gg \delta_P$ (eventuell Taillenschraube).	dünner, schmaler Zylinder (bei gegebenem Nenndurchmesser) 	Zylinderdicke und -breite: $b, G = d_w + h_{min}$ 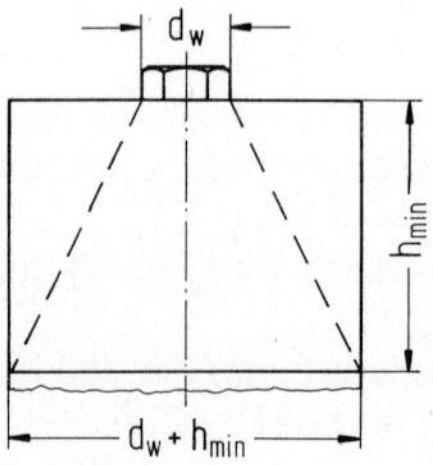

Bild 5.52. Gestaltungsrichtlinien für Zylinderverbindungen [5.88]

5.2 Tragfähigkeit bei Schwingbeanspruchung

- Durch den Plastifizierungsvorgang im Bolzen- und Muttergewinde beim Vorspannen bis über die Streckgrenze hinaus wird eine gleichmäßigere Gewindelastverteilung erzeugt, die auch nach dem Entlasten bis zurück in den elastischen Bereich erhalten bleibt.
- Selbst eine einmalige zusätzliche Plastifizierung der Schraube durch die Betriebskraft führt die Verbindung infolge des damit verbundenen Vorspannkraftverlustes wieder in den elastischen Verformungsbereich zurück. Bei anschließender Schwingbeanspruchung auf einem Vorspannkraftniveau unterhalb der Streckgrenze können auf Grund günstigerer Lastverteilung und möglicher lastinduzierter Druckeigenspannungen sogar höhere Dauerhaltbarkeitswerte für die Schraubenverbindung erreicht werden [5.20, 5.91]. Dies gilt sowohl für schlußgerollte als auch für schlußvergütete Schrauben (Tabelle 5.10).

Konstruktive Gestaltung. Die Bilder 5.52 bis 5.54 zeigen in einer Übersicht für Zylinder-, Balken- und Mehrschraubenverbindungen die maßgeblichen konstruktiven Einflußparameter zur Erzielung einer hohen Dauerhaltbarkeit [5.88].

Pkt.	Gestaltungsrichtlinien	ungünstig	günstig
1	Vorspannkraft F_V: Möglichst hoch vorspannen - höhere Festigkeitsklasse - genaues Anziehverfahren - kleine Reibfaktoren	niedrige Vorspannkraft F_V	hohe Vorspannkraft F_V (Anziehverfahren mit kleinem Anziehfaktor α_A wählen)
2	Balkenbreite b: Möglichst die empfohlene Balkenbreite von $b = d_w + h_{min}$ ausnutzen.	sehr schmale Verbindungen 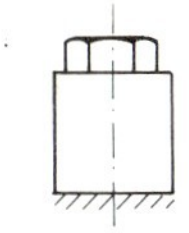	Balkenbreite $b = d_w + h_{min}$ 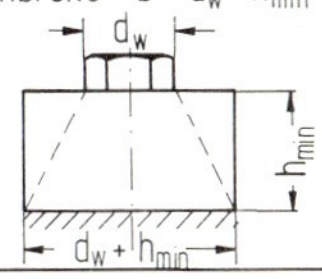
3	Balkenhöhe h: Größere Balkenhöhen bewirken geringere Schraubenzusatzkräfte.	kleine Balkenhöhe h 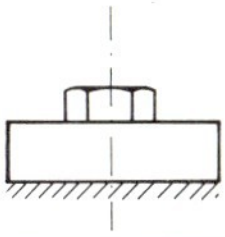	große Balkenhöhe h 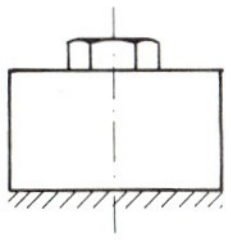
4	Überstand v: Überstand unbedingt vorsehen, damit sich die Stützwirkung voll ausbilden kann.	minimaler Überstand v 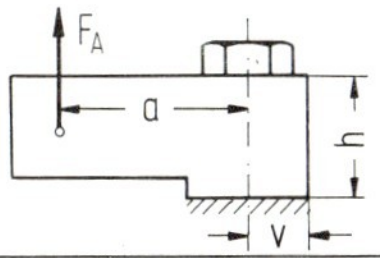	Überstand $v \approx h$ 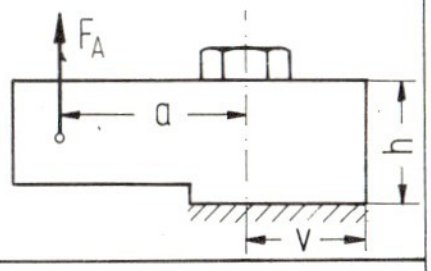
5	Anschließende Teile: Die Schraubenzusatzkraft wird kleiner, wenn die anschließenden Teile dem Balken eine parallele Verschiebung aufzwingen.	lose Kopplung 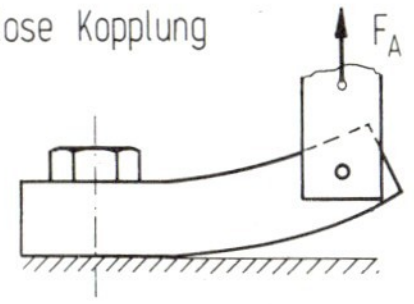	feste Kopplung 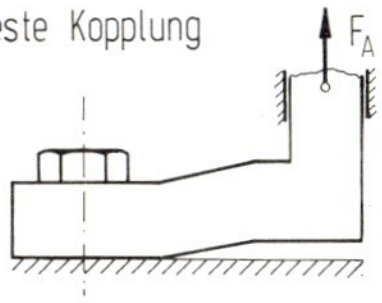

Bild 5.53. Gestaltungsrichtlinien für Balkenverbindungen [5.88]

Pkt.	Gestaltungsrichtlinien	ungünstig	günstig
1	Vorspannkraft F_V: Möglichst hoch vorspannen - höhere Festigkeitsklasse - günstiges Anziehverfahren - kleine Reibfaktoren	niedrige Vorspannkraft	hohe Vorspannkraft (Anziehverfahren mit kleinem Anziehfaktor α_A wählen)
2	Schraubenanzahl z: Eine möglichst große Schraubenanzahl vorsehen, die durch die Schlüssel-außenmaße begrenzt wird.	geringe Schraubenanzahl	große Schraubenanzahl, bei rotationssymmetrischer Verbindung: $z = \frac{d_t \cdot \pi}{d_w + h}$ (aufgerundet)
3	Flanschhöhe h: Flanschblatt möglichst dick gestalten, Richtwert: Blatthöhe = Exzentrizität	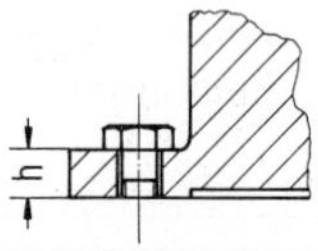	$h \approx e$ 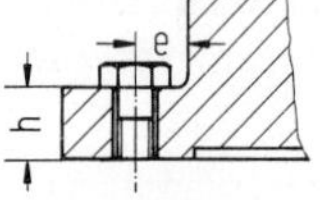
4	Exzentrizität e: Exzentrizität minimieren, eventuell Innensechskant-schraube wählen.	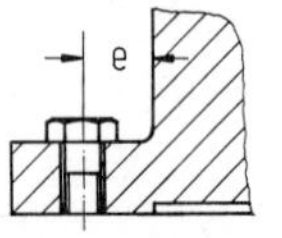	$e \rightarrow$ minimal 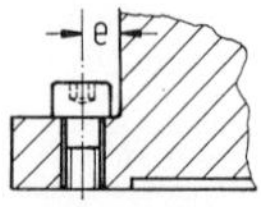
5	Flanschüberstand v: Flanschüberstand mindestens gleich der Flanschhöhe h oder größer setzen.	$v < h$	$v \approx h$ 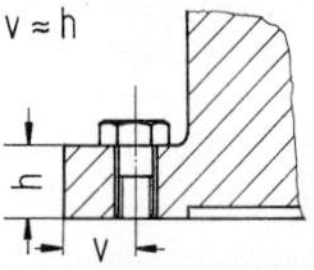
6	Auflagefläche: Eine definierte Fläche in der Trennfuge durch einen Einstich schaffen. Tiefe des Einstichs h_e maximal 10% der Flanschhöhe h	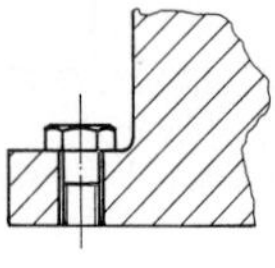	$l_1 \approx (d_w + h_{min})/2$ 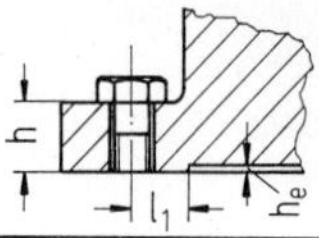
7	Anschlußsteifigkeit: Möglichst große Anschluß-steifigkeiten erzeugen: ideal ist der volle Anschluß-querschnitt.	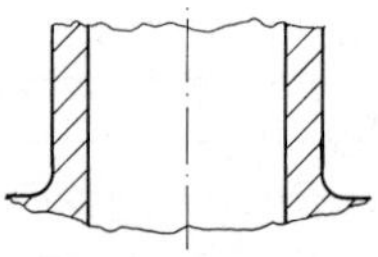	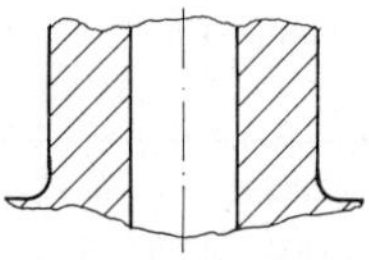

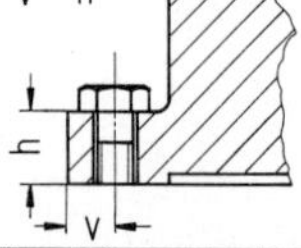

Bild 5.54. Gestaltungsrichtlinien für räumliche Mehrschraubenverbindungen [5.88]

5.2.3 Schadensbeispiel und Abhilfemaßnahmen

Schadensbeispiel. Am Beispiel eines Dauerbruchs an einer Pleuelverschraubung bei einem Pkw-Motor (Bild 5.55) sollen konkrete Maßnahmen zur Verbesserung der Betriebshaltbarkeit erläutert werden.

Bei der linken Pleuelschraube handelt es sich um einen typischen einseitigen Biegedauerbruch. Die kleine sichelförmige Restbruchfläche deutet auf eine geringe Klemmkraft während der Betriebsbeanspruchung hin. Der Biegedauerbruch nahm seinen

5.2 Tragfähigkeit bei Schwingbeanspruchung

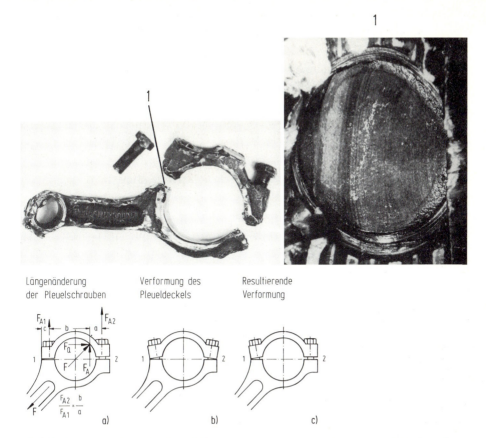

Bild 5.55 a–c. Biegedauerbruch und Verformungen an einer schräggeteilten Pleuelverschraubung [5.43]. a) Längenänderung der Pleuelschrauben, b) Verformung des Pleueldeckels, c) Resultierende Verformung

Ausgang an der Innenseite der Pleuelstange (Biege-Zugseite) und breitete sich von da aus über die gesamte Querschnittsfläche der Schraube aus. Die rechte Schraube erlitt einen Gewaltbruch, offensichtlich als Folge des Dauerbruchs der links dargestellten Schraube. Letztlich ausschlaggebend für den Dauerbruch der linken Schraube dürfte eine zu geringe Vorspannkraft in der Verbindung gewesen sein, die im Zusammenwirken mit dem exzentrischen Kraftangriff und einem einseitigen Aufklaffen der Trennfuge zur Überbeanspruchung der Schraube geführt hat. Die mangelnde Vorspannkraft kann auf ein unsachgemäßes Anziehen bei der Montage und/oder auf ein selbsttätiges Lösen während des Betriebs zurückzuführen sein.

Abhilfemaßnahmen. Im Hinblick auf die beiden möglichen Versagensursachen bieten sich für eine Verbesserung der Betriebssicherheit der Verbindung folgende Maßnahmen an:

1. *Gesteuertes Anziehen mit geeigneten Anziehmethoden* zur Erzielung einer definierten und ausreichend hohen Vorspannkraft, die ein Aufklaffen der Trennfuge der Verbindung verhindert.

2. *Günstige konstruktive Gestaltung* der Verbindung zur Vermeidung von Querschiebungen in den Trennfugen, z. B. durch
   — Paßschaft,
   — exakt gefertigte Verzahnung,
   — Verwendung von Schrauben mit größerem Klemmlängenverhältnis l_K/d, die die sog. Grenzverschiebung (Beginn der Querschiebungen) zu größeren Werten hin verändert bzw. den Vorspannkraftverlust durch Setzen reduziert (s. Kapitel 9),
   — Verminderung von Querkräften F_Q durch Anordnung der Schraubenachsen parallel zur Achse der Pleuelstange.

5.2.4 Prüfung der Dauerhaltbarkeit von Schraubenverbindungen

Die Norm DIN ISO 3800 Teil 1, „Dauerschwingversuche unter Zug-Schwellbeanspruchung", legt einheitliche Prüfbedingungen für Dauerschwingversuche an Schraubenverbindungen fest und enthält Hinweise über die Möglichkeiten der statistischen Auswertung. Im Sinne der Norm handelt es sich hierbei um Dauerhaltbarkeitsversuche an Schraubenverbindungen mit unendlich großer Nachgiebigkeit der verspannten Teile δ_P, d. h. durch die Art der Verspannung von Schraube und Mutter wirkt die von der Prüfmaschine erzeugte axiale, sinusförmige Betriebskraft F_A in voller Höhe auf die Schraube. Darüberhinaus werden Vorspann- und Betriebskraft rein axial und zentrisch in die Verbindung eingeleitet. Biegekräfte werden, soweit möglich, vermieden (Bild 5.56). Die Norm enthält detaillierte Vorschriften zum Versuchsaufbau und zur Versuchsdurchführung.

Die Versuchsergebnisse werden entweder in einer vollständigen Wöhlerkurve (Zeitfestigkeit und Dauerhaltbarkeit) oder in Form eines Haigh-Diagramms (Bild 5.57)

Bild 5.56. Hochfrequenzpulsator HFP 10, Bauart Amsler, mit Vorspannvorrichtung

5.2 Tragfähigkeit bei Schwingbeanspruchung

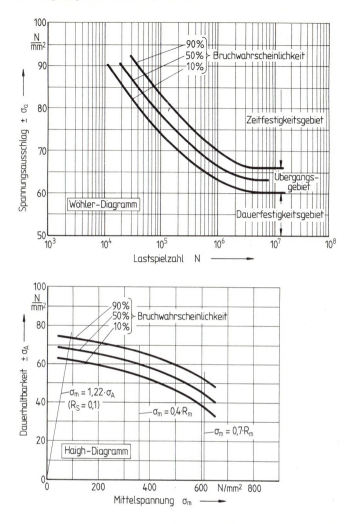

Bild 5.57. Wöhler- und Haigh-Diagramm nach DIN ISO 3800 Teil 1

dargestellt, das die Erfassung des Mittelspannungseinflusses auf die Dauerhaltbarkeit erlaubt.

Als Dauerhaltbarkeit wird der Spannungsausschlag $\pm \sigma_A$ (N/mm²) bezeichnet, den die Schraube ohne Bruch bis zu $5 \cdot 10^6$ Schwingspielen ertragen hat.

Der Versuchsbericht soll nach DIN ISO 3800 Teil 1 enthalten:

— Beschreibung der Schraube,
— Werkstoff der Schraube und Fertigungsverfahren,
— Beschreibung der Prüfmutter,
— Art und Prüffrequenz der Prüfmaschine,
— Art der Schwingkraft,
— Art und Lage des Bruchs,

— angewendete statistische Auswertungsmethode,
— Umgebungsbedingungen.

Als statistische Auswertungsmethoden von Dauerschwingversuchen an Schraubenverbindungen werden das Treppenstufenverfahren [5.92], das Abgrenzungsverfahren [5.93, 5.94] und das arcsin-Verfahren [5.92] zur Anwendung empfohlen.

5.3 Schrifttum

5.1 Thomala, W.: Zur Tragfähigkeit von Schraube-Mutter-Verbindungen bei zügiger mechanischer Beanspruchung. VDI-Z. 123 (1981) S 35–S 45
5.2 Kloos, K. H.: Spannungsbedingungen und Zähigkeitseigenschaften. VDI-Ber. 318 (1978) 131–142
5.3 Wiegand, H.; Strigens, P.: Zum Festigkeitsverhalten feuerverzinkter HV-Schrauben. Ind. Anz. 43 (1972) 247–252
5.4 Wiegand, H.; Thomala, W.: Zum Festigkeitsverhalten von feuerverzinkten HV-Schrauben. Draht-Welt 59 (1973) 542–551
5.5 Kloos, K. H.; Schneider, W.: Untersuchungen zur Anwendbarkeit feuerverzinkter HV-Schrauben der Festigkeitsklasse 12.9. VDI-Z. 125 (1983) 101–111
5.6 Kloos, K. H.; Landgrebe, R.; Schneider, W.: Untersuchungen zur Anwendbarkeit hochtemperaturverzinkter HV-Schrauben der Festigkeitsklasse 10.9. VDI-Z. 128 (1986) S 98–S 108
5.7 Wiegand, H.; Illgner, K. H.: Einfluß der Mutternfestigkeit und Mutternhöhe auf die Haltbarkeit hochfester Schraubenverbindungen. Draht-Welt 54 (1968) 115–120
5.8 Schneider, W.; Thomala, W.: Hinweise zur Anwendung des Spannungsquerschnitts von Schraubengewinden. VDI-Z. 126 (1984) 84–91
5.9 Kellermann, H.; Klein, H.-Ch.: Untersuchungen über den Einfluß der Reibung auf Vorspannung und Anzugsmoment von Schraubenverbindungen. Konstr. Masch. Appar. Gerätebau 7 (1955) 54–68
5.10 Wiegand, H.; Illgner, K. H.; Strigens, P.: Einfluß der Gewindesteigung auf die Haltbarkeit von Schraubenverbindungen bei zügiger Beanspruchung, Teile 1 und 2. Ind. Anz. 91 (1969) 869–874 und 2049–2054
5.11 Thomala, W.: Beitrag zur Berechnung der Haltbarkeit von Schraubenköpfen mit Kraft-Innenangriff. VDI-Z. 126 (1984) 315–321
5.12 Illgner, K. H.: Haltbarkeit von Schraubenköpfen mit Innensechskant. Draht-Welt 51 (1965) 215–221
5.13 Wiegand, H.; Illgner, K. H.: Haltbarkeit von ISO-Schraubenverbindungen unter Zugbeanspruchung. Konstr. Masch. Appar. Gerätebau 15 (1963) 142–149
5.14 Wiegand, H.; Illgner, K. H.: Haltbarkeit von Schraubenverbindungen mit ISO-Gewindeprofil. Konstr. Masch. Appar. Gerätebau 19 (1967) 81–91
5.15 Dick, G.: Untersuchungen zur statischen Auszugskraft hochfester Stahlschrauben aus Aluminium-Knetwerkstoffen. Aluminium 49 (1973) 626–632
5.16 Systematische Berechnung hochbeanspruchter Schraubenverbindungen. VDI-Richtlinie 2230 (Juli 1986), Düsseldorf: VDI-Verlag
5.17 Bauer, C. O.: Kritische Höhe, Festigkeit und Sicherung von Muttern aus ferritischen Chrom-Nickel-Stählen. Werkstatt Betr. 106 (1973) 293–299
5.18 Alexander, E. A.: Analysis and design of threaded assemblies. Int. Automotive Eng. Congress and Exposition Detroit (1977), Rep. Nr. 770420
5.19 Schneider, W.: Berechnung der Tragfähigkeit ineinandergreifender Gewinde. VDI-Ber. 478 (1983) 55–62
5.20 Illgner, K. H.; Beelich, K. H.: Einfluß überlagerter Biegung auf die Haltbarkeit von Schraubenverbindungen. Konstr. Masch. Appar. Gerätebau 18 (1966) 117–124
5.21 Kloos, K. H.; Schneider, W.: Haltbarkeit exzentrisch beanspruchter Schraubenverbindungen. VDI-Z. 126 (1984) 741–750

5.3 Schrifttum

5.22 Matthaes, K.: Die Kerbwirkung bei statischer Beanspruchung. Z. Luftf.-Forsch. 15 (1938) 38 ff
5.23 Richter, G.: Versprödung metallischer Werkstoffe. Maschinenschaden 30 (1957) 39–42 und 37 (1964) 15–20
5.24 Junker, G.: Flächenpressung unter Schraubenköpfen. Maschinenmarkt 67 (1961) 38, 29–39
5.25 Anwendung hochfester Schrauben im Stahlbau. DASt-Richtlinie 010 (1974), Köln: Stahlbau-Verlags-GmbH
5.26 Munz, D.: Einfluß von Eigenspannungen auf das Dauerschwingverhalten. Härterei-Tech. Mitt. 22 (1967) 1 52–61
5.27 Mütze, K.: Die Festigkeit der Schraubenverbindung in Abhängigkeit von der Gewinde-Toleranz. Diss. Univ. Dresden 1929
5.28 Wyss, Th.: Untersuchungen an gekerbten Körpern, insbesondere am Kraftfeld der Schraube unter Berücksichtigung der Vergleichsspannung. Eidg. Materialprüf. Versuchsanst. Ind. Bauw. Gewerbe, Zürich, Ber. Nr. 151 (1945)
5.29 Jaquet, E.: Über eine neuartige Schraubenverbindung. Schweiz. Bauz. 98 (1931) 207–210
5.30 Jehle, H.: Polarisationsoptische Spannungsuntersuchungen an einer Schraubenverbindung und an einzelnen Gewindezähnen. Forsch. Ingenieurwes. 7 (1936) 19–30
5.31 Heteny, M.: A photoelastic study of bolt and nut fastenings. J. Appl. Mech. 10 (1943) 93–100
5.32 Heywood, R. B.: Tensile fillet stresses in loaded projections. Inst. Mech. Eng. Proc. War Emergency Issues, London, Vol. 159 (1948)
5.33 Hirchenhain, A.: Spannungsoptische Untersuchungen an Schrauben-Mutter-Verbindungen. Verbindungstechnik 10 (1981) 34–36
5.34 Neuber, H.; Schmidt, J.; Heckel, K.: Ein dauerschwingfestes Gewindeprofil. Konstr. Masch. Appar. Gerätebau 27 (1975) 419–421
5.35 Kloos, K. H.; Thomala, W.: Spannungsverteilung im Schraubengewinde. VDI-Z. 121 (1979) 127–137
5.36 Paland, E.-G.: Gewindelastverteilung in der Schrauben-Mutter-Verbindung. Konstr. Masch. Appar. Gerätebau 19 (1967) 345–350
5.37 Maduschka, L.: Beanspruchung von Schraubenverbindungen und zweckmäßige Gestaltung der Gewindeträger. Forsch. Ingenieurwes. 7 (1936) 299–305
5.38 Birger, I. A.: Verteilung der Belastung auf die Gewindegänge. (Dtsche. Übersetzung aus dem Russischen). Vestn. Mashinostr. 24 (1944) 7–12
5.39 Maruyama, K.: Stress analysis of a bolt-nut joint by the finite element method and the copper electroplating method. Bull. JSME 16 (1973) 671–678; 17 (1974) 442–450; 19 (1975) 360–368
5.40 Seika, M.; Sasaki, S.; Hosono, K.: Measurement of stress concentrations in threaded connections. Bull. JSME 17 (1974) 1151–1156
5.41 Schnack, E.: Genaue Kerbspannungsanalyse von Schrauben-Mutter-Verbindungen. VDI-Z. 122 (1980) 101–109
5.42 Schneider, W.: Schäden an Schraubenverbindungen. Kongreßband Verbindungstechnik Köln 1980
5.43 Thomala, W.: Der Dauerbruch, häufigster Schaden bei Schraubenverbindungen. Draht-Welt 65 (1979) 67–73
5.44 Kloos, K. H.; Schneider, W.: Optimierung der Dauerhaltbarkeitseigenschaften von Schraubenverbindungen durch gezieltes Nachrollen vorprofilierter Gewinde. Berichtsbd. DVM-Tag 1983 in Düsseldorf, S. 29–36
5.45 Yakushev, A. I.: Effect of manufacturing technology and basis thread parameters on the strength of threaded connections. Oxford: Pergamon Press 1964
5.46 Wiegand, H.; Illgner, K. H.; Beelich, K. H.: Die Dauerhaltbarkeit von Gewindeverbindungen mit ISO-Profil in Abhängigkeit von der Einschraubtiefe. Konstr. Masch. Appar. Gerätebau 16 (1964) 485–490
5.47 Wiegand, H.; Illgner, K. H.; Junker, G.: Neuere Ergebnisse und Untersuchungen über die

Dauerhaltbarkeit von Schraubenverbindungen. Konstr. Masch. Appar. Gerätebau 13 (1961) 461–467
5.48 Thomala, W.: Beitrag zur Dauerhaltbarkeit von Schraubenverbindungen. Diss. TH Darmstadt 1978
5.49 Kober, A.: Analyse vergleichbarer Schäden, dargestellt am Beispiel von Umformmaschinen. Maschinenschaden 53 (1979) 161–168
5.50 Koenigsmann, W.; Vogt, G.: Dauerfestigkeit von Schraubenverbindungen großer Nenndurchmesser. Konstr. Masch. Appar. Gerätebau 33 (1981) 219–231
5.51 Kloos, K. H.; Landgrebe, R.; Schneider, W.: Einflüsse auf die Spannungsverteilung von Schraubenverbindungen. erscheint demnächst
5.52 Thomala, W.: Das Metrische Gewindeprofil als Streitobjekt. Ind. Anz. 96 (1974) 2215–2222
5.53 Blume, D.: Einfluß von Gewindeherstellung und -profil auf die Dauerhaltbarkeit von Schrauben. Maschinenmarkt 82 (1976) 350–352
5.54 Turlach, G.; Kellermann, R.: Hochfeste Schrauben — Gedanken zur Gestaltung und Anwendung. Verbindungstechnik (Sonderdruck) 4 (1972) 2
5.55 Wiegand, H.; Strigens, P.: Die Haltbarkeit von Schraubenverbindungen mit Feingewinden bei wechselnder Beanspruchung. Ind. Anz. 92 (1970) 2139–2144
5.56 Wiegand, H.; Tolasch, G.: Dauerfestigkeitsverhalten einsatzgehärteter Proben. Härterei-Tech. Mitt.. 22 (1967) 330–338
5.57 Bahre, K.: Über das Verhalten nitrierter Stähle bei Wechselbeanspruchung unter dem Einfluß verschieden hoher Temperaturen. Diss. TH Darmstadt 1977
5.58 Broichhausen, J.: Einfluß des Werkstoffs und der Gewindeherstellung auf das Dauerschwingverhalten von Schraubenverbindungen. VDI-Ber. 129 (1968) 47–59
5.59 Sayettat, C.: Comparison of load carrying capacities of ISO and OMFS thread forms. Ber. CETIM St. Etienne Cédex 1975
5.60 Turlach, G.: Schraubenverbindungen für den Leichtbau. VDI-Ber. 478 (1983) 85–95
5.61 Wiegand, H.; Illgner, K. H.; Beelich, K. H.: Festigkeit und Formänderungsverhalten von Schraubenverbindungen insbesondere aus austenitischen Werkstoffen. Draht 18 (1967) 517–526
5.62 Thum, A.; Lorenz, H.: Versuche an Schrauben aus Mg-Legierungen. VDI-Z. 84 (1940) 667–673
5.63 Bollenrath, F.; Cornelius, H.; Siedenburg, W.: Festigkeitseigenschaften von Leichtmetallschrauben. VDI-Z. 83 (1939) 1169–1173
5.64 Kellermann, R.; Turlach, G.: Hochfeste Titanschrauben aus der Titanlegierung TiAl 6 V 4. Techn. Rundsch. 59 (1967) 30, 9–15
5.65 Jay, G. T. F.; Sachs, K.: Effect of partial decarburization on fatigue strength of bolts. J. Iron Steel Inst. 205 (1967) 85–87
5.66 Parisen, J. D.: Tension — tension fatigue characteristics of GM 300 — M bolt and GM 301 — M nut combinations. Eng. Rep. GM April 1970, No. ES-11
5.67 Illgner, K. H.; Blume, D.: Schrauben Vedemecum. Firmenbroschüre der Fa. Bauer & Schaurte Karcher GmbH, 6. Aufl. 1985
5.68 Wiegand, H.: Über die Dauerfestigkeit von Schraubenwerkstoffen und Schraubenverbindungen. Diss. TH Darmstadt 1934
5.69 Strigens, P.: Zum Einfluß der Oberflächenkaltverfestigung auf die Dauerfestigkeit von Stählen. Diss. TH Darmstadt 1971
5.70 Kloos, K. H.; Fuchsbauer, B.: Ermüdungseigenschaften und Probengröße bei mechanischer und thermischer Oberflächenbehandlung. 2. Arbeits- und Ergebnisber. Sonderforschungsbereich 152 „Oberflächentechnik", TH Darmstadt 1978
5.71 Bahre, K.: Zum Mechanismus der Wechselfestigkeitssteigerung und Druckeigenspannungen nach einer Oberflächenbehandlung. Z. Werkstofftech. 9 (1978) 45–56
5.72 Kellermann, R.; Turlach, G.: Hochfeste Titanschrauben aus der Titanlegierung TiAl 6 V 4. Mitt. Kamax-Werke und Techn. Rundsch. 59 (1967) 31, 9–15
5.73 Junker, G.; Meyer, G.: Dauerhaltbarkeitsuntersuchung von ultrahochfesten Schrauben mit metrischem ISO- und Sondergewinde. Laborber. SPS Unbrako Nr. 9010 (1969)
5.74 Kloos, K. H.; Schneider, W.: Untersuchung verschiedener Einflüsse auf die Dauerhaltbarkeit von Schraubenverbindungen. VDI-Z. 128 (1986) 101–109

5.3 Schrifttum

5.75 Turlach, G.: Verbesserung der Dauerhaltbarkeit höchstfester Schraubenverbindungen. VDI-Z. 126 (1984) 92–97
5.76 Siebel, E.; Gaier, M.: Untersuchungen über den Einfluß der Oberflächenbeschaffenheit auf die Dauerschwingfestigkeit metallischer Bauteile. VDI-Z. 98 (1956) 1715–1723
5.77 Klein, H.-Ch.: Hochwertige Schraubenverbindungen. Einige Gestaltungsprinzipien und Neuentwicklungen. Konstr. Masch. Appar. Gerätebau 11 (1959) 201–212 und 259–264
5.78 Stoeckly, E. E.; Macke, H. J.: Effect of taper on screw — thread load distribution. Trans. Am. Soc. Mech. Eng. 74 (1952) 109–112
5.79 Wiegand, H.; Strigens, P.: Einfluß der Gewindeform auf die Haltbarkeit von ultrahochfesten Verbindungen. Draht-Welt 56 (1970) 649–652
5.80 Walker, R. A.: Verbindungselemente für die Luft- und Raumfahrt sowie andere kritische Anwendungsbeispiele. VDI-Ber. 220 (1974) 155–172
5.81 Yoshimoto, I.; Maruyama, K.: Investigation of the screw thread profile to improve the fatigue strength. Bull. Res. Lab. Precision Machinery Electronics No. 42, September 1978
5.82 Jahnke, E.: Belastungsverteilung in Gewindeverbindungen mit Steigungsdifferenzen. Diss. Univ. Dortmund 1979
5.83 Blume, D.; Strelow, D.: Gestaltung und Anwendung von Dehnschrauben. Verbindungstechnik 23 (1969)
5.84 Junker, G.: Die Montagemethode — ein Konstruktionskriterium bei hochbeanspruchten Schraubenverbindungen. VDI-Z. 123 (1979) 113–123
5.85 Weber, H.: Statische und dynamische Untersuchungen an exzentrisch belasteten Schraubenverbindungen. Diss. TU Berlin 1969
5.86 Boenick, U.: Untersuchung an Schraubenverbindungen. Diss. TU Berlin 1966
5.87 Agatonovic, P.: Verhalten von Schraubenverbindungen bei zusammengesetzter Betriebsbeanspruchung. Diss. TU Berlin 1973
5.88 Galwelat, M.: Rechnerunterstützte Gestaltung von Schraubenverbindungen. Schriftenreihe Konstruktionstechnik 2. TU Berlin 1980
5.89 Grote, K.-H.: Untersuchung zum Tragverhalten von Mehrschraubenverbindungen. Schriftenreihe Konstruktionstechnik 6. TU Berlin 1984
5.90 Junker, G.; Meyer, G.: Neuere Betrachtungen über die Haltbarkeit von dynamisch belasteten Schraubenverbindungen. Draht-Welt, Beilage: Schrauben, Muttern, Formteile 53 (1967) 487–499
5.91 Thomala, W.: Hinweise zur Anwendung überelastisch vorgespannter Schraubenverbindungen. VDI-Ber. 478 (1983) 43—53
5.92 Maennig, W.: Vergleichende Untersuchung über die Eignung der Treppenstufenmethode zur Berechnung der Dauerschwingfestigkeit. Materialprüf. 13 (1971) 6–11
5.93 Maennig, W.: Bemerkungen zur Beurteilung des Dauerschwingfestigkeitsverhaltens von Stahl und einigen Untersuchungen zur Bertimmung des Dauerfestigkeitsbereichs. Materialprüfung 12 (1970) 124–131
5.94 Maennig, W.: Statistical planning and evaluation of fatigue tests. A survey of recent results. Int. J. Fract. 11 (1975) 123–129

6 Korrosion und Korrosionsschutz von Schraubenverbindungen

6.1 Einführung

Nach DIN 50900 Teil 1 versteht man unter Korrosion die Reaktion von Metallen mit ihrer Umgebung. Im wesentlichen wird zwischen den drei folgenden Korrosionsmechanismen unterschieden:

— chemische Korrosion (z. B. Verzundern von Stahl),
— metallphysikalisch-chemische Korrosion (z. B. Druckwasserstoffangriff bei Stahl) und
— elektrochemische Korrosion (z. B. anodische und/oder kathodische Spannungsrißkorrosion).

Korrosion kann sich durch unterschiedliche Erscheinungsformen äußern:

— abtragende Korrosion (z. B. ebenmäßige oder flächige Korrosion),
— selektive Korrosion (z. B. Lochfraß, interkristalline Korrosion),
— sog. rißbildende Korrosion (z. B. Spannungsriß- und Schwingungsrißkorrosion).

Schraubenverbindungen erfahren durch einen korrosiven Angriff nicht nur eine optische Veränderung, sondern sind auch in bezug auf ihre Betriebssicherheit gefährdet, wobei unter bestimmten Korrosionsbedingungen sogar ein vollständiges Versagen der Schraubenverbindung möglich ist. Infolge Korrosion können bei Schraubenverbindungen insbesondere folgende Schäden auftreten:

— Unlösbarkeit der Verbindung durch voluminöse Korrosionsprodukte,
— Verunreinigung der Umgebung der Verbindung durch Korrosionsprodukte und damit Gefahr sekundären Korrosionsbefalls,
— Entstehung von Überbeanspruchungen durch örtliche Querschnittsverminderungen bzw. Kerben,
— Verlust an Zähigkeit und Festigkeit, z. B. infolge Spannungs- und/oder Schwingungsrißkorrosion oder Wasserstoffversprödung.

Diesen korrosionsbedingten Schäden entgegenzuwirken ist das Ziel aller Korrosionsschutzmaßnahmen. Die dem Korrosionsschutz zukommende Bedeutung verdeutlichen die jährlichen wirtschaftlichen Schäden infolge Korrosion, die sich nach [6.1] allein für die Bundesrepublik Deutschland im Jahr 1979 auf ca. 58 Mrd. DM beliefen, was einem Anteil von 4,2 Prozent des Bruttosozialprodukts entsprach. Dabei könnten nach [6.2] bis zu 30% dieser Kosten eingespart werden, wenn der derzeitige Wissensstand über Korrosion und Korrosionsschutz konsequenter genutzt würde.

Voraussetzungen für einen wirksamen Korrosionsschutz sind hierbei insbesondere die Kenntnis

- der Korrosionsmechanismen,
- der möglichen Korrosionsarten und ihrer Auswirkungen,
- des Zusammenspiels von korrosiver und mechanischer Beanspruchung.

6.2 Grundlagen der Korrosion

Korrosionsvorgänge stellen Phasengrenzflächenreaktionen zwischen Metalloberflächen und festen, flüssigen und gasförmigen Korrosionsmedien dar (DIN 50900). Die Korrosionsreaktion ist in der überwiegenden Zahl aller Korrosionsfälle elektrochemischer Art. Eine elektrochemische Korrosion erfolgt unter drei Voraussetzungen:

- Es müssen zwei verschieden edle (verschieden korrosionsbeständige) Metalle oder Metalloberflächen (Elektroden) vorliegen. Hieraus ergibt sich eine Spannungs- oder Potentialdifferenz als treibende Kraft für das Fließen eines Korrosionsstroms.
- Zwischen den beiden Elektroden muß eine elektrisch leitende Verbindung bestehen. Daraus ergibt sich bei ausreichend großer Potentialdifferenz die Möglichkeit eines Elektronenflusses.
- Beide Elektroden müssen von demselben Elektrolyten bedeckt sein (Voraussetzung für eine Ionenleitung).

Am Beispiel des in Bild 6.1 schematisch dargestellten Lokalelements wird der Korrosionsvorgang verdeutlicht. Die unedle Metalloberfläche bildet die Lokalanode (*A*) und die edlere Metalloberfläche der Umgebung die Lokalkathode (*K*). Während an der *Lokalanode* ein *Oxidationsvorgang* Metallionen freisetzt, wandern die im Metall verbleibenden Elektronen zur *Lokalkathode* und führen dort zu einem *Reduktionsvorgang*. In dessen Verlauf kommt es an der Metalloberfläche je nach Umgebungsmedium zur

- Bildung von Hydroxylionen unter Mitwirkung von Sauerstoff aus dem Elektrolyt in neutralen und alkalischen Medien (pH > 5, Sauerstoffkorrosionstyp),
- Reduktion von Wasserstoffionen in sauren Medien (pH < 5, Wasserstoffkorrosionstyp).

Die bei der anodischen Teilreaktion (Metallauflösung) bzw. der kathodischen Teilreaktion (Reduktion) entstehenden Teilströme sind nicht direkt meßbar. Deshalb wird mit Hilfe einer galvanostatischen oder potentiostatischen Meßanordnung

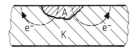

A Lokalanode
(Einschluß, unedles Gefügeteilchen)

K Lokalkathode
(Fläche in der Umgebung von A)

Anodenvorgang:
(Oxidation)
Me $\longrightarrow$ Me^{n+} + n e$^-$

Kathodenvorgang:
(Reduktion)
Sauerstofftyp:
$O_2 + 2H_2O + 4e^- \longrightarrow 4OH^-$

Wasserstofftyp:
$2H^+ + 2e^- \longrightarrow H_2$

Bild 6.1. Vorgang der elektrochemischen Korrosion am Lokalelement

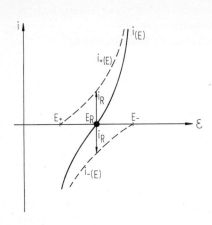

Bild 6.2. Summen-Stromdichte-Potentialkurve und Teil-Stromdichte-Potentialkurven der anodischen bzw. kathodischen Teilreaktion (gestrichelte Linien)

(DIN 50918) das resultierende Potential bestimmt, das sich aus der Summe der Einzelpotentiale der beiden Teilvorgänge an der Anode bzw. Kathode ergibt (Summen – Stromdichte – Potentialkurve). Als Bezugselektrode wird hierfür die Standardwasserstoffelektrode oder auch Normalwasserstoffelektrode verwendet. Diese Bezugshalbzelle besteht aus einer Platinelektrode, die von Wasserstoffgas bei einem Druck von 1,013 bar umspült wird und die in eine wässrige Lösung mit der Wasserstoffionen-Aktivität $a = 1$ (pH = 0, d. h. 1 mol $H^{\oplus}$-Ionen/l) eintaucht. Der Wasserstoffelektrode ist willkürlich das Potential Null zugeordnet. Die sich aus einer solchen Potentialmessung ergebende Summen-Stromdichte-Potentialkurve für ein aktiv korrodierendes System (Metall-Elektrolyt) zeigt Bild 6.2.

Die anodische Teilstromkurve kann mit Hilfe des Faradayschen Gesetzes und dem Gewicht des während des Korrosionsvorgangs in Lösung gegangenen Metalls bestimmt werden. Diese Methode ist jedoch streng genommen nur bei einer Stromausbeute von 100% exakt.

Faradaysches Gesetz:

$$m = \frac{M}{zF} It \tag{6.1}$$

mit m = elektrochemisch umgesetzte Stoffmenge [g],
 M = molare Masse [gmol^{-1}],
 F = Faradaysche Zahl 96 487 [Asmol^{-1}],
 I = Stromstärke [A],
 t = Zeit [s],
 z = Ladungszahl, Wertigkeit [—].

Damit ergibt sich die kathodische Teilstromdichte-Potentialkurve aus der Differenz der Summen-Stromdichte-Potentialkurve und der anodischen Teilstromdichte-Potentialkurve:

$$i_{Kath} = i_{ges} - i_{Anod}, \tag{6.2}$$

mit $i = I/A$ = Stromdichte [Acm^{-2}],
wobei A = Kathodenfläche.

6.2 Grundlagen der Korrosion

Tabelle 6.1. Normalpotentiale und praktische Spannungsreihe in Meerwasser für einige Metalle [6.3]

Elektrodenpotentiale in bewegtem, luftgesättigtem, künstlichem Meerwasser (DIN 50907) pH 7,5; 25°C; 1 bar		Normalpotentiale bei 25°C [1]	
Metall	E mV	Metall	E_0 mV
Gold	+243	Gold	+1700
Silber	+149	Silber	+799
Nickel Ni 99,6	+46	Kupfer	+520
Kupfer	+10	(Wasserstoff)	±0
V2A-Stahl	−45	Zinn	−140
Zinn	−180	Nickel	−230
Zink Zn 98,5	−284	Kadmium	−400
Hartchrom auf Stahl (50μm)	−291	Eisen	−440
GG 18 mit Gußhaut (Kupolofen)	−307	Chrom	−710
Stahl Mn St 4	−335	Zink	−760
Aluminium 99,5	−667	Aluminium	−1660

[1] Gilt für die niedrigste Wertigkeitsstufe

In einem Korrosionselement stellt sich ohne die Einwirkung von äußeren Strömen ein Gleichgewicht zwischen dem anodischen und kathodischen Teilvorgang ein, das Ruhepotential E_R. Dieses ist gemäß Bild 6.2 identisch mit dem freien Korrosionspotential E_{Korr} bei freier ungehemmter Korrosion in einem Korrosionselement. Dabei ist i_R ein Maß für die Korrosionsgeschwindigkeit, d. h. je größer i_R, desto schneller verläuft die Korrosionsreaktion.

Ein besonderes Ruhepotential stellt das Normal- oder Standardpotential E_0 der Metalle dar. Dieses wird ermittelt, indem man das Metall unter Standardbedingungen ($T = 25\,°C$ und $p = 1,013$ bar) in eine Lösung seines eigenen Salzes mit der Metallionenaktivität $a = 1$ eintaucht und das Elektrodenpotential dieser so entstandenen Halbzelle gegen die Standardwasserstoffelektrode mißt. Die Ordnung der Standardpotentiale der Metalle nach ihrer Größe führt zur *Normalspannungsreihe*. In der Elektrochemie werden Metalle mit einem positiven Potential als „edel" und mit einem negativen Potential als „unedel" bezeichnet. Als Faustregel gilt: Ein Metall wird um so stärker korrodiert, je negativer sein Potential ist (Tabelle 6.1). Im allgemeinen weichen die Werte der tatsächlich auftretenden Elektrodenpotentiale merklich von der Spannungsreihe der Metalle ab, da sie von Faktoren wie

— Zusammensetzung,
— Bewegung,
— Temperatur

der Lösung abhängen. Zusätzlich können durch Korrosionsreaktionen Veränderungen auf der Metalloberfläche auftreten (z. B. Passivierung), die starke Potentialveränderungen verursachen. Bei unedlen Metallen kann in manchen Fällen die Abhängigkeit des gemessenen Potentials von der Konzentration des Metallsalzes in dem Elektrolyten nicht exakt bestimmt werden, da das Metall mit der Lösung direkt reagiert und die Metallionenkonzentration in der Phasengrenze Metall—Elektrolyt verschieden ist von der im Innern der Lösung. Für die praktische Handhabung ist die Normalspannungsreihe deshalb nur von untergeordneter Bedeutung.

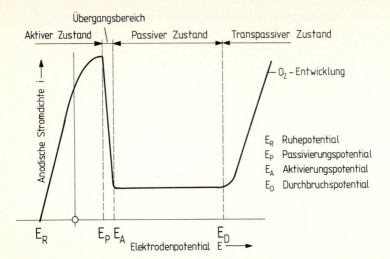

Bild 6.3. Stromdichte-Potentialkurve passivierbarer Metalle (schematisch nach DIN 50900)

Ein Beispiel für die in verschiedenen Lösungen vom Normalpotential abweichenden Elektrodenpotentiale ist in Tabelle 6.1 aufgeführt. Die hier angegebenen Normalpotentiale beziehen sich auf Metalle mit oxidfreier Oberfläche. Eine Reihe von Metallen bildet jedoch bei Berührung mit Luft spontan eine Deckschicht (Selbstpassivierung), die das Metall vor einem weiteren Korrosionsangriff schützen kann. Diese Art der Deckschichtbildung vollzieht sich außer bei Aluminium noch bei Chrom und bei hochlegierten chromhaltigen Stählen mit mindestens 13% im Grundgitter gelöstem Chrom. Passiviertes Chrom weist in der Spannungsreihe ein Normalpotential von $E_0 = 1320$ mV auf gegenüber dem nichtpassivierten Zustand von -710 mV.

Die schematische Stromdichte-Potentialkurve nach DIN 50900 stellt die Zusammenhänge zwischen der anodischen Stromdichte und dem Potential eines Metalls im aktiven, passiven und transpassiven Zustand dar (Bild 6.3). Für die Intensität der Metallauflösung bei Korrosion (Auflösung pro Flächeneinheit) ist die Korrosionsstromdichte

$$i = I_{Korr}/A_{Anod} \tag{6.3}$$

mit
i = Korrosionsstromdichte [A cm^{-2}],
I_{Korr} = Korrosionsstrom [A],
A_{Anod} = Anodenfläche [cm^2]

von besonderer Bedeutung. Sie steuert den auf eine bestimmte Fläche bezogenen Stoffumsatz. Aus der Konstanz des Korrosionsstroms $I_{Korr} = I_{Kath} = I_{Anod}$ folgt, daß bei kleiner Anoden- und einer großen Kathodenfläche die Anodenstromdichte groß wird:

$$i_{Anod} A_{Anod} = i_{Kath} A_{Kath}$$

bzw.

$$i_{Anod}/i_{Kath} = A_{Kath}/A_{Anod}. \tag{6.4}$$

6.2 Grundlagen der Korrosion

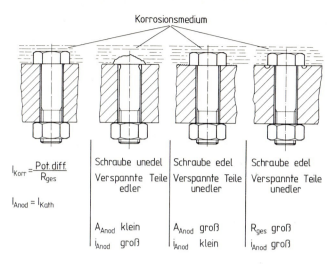

Bild 6.4. Korrosionstypen für unterschiedliche Elektrodenpotentiale

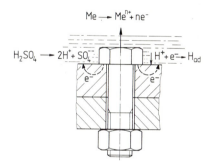

Bild 6.5. Bildung adsorbierten atomaren Wasserstoffs an der Kathodenoberfläche

Die auf einen relativ kleinen Bereich konzentrierte Korrosion an der Anode führt bei hoher Stromdichte zu starker örtlicher Auflösung.

Ein Beispiel hierfür ist eine Schraube, die in ein Bauteil aus einem gegenüber dem Schraubenwerkstoff edleren Metall eingeschraubt wird. Sie korrodiert stark und löst sich schnell auf (Bild 6.4).

Im umgekehrten Fall eines Verbindungselements aus einem edleren Werkstoff korrodiert die große Anodenfläche in dessen Umgebung stark verzögert, weil an der relativ kleinen Kathodenoberfläche nur ein begrenzter Elektronenaustausch pro Zeiteinheit möglich ist. Durch diese Hemmung der Kathodenreaktion wird auch der Anodenstrom vermindert. Darüberhinaus verteilt sich dieser auf die relativ große Anodenfläche, womit nach Gl. (6.4) die Anodenstromdichte und damit die anodische Auflösung pro Flächeneinheit klein werden. Durch geeignete Werkstoffauswahl sind somit die Korrosionsbedingungen beeinflußbar (korrosionsgerechte Konstruktion). Bei großer Anoden- und kleiner Kathodenfläche kann dennoch ein kritischer Schaden entstehen, wenn die elektrische Leitfähigkeit des Korrosionsmediums so gering ist (R_{ges} groß), daß sich der Korrosionsangriff auf die nähere Umgebung der Schraube konzentriert (z. B. Kondenswasser).

Die kathodischen Bereiche können unter bestimmten Bedingungen ebenfalls in ihrer Funktionsfähigkeit beeinträchtigt werden, wenn bei der Kathodenreaktion im Falle des Wasserstoffkorrosionstyps durch Reduktion von H-Ionen atomarer Wasserstoff entsteht, der zunächst an der Metalloberfläche adsorbiert wird (Bild 6.5).

Durch Hemmung der Rekombination der adsorbierten Wasserstoffatome zum Wasserstoffmolekül kann sich der Partialdruck des atomaren Wasserstoffs erhöhen. Dadurch wird der Eintritt des atomaren Wasserstoffs in das Metall begünstigt. Eine Schädigung des Werkstoffs in Form einer wasserstoffinduzierten Rißbildung kann die Folge sein (s. Abschnitt 6.3.2 und 6.4.5).

6.3 Korrosionsarten

In DIN 50900 Teil 1 werden 14 Korrosionsarten ohne mechanische Beanspruchung und 6 Korrosionsarten mit zusätzlicher mechanischer Beanspruchung aufgeführt (Tabelle 6.2).

Schraubenverbindungen unterliegen in der Regel einer mechanischen Beanspruchung, die aus der Vorspannkraft und der Betriebskraft resultiert. Auf Grund der für eine Schraubenverbindung spezifischen Beanspruchungsbedingungen wird in den folgenden Ausführungen nur auf die maßgeblichen der in Tabelle 6.2 genannten Korrosionsarten eingegangen.

Tabelle 6.2. Korrosionsarten nach DIN 50900

Ohne mechanische Beanspruchung		Mit zusätzlicher mechanischer Beanspruchung
gleichmäßige Flächenkorrosion	selektive Korrosion – Interkristalline Korrosion – Transkristalline Korrosion	Spannungsrißkorrosion
Muldenkorrosion		Schwingungsrißkorrosion (Korrosionsermüdung)
Lochkorrosion		Dehnungsinduzierte Korrosion
Spaltkorrosion	Säurekondensatkorrosion (Taupunktkorrosion)	Erosionskorrosion
Kontaktkorrosion		Kavitationskorrosion
Korrosion durch unterschiedliche Belüftung	Kondenswasserkorrosion (Schwitzwasserkorrosion)	Reibkorrosion (Korrosionsverschleiß)
Korrosion unter Ablagerungen (Berührungskorrosion)	Stillstandkorrosion	
	Mikrobiologische Korrosion	
	Anlaufen	
	Verzunderung	

6.3.1 Korrosionsarten ohne mechanische Beanspruchung

6.3.1.1 Kontaktkorrosion

Die Kontaktkorrosion eines metallischen Bereichs tritt auf bei einem Korrosionselement aus einer Paarung Metall/Metall oder Metall/elektronenleitender Festkörper. Sie ist häufig in sog. Mischbaukonstruktionen anzutreffen, wenn z. B. Leicht-

6.3 Korrosionsarten

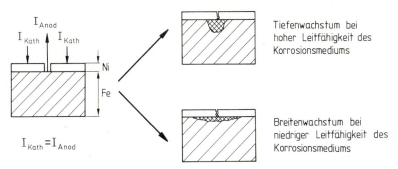

Bild 6.6. Kontaktkorrosion im Bereich einer Unterbrechung in einem edleren Überzug

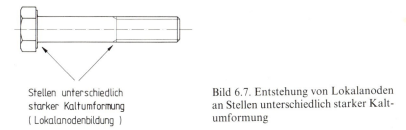

Bild 6.7. Entstehung von Lokalanoden an Stellen unterschiedlich starker Kaltumformung

metall- mit Schwermetallelementen kombiniert werden, oft aber auch bei oberflächenbeschichteten Bauteilen (Bild 6.6). Die Ionenleitung kann von allen leitenden Flüssigkeiten (Elektrolyten) übernommen werden (z. B. von einem Flüssigkeitsfilm), während die Elektronenleitung durch die Kontaktstellen der Festkörper erfolgt (z. B. Schraubenkopf und verspannte Teile, Bild 6.5). Von entscheidender Bedeutung für das Ausmaß der Korrosion ist zum einen das Flächenverhältnis beider in Berührung stehender Metalle (Bild 6.4) und zum anderen die Leitfähigkeit des sie bedeckenden Elektrolyten (Bild 6.6).

Weitere Formen der Kontaktkorrosion sind die Lokalelementbildung zwischen heterogenen Legierungsbestandteilen an der Metalloberfläche oder zwischen eingepreßten Fremdmetallteilchen und dem Werkstück [6.4] (Bild 6.1) sowie die Entstehung von anodischen und kathodischen Bezirken, die sich durch Inhomogenitäten im metallischen Werkstoff, z. B. an kaltverformten Stellen unterschiedlicher Umformgrade [6.5] (Bild 6.7), ausbilden.

6.3.1.2 Korrosion durch unterschiedliche Belüftung

Eine verstärkte örtliche Korrosion kann auch durch die Ausbildung eines Korrosionselements bei unterschiedlicher Belüftung entstehen, wobei die weniger belüfteten Bereiche mit erhöhter Geschwindigkeit abgetragen werden (Bild 6.8). Zu dieser

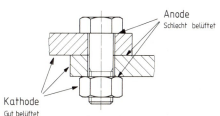

Bild 6.8. Lokalanoden in den Spalten von Schraubenverbindungen

Korrosionsart kann auch die Spaltkorrosion gezählt werden. Hier entstehen die kathodischen Bereiche an den Stellen, wo Sauerstoff für die Reaktion zur Verfügung steht.

6.3.1.3 Berührungskorrosion

Berührungskorrosion ist eine örtliche Korrosion durch Berührung mit einem Fremdkörper. Die Korrosionsart kann hierbei entweder eine Spaltkorrosion, eine Kontaktkorrosion oder eine Korrosion durch unterschiedliche Belüftung sein.

6.3.1.4 Selektive Korrosion

Die selektive Korrosion ist dadurch gekennzeichnet, daß bestimmte Gefügebestandteile, korngrenzennahe Bereiche oder Legierungsbestandteile unter dem Angriff eines Korrosionsmediums bevorzugt in Lösung gehen. Selektive Korrosion tritt nur bei mehrphasigen Legierungen auf. DIN 50900 unterscheidet zwischen interkristalliner Korrosion mit einem bevorzugten Korrosionsangriff auf korngrenzennahe Bereiche und transkristalliner Korrosion mit einem Korrosionsangriff quer durch die Kristallite und annähernd parallel zur Verformungsrichtung.

Weitere Erscheinungsformen der selektiven Korrosion sind die Spongiose, eine Auflösung des Ferrits bei Gußeisen durch mangelnde Schutzschichtbildung, die Entzinkung des Messings unter Zurücklassung porösen Kupfers, die Entnickelung und die Entaluminierung der intermetallischen Phasen bei Aluminiumlegierungen.

6.3.2 Korrosionsarten mit zusätzlicher mechanischer Beanspruchung

Die Arten der Korrosion mit zusätzlicher mechanischer Beanspruchung unter Berücksichtigung des Korrosionsmediums sind in Tabelle 6.3 zusammengestellt.

Tabelle 6.3. Arten der Korrosion mit zusätzlicher mechanischer Beanspruchung

Mechanische Beanspruchung (Last- und Eigenspannungen) Beanspruchungsart		Korrosionsbeanspruchung	
		Korrosionsmedium	Korrosionsart
zügig	Zug Druck Biegung Verdrehung	spezifisches Medium (Elektrolyt)	Spannungsrißkorrosion
schwingend	Zug–Druck Wechselbiegung Umlaufbiegung	jedes Medium (Elektrolyt)	Schwingungsrißkorrosion
reibend	Flüssigkeits-, Misch- und Trockenreibung	jedes Medium	Reibkorrosion (Korrosionsverschleiß)
schlagend	Erosion Kavitation	jedes aggressive Medium jedes Medium (Elektrolyt)	Erosionskorrosion Kavitationskorrosion

6.3.2.1 Spannungsrißkorrosion (SpRK)

Dieser Korrosionstyp kann in Form der anodischen oder der kathodischen Spannungsrißkorrosion auftreten. Die Gefahr einer SpRK ist unter folgenden Voraussetzungen gegeben (Bild 6.9):

— Es muß ein Werkstoff mit einer erhöhten Empfindlichkeit gegenüber SpRK vorliegen,
— Es muß ein spezifisches Korrosionsmedium wirken, gegenüber dem der Werkstoff eine besondere SpRK-Empfindlichkeit besitzt,
— Der Werkstoff muß einer mechanischen Beanspruchung durch Zuglastspannungen und/oder Zugeigenspannungen ausgesetzt sein, die noch eine zusätzliche Spannungsüberhöhung durch makroskopische und/oder mikroskopische Kerbwirkung erfahren können.

Eine *anodische* SpRK erleiden im allgemeinen nur passive Werkstoffe. Die Rißkeimbildung beruht hierbei entweder auf örtlichen Verletzungen der Passivschicht aus dem Werkstoffinneren (durchstoßende Gleitungen) oder auf einer selektiven Zerstörung der Passivschicht, z. B. durch Chlorionen.

Im Gegensatz zur anodischen SpRK, bei der das Rißwachstum durch eine Metallauflösung an der Rißspitze erfolgt, beruht die *kathodische* SpRK auf einer reversiblen oder irreversiblen Versprödung, verursacht durch in den Werkstoff eingedrungenen atomaren Wasserstoff. Dieser stammt aus einer elektrochemischen Wasserstoffentladung, die mit ihren Teilreaktionen in Bild 6.10 dargestellt ist.

Die kathodische Reduktion des Wasserstoffs findet statt

— beim Beizen,
— bei der galvanischen Oberflächenbehandlung,
— bei Korrosionsreaktionen im Betrieb,
— beim kathodischen Korrosionsschutz.

Außerdem kann Wasserstoff auch im Rahmen der nachfolgend aufgeführten Prozesse vom Werkstoff aufgenommen werden:

— Stahlherstellung (Gasblasen),
— Wärmebehandlung (Feuchtigkeit, Kohlenwasserstoffe),
— Schweißen (Wasser im Schutzgas, Elektrodenumhüllung).

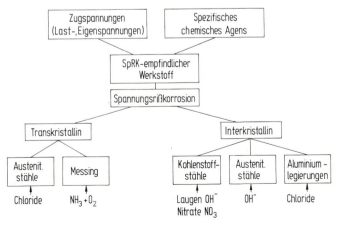

Bild 6.9. Wesentliche Voraussetzungen für die Entstehung einer Spannungsrißkorrosion [6.14]

Entstehung adsorbierten atomaren Wasserstoffs

Saure Lösung:
$H_3O^+ \longrightarrow H_2O + H^+$
(Hydroniumion)
Entladung durch Reduktion nach Befreiung aus der Hydrathülle:
$H^+ + e^- \longrightarrow H_{ad}$

Neutrale Lösung:
$H_2O + e^- \longrightarrow H_{ad} + OH^-$

Rekombination des adsorbierten Wasserstoffs

$H_{ad} + H_{ad} \longrightarrow H_2{_{ad}}$ (chemische Rekombination)

oder

$H_{ad} + H^+ + e^- \longrightarrow H_2{_{ad}}$ (elektrochemische

bzw.

$H_{ad} + H_2O + e^- \longrightarrow H_2{_{ad}} + OH^-$ Rekombination)

Bild 6.10. Vorgänge bei der elektrochemischen Wasserstoffentladung

Werkstoffzustand:

- hohe Zugfestigkeit bei eingeschränkter Zähigkeit
- eingeschränktes Formänderungsvermögen
- Größe und Verteilung von Fremdeinschlüssen

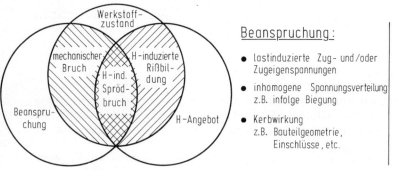

Beanspruchung:

- lastinduzierte Zug- und/oder Zugeigenspannungen
- inhomogene Spannungsverteilung z.B. infolge Biegung
- Kerbwirkung z.B. Bauteilgeometrie, Einschlüsse, etc.

H-Angebot:

- betriebsbedingt z.B. infolge Korrosion
- fertigungsbedingt z.B. Wärmebehandlung, Säurebeizung, galv. Oberflächenbeschichtung

Bild 6.11. Voraussetzungen für eine wasserstoffinduzierte Spannungsrißkorrosion [6.6]

Die Ergebnisse zahlreicher Forschungsarbeiten der letzten Jahrzehnte haben gezeigt, daß folgende Voraussetzungen erfüllt sein müssen (Bild 6.11), damit die Gefahr einer wasserstoffinduzierten Spannungsrißkorrosion verstärkt gegeben ist [6.7–6.9]:

- Es muß ein *Werkstoff* hoher Festigkeit mit eingeschränkter Zähigkeit vorliegen.
- Das *Umgebungsmedium* muß eine ausreichende Menge diffusiblen Wasserstoffs anbieten, damit sich eine kritische Wasserstoffkonzentration im Werkstoff ausbilden kann.
- Das Bauteil muß einer *mechanischen Beanspruchung* durch Zuglastspannungen und/oder Zugeigenspannungen ausgesetzt sein, die noch eine zusätzliche Überhöhung durch makroskopische und/oder mikroskopische Kerbwirkung erfahren können.

Hoch- und höchstfeste Schrauben besitzen auf Grund ihrer Bauteilgeometrie (mehrfach scharf gekerbte Teile) und der an sie im Betrieb gestellten Anforderungen ein verstärktes Gefährdungspotential gegenüber wasserstoffinduzierter Sprödbruchbildung:

6.3 Korrosionsarten

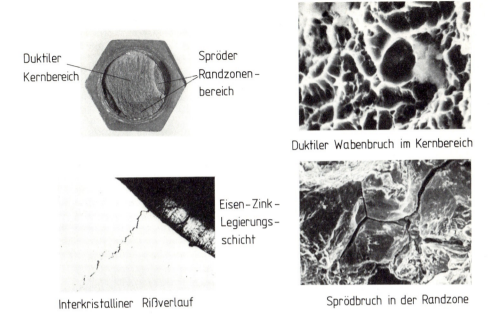

Bild 6.12. Sprödbruch unter dem Kopf einer feuerverzinkten Sechskantschraube M27 — 12.9

- Eine hohe Werkstoffestigkeit bedingt bei gleicher chemischer Zusammensetzung im allgemeinen eine Abnahme der Zähigkeit.
- Die Forderung nach Übertragung hoher Vorspann- und Betriebskräfte führt zu einem hohen Beanspruchungsniveau.
- Atomarer Wasserstoff kann an der Bauteiloberfläche angeboten werden beim Korrosionsvorgang und/oder während einer chemischen oder elektrochemischen Oberflächenbehandlung (z. B. Entfetten, Beizen, Galvanisieren).

Bild 6.12 zeigt eine im Übergang Kopf–Schaft (Stelle hoher Kerbwirkung, s. Bild 5.2) gebrochene feuerverzinkte Sechskantschraube M27 — 12.9. Der Schaden in Form eines verzögerten Sprödbruchs, der den Primärkorngrenzen folgende Rißverlauf und die in der REM-Aufnahme sichtbaren Korngrenzentrennungen im Bereich der Randzone deuten auf einen wasserstoffinduzierten Bruch hin. Die Überschreitung der kritischen Wasserstoffkonzentration im Werkstoff wurde im vorliegenden Schadensfall durch eine fehlerhafte Säurebeizung verursacht. Eine derartige Werkstoffschädigung kann vermieden werden, wenn das Wasserstoffangebot gering gehalten wird und die Wasserstoffatome zu nicht diffusionsfähigen H_2-Molekülen rekombinieren können, bevor eine kritische Menge atomaren Wasserstoffs in den Werkstoff eindiffundiert ist. Bei modernen Galvanisierungsverfahren ist dies möglich, so daß die Bedenken hinsichtlich einer durch das Galvanisieren hervorgerufenen Wasserstoffversprödung nicht immer begründet sind. Dies zeigen insbesondere die Untersuchungen in [6.9].

Sowohl bei der anodischen als auch bei der kathodischen SpRK erfolgt das Bauteilversagen meist spontan, ohne daß nennenswerte Verformungen oder sichtbare Korrosionsprodukte auf ein bevorstehendes Bruchereignis hinweisen.

6.3.2.2 Schwingungsrißkorrosion (SwRK)

Im Gegensatz zur Spannungsrißkorrosion ist jeder metallische Werkstoff in jedem Elektrolyten durch Schwingungsrißkorrosion (SwRK) gefährdet (Tabelle 6.3). Das Bruchversagen erfolgt ausschließlich durch transkristalline Risse, die im wesentlichen senkrecht zu den wirkenden Hauptnormalspannungen entstehen.

Man unterscheidet zwischen einer SwRK im aktiven und passiven Zustand:

Bei der SwRK *im aktiven Zustand* gehen die Risse überwiegend von Korrosionsgrübchen an der Oberfläche aus. Es treten nebeneinander eine Vielzahl von Rissen auf, und das Bruchbild zeigt ein zerklüftetes Aussehen mit auskorrodierten Rißflanken.

Bei der SwRK *im passiven Zustand* erfolgt die Rißkeimbildung durch Verletzungen der Passivschicht aus dem Werkstoffinnern infolge von örtlich durch die Passivschicht hindurchtretenden Gleitbändern. Das Schadensbild ist gekennzeichnet durch die Entstehung glatter, wenig verästelter Risse. Es treten selten Korrosionsprodukte auf. Der Bruch ist fast nicht von einem Dauerbruch an Luft zu unterscheiden.

Bei Schwingungsrißkorrosion gibt es keine mit der Dauerfestigkeit an Luft vergleichbare Größe, sondern nur Korrosions-Zeitfestigkeitswerte. Die Lebensdauer eines SwRK-beanspruchten Bauteils ist abhängig von der Korrosionsbeständigkeit des Werkstoffs gegenüber dem Umgebungsmedium, vom Grad seiner Aktivierung durch Plastifizierungen, von der Höhe der mechanischen Schwingbeanspruchung sowie von deren Frequenz.

6.3.2.3 Reibkorrosion (Korrosionsverschleiß)

Mit Reibkorrosion muß immer dann gerechnet werden, wenn durch eine oszillierende reibende Beanspruchung mit kleiner Wegamplitude Passivschichten oder auch andere Deck- und Schutzschichten örtlich entfernt oder verletzt werden, so daß an diesen aktiv gewordenen Stellen eine anodische Auflösung durch Wechselwirkung des freigelegten Grundwerkstoffs mit dem umgebenden Medium erfolgen kann. Besonders gefährdete Verbindungselemente sind z. B. Paßschrauben.

6.4 Möglichkeiten des Korrosionsschutzes

Bei der Suche nach einem geeigneten Korrosionsschutz sind die mechanischen Eigenschaften des Endprodukts (Festigkeit, Zähigkeit, Härte, Widerstand gegen Abrieb), die Wirtschaftlichkeit seiner Herstellung (Verarbeitbarkeit, Werkstoffkosten) und die Lebensdauer des Verbindungselements im Vergleich zur gesamten Konstruktion in die Bewertungsskala einzubeziehen. Die Wahl eines optimalen Korrosionsschutzes setzt die Kenntnis der Wirkung aller für einen gegebenen Anwendungsfall wichtigen Einflußgrößen voraus, wobei jedoch immer zu berücksichtigen ist, daß es einen absoluten Korrosionsschutz nicht gibt.

Bei Schraubenverbindungen geschieht die Auswahl eines geeigneten Korrosionsschutzes nach folgenden Kriterien:

— Verbindungselemente müssen die Anforderungen, die sich aus mechanischer, thermischer und chemischer Beanspruchung ergeben, sicher erfüllen.
— Die Lebensdauer der Verbindungselemente muß der Lebensdauer der verschraubten Teile angepaßt sein.
— Das Korrosionsschutzverfahren muß in bezug auf Preis, Wirtschaftlichkeit und Gleichmäßigkeit seiner Arbeitsweise der Schraube und Mutter als Massenartikel gerecht werden.

6.4 Möglichkeiten des Korrosionsschutzes

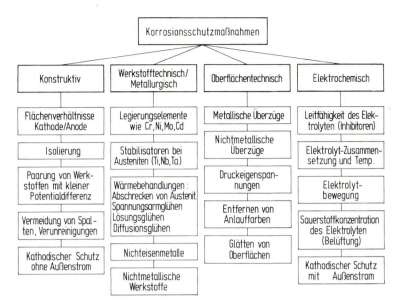

Bild 6.13. Korrosionsschutzmöglichkeiten

— Das Korrosionsschutzverfahren muß Querschnittsübergänge (z. B. Kopf–Schaft) und tiefe Kerben (Gewinde) berücksichtigen (Streufähigkeit der Elektrolyten beim Galvanisieren, Hemmung von Austauschreaktionen in Kerben).
— Festgelegte Toleranzen, z. B. im Gewinde, dürfen nicht überschritten werden.
— Die Dehnung des Schraubenschafts darf die Dehnfähigkeit der Schutzschicht nicht überschreiten (Aufreißen der Schicht).
— Schraubenverbindungen müssen lösbar sein (Verletzung der Schutzschicht beim Anziehen und Lösen, Abrieb, Festfressen).

Das Ziel jeder Korrosionsschutzmaßnahme ist die Begrenzung des Korrosionsstroms auf ein Mindestmaß. Hierzu sind grundsätzlich alle in Bild 6.13 aufgeführten Maßnahmen geeignet. Für Schraubenverbindungen kommen überwiegend eine geeignete konstruktive Gestaltung, der Einsatz korrosionsbeständiger Werkstoffe und die Aufbringung von Oberflächenschutzschichten in Frage.

6.4.1 Korrosionsgerechte konstruktive Gestaltung

Ein wirkungsvoller Korrosionsschutz beginnt schon bei der Konstruktion. Deshalb sollten im Hinblick auf eine korrosionsgerechte konstruktive Gestaltung zur Verbesserung des Korrosionsschutzes von Schraubenverbindungen die folgenden Gesichtspunkte besonders beachtet werden:

- Verwendung von metallischen Werkstoffen gleichen oder ähnlichen Potentials [6.4, 6.10, 6.11].
- Vermeidung eines direkten Kontakts zweier Metalle ungleichen Potentials in Verbindung mit einem Elektrolyten, wenn eine Potentialdifferenz unumgänglich ist. Dies ist durch Isolation der Metalle mittels nichtleitender Schichten möglich (Bilder 6.14 bis 6.17).

186   6 Korrosion und Korrosionsschutz von Schraubenverbindungen

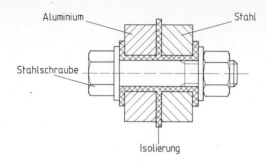

Bild 6.14. Isolation einer Schraubenverbindung zur Vermeidung von Kontaktkorrosion (schematisch) [6.10]

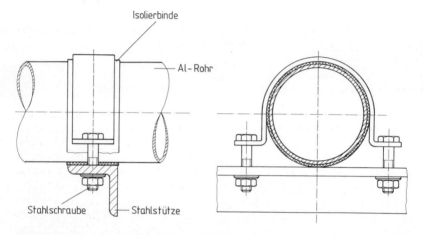

Bild 6.15. Aluminiumrohrleitung mit Isolierbinde [6.4]

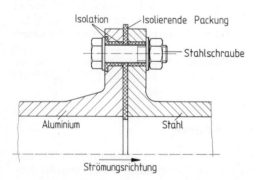

Bild 6.16. Einfluß der Strömungsrichtung auf eine mögliche Kontaktkorrosion [6.10]

- Vermeidung von Spalten, in die das Korrosionsmedium eindringen und infolge geänderter Konzentration bzw. ungleicher Belüftungsverhältnisse eine Spaltkorrosion verursachen kann (Bild 6.8).
- Vermeidung eines ungünstigen Flächenverhältnisses von Anode zu Kathode. Der unedlere Teil einer Verbindung sollte gemäß Gl. (6.4) derjenige mit der größeren Oberfläche sein, damit kein unzulässig großer örtlich begrenzter Abtrag infolge hoher Stromdichte entsteht (Bilder 6.1 und 6.4).

6.4 Möglichkeiten des Korrosionsschutzes

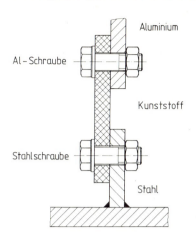

Bild 6.17. Verbindung zweier Metalle mit neutralem Zwischenstück [6.11]

6.4.2 Einsatz nichtrostender Stähle

Neben Aluminium, Kupfer, Titan und deren Legierungen sowie Nickelbasislegierungen und Kunststoffen, die dann eingesetzt werden, wenn neben Korrosionsbeständigkeit hauptsächlich geringes spezifisches Gewicht (Leichtbau, Luftfahrt), elektrische Leitfähigkeit bzw. Isolationseigenschaften oder Temperaturbeständigkeit gefordert werden, haben wegen ihrer ausgezeichneten Korrosionsbeständigkeit in den letzten Jahren insbesondere die nichtrostenden Stähle einen ausgedehnten Anwendungsbereich gefunden. Wie schon in Abschnitt 6.2 beschrieben, beruht die Korrosionsbeständigkeit dieser Stähle insbesondere auf den hohen im Grundgitter gelösten Chromanteilen von mehr als 13%, auf Grund derer sich an der Stahloberfläche eine porenfreie Passivschicht bildet, die einen Korrosionsangriff auf das Grundmetall verhindert. Bild 6.18 zeigt die Abhängigkeit der Korrosionsgeschwindigkeit vom Chromgehalt unter drei verschiedenen Korrosionsbedingungen. Entsprechend den an die Stähle gestellten Anforderungen werden neben Chrom weitere Elemente zulegiert, die die Wirkung des Chroms auf die Passivschichtbildung verstärken. Das Zusammen-

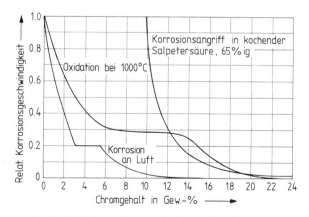

Bild 6.18. Einfluß des Chromgehalts von Fe-Cr-Legierungen auf das Korrosionsverhalten [6.5]

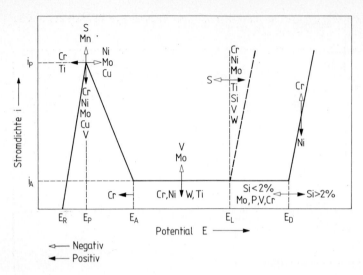

Bild 6.19. Wirkung von Legierungselementen auf das Verhalten passivierbarer Stähle in wäßrigen Lösungen [6.12]

wirken der verschiedenen Legierungselemente (Bild 6.19) führt zu unterschiedlichen Gefügeausbildungen. Nach der Art ihres Gefüges lassen sich die nichtrostenden Stähle in ferritische, martensitische und austenitische Stähle einteilen [6.13]. Die Erhaltung der austenitischen Struktur bei Raumtemperatur wird bei den üblichen Fe-Cr-Ni-Legierungen hauptsächlich durch den Nickelanteil gewährleistet. Eine Vergrößerung des Ni-Gehalts ist mit einer erhöhten Stabilität des Austenits verbunden.

Austenitische rostfreie Stähle können nicht durch Martensitumwandlung gehärtet werden. Ihre Festigkeitseigenschaften lassen sich ausschließlich durch gezielte Kaltumformung (Kaltverfestigung) beeinflussen. Hierbei kann sich die metastabile Struktur zum Teil in einen martensitähnlichen Zustand umwandeln. Legierungen mit höheren Cr- und Ni-Gehalten sind dagegen im wesentlichen stabil austenitisch.

Austenite sind jedoch nicht uneingeschränkt geeignet für alle Angriffsmedien und Umgebungsbedingungen:

- Bei Vorhandensein von Zugspannungen neigen Austenite in chloridhaltigen Lösungen und hochkonzentrierten Laugen bei höheren Temperaturen zu Spannungsrißkorrosion [6.14] (Bild 6.9).
  Abhilfe: Durch Zulegieren von Molybdän kann die Resistenz gegenüber chloridhaltigen Medien verbessert und damit dieser Gefahr begegnet werden.
- Eine Verarmung der Matrix an Chrom durch Korngrenzenausscheidungen chromreicher Karbide, die bis zu 75% Chrom enthalten können, oder auch chromreicher Nitride in stickstofflegierten ferritischen Chromstählen, führt bei korrosionsbeständigen Stählen zu einer Empfindlichkeit gegenüber interkristalliner Korrosion. Langsames Abkühlen durch den Bereich der Sensibilisierungstemperatur oder längere Schweißvorgänge rufen diese Empfindlichkeit hervor. Deshalb werden austenitische Stähle von hohen Temperaturen abgeschreckt [6.15]. Wirksame Maßnahmen zur Vermeidung interkristalliner Korrosion sind:

6.4 Möglichkeiten des Korrosionsschutzes

Tabelle 6.4. Korrosionsbeständigkeit einzelner Metalle und Legierungen für Schrauben und Muttern (Richtwerte für Abtrag in µm/Jahr) [6.16]

	Zink, nicht chromatiert [Werte in Klammern = Kadmium]	Messing ~ Ms 63	Kupfer ~ CuNi1Si	Stahl, unleg., ungeschützt	18/9 Chrom-Nickel-Stahl	18/10/2 Chrom-Nickel-Mo-Stahl
Landluft	1 ÷ 3	um 4	um 2	÷ 60	< 2	< 2
Stadtluft	÷ 6 [÷ 15]	um 4	um 2	÷ 70	< 2	< 2
Industrieluft	um 6 ÷ 19 [÷ 30]	um 8	um 4	÷ 170	< 2	< 2
Meeresluft	um 2 ÷ 15	um 6	um 3	÷ 170	< 2	< 2
Leitungswasser mittelhart bis 60°C	um 20	um 10 ÷ 25	um 4 ÷ 10	variiert stark	< 2	< 2
Meerwasser	um 90	um 15 ÷ 100	um 10 ÷ 30	÷ 170	< 2	< 2
Salzsäure bei Raumtemperatur	unbest.	unbest.	um 30 (10%ig)	unbest.	÷ 2100 (10%ig)	besser als 18/9 Stahl
Schwefelsäure bei Raumtemperatur	unbest.	um 15 ÷ 1500 (1 normal)	um 8 (1 normal)	unbest.	< 2	< 2
Natronlauge bei Raumtemperatur	unbest.	um 75 (1 normal)	um 8 (4%ig)	rel. best. (<10%ig)	um 5 (10%ig)	um 5 (10%ig)
Essigsäure bei Raumtemperatur	unbest.	÷ 800	um 30 (20%ig)	unbest.	< 2	< 2

Tabelle 6.5. Chemische Zusammensetzung nichtrostender Stähle der Stahlgruppen nach DIN 267 Teil 11

Werkstoffgruppe	Stahlgruppe	Chemische Zusammensetzung in % (Maximalwerte)							
		C	Si	Mn	P	S	Cr	Mo	Ni
Austenitisch	A1	0,12	1,0	2,0	0,20	0,15 bis 0,35	17,0 bis 19,0	0,6	8,0 bis 10,0
	A2	0,08	1,0	2,0	0,05	0,03	17,0 bis 20,0		8,0 bis 13,0
	A4	0,08	1,0	2,0	0,05	0,03	16,0 bis 18,5	2,0 bis 3,0	10,0 bis 14,0
Martensitisch	C1	0,09 bis 0,15	1,0	1,0	0,05	0,03	11,5 bis 14,0		1,0
	C3	0,17 bis 0,25	1,0	1,0	0,04	0,03	16,0 bis 18,0		1,5 bis 2,5
	C4	0,08 bis 0,15	1,0	1,5	0,06	0,15 bis 0,35	12,0 bis 14,0	0,6	1,0
Ferritisch	F1	0,12	1,0	1,0	0,04	0,03	15,5 bis 18,0		0,5

- Lösungsglühen bei 1050 bis 1100 °C und nachfolgendes Abschrecken,
- Verminderung des Kohlenstoffgehalts (C < 0,03% bei ELC-Stählen),
- Zusatz von Stabilisatoren wie Ti, Nb, Ta, die eine höhere Affinität zu Kohlenstoff haben als Chrom (Karbidbildner).

Die Korrosionsbeständigkeit einzelner Metalle und Legierungen für Schrauben und Muttern gegenüber verschiedenen Umgebungsmedien zeigt Tabelle 6.4. Darüberhinausgehende Angaben sind dem einschlägigen Schrifttum zu entnehmen, z. B. [6.15]. Die chemische Zusammensetzung nichtrostender Stähle für Schrauben und Muttern enthält DIN 267 Teil 11 (Tabelle 6.5). Die mechanischen Eigenschaften von Schrauben und Muttern aus nichtrostenden Stählen nach DIN 267 Teil 11 gelten für fertige Teile und sind in den Tabellen 2.23 und 2.24 zusammengestellt. DIN 267 Teil 11 gestattet auch den Einsatz anderer Stahlsorten als nach Tabelle 6.5, wenn dadurch am Fertigteil die gleichen physikalischen und mechanischen Eigenschaften und die gleiche Korrosionsbeständigkeit erreicht werden. Eine große Auswahl nichtrostender Stähle und Sonderlegierungen gibt DIN 17440. In Deutschland werden aus Gründen der Sortenverminderung vorwiegend die vier folgenden Stähle eingesetzt:

- X 5 CrNi 19 11,   1.4303 (A 2)
- X 10 CrNiTi 18 9,   1.4541 (A 2)
- X 5 CrNiMo 18 10,   1.4401 (A 4)
- X 10 CrNiMoTi 18 10, 1.4571 (A 4)

Die Werkstoffgruppen A 2 und A 4 sind aufgrund niedrigen C-Gehalts (1.4303 und 1.4401) oder der Zugabe stabilisierender Elemente (Ti in 1.4541 und 1.4571) beständig gegen interkristalline Korrosion. Der Stahl 1.4301 (X 5 CrNi 18 9) findet heute für Schrauben kaum noch Verwendung, weil er nicht die Austenit-Stabilität aufweist wie der Stahl 1.4303 (X 5 CrNi 19 11), der sich zudem besser verformen läßt.

6.4.3 Oberflächenüberzüge

Bei der Auswahl eines geeigneten Korrosionsschutzes sind unter anderem wirtschaftliche und verarbeitungstechnische Gesichtspunkte zu berücksichtigen (s. Abschnitt 6.4), die eine Funktionstrennung im Sinne eines „Verbundwerkstoffs" Grundmetall/Überzug erforderlich machen können. Bei metallischen Überzügen besitzt der Verbundwerkstoff nicht die Summe der Einzeleigenschaften, sondern Grundwerkstoff und Überzug treten in eine enge Wechselbeziehung zueinander. So besteht z. B. die Gefahr einer Kontaktkorrosion mit beschleunigtem Versagen des Bauteils in den Fällen, in denen ein unedleres Grundmetall mit einem edleren metallischen Überzug versehen worden ist. Solange der Überzug vollkommen dicht ist, besteht keine Gefahr für den darunterliegenden Stahl. Treten jedoch auf Grund der Abscheidungsbedingungen Poren oder Risse im Überzug auf oder bilden sich Risse als Folge der Betriebsbeanspruchung, dann kann der zu schützende Grundwerkstoff verstärkt angegriffen werden. Wegen der kleinen Anodenfläche gegenüber einer relativ großen Kathodenfläche ist hier mit einer hohen anodischen Stromdichte zu rechnen. Günstiger sind in solchen Fällen z. B. unedlere metallische Überzüge, deren Korrosionsschutz zeitlich begrenzt ist. Ein solcher Schutz ist allerdings dort nicht anwendbar, wo das Medium nicht durch Korrosionsprodukte verunreinigt werden darf (z. B. in der Nahrungsmittelindustrie).

Das Aufbringen von Oberflächenüberzügen auf Verbindungselementen richtet sich insbesondere nach folgenden Kriterien:

6.4 Möglichkeiten des Korrosionsschutzes

Bild 6.20. Gebräuchliche Oberflächenüberzüge bei Schraubenverbindungen

- Das Oberflächenbeschichtungsverfahren muß in der Lage sein, bei den stark gekerbten Gewindeteilen einen Überzug von gleichmäßiger Dicke zu erzielen, z. B. durch eine ausreichende Streufähigkeit des Elektrolyten bei galvanischen Beschichtungsverfahren.
- Wegen der Paarung von Bolzen- und Muttergewinde darf die Schichtdicke ein durch die Gewindetoleranz vorgegebenes Maß nicht überschreiten.
- Der Überzug muß eine ausreichende Zähigkeit besitzen, damit er bei den im Kerbgrund von Gewinden auftretenden hohen Verformungen nicht einreißt.

Die für Verbindungselemente gebräuchlichen Oberflächenüberzüge können in der in Bild 6.20 dargestellten Weise eingeteilt werden. Schrauben aus Vergütungsstählen werden überwiegend galvanisch oder mechanisch verzinkt und galvanisch kadmiert sowie auch feuerverzinkt. In jüngster Zeit gewinnt auch die Beschichtung mit sog. Dünnschichtlacken immer mehr an Bedeutung [6.17]. Dabei handelt es sich im wesentlichen um organische, anorganische oder kombinierte Überzüge.

6.4.3.1 Nichtmetallische Überzüge

Oberflächenölfilm. Das rasche Abkühlen von Schrauben und Muttern von der Anlaßtemperatur in speziellen Ölemulsionen führt zu einer dünnen, ölkohlehaltigen, eingebrannten Oxidschicht, die im geölten Zustand einen dichten Oberflächenfilm ergibt. Für Transport- und Lagerungszwecke stellt dieser Film einen ausreichenden Korrosionsschutz dar, der die mechanischen Eigenschaften nicht beeinträchtigt.

Phosphatschicht. Die Phosphatierung ist ein Oberflächenbehandlungsverfahren, bei dem auf chemischem Wege Metallphosphate auf die Oberfläche von Eisenwerkstoffen und Zink aufgebracht werden. Es ist auch unter den Begriffen „Bondern", „Parkern" und „Atramentieren" bekannt. Die klassischen Phosphatierbäder sind wäßrige Lösungen, die primäres Eisen-, Mangan- oder Zinkphosphat enthalten und an der Werkstückoberfläche eine unlösliche tertiäre Phosphatschicht von 1 bis 15 µm Dicke bilden. Die nichtleitende kristalline Phosphatschicht bietet wegen ihrer Porosität allerdings erst in Verbindung mit Öl, das in der saugfähigen Schicht gut haftet, einen beschränkten Korrosionsschutz.

Daneben zeichnen sich Phosphatschichten bei der Schraubenfertigung wie auch bei Schrauben als Fertigteilen durch weitere günstige Eigenschaften aus. Eine Phosphatierung des Drahts vor der Schraubenfertigung ergibt bzw. ermöglicht

- niedrige Reibungszahlen der geölten Phosphatschicht,
- gute Haftung des Schmiermittels in der Phosphatschicht,
- weitgehende Verhinderung der metallischen Berührung zwischen Werkzeug und Werkstück und damit Verminderung der Freßneigung und Erhöhung der Werkzeugstandzeiten,
- höhere Umformgrade,
- höhere Umformgeschwindigkeiten,
- verbesserte Oberflächengüte des umgeformten Werkstücks.

Eine auf Schrauben als Fertigteile aufgebrachte Phosphatschicht besitzt bzw. ergibt bei der Montage bzw. im Betrieb

- hohe Haftfestigkeit und Druckbeständigkeit auch noch nach mehrmaligem Anziehen,
- kleine Reibungszahlen mit geringer Streuung im geölten Zustand, die sich auch nach mehrmaligem Anziehen nicht nennenswert ändern,
- Temperaturbeständigkeit bis etwa 50 °C.

Anstrich. Ein nach der Montage aufgebrachter Anstrich bietet einen gewissen Korrosionsschutz, wenn die Schicht nicht nur geschlossen ist, sondern auch eine passivierende Wirkung ausübt (z. B. Bleimennige).

Dünnschichtlackierung. Organische, anorganische und kombinierte Dünnbeschichtungen gewinnen für den Korrosionsschutz zunehmend an Bedeutung [6.17].

6.4.3.2 Galvanische Überzüge

Unter dem Begriff „funktionelle Galvanotechnik" werden alle Verfahren zur Oberflächenbehandlung von Metallen (in Sonderfällen auch von Kunststoffen) verstanden, die der Herstellung metallischer Überzüge mit definierten Eigenschaften aus Elektrolyten mit oder ohne Anwendung von Außenstrom dienen [6.18]. Nach DIN 50961

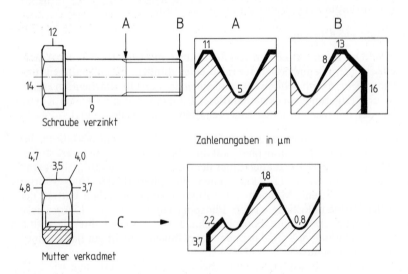

Bild 6.21. Schichtdickenverteilung bei galvanisch beschichteten Schrauben und Muttern [6.19].

6.4 Möglichkeiten des Korrosionsschutzes

sind galvanische Überzüge metallische Schichten, die aus einem Elektrolyten auf elektrisch leitenden oder leitend gemachten Gegenständen kathodisch abgeschieden wurden. Werden solche Oberflächenüberzüge an profilierten Teilen wie z. B. Schrauben abgeschieden, so ist die Schichtdicke wegen der unterschiedlichen Stromdichten nicht gleichmäßig, sondern im allgemeinen an vorstehenden Kanten größer als in Einsenkungen (Bild 6.21).

Die galvanische Oberflächenbeschichtung von Schrauben und Muttern als Massenteile geschieht gewöhnlich in rotierenden Trommelapparaten, wobei die Schichtdicken durch die Arbeitsbedingungen (z. B. Badzusammensetzung, Stromdichte, Expositionszeit u. a.) gesteuert werden können. Beim Trommelgalvanisieren treten die theoretisch zu erwartenden Schichtdickenunterschiede nur bedingt auf, weil durch gegenseitiges Aneinanderstoßen (Scheuern) vorstehender Partien der zu galvanisierenden Teile die Schichtdicke an diesen Stellen wieder durch mechanisch verursachten Abtrag reduziert wird. Gleichmäßigere Schichtdicken können durch stromlos (chemisch) abgeschiedene Überzüge erreicht werden. Aus Kostengründen ist dieses Verfahren jedoch auf Sonderteile beschränkt. Entscheidend ist, daß die dem Korrosionsangriff direkt ausgesetzten Bereiche von Schraube und Mutter (Schraubenkopf, Gewindeende, Mutter-Schlüssel- und -Stirnfläche) ausreichende Schichtdicken aufweisen. Deshalb wird die örtliche Schichtdicke galvanisch oberflächenbehandelter Schrauben und Muttern nach DIN 267 Teil 9 an den für die Beurteilung des Korrosionsschutzes wesentlichen Stellen gemessen, z. B. am Kopf und am Gewindeende (Bild 6.22). Es ist jedoch zu beachten, daß insbesondere bei langen Schrauben die Schichtdicke im mittleren Schraubenbereich im allgemeinen geringer ist als am Kopf bzw. am Gewindeende.

Grundlage für die möglichen Schichtdicken bei Schrauben und Muttern sind nach DIN 267 Teil 9 die Toleranzen für metrisches ISO-Gewinde nach DIN 13 Teile 14 und 15 mit den Toleranzlagen e, f, g für das Bolzengewinde und G, H für das Muttergewinde (Tabellen 2.19 und 2.20). Die angegebenen Zahlenwerte für die Schichtdicken basieren auf der Forderung, daß auch bei vollständiger Ausnutzung der Gewindetoleranz nach einer galvanischen Oberflächenbehandlung die Nullinie beim Bolzengewinde nicht überschritten und beim Muttergewinde nicht unterschritten werden darf. Die Prüfung der Schichtdicke geschieht mittels der in DIN 267 Teil 9 angeführten Verfahren (Tabelle 6.6).

Als Überzugsmetalle für Schrauben und Muttern kommen hauptsächlich Zink und Kadmium in Frage. Für dekorative Zwecke finden in der Praxis aber auch Kup-

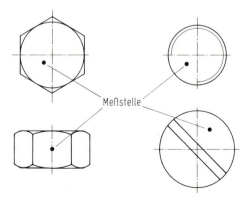

Bild 6.22. Meßstellen für die Bestimmung der Schichtdicke nach DIN 267 Teil 9

Tabelle 6.6. Meßverfahren zur Schichtdickenbestimmung nach DIN 267 Teil 9

Meßverfahren	geeignet für Überzug aus	Meßfehler etwa
Direkte Bestimmung der örtlichen Schichtdicke nach DIN 50933	Zink Cadmium Nickel Kupfer-Nickel	± 2 µm
Bestimmung der Schichtdicke nach dem Strahlverfahren nach DIN 50951	Nickel Kupfer Zink Cadmium	± 15 %
Mikroskopische Bestimmung der Schichtdicke n. DIN 50950	alle Überzüge	s. DIN 50950
Bestimmung der Schichtdicke nach dem Coulometrischen Verfahren nach DIN 50955	alle Überzüge	± 10 %
Andere Meßverfahren sind zulässig, wenn nachgewiesen ist, daß sie zu gleichen Meßergebnissen führen. In Zweifelsfällen ist die mikroskopische Bestimmung der Schichtdicke nach DIN 50950 maßgebend.		

Tabelle 6.7. Überzugsmetalle und Mindestschichtdicken nach DIN 267 Teil 9

Kennbuchstabe	Überzugsmetall	Kurzzeichen	Kennzahl	Schichtdicke (Schichtaufbau) in µm 1 Überzugsmetall	2 Überzugsmetalle
A	Zink	Zn	0 [1]	–	–
B	Cadmium	Cd	1	3	–
C	Kupfer	Cu	2	5	2 + 3
D	Messing	CuZn	3	8	3 + 5
E	Nickel	Ni	4	12	4 + 8
F	Nickel-Chrom	NiCr	5	15	5 + 10
G	Kupfer-Nickel	CuNi	6	20	8 + 12
H	Kupfer-Nickel-Chrom [1]	CuNiCr	7 [2]	25	10 + 15
J	Zinn	Sn	8 [2]	32	12 + 20
K	Kupfer-Zinn	CuSn	9 [2]	40	16 + 24
L	Silber	Ag			
N	Kupfer-Silber	CuAg			

[1] Dicke der Chromschicht etwa 0,3 µm
[1] Die Kennzahl 0 gilt für Gewinde unter M 1,6, wo keine bestimmte Schichtdicke vorgeschrieben werden kann.
[2] Nicht für Teile mit Gewinde.

fer-, Messing-, Nickel-, Nickel-Chrom-, Kupfer-Nickel-, Kupfer-Nickel-Chrom-, Zinn- und Kupfer-Zinn-Überzüge Verwendung.

Für die Beschreibung der gewünschten Oberflächenbehandlung, z. B. bei der Bestellung von galvanisch oberflächenbehandelten Schrauben, kann nach DIN 267 Teil 9 ein Schlüssel verwendet werden, der das Überzugsmetall, die Schichtdicke (Schichtaufbau), den Glanzgrad und die Art der Nachbehandlung umfaßt (Tabellen 6.7 und 6.8).

Bezeichnungsbeispiel für eine Sechskantschraube DIN 931 — M10 × 50 — 8.8 mit einem galvanischen Zinküberzug, einer Mindestschichtdicke von 8 µm mit Glanzgrad „glänzend", chromatiert nach Verfahrensgruppe B (DIN 50941):

6.4 Möglichkeiten des Korrosionsschutzes

Tabelle 6.8. Glanzgrad und Nachbehandlung nach DIN 267 Teil 9

Kenn-buch-stabe	Glanzgrad	Chromatieren nach DIN 50941 Verfahrensgruppe	Chromatierschicht Eigenfarbe
A	mt (matt)	1)	keine
B		B	bläulich bis bläulich irisierend 2)
C		C	gelblich schimmernd bis gelbbraun, irisierend
D		D	olivgrün bis olivbraun
E	bk (blank)	1)	keine
F		B	bläulich bis bläulich irisierend 2)
G		C	gelblich schimmernd bis gelbbraun, irisierend
H		D	olivgrün bis olivbraun
J	gl (glänzend)	1)	keine
K		B	bläulich bis bläulich irisierend 2)
L		C	gelblich schimmernd bis gelbbraun, irisierend
M		D	olivgrün bis olivbraun
N	hgl (hochgl)	1)	keine
P	bel (beliebig)	B oder C nach Wahl des Herstellers	wie Verfahrensgruppe B oder C
R	mt (matt)	F	braunschwarz bis schwarz
S	bk (blank)	F	
T	gl (glänzend)	F	
1) Für Zn und Cd jedoch Verfahrensgruppe A			
2) Gilt nur für Zn-Überzüge			

Sachskantschraube DIN 931 — M10 × 50 — 8.8 — A3K

oder mit Kurzzeichen:

Sechskantschraube DIN 931 — M10 × 50 — 8.8 — zn 8 gl c B.

Im Anhang von DIN 267 Teil 9 sind die für die galvanischen Überzüge bei Schrauben und Muttern möglichen Kombinationen und der jeweilige Schlüssel der Kurzzeichen niedergelegt.

Galvanische Verzinkung. Zink kann aus alkalisch-cyanidischen, sauren und alkalischen Elektrolyten abgeschieden werden. Das alkalisch-cyanidische Zinkbad zeichnet sich durch gute Streufähigkeit aus und wird deshalb bei der Trommelverzinkung von Schrauben und Muttern überwiegend eingesetzt. Da Zink im allgemeinen unedler ist als Eisen (s. Tabelle 6.1), geht es bei einem Korrosionsangriff zuerst in Lösung (Opferanode) und bietet somit einen kathodischen Korrosionsschutz. Daneben hat Zink eine gute Fernschutzwirkung. Insbesondere bei guter Leitfähigkeit des Korrosionsmediums wird der ungeschützte Grundwerkstoff selbst im Abstand einiger Millimeter vom Rand einer Zinkschicht entfernt noch nicht angegriffen.

Die Korrosionsschutzdauer geschlossener Zinkschichten ist annähernd proportional der Überzugsdicke der Schichten. Durch nachträgliches Chromatieren der verzinkten Oberfläche kann der Beginn des Korrosionsangriffs verzögert und damit die Korrosionsschutzwirkung verbessert werden. Chromatierungsschichten sind wasserunlöslich und bestehen im wesentlichen aus Chromhydroxid $Cr(OH)_3$ und Chromchromat $Cr_2(CrO_4)_2$, sind farblos oder sehen bläulich, gelblich, olivgrün oder olivbraun aus. Sie sind je nach Herstellungsverfahren bis zu Temperaturen von etwa 60 °C beständig. Bei höheren Temperaturen bilden sich Risse, die die verbesserte Korrosionsschutzwirkung wieder aufheben.

In Verbindung mit einer Chromatierung oder auch einer Phosphatierung kann durch einen zusätzlichen Anstrich oder durch eine Beschichtung mit Kunststoff ein längerfristiger Schutz erreicht werden.

Bei klimabedingter Korrosion erfolgt ein gleichmäßig-flächenhafter Abtrag des Zinks unter Ausbildung einer — häufig nur locker anhaftenden — Deckschicht. Je nach Umgebungsbedingungen sind dabei folgende Gesichtspunkte besonders zu beachten:

- In industrieller Atmosphäre ist die Lebensdauer einer Zinkschicht wegen der Empfindlichkeit des Zinks gegenüber Schwefelsäure geringer als in ländlicher Atmosphäre oder bei Seeklima [6.15].
- In sauerstoffhaltigem Wasser tritt oberhalb von 60 °C eine Potentialumkehr zwischen Eisen und Zink ein. Dadurch verursacht die Zinkschicht durch die Bildung von ZnO eine lochförmige Korrosion des Grundmetalls [6.15].
- In Gegenwart von Kunststoffen, die aggressive Dämpfe oder Säuren (z. B. Ameisen- oder Essigsäure), Alkanale (Aldehyde), Phenole oder Ammoniak abgeben (z. B. Kabel, Schläuche und dergleichen in technischen Geräten), kann bereits bei geringer Kondenswasserbildung eine schnelle Korrosion des Zinks erfolgen.

Durch galvanische Zinküberzüge wird die Tragfähigkeit von Schraubenverbindungen weder bei zügiger noch bei schwingender Beanspruchung nennenswert beeinflußt. Allerdings können die Haft- und Gleitreibungswerte im ungeschmierten Zustand höher sein sowie größeren Streuungen unterliegen (s. Tabelle 8.2).

Galvanisches Verkadmen. Die Potentialdifferenz zwischen Cd und Fe ist kleiner als zwischen Zn und Fe. Deshalb nimmt bei Verletzung der Kadmiumschicht der kathodische Schutz des Stahls mit der Größe der Verletzung schneller ab, d. h. die Fernschutzwirkung von Kadmium ist bei Oberflächenverletzungen geringer als die von Zink. Die Beständigkeit von Kadmium im Vergleich zu Zink gegenüber verschiedenen korrosiven Medien zeigt Tabelle 6.9. Wie bei Zink ergibt auch bei verkadmeten Teilen eine Chromatierung eine Verbesserung des Korrosionsschutzes (Tabelle 6.10).

Tabelle 6.9. Korrosionsbeständigkeit von Zink und Cadmium gegenüber verschiedenen Umgebungsmedien

Korrosionsmedium	Beständigkeit von Cd im Vergleich zu Zn
Schwitzwasser Salznebel,-lösungen Alkalien Meerwasser Aggressive Dämpfe (z.B. von Kunststoffen)	Cd beständiger als Zn
Atmosphäre (Stadt-, Industrieatmosphäre, Meeresklima, chlorhaltige Luft)	Zn beständiger als Cd insbesondere im chromatierten Zustand
Verdünnte Säuren Wässrige Ammoniaklösungen	Zn und Cd unbeständig

6.4 Möglichkeiten des Korrosionsschutzes

Tabelle 6.10. Richtwerte für die Beständigkeit (in Stunden) chromatierter und nicht chromatierter Cd- und Zn-Überzüge im Salzsprühversuch nach ASTM B 117 [6.16]

Überzug	Schichtdicke in µm				
	3	6	9	12	24
Fe/Zn	12	24	48	72	144
Fe/Zn cB	24	48	96	144	288
Fe/Zn cC	48	96	168	240	>500
Fe/Zn cD	72	120	216	360	>500
Fe/Cd	60	120	300	>500	>1000
Fe/Cd cB	120	240	>500	>1000	>1000
Fe/Cd cC	240	500	>1000	>1000	>1090

Abgesehen von der Korrosionsschutzwirkung stehen dem günstigen Reibverhalten von Kadmiumschichten (niedrige Reibungszahlen bei geringer Streuung) folgende Nachteile gegenüber:

— Die Kadmiumbeschichtung ist wesentlich teurer als die galvanische Verzinkung,
— Die Beschichtung mit Kadmium ist wegen seiner toxischen Wirkung umweltschädigend.

Hauptsächlich aus Umweltschutzgründen ist das Verfahren rückläufig.

Überzüge aus Kupfer und Kupferlegierungen. Überzüge aus Kupfer und dessen Legierungen werden wegen der Gefahr einer Lochfraßkorrosion vornehmlich im Innenraumklima (für dekorative Zwecke mit anschließender Lackierung oder Einfärbung) und als Zwischenschichten bei Kupfer-Nickel- und Kupfer-Nickel-Chrom-Überzügen verwendet.

Nickelüberzüge. Nickelüberzüge mit Schichtdicken von 8 bis 10 µm weisen kaum noch Poren auf. Insbesondere stromlos (chemisch) bis zu Dicken von 15 bis 25 µm/h abgeschiedene Nickelschichten sind auch auf profilierten Oberflächen gleichmäßig dick und weniger porig [6.20]. Aus Kostengründen besitzen stromlos abgeschiedene Nickelschichten allerdings für Gewindeteile nur eine untergeordnete Bedeutung. Darüberhinaus besteht insbesondere wegen ihrer relativ hohen Härte (500 bis 700 HV) die Gefahr einer Verminderung der Dauerhaltbarkeit des Schraubengewindes. Bei Überzügen, die der Außenatmosphäre ausgesetzt sind, wird Nickel durch eine Chromauflage geschützt, da es sonst seinen Glanz verliert. Durch Schwefelverbindungen kann die Nickelschicht lochfraßähnlich angegriffen werden [6.21].

Chromüberzüge. Dünne Glanzchromschichten (0,25 bis 2,5 µm) dienen in erster Linie dem Korrosions- und Anlaufschutz von Nickelschichten. Sie sind spröde und neigen zur Rißbildung.

6.4.3.3 Andere metallische Überzüge

Schmelztauch-Überzüge. Von den bekannten Metallschmelztauchverfahren hat für den Korrosionsschutz von Schraubenverbindungen — und hier besonders für Schrauben größerer Durchmesser im Stahlbau — das Feuerverzinken eine große Bedeutung erlangt. Die Feuerverzinkung ist nicht nur ein kostengünstiger, sondern wegen der großen Schichtdicken — die Mindestschichtdicke an der Meßstelle muß nach DIN 267

Teil 10 mindestens 40 μm betragen (Tabelle 2.21) — auch ein wirksamer Korrosionsschutz.

Der durch Eintauchen in die Zinkschmelze bei Temperaturen von 450 bis 480 °C (Normaltemperaturverzinkung) oder bei 530 bis 560 °C (Hochtemperaturverzinkung) aufgebrachte Überzug haftet an der Oberfläche durch die Bildung von Eisen-Zink-Legierungsschichten unterschiedlichen metallurgischen Aufbaus [6.22]. Der Aufbau der einzelnen Phasen hängt nicht zuletzt von der Badzusammensetzung (Al-Gehalt), der Badtemperatur, der Tauchzeit, der chemischen Zusammensetzung des zu verzinkenden Werkstoffs (insbesondere Si-Gehalt) und der Abmessung der zu verzinkenden Teile ab.

Die Korrosionsgeschwindigkeiten sind bei galvanisch und im Schmelztauchverfahren aufgebrachten Zinkschichten von vergleichbarer Größenordnung. In Wasser neigen feuerverzinkte Oberflächen allerdings weniger zu lochförmiger Korrosion als galvanisch oberflächenbeschichtete [6.15].

Die Feuerverzinkung von Schrauben und Muttern kann zu einer Beeinträchtigung ihrer mechanischen Eigenschaften führen [6.23–6.26]:

- Die relativ großen Schichtdicken erfordern eine entsprechende Vergrößerung des Gewindespiels. Die damit verbundene Verminderung der Flankenüberdeckung im Gewinde kann die Tragfähigkeit (Abstreiffestigkeit) der Verbindung verringern.
- Im ungeschmierten Zustand führt eine Feuerverzinkung zu erhöhten Reibungszahlen mit relativ großer Streuung. Eine geeignete Schmierung feuerverzinkter Schrauben und Muttern (z. B. MoS_2) kann das Anziehverhalten erheblich verbessern.
- Die Dauerhaltbarkeit feuerverzinkter Schrauben fällt durch die relativ spröden Eisen-Zink-Legierungsschichten im Vergleich zu unverzinkten Schrauben um bis zu 20% ab.
- Die durch eine Schwingbeanspruchung hervorgerufenen Setzbeträge sind bei feuerverzinkten Schrauben nur unwesentlich größer als bei unverzinkten.

DIN 267 Teil 10 enthält die technischen Lieferbedingungen für feuerverzinkte Schrauben und Muttern (s. Abschnitt 2.3.2).

Mechanisch aufgebrachte Überzüge. Die mechanische Oberflächenbeschichtung mit Zink oder Kadmium (mechanical plating) wurde hauptsächlich zur Verhinderung einer wasserstoffinduzierten Rißbildung eingeführt, weil im Gegensatz zur galvanischen Metallabscheidung zumindest während des eigentlichen Beschichtungsprozesses kaum atomarer Wasserstoff an der Metalloberfläche entstehen soll [6.27, 6.28]. Da jedoch das überwiegende Wasserstoffangebot auf die Vorbehandlung (Beizen von Schrauben) zurückzuführen ist [6.6], kann auch beim mechanischen Plattieren eine wasserstoffinduzierte Sprödbruchbildung nicht mit Sicherheit ausgeschlossen werden.

Neben dem matten Aussehen mechanisch oberflächenbehandelter Teile sind folgende Nachteile dieses Verfahrens anzuführen:

— Das mechanische Plattieren ist teurer als die galvanische Oberflächenbeschichtung,
— Für die gleiche Korrosionsschutzwirkung wie bei galvanischen Oberflächenschichten sind größere Schichtdicken erforderlich,
— Die Neigung zu verstärktem Abrieb kann insbesondere bei der automatischen Schraubenmontage zu Störungen führen.

Diffusionsschichten. Im Hinblick auf den Korrosionsschutz haben Diffusionsverfahren bei der Oberflächenbeschichtung von Schrauben und Muttern eine weniger große Bedeutung. Erwähnenswert sind das Inchromieren und das Sherardisieren: Das *Inchromieren* beschränkt sich auf Schrauben niedriger Festigkeit aus Stählen mit niedrigem Kohlenstoffgehalt (Chromkarbidbildung!). Beim *Sherardisieren* werden die Teile in einer luftdicht verschlossenen, mit Zinkstaub und inerten Stoffen wie Sand, Kohle oder Kreide angefüllten rotierenden Trommel verpackt. Bei Temperaturen von 370 bis 450 °C diffundiert Zink in die Oberfläche der zu verzinkenden Teile ein, was zur Bildung einer Eisen-Zink-Legierungsschicht mit einer Dicke von 10 bis 30 µm führt [6.29]. Die sherardisierte Oberfläche stellt einen guten Haftgrund für eine abschließende Lackierung dar.

6.4.4 Beeinflussung des Korrosionsmediums

Die Korrosionsschutzwirkung wird durch alle Maßnahmen verbessert, die die Korrosionsgeschwindigkeit herabsetzen. Dies läßt sich in manchen Fällen durch eine gezielte Beeinflussung des Korrosionsmediums erreichen:
— Temperaturerniedrigung,
— Verringerung der Strömungsgeschwindigkeit,
— Verringerung der Wasserstoffionenkonzentration oder des Sauerstoffgehalts,
— Zusatz von Inhibitoren.

Während sich eine Veränderung der chemischen Zusammensetzung des Elektrolyten in der Praxis oft nur schwer verwirklichen läßt, ist die Zugabe geringer Mengen von Inhibitoren wirkungsvoller [6.5]. Inhibitoren sind organische oder anorganische Substanzen, die im Elektrolyten gelöst werden und die Fähigkeit haben, an den anodischen oder kathodischen Bereichen der Metalle eine Schutzschicht zu bilden oder die beiden Teilvorgänge zu hemmen.

**6.4.5 Maßnahmen zur Verminderung der Gefahr
einer wasserstoffinduzierten verzögerten Sprödbruchbildung**

In DIN 267 Teil 9 wird ausdrücklich auf die Tatsache hingewiesen, daß der wasserstoffinduzierte verzögerte Sprödbruch bei den heute bekannten Verfahren zur Abscheidung von Metallüberzügen aus wäßrigen Lösungen bei Schrauben aus Stählen mit Zugfestigkeiten $R_m \geq 1000$ N/mm² und den nach DIN ISO 898 Teil 1 festgelegten Mindest-Legierungsbestandteilen bzw. Mindest-Anlaßtemperaturen nicht mit Sicherheit auszuschließen ist. Gleichzeitig wird aber vermerkt, daß mit der Auswahl eines für das Aufbringen eines galvanischen Oberflächenschutzes besonders geeigneten Werkstoffs und unter Anwendung moderner Oberflächenbeschichtungsverfahren ein solcher Bruch im Regelfall vermieden werden kann. Andererseits verweist DIN 267 Teil 9 auf eine erhöhte Sprödbruchgefahr bei Zubehörteilen mit federnden Eigenschaften bei Härten größer 400 HV. Hier sind hinsichtlich Werkstoffwahl sowie Wärme- und Oberflächenbehandlung besondere Maßnahmen erforderlich. Zur Verminderung der Gefahr einer Wasserstoffversprödung kommen im wesentlichen folgende Möglichkeiten in betracht:

● Die sicherste Maßnahme zur Verminderung der Gefahr einer Wasserstoffversprödung bei einem dafür anfälligen Werkstoff ist die Vermeidung des Werkstoffkontakts mit allen denkbaren Wasserstoffquellen (z. B. Beizbehandlung, galvanische Oberflächenbehandlung, Korrosionseinwirkung, kathodischer Korrosionsschutz). Ist dies nicht in vollem Umfang möglich, so muß das vorhandene Wasserstoffangebot so weit wie möglich reduziert werden, z. B. durch Anwendung galvanischer Bäder mit hoher Stromausbeute [6.8, 6.30] und durch Beseitigung aller im Umgebungsmedium als Promotoren wirkenden Substanzen [6.31, 6.32].

- Die Gefahr einer Wasserstoffversprödung läßt sich auch durch eine geeignete thermische Nachbehandlung verringern, z. B. durch Tempern bei 190 bis 230 °C mit einer Haltezeit von mindestens 8 h [6.6, 6.9]. Allerdings ist zu beachten, daß z. B. Zn, Cd und Cr die Wasserstoffdiffusion bzw. -effusion hemmen. Insbesondere dickere Überzugsschichten können den Wiederaustritt des beim Beizen und eventuell beim Galvanisieren eindiffundierten Wasserstoffs aus dem Werkstoff behindern.
- Die Anfälligkeit eines Stahls gegenüber einer Wasserstoffversprödung wächst mit zunehmender Werkstoffestigkeit bei gleichzeitiger Abnahme der Zähigkeit. Deshalb sollten nach Überschreiten einer Zugfestigkeit von $R_m \approx 1200 \text{ N/mm}^2$ und Unterschreiten einer Brucheinschnürung von $Z \approx 50\%$ bei unlegierten Kohlenstoffstählen und Baustählen sowie bei niedriglegierten Vergütungsstählen besondere Maßnahmen zur Vermeidung der Wasserstoffversprödung getroffen werden. Dazu zählt auch die Verringerung der Werkstoffbeanspruchung, z. B. durch die Beseitigung von kerbbedingten Spannungskonzentrationen [6.33] oder von Zugeigenspannungen, die bei Überlagerung mit Zuglastspannungen zu einem kritischen Beanspruchungszustand führen können [6.34]. Bei einer Schraube sind hier jedoch aufgrund ihrer speziellen Anwendungsfunktion (lösbares Verbindungselement) nur begrenzte Verbesserungen möglich.

6.5 Prüfung des Korrosionsschutzes

Die Auswahl eines geeigneten Korrosionsschutzes kann nur im Zusammenhang mit einer vorausgehenden Korrosionsprüfung erfolgen, bei der die Prüfbedingungen, denen der Werkstoff und das korrosive Medium unterliegen, nach Möglichkeit den späteren betrieblichen Verhältnissen angepaßt sind (DIN 50905). Dies ist insbesondere dann unerläßlich, wenn im Betrieb zusätzliche mechanische und/oder thermische Beanspruchungen auftreten, wie es bei Schraubenverbindungen überwiegend der Fall ist.

Die Berücksichtigung von kombinierten mechanisch-korrosiven Beanspruchungen bereits bei der Festlegung der Versuchsbedingungen ist somit Voraussetzung für eine hinreichend sichere Aussage über die Korrosionsbeständigkeit von Schrauben und Muttern unter realen Betriebsbedingungen [6.35]. Für die Korrosionsprüfung werden folgende Methoden eingesetzt:

- *Genormte Kurzzeit – Korrosionsuntersuchungen*, die durch Verstärkung der Angriffsbedingungen wie Erhöhung der Temperatur oder der Konzentration des Korrosionsmediums in möglichst kurzer Zeit auswertbare Ergebnisse anstreben. Solche Untersuchungen führen jedoch oft zu Ergebnissen, die mit dem Verhalten unter Betriebsbedingungen nicht übereinstimmen. DIN 50905 weist darauf hin, daß beim Übertragen derartiger Ergebnisse auf die Praxis Vorsicht geboten ist.
- *Elektrochemische Prüfmethoden* (Konstanthaltung des Korrosionsstroms oder des Potentials oder Aufnahme von Stromdichte – Potentialkurven). Diese Verfahren bieten gegenüber Kurzzeit-Korrosionsprüfungen grundsätzlich den Vorteil, daß in relativ einfacher Weise und in einem vertretbaren Zeitraum nicht nur die verschiedenen für ein Bauteil in Frage kommenden Werkstoffe bzw. Werkstoffkombinationen, sondern auch metallische Überzüge hinsichtlich ihres elektrochemischen Verhaltens untersucht werden können.

Bei richtiger Anwendung erlauben beide Prüfmethoden eine gute Beurteilung des Werkstoffverhaltens auch bei kombinierter mechanisch-elektrochemischer Beanspruchung.

6.6 Normen zur Korrosionsschutzprüfung

DIN 50016 Beanspruchung im Feucht-Wechselklima, Entwurf Dezember 1962
DIN 50017 Beanspruchung in Schwitzwasser-Klimaten, Oktober 1982
DIN 50018 Beanspruchung im Kondenswasser-Wechselklima mit schwefeldioxidhaltiger Atmosphäre, Mai 1978
DIN 50021 Sprühnebelprüfungen mit verschiedenen Natrium-Chloridlösungen, Mai 1975
DIN 50902 Behandlung von Metalloberflächen für den Korrosionsschutz durch anorganische Schichten — Begriffe, Juli 1975
DIN 50903 Metallische Überzüge — Poren, Einschlüsse, Blasen und Risse — Begriffe, Januar 1967
DIN 50905 Chemische Korrosionsuntersuchungen
T. 1 Allgemeines
T. 2 Korrosionsgrößen bei gleichmäßiger Flächenkorrosion
T. 3 Korrosionsgrößen bei ungleichmäßiger Korrosion ohne zusätzliche mechanische Beanspruchung, Januar 1975
T. 4 Durchführung von Laborversuchen in Flüssigkeiten ohne zusätzliche mechanische Beanspruchung, November 1979
DIN 50914 Prüfung nichtrostender Stähle auf Beständigkeit gegen interkristalline Korrosion, Juni 1984
DIN 50915 Prüfung von unlegierten und niedriglegierten Stählen auf Beständigkeit gegen interkristalline Spannungsrißkorrosion, Juli 1975
DIN 50922 Untersuchung der Beständigkeit von metallischen Werkstoffen gegen Spannungsrißkorrosion; Allgemeines, September 1983
DIN 50933 Messung der Dicke von Überzügen auf Stahl mittels Feinzeigers, März 1975
DIN 50941 Chromatieren von galvanischen Zink- und Cadmiumüberzügen, Mai 1978
DIN 50942 Phosphatieren von Metallen — Verfahrensgrundsätze, Kurzzeichen und Prüfverfahren, November 1973
DIN 50950 Prüfung galvanischer Überzüge — Mikroskopische Messung der Schichtdicke, Oktober 1984
DIN 50955 Messung der Dicke galvanischer Überzüge — Coulometrisches Verfahren, Dezember 1983
DIN 50958 Korrosionsprüfung von verchromten Gegenständen nach dem modifizierten Corrodkote-Verfahren, Mai 1979
DIN 50959 Hinweise auf das Korrosionsverhalten galvanischer Überzüge auf Eisenwerkstoffen unter verschiedenen Klimabeanspruchungen, April 1982
DIN 50961 Galvanische Überzüge — Zinküberzüge auf Eisenwerkstoffen, April 1976
DIN 50962 Galvanische Überzüge — Cadmiumüberzüge auf Eisenwerkstoffen, April 1976
DIN 50968 Galvanische Überzüge — Nickelüberzüge auf Stahl- und Kupferwerkstoffen sowie Kupfer-Nickel-Überzüge auf Stahl, April 1976
DIN 50978 Prüfung des Haftvermögens von Zinküberzügen, die durch Feuerverzinken hergestellt wurden, Entwurf Juni 1984
DIN 50980 Auswertung von Korrosionsprüfungen, Januar 1975

6.7 Schrifttum

6.1 Heitz, E.: Durch Korrosion gehen in jedem Jahr Milliardenwerte verloren. Handelsblatt 270 (1980) 3
6.2 Was kostet Korrosion? Bericht aus Großbritannien. Werkst. Korros. 22 (1971) 789–792
6.3 Müller, K.: Lehrbuch der Metallkorrosion. Saulgau: Leuze 1970
6.4 Spähn, H.; Fäßler, K.: Kontaktkorrosion im Maschinen- und Apparatebau. Maschinenschaden 40 (1967) 81–89
6.5 Guy, A. G.: Metallkunde für Ingenieure. Frankfurt/M.: Akadem. Verlagsges. 1970
6.6 Kloos, K. H.; Landgrebe, R.; Speckhardt, H.: Einfluß unterschiedlicher Wärmebehandlungsverfahren auf die wasserstoffinduzierte Sprödbruchbildung bei Vergütungsstählen für die Schraubenfertigung. Z. f. Werkstofftech. 18 (1987) 411–422
6.7 Steinhauser, W.: Die Gefahr des verzögerten Sprödbruches bei hochfesten Stählen. Luftfahrttechnik, Raumfahrttechnik 10 (1964) 93–100
6.8 Weber, J.: Oberflächenbehandlung und Wasserstoffversprödung. Galvanotechnik 71 (1980) 1082–1089
6.9 Kloos, K. H.; Landgrebe, R.; Speckhardt, H.: Untersuchungen zur wasserstoffinduzierten Rißbildung bei hochfesten Schrauben aus Vergütungsstählen. VDI-Z. 127 (1985) S 92–S 102
6.10 Aluminium-Taschenbuch. Düsseldorf: Aluminium-Verlag 1963, S. 161–165 und 260–268
6.11 Muckley, W.: Aluminium im Schiffbau. Ergänzter Sonderdruck aus: Aluminium 42 (1966) 10
6.12 Edström, J. O.; Carlen, I. C.; Kämpinge, S.: Anforderungen an Stähle für die chemische Industrie. Werkst. Korros. 21 (1970) 812–821
6.13 Wehner, K.: Zum Ausscheidungs- und Korrosionsverhalten eines ferritisch-austenitischen Chrom-Nickel-Molybdän-Stahls. Diss. TH Darmstadt 1978
6.14 Spähn, H.: Oberfläche, Oberflächenbehandlung und Werkstoffverhalten. Metalloberfläche 20 (1966) 151–163
6.15 Uhlig, H. H.: Korrosion und Korrosionsschutz. Berlin: Akademie-Verlag 1975
6.16 Illgner, K.-H.; Blume, D.: Schrauben Vademecum. Firmenbroschüre der Fa. Bauer & Schaurte Karcher GmbH, 6. Aufl. 1985
6.17 Kayser, K.: Kritische Betrachtungen zum Korrosionsschutz an Schrauben. VDI-Z. 126 (1984) 98–108
6.18 Speckhardt, H.: Funktionelle Galvanotechnik — eine Einführung. Oberfläche 19 (1978) 286–291
6.19 Bauer, C. O.: Korrosionsschutz für Verbindungselemente. Ind. Anz. 92 (1970) 1411–1414 und 1431–1435
6.20 Stromloses Dickvernickeln nach dem Kanigen-Dumi-Coat- und Nibodurverfahren. Druckschrift Nr. 63 der International Nickel Deutschland GmbH, Düsseldorf 1971
6.21 Müller, W.: Galvanische Schichten und ihre Prüfung. Braunschweig: Vieweg 1972
6.22 Wiegand, H.; Nieth, F.: Untersuchungen über das Verhalten feuerverzinkter Stähle und Bauteile. Stahl Eisen 84 (1964) 82–88
6.23 Wiegand, H.; Strigens, P.: Zum Festigkeitsverhalten feuerverzinkter HV-Schrauben. Ind. Anz. 94 (1972) 247–252
6.24 Wiegand, H.; Thomala, W.: Zum Festigkeitsverhalten feuerverzinkter HV-Schrauben. Draht-Welt 59 (1973) 542–551
6.25 Kloos, K. H.; Schneider, W.: Untersuchungen zur Anwendbarkeit feuerverzinkter HV-Schrauben der Festigkeitsklasse 12.9. VDI-Z. 125 (1983) S 101–S 111
6.26 Kloos, K. H.; Landgrebe, R.; Schneider, W.: Untersuchungen zur Anwendbarkeit hochtemperaturverzinkter HV-Schrauben der Festigkeitsklasse 10.9. VDI-Z. 128 (1986) S 98–S 108
6.27 Hess, S.; Walz, K.: Das CB-Kugel-Plattieren. Draht 25 (1974) 356–360
6.28 Schroeder, K. F.: Mechanisches Verzinken. Metalloberfläche 29 (1975) 420–434 und 544 bis 551
6.29 Müller, W.: Oberflächenschutzschichten und Oberflächenvorbehandlung. Braunschweig: Vieweg 1972

6.7 Schrifttum

6.30 Weiner, R.: Wasserstoffversprödung hochfester galvanisierter Stähle und ihre Beseitigung. Maschinenmarkt 82 (1976) 778–781

6.31 Baukloh, W.; Zimmermann, G.: Wasserstoffdurchlässigkeit von Stahl beim elektrolytischen Beizen. Arch. Eisenhüttenwes. 9 (1936) 459–465

6.32 Nobe, K.; Saito, Y.: Sulfide — promotors and acetylenic inhibitors of hydrogen penetration of 4103 steel. Werkst. Korros. 34 (1983) 348–354

6.33 Paatsch, W.: Wasserstoffversprödung — Wie kann sie bei galvanisch verzinkten Verbindungselementen verhindert werden? Verbindungstechnik 13 (1981) 27–31

6.34 DG-Arbeitsblatt: Vermeidung einer Wasserstoffversprödung galvanisierter Bauteile aus Stahl. Dtsche. Ges. Galvanotechnik e. V., Düsseldorf 1980

6.35 Speckhardt, H.: Korrosion und Korrosionsschutz von Schraubenverbindungen. Draht (1975) 589–594

7 Schraubenverbindungen bei hohen und tiefen Temperaturen

7.1 Schraubenverbindungen bei hohen Temperaturen

7.1.1 Einführung

Die Tragfähigkeit von Schraubenverbindungen kann durch den Einfluß hoher Temperaturen nachhaltig beeinträchtigt werden. Die Beeinträchtigung wird hervorgerufen durch temperaturbedingte Änderungen der mechanischen und physikalischen Werkstoffeigenschaften (z. B. Festigkeits- und Zähigkeitskennwerte, Elastizitätsmodul, thermischer Ausdehnungskoeffizient, Wärmeleitfähigkeit). Insbesondere sind bei der konstruktiven Auslegung von Schraubenverbindungen Unterschiede in der thermischen Ausdehnung der spannenden und verspannten Teile sowie die Zeitabhängigkeit der mechanischen Eigenschaften im Kriechbereich der Werkstoffe zu beachten. Während z. B. bei Stählen plastische Verformungen in Schraubenverbindungen schon während der Montage bei Raumtemperatur durch Werkstoffverfestigung weitgehend zum Stillstand kommen, können Kriechvorgänge bei hohen Temperaturen einen erheblichen Abbau der Montagevorspannkraft durch Relaxation bewirken. Dabei ist das Ausmaß der Relaxation werkstoff-, zeit-, temperatur- und lastabhängig.

Ein unzulässig hoher Abfall der Vorspannkraft in einer Schraubenverbindung während des Betriebs kann die Betriebssicherheit ganzer Anlagen gefährden (s. Kapitel 8).

Eine Vorspannkrafterhöhung dagegen, wie sie z. B. infolge unterschiedlicher Wärmedehnung oder gefügebedingter Werkstoffkontraktion auftreten kann, kann zu einer direkten Überbeanspruchung der Schraube führen (Überdehnung durch Teilplastifizierung oder im Extremfall Bruch).

Beim Hochtemperatureinsatz ist auch das Sprödbruchverhalten einer Schraubenverbindung zu beachten. Für eine mögliche Sprödbruchempfindlichkeit kann eine Zeitstandkerbversprödung des Werkstoffs oder eine verminderte Kerbschlagzähigkeit bei Raumtemperatur infolge längerzeitiger Einwirkung hoher Betriebstemperaturen maßgeblich sein.

Weiterhin ist die Kenntnis des Löseverhaltens nach Beanspruchung bei hohen Temperaturen von Bedeutung für die Beurteilung der Betriebseigenschaften einer Schraubenverbindung, da das Lösen durch chemische Oberflächenveränderungen im Betrieb (Verzundern, Hochtemperaturkorrosion) stark beeinträchtigt werden kann.

Wichtige Voraussetzungen zur optimalen Ausführung einer Schraubenverbindung für den Einsatz bei hohen Temperaturen sind also die Berücksichtigung

— der thermischen Ausdehnungsverhältnisse (Flansch-Schraube),
— des Relaxationsverhaltens,
— des Sprödbruchverhaltens und
— des Löseverhaltens.

7.1.2 Temperaturabhängigkeit der Werkstoffeigenschaften

7.1.2.1 Physikalische Werkstoffeigenschaften

Die physikalischen Eigenschaften wie thermischer Ausdehnungskoeffizient, Wärmeleitfähigkeit und spezifische Wärmekapazität sind werkstoff- und temperaturabhängig.

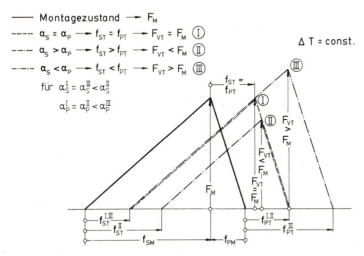

Bild 7.1. Einfluß unterschiedlicher Wärmeausdehnung von Schrauben und verspannten Teilen auf die Vorspannkraft

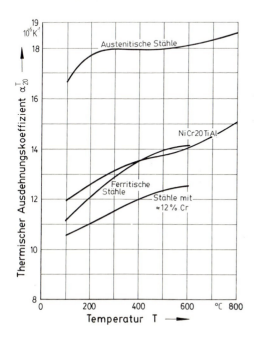

Bild 7.2. Thermischer Ausdehnungskoeffizient α_{20}^T nach DIN 17240 für verschiedene Werkstoffgruppen

Der thermische Ausdehnungskoeffizient α stellt die Proportionalitätskonstante bei der Berechnung elastischer Längenänderungen infolge von Temperaturänderungen ΔT dar. Die Längenänderung f_T eines Teils mit der Länge l beträgt

$$f_T = \alpha\, l\, \Delta T\,. \qquad (7.1)$$

Für die relative Längenänderung $\varepsilon_T = f_T/l$ gilt entsprechend:

$$\varepsilon_T = \alpha\, \Delta T\,. \qquad (7.2)$$

Bei Schraubenverbindungen bewirken unterschiedliche thermische Ausdehnungskoeffizienten α von Schraube und verspannten Teilen eine Vorspannkraftänderung infolge unterschiedlich großer Längenänderung.

Bild 7.1 zeigt drei verschiedene Verspannungsdreiecke unter Berücksichtigung gleicher oder verschiedener Wärmeausdehnungskoeffizienten von Schrauben (α_S) und verspannten Teilen (α_P). Während im Fall I ($\alpha_S = \alpha_P$) die Montagevorspannkraft auch bei erhöhten Temperaturen konstant bleibt, sinkt im Fall II ($\alpha_S > \alpha_P$) die Vorspannkraft ab, und im Fall III ($\alpha_S < \alpha_P$) wird die Montagevorspannkraft infolge der stärkeren Wärmedehnung der verspannten Teile ansteigen. Die temperaturabhängige Veränderung des E-Moduls und die hiermit verbundene Nachgiebigkeitsänderung von Schrauben und verspannten Teilen (s. Abschnitt 7.1.2.2) bleibt bei dieser Darstellung unberücksichtigt.

Es ist jedoch zu beachten, daß die Längenänderung wegen des mit der Temperatur ansteigenden thermischen Ausdehnungskoeffizienten progressiv mit der Temperatur zunimmt (Bild 7.2).

7.1.2.2 Mechanische Werkstoffeigenschaften

Die Temperatur hat einen wesentlichen Einfluß auf die Festigkeits- und Zähigkeitseigenschaften sowie den Elastizitätsmodul des Werkstoffs (Bild 7.3).

Das Ausmaß und die Tendenz des temperaturbedingten Festigkeitsabfalls hängen

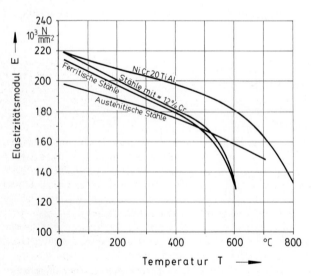

Bild 7.3. Anhaltswerte für den Elastizitätsmodul verschiedener Werkstoffgruppen in Abhängigkeit von der Temperatur nach DIN 17240

7.1 Schraubenverbindungen bei hohen Temperaturen

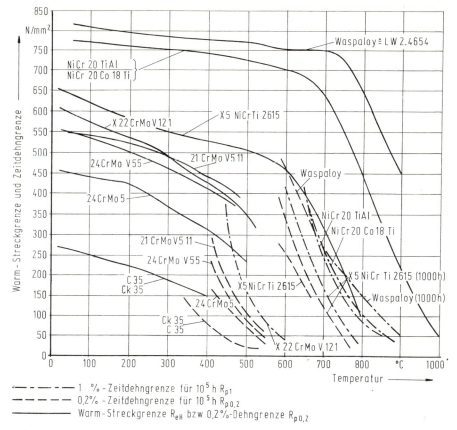

Bild 7.4. Einfluß der Temperatur auf die mechanischen Eigenschaften verschiedener Werkstoffe [7.1]

von der chemischen Zusammensetzung des Werkstoffs ab (Bild 7.4). Die Festigkeitskennwerte nicht kaltverfestigter austenitischer Stähle liegen gewöhnlich bei niedrigen Temperaturen tiefer als die der ferritischen Stähle; bei hohen Temperaturen — etwa über 550 °C — sind die Austenite jedoch wegen der geringeren Temperaturabhängigkeit ihrer Festigkeitseigenschaften den Ferriten überlegen. Bei ferritischen Stählen kann die Zugfestigkeit bei Temperaturen zwischen 300 °C bis 450 °C, bedingt durch Alterungsvorgänge, wieder auf die Raumtemperaturwerte oder etwas höher ansteigen und fällt anschließend stärker ab als bei austenitischen Stählen. Die Werte für die 0,2%-Dehngrenze bzw. Streckgrenze vermindern sich in der Regel im gesamten Temperaturbereich (Bild 7.4).

Die Warmfestigkeitseigenschaften von Stählen werden stark durch Legierungselemente beeinflußt [7.2]. Einen dominierenden Einfluß auf die Erhöhung der Warmstreckgrenze und der Zeitstandfestigkeit üben Molybdän und Vanadium aus [7.3, 7.4].

Die festigkeitssteigernde Wirkung der Legierungselemente beruht einerseits auf einer Mischkristallverfestigung und einer Verschiebung des Beginns der Kristallerholung und Rekristallisation zu höheren Temperaturen, andererseits auf einer Aushärtung durch die Bildung von Sekundärphasen (Sonderkarbide, Sondernitride, intermetallische Phasen), die erheblich zur Erhöhung der Warmfestigkeit und des Kriechwiderstands beitragen.

Wichtigste Legierungselemente in niedriglegierten warmfesten Stählen sind neben Molybdän und Vanadium Chrom und Nickel [7.3], wobei Nickel im wesentlichen zur Mischkristallverfestigung und zur Erhöhung der Durchvergütbarkeit bei Teilen größerer Abmessungen beiträgt. In austenitischen Cr-Ni-Stählen werden zur Erhöhung der Warmfestigkeit häufig die Elemente Molybdän, Niob, Tantal, Titan und Bor zulegiert. Bei höchsten Anforderungen an die Warmfestigkeit werden Werkstoffe auf Nickel- und Kobaltbasis eingesetzt.

Bei hohen Temperaturen können Bauteile bei verhältnismäßig niedrigen Spannungen (unterhalb der Fließgrenze) neben elastischen auch zeitabhängige plastische Formänderungen infolge von Kriechvorgängen erfahren, die konstruktiv beachtet werden müssen. Oberhalb bestimmter Grenztemperaturen liegen die Werkstoffkennwerte für zeitabhängiges Werkstoffverhalten wie die 1,0%-Zeitdehngrenze niedriger als z. B. die zeitunabhängige 0,2%-Dehngrenze des Warmzugversuchs (Bild 7.4). Deshalb sind oberhalb dieser Schnittpunkttemperaturen die zeitunabhängigen Auslegungswerte nicht mehr maßgebend für die Bemessung eines Bauteils. Für Stähle liegen diese Grenztemperaturen je nach Werkstoffsorte und Auslegungsdauer im Temperaturbereich zwischen 300 und 550 °C.

Die Kriechneigung eines Werkstoffs ist abhängig von der Höhe der Temperatur sowie der Höhe und Dauer der Belastung (Bild 7.5).

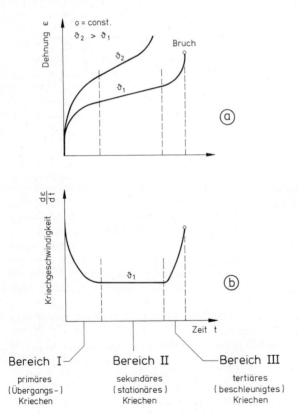

Bild 7.5a, b. Änderung von a) Dehnung und b) Kriechgeschwindigkeit mit der Beanspruchungsdauer (schematisch); Kennzeichnung der Kriechphasen

7.1 Schraubenverbindungen bei hohen Temperaturen

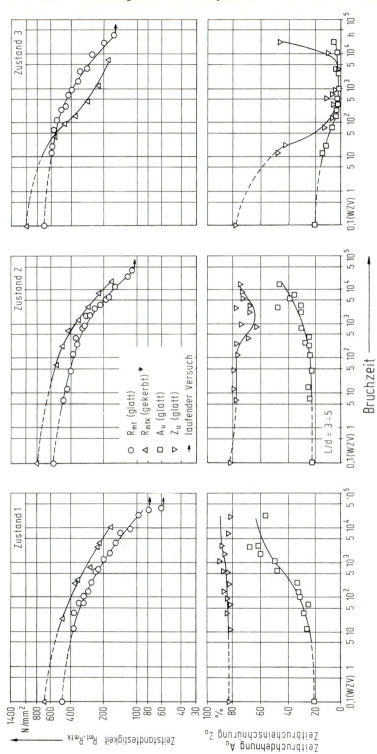

Bild 7.6. Ergebnisse der Zeitstandversuche bei 550 °C an glatten und gekerbten Proben des Stahls 21 CrMoV 5 7 (Kerbdurchmesser $d = 8$ mm) WZV: Warmzugversuch; L/d: Meßlängenverhältnis; *Kerbprobe nach DIN 50118. Entwurf Januar 1978 [7.6]. Zustand 1: 900 °C 1 h/Öl + 750 °C 2 h/Luft; Zustand 2: 930 °C 1 h/Öl + 700 °C 2 h/Luft; Zustand 3: 1000 °C 1 h/Öl + 670 °C 2 h/Luft

Der Verlauf der im Zeitstandversuch ermittelten bleibenden Dehnungen einer Probe (Zeitdehnlinie, Kriechkurve) läßt sich abhängig von der Beanspruchungsdauer in der Regel in drei Bereiche unterteilen:

— *Kriechbereich I:* Die Kriechgeschwindigkeit nimmt infolge zunehmender Verformungsverfestigung ab.
— *Kriechbereich II:* Die Kriechgeschwindigkeit ist konstant und weist ein Minimum auf. Verfestigung und entfestigende Erholungsvorgänge stehen im Gleichgewicht. Der zweite Kriechbereich kann je nach Werkstoffzustand mehr oder weniger deutlich ausgeprägt sein; er kann mit zunehmender Temperatur oder Spannung kürzer werden und schließlich ganz verschwinden.
— *Kriechbereich III:* Die Kriechgeschwindigkeit nimmt zu. Es kommt zum Einschnürvorgang des Werkstoffs und zum Bruch. Der dritte Kriechbereich kann bei verformungsarmen Brüchen nur von kurzer Dauer sein.

Der hier schematisch dargestellte Kriechablauf kann durch weitere Einflüsse wie Ausscheidungs- oder Alterungsvorgänge im Gefüge beeinflußt werden, so daß Abweichungen von dem modellhaften Werkstoffverhalten auftreten können [7.5].

Das Zeitstandverhalten (Kriechverhalten) wird nicht zuletzt auch von der geometrischen Form des Bauteils bestimmt. Unter der Wirkung örtlicher Spannungskonzentrationen, wie sie an Querschnittsübergängen oder Krafteinleitungsstellen auftreten, wird die Zeitstandfestigkeit bei duktilem Werkstoffverhalten erhöht, ähnlich wie die Zugfestigkeit eines gekerbten Probestabs bei Raumtemperatur im Vergleich zum ungekerbten Stab. Der Bruch erfolgt überwiegend transkristallin unter hoher örtlicher Verformung. Unter der gleichzeitigen Wirkung von Zeit, Temperatur und Spannung können manche warmfesten Werkstoffe bei ungünstigen Behandlungszuständen jedoch eine Verminderung ihrer Zähigkeit erfahren, die zu verformungsarmen interkristallinen Zeitstandbrüchen führen kann. Systematische Untersuchungen bei 500 bis 600 °C am warmfesten Schraubenstahl 21 CrMoV 5 7 zeigen den Zusammenhang zwischen dem Ausmaß des Zähigkeitsrückgangs und der Art der Wärmebehandlung [7.6] (Bild 7.6). Bei ausgeprägter Zähigkeitsabnahme kann eine Zeitstandkerbversprödung auftreten, d. h. ein vorzeitiger Bruch gekerbter gegenüber ungekerbten Probestäben mit gleicher Nennspannung [7.7–7.9].

Im Hinblick auf die Beanspruchungsbedingungen von Schraubenverbindungen ist das Relaxationsverhalten der Werkstoffe von besonderer Bedeutung. Unter Relaxation eines Werkstoffs versteht man die Umsetzung von elastischer Dehnung in plastische Dehnung durch Kriechvorgänge bei konstanter Gesamtdehnung. Dabei werden sämtliche Mechanismen einer Kriechverformung wirksam. Die Anfangsspannung wird in dem Maße abgebaut, in dem sich der elastische Dehnungsanteil vermindert. Übertragen auf Schraubenverbindungen bedeutet das eine zeitabhängige Abnahme der Vorspannkraft.

Während im Zeitstandversuch die Prüfung unter konstanter Prüfkraft und Temperatur vorgenommen wird (DIN 50118), werden im Relaxationsversuch (Entspannungsversuch) Gesamtdehnung und Temperatur konstant gehalten und die Restspannung zeitabhängig gemessen [7.10, 7.11]. Zur Durchführung und Auswertung von Relaxationsversuchen kann die amerikanische Norm ASTM E 328 (Standard recommended practices for stress-relaxation tests for materials and structures) oder die britische Norm BS 3500: Part 6 (Tensile stress relaxation testing) herangezogen werden; an der Ausarbeitung einer deutschen Prüfvorschrift wird z. Z. gearbeitet (Stahl-Eisen-Prüfblatt).

7.1.3 Einfluß der Temperatur auf die Betriebseigenschaften von Schraubenverbindungen

Die Systemeigenschaften von Schraubenverbindungen werden bei Einwirkung hoher Temperaturen vom Werkstoff- und Bauteilverhalten geprägt. Das Bauteilverhalten wird insbesondere durch die Überlagerung von Wärmedehnungen, Kriech- und Relaxationsvorgängen sowie Setzerscheinungen in den Auflageflächen bestimmt. Während die Werkstoffeigenschaften durch Standardversuche (Warmzugversuch, Zeitstandversuch, Relaxationsversuch) vergleichsweise einfach zu ermitteln sind, können die Bauteileigenschaften und das Verhalten der gesamten verschraubten Konstruktion (Systemverhalten) nur unter Berücksichtigung der konstruktiven Gegebenheiten (Kerbwirkung, Nachgiebigkeitsverhältnisse von Schraube und verspannten Teilen, Werkstoffpaarung) abgeschätzt werden.

7.1.3.1 Vorspannkraftänderung infolge Wärmedehnung

Stationäre (zeitlich konstante) und instationäre (zeitlich sich ändernde) Temperaturfelder können infolge unterschiedlicher Wärmedehnungen und sich mit der Temperatur ändernder Elastizitätsmodulen der Werkstoffe von Schraube, Mutter und verspannten Teilen eine Änderung der Montagevorspannkraft hervorrufen.

Stationärer Fall. Die Relativausdehnung f_{rel} zweier Bauteile ist nach dem Hookeschen Gesetz direkt proportional den zwischen zwei formschlüssig verbundenen Bauteilen (Schraube und verspannte Teile) herrschenden Spannungen:

$$\sigma = \varepsilon E = \frac{f_{rel}}{l} E. \tag{7.3}$$

Für den stationären Zustand errechnet sich die Längenänderung eines Bauteils unter der Annahme einer im Bauteil herrschenden mittleren Temperatur T_m wie folgt:

$$f_T = \alpha \, l \, \Delta T_m$$

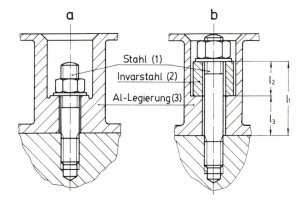

Bild 7.7 a,b. Verbindungen mittels Stahlschraube und Aluminiumflansch [7.12]. a) wegen größerer Ausdehnung des Aluminiumflansches Schraube infolge Überlastung gefährdet; b) ausdehnungsgerechte Gestaltung mit Dehnhülse aus Invarstahl mit Ausdehnungszahl nahe Null, die die Ausdehnung des Flansches gegenüber der Schraube ausgleicht.

oder

$$\varepsilon_T = \frac{f_T}{l} = \alpha\,\Delta T_m\,.$$

Die Relativausdehnung zwischen zwei Bauteilen im unverspannten Zustand wird damit allgemein zu

$$f_{rel} = \alpha_1 l_1\,\Delta T_{m1} - \alpha_2 l_2\,\Delta T_{m2}\,. \tag{7.4}$$

Zwei Maßnahmen, die Relativdehnungen klein zu halten, bieten sich demnach für den stationären Zustand an:

— für $\alpha_1 = \alpha_2$: Temperaturausgleich, d. h. $\Delta T_{m1} = \Delta T_{m2}$,
— für $\Delta T_{m1} \neq \Delta T_{m2}$: Wahl von Werkstoffen mit unterschiedlichen thermischen Ausdehnungskoeffizienten.

Bild 7.7 zeigt, wie für den stationären Fall unter der Annahme gleicher mittlerer Temperaturen T_m in allen Bauteilen des Systems und ungleicher thermischer Ausdehnungskoeffizienten α durch konstruktive Maßnahmen Relativdehnungen vermieden werden können.

Für die Forderung $f_{rel} = 0$ gilt

$$\alpha_1 l_1\,\Delta T_{m1} - \alpha_2 l_2\,\Delta T_{m2} - \alpha_3 l_3\,\Delta T_{m3} = 0\,.$$

Mit

$$l_1 = l_2 + l_3 \quad \text{und} \quad \lambda = \frac{l_2}{l_3} = \frac{\alpha_3\,\Delta T_{m3} - \alpha_1\,\Delta T_{m1}}{\alpha_1\,\Delta T_{m1} - \alpha_2\,\Delta T_{m2}}$$

und unter der Bedingung, daß

$$\Delta T_{m1} = \Delta T_{m2} = \Delta T_{m3}$$

und

$$\alpha_1 = 11 \cdot 10^{-6}\ \text{(Stahl)}$$
$$\alpha_2 = 1 \cdot 10^{-6}\ \text{(Invarstahl)}$$
$$\alpha_3 = 20 \cdot 10^{-6}\ \text{(Aluminiumlegierung)}\,,$$

erfüllt $\lambda = 1{,}1$ annähernd die Forderung $f_{rel} = 0$.

Instationärer Fall. Während einer zeitlichen Temperaturänderung (instationärer Zustand) entsteht oft eine größere Relativausdehnung als im stationären Endzustand wegen relativ großer vorkommender Temperaturunterschiede (Bild 7.8). Unter der vereinfachenden Annahme, daß

$$\alpha_1 = \alpha_2 = \alpha \quad \text{und} \quad l_1 = l_2 = l\,,$$

gilt für die instationäre Relativausdehnung:

$$f_{rel} = \alpha l\,(\Delta T_{m1}(t) - \Delta T_{m2}(t))\,. \tag{7.5}$$

Der Verlauf des Temperaturanstiegs ΔT_m im Bauteil errechnet sich bei plötzlichem Temperaturanstieg des Umgebungsmediums auf ΔT^* nach folgender Gleichung:

$$\Delta T_m = \Delta T^* (1 - e^{-t/t_0}) \tag{7.6}$$

mit der Zeitkonstanten $t_0 = \dfrac{cm}{\alpha_{\ddot{u}} A}$.

7.1 Schraubenverbindungen bei hohen Temperaturen

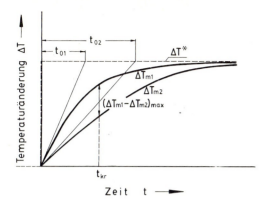

Bild 7.8. Zeitliche Temperaturänderung unter einem Temperatursprung des aufgeheizten Mediums in zwei Bauteilen mit unterschiedlicher Zeitkonstante t_0 [7.12]

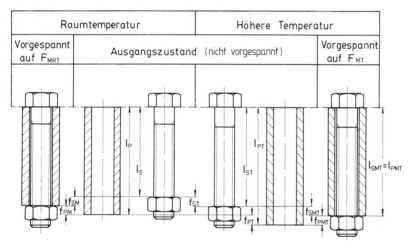

Bild 7.9. Ausdehnungsverhalten einer Schraubenverbindung infolge höherer Temperatur (schematisch)

Hierin bedeuten
c — spezifische Wärme des Bauteilwerkstoffs [$JK^{-1} kg^{-1}$],
m — Masse des Bauteils $= \varrho V$ (ϱ Dichte, V Volumen) [kg],
$\alpha_{\ddot{u}}$ — Wärmeübergangszahl an der beheizten Bauteiloberfläche [$Js^{-1} m^{-2} K^{-1}$], und
A — beheizte Bauteiloberfläche [m^2].

Bei ungleichen Zeitkonstanten gibt es verschiedene Temperaturverläufe mit einem Differenzmaximum $(\Delta T_{m1} - \Delta T_{m2})_{max}$, bei dem es zu kritischen Wärmespannungen kommen kann.

Aufgrund der Längenkonstanz im Montagezustand gilt nach Bild 7.9 für das Ausdehnungsverhalten einer Schraubenverbindung der folgende allgemeine formelmäßige Zusammenhang:

$$l_{SMT} = l_{PMT} \text{ (Montagezustand)}, \tag{7.7}$$

mit
$$l_{SMT} = l_S + f_{ST} + f_{SMT} \tag{7.8.1}$$
und
$$l_{PMT} = l_P + f_{PT} - f_{PMT}. \tag{7.8.2}$$

Für f_T gilt allgemein: $f_T = \alpha\, l\, \Delta T$.
Damit wird aus Gl. (7.7) und Gl. (7.8)
$$f_{SMT} + f_{PMT} = l_P - l_S + \alpha_P l_P \Delta T_P - \alpha_S l_S T_S. \tag{7.9}$$

Darin bedeuten die Indizes
S — Schraube,
P — Platten (verspannte Teile),
T — Temperatur,
RT — Raumtemperatur,
M — Montagezustand.

Mit $l_P - l_S = f_{SM} + f_{PM}$ in Gl. (7.9) folgt:
$$f_{SMT} + f_{PMT} = f_{SM} + f_{PM} + \alpha_P l_P \Delta T_P - \alpha_S l_S \Delta T_S \tag{7.10}$$

Mit
$$\begin{aligned} f_{SMT} &= (l_S + f_{ST})\, F_{MT}/E_{ST} A_S \\ &= (1 + \alpha_S \Delta T_S)\, F_{MT} l_S/E_{ST} A_S, \end{aligned} \tag{7.11}$$

$$f_{PMT} = (1 + \alpha_P \Delta T_P)\, F_{MT} l_P/E_{PT} A_P \tag{7.12}$$

$$f_{SM} = F_{MRT} l_S/E_{SRT} A_S \tag{7.13}$$

und
$$f_{PM} = F_{MRT} l_P/E_{PRT} A_P \tag{7.14}$$

wird aus Gl. (7.10)

$$F_{MT} = \frac{F_{MRT}(l_S/E_{SRT} A_S + l_P/E_{PRT} A_P) + \alpha_P l_P \Delta T_P - \alpha_S l_S \Delta T_S}{(1 + \alpha_S \Delta T_S)\, l_S/E_{ST} A_S + (1 + \alpha_P \Delta T_P)\, l_P/E_{PT} A_P}. \tag{7.15}$$

Mit der vereinfachenden Annahme, daß $l_S \approx l_P$ und $\alpha_S \Delta T_S$ und $\alpha_P \Delta T_P \ll 1$, also im Nenner vernachlässigbar, wird aus Gl. (7.15) nach Umformung

$$F_{MT} = F_{MRT} \underbrace{\frac{\dfrac{1}{E_{SRT} A_S} + \dfrac{1}{E_{PRT} A_P}}{\dfrac{1}{E_{ST} A_S} + \dfrac{1}{E_{PT} A_P}}}_{\text{E-Modul}} - \underbrace{\frac{\alpha_S \Delta T_S - \alpha_P \Delta T_P}{\dfrac{1}{E_{ST} A_S} + \dfrac{1}{E_{PT} A_P}}}_{\text{Thermischer Ausdehnungskoeffizient}} \tag{7.16}$$

Gleichung (7.16) ist die Beziehung für die Montagevorspannkraft in der Verbindung, die sich bei der Temperatur T einstellt. Sie enthält die bei Raumtemperatur

7.1 Schraubenverbindungen bei hohen Temperaturen

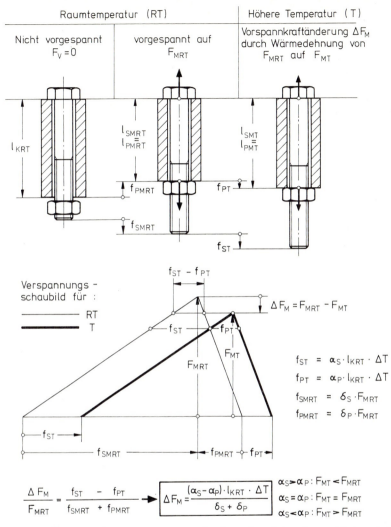

Bild 7.10. Änderung der Montagevorspannkraft F_M einer Schraubenverbindung infolge Wärmeausdehnung (schematisch) [7.13]

aufgebrachte Montagevorspannkraft F_{MRT}, den Einfluß der Änderung des Elastizitätsmoduls infolge Temperaturänderung und den Einfluß der Wärmeausdehnung, gekennzeichnet durch den thermischen Ausdehnungskoeffizienten.

Kann der E-Modul von Schraube und verspannten Teilen bei Temperaturänderung als annähernd konstant angenommen werden, resultiert die Vorspannkraftänderung allein aus der Wärmedehnung. Aus Gl. (7.16) wird dann:

$$\Delta F_M = F_{MRT} - F_{MT} = \frac{\alpha_S \Delta T_S - \alpha_P \Delta T_P}{\dfrac{1}{E_S A_S} + \dfrac{1}{E_P A_P}}. \tag{7.17}$$

Mit Einführung der elastischen Nachgiebigkeiten $\delta_S = l_S/(E_S A_S)$ und $\delta_P = l_P/(E_P A_P)$ (s. Abschnitt 4.2) und bei Temperaturgleichheit von Schraube und verspannten Teilen ($\Delta T_P = \Delta T_S$), bewirkt eine Wärmedehnung folgende Vorspannkraftänderung (Bild 7.10):

$$\Delta F_M = \frac{(\alpha_S - \alpha_P) l_{KRT} \Delta T}{\delta_S + \delta_P}, \qquad (7.18)$$

mit $l_S = l_P = l_{KRT}$.

Aus Bild 7.10 und Gl. (7.18) resultiert eine Erhöhung der Vorspannkraft (ΔF_M negativ), wenn sich die verspannten Teile bei Temperaturerhöhung stärker ausdehnen als die Schrauben (z. B. bei Zylinderkopfschrauben aus Stahl in Aluminium-Zylinderköpfen: $\alpha_P > \alpha_S$).

Darüberhinaus deutet diese Gleichung die Möglichkeiten an, die geeignet sind, die Vorspannkraftänderung infolge Temperaturänderung möglichst gering zu halten:

- Differenz $\alpha_S - \alpha_P$ möglichst klein, d. h. Verwendung von Werkstoffen mit annähernd gleichen thermischen Ausdehnungskoeffizienten.
- δ_S und δ_P möglichst groß, das bedeutet eine möglichst große elastische Nachgiebigkeit von Schraube und verspannten Teilen (große Länge l, kleiner Querschnitt A). Konstruktiv sind lange Schrauben und Dehnhülsen mit kleinem Querschnitt in der Lage, dieser Forderung nachzukommen (z. B. Schraubenverbindungen mit Dehnschaft nach DIN 2510). Nach [7.14] sollte die Dehnlänge der Schraube mindestens $4d$ betragen. Weil sich z. B. beim schnellen Aufheizen von Dampfturbinen Schrauben im allgemeinen langsamer erwärmen als die Flansche ($\Delta T_S < \Delta T_P$), werden Schrauben mit möglichst großer Dehnlänge und Dehnhülsen zwischen Flansch und Mutter eingesetzt, um die Wärmespannungen in der Schraube zu reduzieren (Bild 7.11). Schmale Stege in den Teilfugenflächen vergrößern ebenso die Nachgiebigkeit der verspannten Teile (Bild 7.12). Darüberhinaus haben sie eine gute Dichtwirkung, wenn sie über die Fließgrenze hinaus vorgespannt werden. Im unbelasteten Zustand besteht Linienberührung, die sich im belasteten Zustand infolge elastischer und plastischer Verformung in eine Flächenberührung umwandelt.
- Bei instationären Temperaturverteilungen ($\Delta T_S \neq \Delta T_P$, s. Gl. (7.17)) ist darauf zu achten, daß die Temperaturunterschiede zwischen Schraube und verspannten Teilen nicht zu groß werden. Zu diesem Zweck werden z. B. Längsbohrungen in

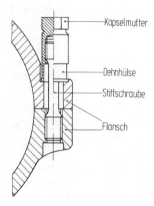

Bild 7.11. Schraubenverbindung für höhere Temperaturen nach DIN 2510 [7.15]

7.1 Schraubenverbindungen bei hohen Temperaturen

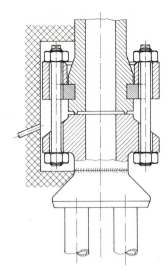

Bild 7.12. Flanschverbindung mit schmalen Stegen in den Trennfugen [7.16]

Dampfturbinen-Flanschschrauben zum Anwärmen von innen her (z. B. mit elektrischen Heizstäben) beim Anfahren einer Anlage vorgesehen. Die Längsbohrungen können zusätzlich dem Einführen einer Meßvorrichtung zum kontrollierten Anziehen (Längenmessung) bei der Montage dienen (s. Abschnitt 8.4.3).

Eine weitere Lösungsmöglichkeit, Temperaturunterschiede gering zu halten, besteht darin, die Schrauben direkt in den Flansch einzuschrauben. Die Schrauben gleichen sich dadurch Temperaturänderungen schneller an, erreichen andererseits aber auch höhere Betriebstemperaturen. Durchsteckverschraubungen sind allerdings da von Vorteil, wo keine Gefährdung durch rasches Anfahren besteht, weil sie im stationären Betriebszustand von außen oder durch Innenbohrungen kühlbar sind. Darüberhinaus haben sie eine größere elastische Nachgiebigkeit.

Die durch instationäre Temperaturverläufe bewirkten Temperaturunterschiede lassen sich durch ein Angleichen der Zeitkonstanten t_0 (s. Gl. (7.6)) verringern. Maßnahmen hierzu sind [7.12]:

— Angleichung des Verhältnisses von Volumen zu Querschnittsfläche V/A und
— Beeinflussung der Wärmeübergangszahl $\alpha_{ü}$ durch konstruktive Maßnahmen (z. B. Schutzhemden).

• Bei hohen Temperaturen kann der Einfluß der E-Moduländerung, Gl. (7.16), von Bedeutung sein (s. Bild 7.3). In diesem Fall sind Werkstoffe angezeigt, deren E-Modul sich temperaturabhängig weniger stark ändert, doch sind hier technisch nutzbare Möglichkeiten sehr begrenzt.

Treten infolge einer Erhöhung der Vorspannkraft während eines Aufheizvorgangs Teilplastifizierungen innerhalb einer Verbindung auf, so haben diese nach dem Temperaturausgleich einen zusätzlichen Vorspannkraftabfall zur Folge.

Die Gefahr von Plastifizierungen vermindert sich grundsätzlich mit zunehmender Klemmlänge l_K der Schraube (z. B. beim Einsatz von Dehnhülsen), denn bei einer bestimmten Wärmedehnung f_{PT} des Flansches ändert sich die Spannung σ in der

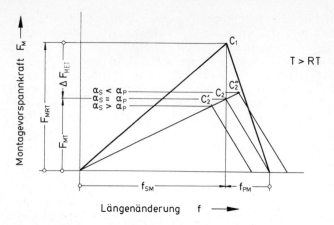

Bild 7.13. Einfluß des Elastizitätsmoduls und des thermischen Ausdehnungskoeffizienten auf die Vorspannkraft von Schraubenverbindungen (schematisch) [7.13]

Schraube im elastischen Bereich nach dem Hookeschen Gesetz umgekehrt proportional zu l_K:

$$\Delta\sigma = \frac{f_{ST}}{l_K} E_{ST} \quad (\text{mit } f_{PT} = f_{ST}) \,. \tag{7.19}$$

Die Erhöhung der Spannung in Schraubenverbindungen durch instationäre Temperaturfelder ist demnach bei langen Schrauben kleiner als bei kurzen. Allerdings darf hierbei nicht unbeachtet bleiben, daß sich relativ lange Schrauben bei geringerer mittlerer Temperatur weniger stark ausdehnen. Dieser Effekt wirkt der z. B. durch Dehnhülsen erreichten Verminderung der Wärmespannungen entgegen.

Bild 7.13 zeigt schematisch am Beispiel des Verspannungsschaubilds den Einfluß von Elastizitätsmodul und thermischem Ausdehnungskoeffizienten auf die Änderung der Montagevorspannkraft F_{MRT} durch Temperaturerhöhung ($T > RT$).

Wegen der Vorspannkraftänderung durch Temperatureinfluß empfiehlt sich nach [7.17] die Berechnung der Vorspannkraft für die folgenden drei Fälle:

— Raumtemperatur,
— Betriebstemperatur,
— größte Temperaturdifferenz während des Anfahrens bzw. Stillsetzens einer Anlage (s. Bild 7.8).

7.1.3.2 Vorspannkraftänderung infolge Relaxation

Ermittlung der Relaxationseigenschaften von Schraubenverbindungen

Relaxation umfaßt bei Schraubenverbindungen nicht nur reine Werkstoffrelaxation, also den Abfall der Vorspannkraft an einem zylindrischen Stab durch Umsetzung elastischer Dehnung in plastische Dehnung infolge von Kriechvorgängen, sondern zusätzlich auch die

— Verformung der belasteten Gewindegänge von Schraube und Mutter,
— Glättung von Oberflächenrauhigkeiten in allen belasteten Kontaktflächen sowie die
— Rückfederung der verspannten Teile (Flansch) [7.18].

7.1 Schraubenverbindungen bei hohen Temperaturen

Die sicherste Bestimmung des Relaxationsverhaltens von realen Schraubenverbindungen ist mit Hilfe einer den praktischen Verschraubungs- und Beanspruchungsfall simulierenden Versuchsanordnung möglich.

Da solche Versuche aus technischen und wirtschaftlichen Gründen nicht in jedem Fall durchführbar sind, haben sich in der Vergangenheit zwei Prüfverfahren durchgesetzt, bei denen Schraube und Mutter in eine Prüfvorrichtung mit definierter Plattennachgiebigkeit eingebaut werden. Die Ergebnisse solcher Relaxationsversuche sind unter Berücksichtigung der Plattennachgiebigkeit auf den praktischen Verschraubungsfall übertragbar.

Eine dieser Prüfmethoden sieht das kontinuierliche Messen der Vorspannkraftänderung an einer Schraube-Mutter-Verbindung entsprechend dem Verfahren am Probestab [7.11] in Relaxationsprüfmaschinen vor. Hierbei werden im Unterschied zum Probestab Setzvorgänge in den Auflageflächen miterfaßt. Das Verfahren stellt den Grenzfall einer Verbindung mit der Plattennachgiebigkeit $\delta_P = 0$ dar. Die Gesamtdehnung der Schraube-Mutter-Verbindung wird innerhalb der Regelschwankungen konstant gehalten. Diese Methode hat den Nachteil, daß sie weniger praxisnah ist, besitzt aber den Vorzug, daß sie als ideal starre Verbindung den für Schraubenverbindungen größtmöglichen Vorspannkraftabfall ergibt. Mit diesen Versuchsergebnissen liegt der Konstrukteur auf der sicheren Seite. Darüberhinaus kann der zeitliche Verlauf des Vorspannkraftabfalls kontinuierlich gemessen werden.

Bei der zweiten Prüfmethode werden zur besseren Annäherung an den Praxisfall Schraubenverbindungen in Ersatzzylindern mit einem gegenüber dem Schraubenquerschnitt relativ großen Querschnitt verspannt (Schraubenverbindungsmodell).

Danach wird die gesamte Verbindung aufgeheizt. Der Vorspannkraftverlust wird bestimmt durch die Messung der elastischen Schraubenlängung vor und nach dem Versuch. Diese Methode liefert jeweils nur einen Meßwert je Versuchskörper, da ein zeitlicher Verlauf der Vorspannkraft nicht kontinuierlich meßbar ist.

Beim Schraubenverbindungsmodell wirkt wie in realen Schraubenverbindungen ($0 < \delta_P < \infty$) das Auffedern der verspannten Teile dem Vorspannkraftverlust des Schraubenbolzens entgegen. Bei gleichen plastischen Verformungen im Schraubenbolzen verbleibt deshalb eine höhere Restvorspannkraft als bei der Relaxation am

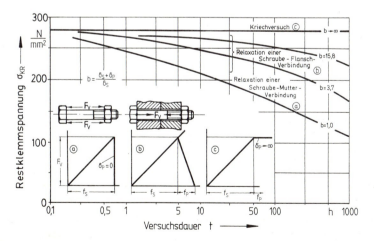

Bild 7.14. Abhängigkeit der Restklemmspannung vom Elastizitätsfaktor b (Versuchsanordnung) und von der Versuchsdauer [7.19]

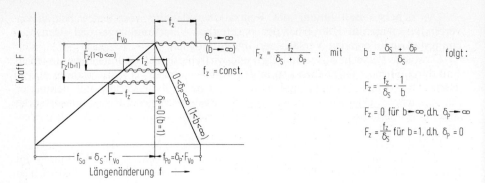

Bild 7.15. Elastische Nachgiebigkeit verspannter Teile δ_P und Vorspannkraftabfall infolge Relaxation (schematisch) [7.13]

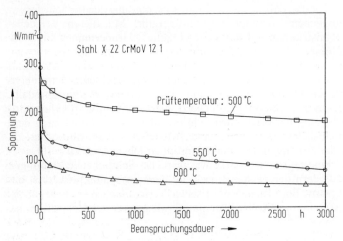

Bild 7.16. Änderung der fortlaufend gemessenen Spannung in Abhängigkeit von der Beanspruchungsdauer im Relaxationsversuch unter einachsiger Zugbeanspruchung; Anfangsdehnung $\varepsilon_A = 0{,}2\%$ [7.10]

Probestab, wenn die Setzerscheinungen im Gewinde und in den Auflageflächen vernachlässigbar klein sind. Danach muß die Vorspannkraft realer Schraubenverbindungen zwischen den Grenzkurven des reinen Relaxationsversuchs ($\delta_P = 0$) und des Zeitstandversuchs ($\delta_P \to \infty$) liegen (Bild 7.14).

Der Einfluß der Nachgiebigkeitsverhältnisse der verspannten Teile kann mit einem Elastizitätsfaktor b berücksichtigt werden (Bild 7.15):

$$b = \frac{\delta_S + \delta_P}{\delta_S}. \tag{7.20}$$

Charakteristisch für das Relaxationsverhalten ist der unmittelbar nach dem Aufbringen der Vorspannung mit hoher Geschwindigkeit einsetzende Entspannungsvorgang. Mit zunehmender Versuchsdauer wird die Relaxationsgeschwindigkeit deutlich kleiner (Bild 7.16).

7.1 Schraubenverbindungen bei hohen Temperaturen

Um aus Kurzzeitversuchen Aussagen über das Langzeitrelaxationsverhalten (gefordert: 70000 bis 90000 h Beanspruchungsdauer [7.10]) zu gewinnen, werden grafische und rechnerische Verfahren verwendet [7.20]. Es muß jedoch auf die hohe Unsicherheit von Extrapolationen mit hohen Extrapolationszeitverhältnissen (Verhältnis der geforderten Beanspruchungsdauer zum versuchsmäßig belegten Zeitraum) hingewiesen werden (DIN 50118).

Zur Absicherung der Langzeitwerte sind daher Relaxationsversuche mit langer Beanspruchungsdauer unumgänglich [7.10, 7.20–7.26].

Relaxationsverhalten nach wiederholtem Nachspannen
Bei der Auslegung von Schraubenverbindungen für hohe Temperaturen sind die zur Berücksichtigung der Relaxation und Werkstoffwahl wichtigsten Randbedingungen

— die Betriebstemperatur,
— die Höhe der Anfangsvorspannkraft bzw. Anfangsdehnung und
— das Revisionsintervall, d. h. die Zeit bis zum Nachspannen oder Austausch der Verbindung.

Im Dampfturbinenbau sind gegenwärtig fünf Jahre Betriebsdauer (rd. 45000 h) zwischen Revisionen üblich [7.14], im Flugtriebwerksbau werden Schraubenverbindungen teilweise nur für wenige 100 h Betriebsdauer belastet [7.27]. Infolge der Tendenz zu längeren Revisions- und damit größeren Nachspannintervallen gewinnt auch das Relaxationsverhalten der Werkstoffe bei tieferen Temperaturen zunehmend an Bedeutung (Temperaturen unter 450 °C für Werkstoffe, die im Dampfturbinenbau eingesetzt werden).

Ein wiederholtes Nachspannen von Schraubenverbindungen führt zunächst infolge von Verfestigungsvorgängen zu höheren Restklemmkräften nach bestimmten Versuchszeiten bzw. bewirkt ein Vergrößern der Zeitintervalle bis zum Erreichen der gleichen Restklemmkraft [7.11]. Diese Klemmkrafterhöhung ergibt sich durch eine günstiger werdende Spannungsverteilung zwischen Bolzen- und Muttergewinde und durch die geringer werdende Kriechneigung bei Annäherung oder Erreichen des zweiten Kriechbereichs mit minimaler Kriechgeschwindigkeit (s. Bild 7.5). Nach mehreren Nachziehvorgängen können sich dann kleinere Restklemmkräfte bzw. kürzere Zeitintervalle einstellen, die mit der zunehmenden Kriechgeschwindigkeit im Tertiärkriechbereich erklärbar sind.

Die Höhe der aufsummierten bleibenden Dehnung, bei der sich eine Entfestigung bemerkbar macht, ist von folgenden Einflüssen abhängig:

— Werkstoff,
— Revisionszeit,
— Temperatur und
— Anfangsdehnung.

Nach [7.28, 7.29] liegen bei ferritischen Stählen die kritischen Dehnungswerte bei etwa 0,2–0,4 % und bei austenitischen Stählen etwa bei 0,45–0,55 %. Wenn das Verformungsvermögen in den am höchsten beanspruchten Zonen erschöpft ist, kommt es zur Anrißbildung und nachfolgend zum Bruch [7.11].

In [7.20] wird ein sechsmaliges Nachziehen einer Verbindung als zulässig angesehen, wobei jedoch die aufsummierte bleibende Dehnung auf 2 % begrenzt werden sollte. Die Bruchdehnung des Werkstoffs sollte ein Mehrfaches dieses Werts betragen [7.21], da zusätzlich Wärmedehnungen und Biegeverformungen sowie Dehnungskonzentrationen aufgenommen werden müssen. Nach diesen Untersuchungen sind die 1% CrMoV-Stähle den höher legierten 12% CrMoV-Stählen hinsichtlich der Restspannung nach mehrmaligem Nachziehen klar überlegen. In [7.14] wird eine Begrenzung der aufsummierten bleibenden Dehnung auf 1% empfohlen, da die Lebensdauer der Schraubenwerkstoffe damit als erschöpft gilt.

Bei Revisionen ist auch die Höhe der Elastizitätsgrenze $R_{p0,01}$ zu berücksichtigen, da diese nach langzeitiger Betriebsbeanspruchung soweit absinken kann, daß ein Vorspannen auf die gewünschte Ausgangsdehnung nicht mehr die erforderliche Vorspannkraft erzeugt.

Wichtig ist die Gewährleistung einer genauen Verlängerungsmessung an Schraubenbolzen bei allen An- und Nachziehvorgängen, z. B. an Teilfugen-, Ventilgehäuse- sowie Flanschschrauben von Einströmleitungen an Dampfturbinen. Diese Messung kann durch Innenbohrungen des Bolzens oder von außen erfolgen. Zum kontrollierten Anziehen und Lösen sollten thermische und hydraulische Verfahren angewendet werden (s. Abschnitt 8.4.3), bei denen die Schraube keine Torsion erfährt und Freßerscheinungen im Gewinde vermieden werden. Das Anziehen mit Drehmomentschlüsseln wird wegen der unbekannten Reibungsverhältnisse und Flanschverformungen für Großschrauben der Kraftwerkstechnik nicht empfohlen [7.14]. Beim thermischen Verfahren (Aufheizen des Bolzens über eine Innenbohrung) ist darauf zu achten, daß keine örtlichen Überhitzungen des Werkstoffs auftreten.

Auswirkung wichtiger Einflußgrößen auf das Relaxationsverhalten von Schraubenverbindungen

Das Relaxationsverhalten von Schraubenverbindungen wird von zahlreichen Einflußgrößen geprägt. Hierzu gehören:

— chemische Zusammensetzung und Wärmebehandlung des Werkstoffs der spannenden und verspannten Teile,
— Betriebstemperatur,

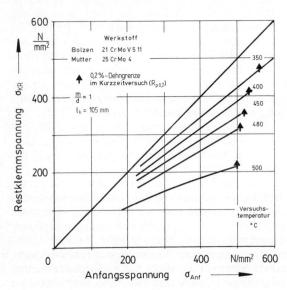

Bild 7.17. 1000 h-Relaxationswerte in Abhängigkeit von Anfangsspannung und Versuchstemperatur (Schraubenverbindung M12 DIN 2510) [7.11]

7.1 Schraubenverbindungen bei hohen Temperaturen

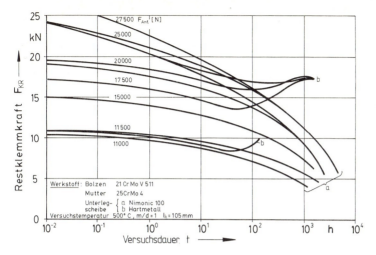

Bild 7.18. Abhängigkeit der Restklemmkraft von der Anfangsvorspannkraft und der Versuchsdauer (Schraubenverbindung M12 DIN 2510). Einfluß von Unterlegscheiben aus verschiedenen Werkstoffen [7.11]

— Vorspannkrafthöhe,
— konstruktive Gestaltung der Verbindung (Nachgiebigkeitsverhältnisse),
— Art und Größe der Betriebsbeanspruchung,
— Fertigung von Schraube und Mutter,
— Flächenpressung und
— Oberflächenrauhigkeiten der gepaarten Teile.

Nach [7.30] überwiegen, abgesehen von der Betriebstemperatur, die Vorspannkraft bzw. die Anfangsdehnung, die chemische Zusammensetzung und die Wärmebehandlung des Werkstoffs alle anderen Einflußgrößen.

Vorspannkraft. In höher vorgespannten Schraubenverbindungen verbleiben im allgemeinen höhere Restklemmkräfte [7.10, 7.11, 7.20, 7.21]. Sie erhöhen sich etwa im gleichen Verhältnis wie die Anfangsvorspannkraft (Bild 7.17). Bei Überschreiten kritischer Anfangsdehnungen kann die Restklemmkraft jedoch wieder abnehmen. Der restklemmkraftsteigernde Einfluß höherer Anfangsvorspannkräfte bzw. Anfangsdehnungen bleibt vor allem bei niedrigen Temperaturen langzeitig erhalten; entsprechend nehmen bei höheren Temperaturen die Restklemmkräfte mit höheren Anfangsdehnungen relativ stärker ab als bei niedrigen Anfangsdehnungen [7.10, 7.21, 7.31].

Bild 7.18 zeigt, daß durch die Verwendung von Unterlegscheiben, die unter Temperatureinfluß durch Oxidschichtbildung dicker werden und damit die Vorspannkraft erhöhen, die Ergebnisse von Relaxationsversuchen nachhaltig beeinflußt werden können.

Die Anfangsvorspannkraft bzw. Anfangsdehnung sollte so hoch gewählt werden, daß ausreichend hohe Restklemmkräfte erzielt werden. Die Gesamtbeanspruchung sollte aber unterhalb der Warmfließgrenze bleiben. Auch im Hinblick auf die Aufsummierung der Dehnung durch mehrmaliges Nachspannen sollten die Anfangsdehnungen nicht zu groß gewählt werden. Im Dampfturbinenbau sind nach [7.20, 7.21, 7.32] als Anfangsdehnungen Gesamtdehnungen zwischen 0,15 und 0,2 % üblich;

in [7.14] wird angemerkt, daß die Gesamtdehnungen für Schrauben aus Stählen üblicherweise 0,2 % und für Schrauben aus Nickellegierungen 0,15 % betragen. Bei tieferen Temperaturen (350–450 °C) könnte eine höhere Anfangsdehnung von z. B. 0,35 % zu einer besseren Werkstoffausnutzung führen, wie aus der oben erwähnten Abhängigkeit der Restspannung von Anfangsdehnung und Temperatur zu schließen ist; doch steht hierzu eine Absicherung durch langzeitige Versuche noch aus.

Bei Schraubenbolzen aus Nickellegierungen kann es von Vorteil sein, die Anfangsdehnungen niedrig zu halten (z. B. 0,1 %), da diese Werkstoffe ebenso wie einige austenitische Stähle und Kobaltlegierungen stärkere Tendenzen zur gefügebedingten Volumenkontraktion in Abhängigkeit von der Temperatur und der Beanspruchungsdauer aufweisen [7.32, 7.33], die zu einem Lastanstieg führen können [7.10, 7.21].

Temperatur. Mit zunehmender Temperatur nimmt die Restklemmkraft bei gleicher Anfangsdehnung zunächst langsam, dann im Bereich stark verminderten Kriech- und Relaxationswiderstands stark ab. Die werkstoffabhängigen Grenztemperaturbereiche für die Anwendung werden im nächsten Abschnitt behandelt.

Chemische Zusammensetzung der Schraubenwerkstoffe. Schrauben aus unlegierten und niedriglegierten Vergütungsstählen weisen bereits bei 350 bis 400 °C einen erheblichen Vorspannkraftverlust auf. Höher legierte Werkstoffe besitzen dagegen ein günstigeres Relaxationsverhalten (Bild 7.19). Die in [7.11] dargestellten Ergebnisse aus Relaxationsversuchen zeigen, daß bis zu Temperaturen von 350 bis 400 °C durchaus niedriglegierte Vergütungsstähle verwendet werden können. Ihr Einsatz ist allerdings bei höheren Temperaturen auf Grund geringerer Warmfestigkeit und Zunderbeständigkeit in Frage gestellt.

Die niedriglegierten Stähle 21 CrMoV 5 7 und 40 CrMoV 4 7 nach DIN 17 240 zeigen einen hohen Relaxationswiderstand, der bei Temperaturen unter etwa 480 °C den der 12 %-CrMoV-Stähle übertrifft. Der Werkstoff 40 CrMoV 4 7 hat zwar hohe Streckgrenzenwerte, die Zähigkeitswerte bei Raumtemperatur liegen jedoch niedriger als bei 21 CrMoV 5 7. Daher sollte nach neueren Erfahrungen der Einsatz des Stahls 40 CrMoV 4 7 im Hinblick auf eine mögliche Versprödungstendenz auf Temperaturen unterhalb 480 °C beschränkt werden. Die Anwendungsgrenze im Dauerbetrieb liegt für die niedriglegierten CrMoV-Stähle nach DIN 17 240 bei rd.

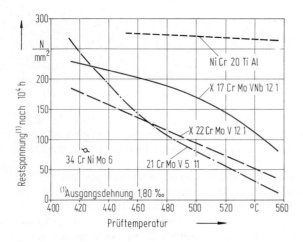

Bild 7.19. Restspannung verschiedener Werkstoffe nach 10 000 h [7.34]

7.1 Schraubenverbindungen bei hohen Temperaturen

540 °C (Verzunderung); nach BS 4882 (**B**ritish **S**tandard) wird eine Verwendung nur bis 500 °C und nach [7.30] bis 520 °C empfohlen.

Nach [7.34] können die höher zunderbeständigen 12%-CrMoV-Stähle X 22 CrMoV 12 1 und X 19 CrMoVNbN 11 1 bis zu einer Temperatur von 560 °C eingesetzt werden, von denen der letztgenannte einen höheren Relaxationswiderstand, aber auch eine höhere Sprödbruchempfindlichkeit infolge eingeschränkter Zähigkeit aufweist. Wegen etwas geringerer thermischer Ausdehnung der Stähle mit 12% Cr fällt die Vorspannkraft in Verbindungen mit Bolzen aus diesen Stählen und verspannten Teilen aus unlegierten oder niedriglegierten Werkstoffen mit der Temperatur weniger stark ab [7.21].

Die austenitischen Stähle, z. B. X 8 CrNiMoBNb 16 16, der seine mechanischen Eigenschaften durch Warmkaltverfestigung und anschließende Auslagerung erhält, schließen mit Einsatztemperaturen von rd. 575 bis 650 °C (DIN 17240 und BS 4882) die Lücke zwischen den 12%-CrMoV-Stählen und der Nickelbasislegierung NiCr 20 TiAl. Bei tieferen Temperaturen sind austenitische Stähle in kaltverfestigtem Zustand den ferritischen Stählen wegen ihrer niedrigeren Streckgrenze (geringere Vorspannung) unterlegen [7.20].

Der Werkstoff NiCr 20 TiAl kann nach DIN 17240 bis 700 °C, nach BS 4882 bis 750 °C eingesetzt werden. Wegen des hohen Relaxationswiderstands wird diese Nickellegierung häufig auch bei tieferen Temperaturen im Bereich 500–600 °C verwendet. Sie besitzt bei 540 °C und 30000 h Beanspruchungsdauer mehr als das 2,5-fache des Relaxationswiderstands der CrMoV-Stähle [7.34]. Da der thermische Ausdehnungskoeffizient dieses Werkstoffs dem der ferritischen Stähle ähnlich ist, lassen sich beide Werkstofftypen gut kombinieren [7.20].

Ergebnisse aus umfangreichen langzeitigen Relaxationsuntersuchungen an 1%-CrMoV-Stählen, 12%-CrMoV-Stählen und den Werkstoffen X 8 CrNiMoBNb 16 16 wk sowie NiCr 20 TiAl in [7.10] bestätigen die in DIN 17240 angegebenen Relaxationsdaten. Weitere Angaben über mittlere Restspannungen nach 30000 h für verschiedene CrMo-, CrNiMo-, MoV- und CrMoV-Stähle (einschließlich der 12%-CrMoV-Stähle) sowie der oben angegebenen Nickelbasislegierung finden sich in [7.14, 7.21 und 7.34]. Nach [7.34] ist das Relaxationsverhalten zwischen 300 und 425 °C bei allen Werkstoffen ähnlich. Eine Differenzierung erfolgt erst bei höheren Temperaturen in Abhängigkeit von der chemischen Zusammensetzung.

Mutterwerkstoff. Für das Relaxationsverhalten einer Schraubenverbindung ist auch der Mutterwerkstoff von Bedeutung. Bestehen die Muttern aus Werkstoffen mit geringem Relaxationswiderstand, wird der Vorspannkraftabfall der Verbindung deutlich verstärkt, wie Bild 7.20 beispielhaft zeigt. Umgekehrt ergibt ein Mutterwerkstoff mit höherem Kriechwiderstand höhere Restklemmkräfte [7.11, 7.20].

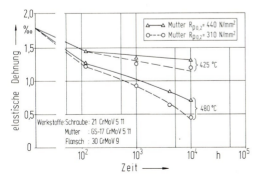

Bild 7.20. Einfluß des Mutterwerkstoffs auf das Relaxationsverhalten [7.34]

In DIN 267 Teil 13 wird in diesem Zusammenhang darauf hingewiesen, daß bei hohen Temperaturen und zum vollen Ausnutzen der Festigkeit des Schraubenwerkstoffs das Verhältnis der Zugfestigkeiten von Mutter- und Schraubenwerkstoff den Wert 0,7 nicht unterschreiten sollte.

Wärmebehandlung von Schrauben- und Mutterwerkstoff. Die Wärmebehandlungsparameter in DIN 17240 wurden überwiegend auf Grund der Ergebnisse langzeitiger Zeitstandversuche [7.35] und Betriebserfahrungen optimiert, so daß eine möglichst hohe Zeitstandfestigkeit unter Vermeidung von Zeitstandkerbversprödung erzielt wird.

Konstruktive Gestaltung der Verbindung. Um den Vorspannkraftverlust durch Relaxation und Setzen möglichst gering zu halten, sollten eine große elastische Nachgiebigkeit von Schrauben und verspannten Teilen (s. Abschnitt 7.1.3.1), glatte Auflageflächen (gute Oberflächenbearbeitung, auch der Gewindegänge) und möglichst wenig Trennfugen vorgesehen werden. Durch sorgfältige Bearbeitung von Dichtflächen kann auf die Verwendung von separaten Dichtungen verzichtet werden, die wesentlich zum Setzen und zur Relaxation einer Verbindung beitragen. Schmale Dichtleisten erfordern infolge höherer Flächenpressung geringere Schraubenkräfte und besitzen gute Dichtwirkung (Bild 7.12).

Überlagerte Schwingbeanspruchung. Die Haltbarkeit schwingbeanspruchter Schraubenverbindungen bei hohen Temperaturen ist unter zwei Aspekten zu beurteilen:

— direkte Beeinflussung der Schwingfestigkeit der Schraube-Mutter-Verbindung durch Temperatureinwirkung,
— indirekte Beeinflussung der Schwingfestigkeit durch Verschärfung der Bauteilbeanspruchung infolge eines relaxationsbedingten Vorspannkraftabfalls.

Die Auswertung der Versuchsergebnisse in [7.36] unter Berücksichtigung zusätzlicher Angaben führt zu Erkenntnissen, die bei der konstruktiven Gestaltung schwingbeanspruchter Schraubenverbindungen unter Mitwirkung hoher Temperatur zu beachten sind:

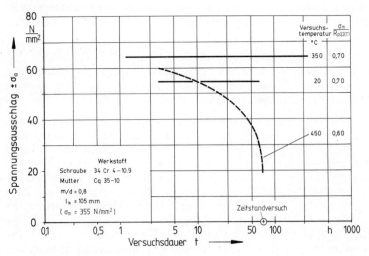

Bild 7.21. Abhängigkeit des Spannungsausschlags von Versuchstemperatur und Versuchsdauer (Schraubenverbindung M12 DIN 931/DIN 934 bzw. DIN 912/DIN 934) [7.11]

7.1 Schraubenverbindungen bei hohen Temperaturen

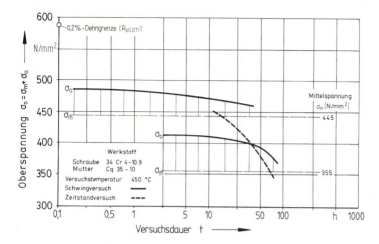

Bild 7.22. Abhängigkeit der Oberspannung von Mittelspannung und Versuchsdauer. Vergleich mit der Zeitstandfestigkeit (Schraubenverbindung M12; $m/d = 0.8$; $l_K = 105$ mm) [7.11]

- Bei höherer Temperatur (350 °C) wird eine Verbesserung der Schwingfestigkeit gegenüber Raumtemperatur festgestellt (Bild 7.21), die auf eine gleichmäßigere Verteilung der Schraubenkraft auf die einzelnen Muttergewindegänge und die Verminderung der Spannungskonzentration im Gewindegrund als Folge von Plastifizierungsvorgängen im Schrauben- und Mutterwerkstoff zurückgeführt wird [7.37]. Dieses Verhalten kann jedoch nicht bei der Dimensionierung warmfester Schraubenverbindungen berücksichtigt werden [7.18, 7.36]. Unter dem Gesichtspunkt nämlich, daß langzeitige Schwingbeanspruchungen in Verbindung mit stetig fortschreitenden Veränderungen im Werkstoff oder in der Randschicht von Bauteilen den Eintritt eines Dauerbruchs begünstigen, ist bei hohen Temperaturen anders als bei Raumtemperatur keine definierte Dauerhaltbarkeit anzugeben, wie die Bruchkurve für 450 °C in Bild 7.21 erkennen läßt. Angesichts der vergleichsweise kurzen Versuchszeiten können auch bei 350 °C nach längeren Zeiten noch Brüche erwartet werden.
- In Schwingversuchen mit konstanter Mittelspannung (Schwingzeitstandversuch) erfolgt bei höheren Schwingkraftamplituden der Dauerbruch vor dem Zeitstandbruch mit gleicher Oberspannung, während er bei kleineren Schwingkräften nach längerer Laufzeit eintritt und selbst die Bruchzeit des Zeitstandversuchs bei der Mittelspannung überschritten wird (Bild 7.22).
- Schrauben, deren Gewinde nach der Wärmebehandlung gerollt wurden, besitzen bei Raumtemperatur infolge fertigungsinduzierter Druckeigenspannungen eine gegenüber schlußvergüteten Schrauben höhere Dauerhaltbarkeit. Bei höheren Temperaturen (bereits ab 350 °C) verschwindet dieser Effekt im Schwingzeitstandversuch nach längeren Laufzeiten durch zeit- und temperaturabhängige Erholungsprozesse, abhängig von Werkstoffzusammensetzung, Verformungsgrad und Temperatur, und das Verhalten gleicht sich dem der schlußvergüteten Schrauben an (Bild 7.23).
- Bei Schraubenverbindungen tritt durch die bei hohen Temperaturen verstärkt wirkende Relaxation im Vergleich zu den Versuchen mit konstanter Mittelspannung ein ständiger Vorspannkraftabfall auf, der die aus der Zeitstandbeanspruchung resultierende Bruchgefahr weitgehend aufhebt [7.37]. Schrauben neigen im Schwing-

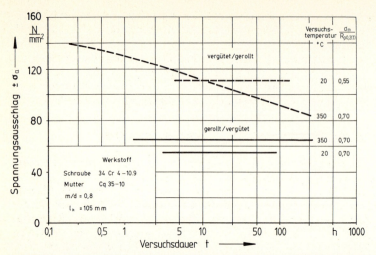

Bild 7.23. Abhängigkeit des Spannungsausschlags von Versuchstemperatur, Versuchsdauer und Fertigungsfolge (Schraubenverbindung M12 DIN 931/DIN 934) [7.11]

relaxationsversuch daher eher zum Lockern und Losdrehen als im Schwingzeitstandversuch (Bild 7.24), in dem in jedem Fall ab einer bestimmten Vorspannkrafthöhe nach entsprechender Versuchszeit ein Bruch der Schraube erfolgt.

Die ertragbaren Schwingkräfte im Schwingrelaxationsversuch sind größer als im Schwingversuch bei konstant gehaltener Vorspannkraft (Schwingzeitstandversuch) [7.36].

- Bei kleinen Schwingkraftamplituden (im Bereich der Dauerhaltbarkeit für Raumtemperatur) ordnen sich die Kurven der Schwingrelaxationswerte annähernd in das Streuband der statischen Relaxationswerte ein. Tritt ein Anriß auf, verstärkt sich die Relaxation schnell.

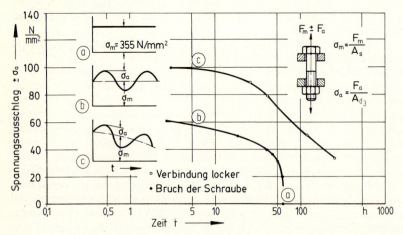

Bild 7.24. Zeitstandfestigkeit und Schwingfestigkeit schlußvergüteter Schraubenverbindungen M12 — 10.9 aus 34 Cr 4 bei 450 °C Versuchstemperatur. a) Zeitstandversuch; b) Schwingzeitstandversuch; c) Schwingrelaxationsversuch [7.38]

Bei höheren Schwingkraftamplituden (im Zeitfestigkeitsgebiet) und bei höheren Temperaturen ergibt sich ein größerer Vorspannkraftverlust als in den statischen Relaxationsversuchen.
- Mit zunehmender Schwingbeanspruchung nimmt der Vorspannkraftverlust zu. Daher erleiden Schraubenverbindungen mit schlußgerollten Gewinden, die meist bei höheren Schwingkräften eingesetzt werden, im Betrieb einen größeren Vorspannkraftabfall als Schraubenverbindungen mit schlußvergüteten Gewinden.

7.1.3.3 Sprödbruchverhalten von warmfesten Schraubenverbindungen

Sprödbrüche von Schraubenbolzen, die bei hohen Temperaturen eingesetzt waren, haben in der Vergangenheit gelegentlich zu Schäden geführt [7.14, 7.21, 7.22, 7.34, 7.39]. Ursache der Brüche, die überwiegend im ersten tragenden Gewindegang auftraten, war eine Zeitstandkerbversprödung des Werkstoffs oder eine starke Verminderung der Zähigkeitseigenschaften unter den betrieblichen Beanspruchungsbedingungen. In der Regel lagen beide Effekte gleichzeitig vor. Betroffen waren vor allem Schrauben aus niedriglegierten CrMoV- und CrNiMo-Stählen. Eine Verschärfung der Kerbwirkung trat in einigen Fällen infolge von bei Schadenseintritt bereits bestehenden Anrissen im Bereich des Gewindes auf, die bruchauslösend wirkten. Diese Anrisse können einmal als Zeitstandanrisse entstehen, zum anderen aber auch durch Wärmedehnungen beim Anfahren einer Anlage oder durch undefinierte Verhältnisse beim Anziehen oder Nachziehen der Schraubenverbindung, z. B. durch örtliche Überdehnung. Auch örtliche Überhitzungen in Heizbohrungen durch unsachgemäßes Erwärmen waren in Verbindung mit Bearbeitungsriefen Ursachen von Rißbildungen, wobei eine starke Aufhärtung des Werkstoffs im überhitzten Bereich erfolgte [7.14].

Neben Zeitstandbrüchen an Schraubenbolzen bei hoher Temperatur traten Brüche bereits auch während der wiederholten Montage auf [7.14, 7.34].

Ein wesentlicher Grund für derartige Schäden an Schraubenverbindungen bestand in einer Vergütung auf zu hohe Ausgangsfestigkeit, wie sie früher teilweise für Schrauben aus niedriglegiertem CrMoV-Stahl vorgenommen wurde, um einen möglichst hohen Kriech- und Relaxationswiderstand zu erzielen (Bild 7.6). Dadurch wurde neben einer Zeitstandkerbversprödung eine starke Absenkung der Kerbschlagzähigkeit bei Raumtemperatur nach Betriebsbeanspruchung ausgelöst.

Warmfeste Werkstoffe für Schrauben müssen also zur Vermeidung eines Sprödbruchversagens folgende Anforderungen erfüllen:

— Unempfindlichkeit gegen Zeitstandkerbversprödung,
— ausreichende Zähigkeit bei Raumtemperatur und Betriebstemperatur im Neuzustand,
— keine wesentliche Verminderung der Zähigkeit durch langzeitige Betriebsbeanspruchung.

Bei den technisch gängigen Werkstoffen für warmfeste und hochwarmfeste Schrauben und Muttern nach DIN 17240 ist auf Grund verbesserter chemischer Zusammensetzung (z. B. durch Begrenzung der Gehalte an Spurenelementen) und Wärmebehandlungsverfahren nicht mehr mit einer ausgeprägten Zeitstandkerbversprödung zu rechnen.

Auch die Abnahme der Kerbschlagzähigkeit nach Relaxationsbeanspruchung ist gering, wie Untersuchungen bis teilweise 30 000 h an niedriglegierten CrMoV-Stählen, 12 %-CrMoV-Stählen und der Nickellegierung NiCr 20 TiAl ergaben [7.34].

Zur Vermeidung von vorzeitigen Schraubenbrüchen werden in [7.14] Prüfungen an Schrauben im Zuge von Revisionen der Anlage vorgesehen, um mögliche Anrisse festzustellen und die Änderung der mechanischen Eigenschaften zu erfassen. Der Prüfumfang ist abhängig vom Werkstoff und der erreichten bleibenden Längung der Schrauben. Spätestens bei 0,7% bleibender Längung (NiCr 20 TiAl: 0,5%) soll an einer Schraube eines Schraubenkranzes eine zerstörende Prüfung zur Ermittlung der mechanischen Resteigenschaften vorgenommen werden.

7.1.3.4 Löseverhalten von Schraubenverbindungen nach Hochtemperaturbeanspruchung

Metallische Werkstoffe neigen bei hohen Temperaturen zu Grenzflächenreaktionen mit oxidierenden Gasen, die zur Bildung von Oxidschichten führen (Verzundern).

Das Anwachsen von Zunderschichten kann das ursprüngliche Gewindespiel stark verringern, bis im Grenzfall — besonders in Verbindung mit unterschiedlichen Wärmedehnungen zwischen Schraube und Mutter — der zum Lösen der Verbindung benötigte Freiraum zwischen Bolzen- und Muttergewinde vollständig ausgefüllt ist. Die gepaarten Gewinde sind damit formschlüssig blockiert und lassen sich in diesem Zustand nicht mehr lösen. Darüberhinaus kann die Lösbarkeit der Gewindeverbindung durch die Zersetzung, Vergasung und Eindiffusion von unsachgemäß eingesetzten Schmiermitteln beeinträchtigt werden. Nach [7.17] sollte der Einsatz von Kadmium bei Temperaturen über 150 °C, von Öl über 200 °C und von MoS_2 über 400 °C unterbleiben.

Der Gefahr des Klemmens im Gewinde wird hauptsächlich durch folgende Maßnahmen begegnet:

- Vermeidung von Feingewinde wegen relativ kleinem Gewindespiel.
- Vergrößerung der Grundabmaße von Regelgewinden. Nach DIN 2510 Teil 2 (Schraubenverbindungen mit Dehnschaft) und DIN 267 Teil 13 (Technische Lieferbedingungen für Schraubenverbindungen vorwiegend aus kaltzähen oder warmfesten Werkstoffen) sind Schraubengewinde mit vergrößerten Grundabmaßen genormt. Tafel 1 aus den Erläuterungen von DIN 2510 Teil 2 enthält diese Grundabmaße, die nach Nenndurchmessern gestaffelt und als ein Vielfaches der Toleranzlage e angegeben sind. Die Toleranzen der Schraubengewinde entsprechen dem Genauigkeitsgrad 6 nach DIN 13 Teil 15. Für die Innengewindetoleranzen wurde an der für handelsübliche Muttern verwendeten Toleranz 6H festgehalten, nicht zuletzt aus Gründen der Austauschbarkeit und Sortenverminderung (Kostengründe).
In DIN 267 Teil 13 wird vermerkt, daß infolge des vergrößerten Flankenspiels mit einer verringerten Abstreiffestigkeit des Gewindes gerechnet werden muß.
- Auftragung von geeigneten Oberflächenüberzügen. Geeignet sind galvanisch oder chemisch aufgebrachte metallische Überzüge, die dünne und porenfreie Oxidschichten bilden und damit den Zutritt des Sauerstoffs zum Grundwerkstoff versperren (z. B. Ag, Cr, Ni). Damit wird das übermäßige Anwachsen von Zunderschichten verhindert.
- Verwendung geeigneter Schmiermittel. Schmiermittel, die auch bei höheren Temperaturen ihre Schmiereigenschaften beibehalten, sind geeignet, das durch Oxidschichten hervorgerufene Festfressen der Gewinde zu vermeiden. Schmier- und Korrosionsschutzöle können — wie schon erwähnt — bei hohen Temperaturen verkoken und so die Lösbarkeit zusätzlich erschweren. Daher sind Festschmierstoffe (Pasten) auf der Basis von Graphit (Einsatz bis 600 °C) oder von Metallpulvern (Cu, Al, Ni; Einsatz von Ni bis 1400 °C) zu bevorzugen. Ihre Trägersubstanz soll ohne Rückstände sein und der Feststoffanteil die Kontaktflächen

einwandfrei trennen. Eine weitere Funktion des Schmiermittels besteht in der Abdichtung des Gewindes gegen korrosive Einflüsse. Für niedrige mechanische und thermische Beanspruchung (unter 260—300 °C) kann auch PTFE eingesetzt werden. Weitere weniger häufig verwendete Festschmierstoffe auf anorganischer Basis sind z. B. Phosphate und Gläser [7.40, 7.41]. Schwefelhaltige Mittel sind wegen der Möglichkeit einer Spannungsrißkorrosion bei hohen Temperaturen (oberhalb 400 °C) zu vermeiden [7.14, 7.40]. Bei austenitischen Stählen sollten aus Korrosionsgründen auch keine Cu-haltigen Schmiermittel angewendet werden. Für Schmiermittel gibt es bisher keine allgemeine Prüfvorschrift, so daß man bei der Bewertung von Versuchsergebnissen für Schmierstoffe die Versuchsbedingungen besonders beachten muß.

- Kein Übergreifen des Muttergewindes über das Bolzengewinde. In den freien Muttergewindegängen können Rückstände, die sich je nach Lage der Verbindung durch Rauchgase, Kondensat, Korrosion und Verschmutzung bilden, die Lösbarkeit der Mutter erschweren.
- Einsatz von zunderbeständigen Werkstoffen. Durch Zulegieren von Cr, Si und Al wird die Zunderbeständigkeit von Eisenwerkstoffen erhöht, indem eine dünne, festhaftende und dichte Oxidschicht gebildet wird, die das unzulässige Wachsen der Zunderschicht behindert. Insbesondere hochlegierte Cr- und Cr-Ni-Stähle (Austenite) sind zunderbeständiger als niedriglegierte Stähle. Die Gehalte an Legierungszusätzen sind jedoch im Hinblick auf die mechanischen Eigenschaften begrenzt (für Angaben über die Höhe der üblichen oberen Verwendungstemperatur im Dauerbetrieb für zunderbeständige oder hitzebeständige Schraubenwerkstoffe s. Abschnitt 7.3).
- Wahl einer geeigneten Werkstoffpaarung für Schraube und Mutter. Auf der Basis von Erfahrungswerten aus der Praxis empfiehlt DIN 267 Teil 13 zweckmäßige Werkstoffpaarungen für Schrauben und Muttern (s. Abschnitt 7.3). Bei der Zusammenstellung dieser Paarungen wurden insbesondere das Anziehverhalten bei nicht torsionsfreier Montage (Gefahr des Festfressens), das Verhältnis von Bolzen- und Mutter-Werkstoffestigkeit und das Löseverhalten nach dem Betrieb berücksichtigt.

Das Löseverhalten von Schraubenverbindungen wird zusätzlich vom Grad der plastischen Verformung der Bolzen- und/oder Muttergewindegänge während der Betriebsbeanspruchung geprägt. Deshalb sind Werkstoffe zu verwenden, deren Zeitstandeigenschaften der Temperatur und der Beanspruchungshöhe angepaßt sind. Darüberhinaus sind bei der Fertigung die Gewindemaße sorgfältig einzuhalten. Auch sollte konstruktiv versucht werden, die Gewindelastverteilung innerhalb der Mutter zu vergleichmäßigen, um den höchstbeanspruchten ersten tragenden Gewindegang zu entlasten (s. Abschnitt 5.2).

7.2 Schraubenverbindungen bei tiefen Temperaturen

Mit abnehmender Temperatur wächst der Formänderungswiderstand von Stählen, d. h. Streckgrenze und Zugfestigkeit nehmen zu (Bild 7.25), während das Verformungsvermögen (Bruchdehnung, Brucheinschnürung) geringer wird (Bild 7.26). Damit steigt die Gefahr eines verformungslosen Sprödbruchs unter der Wirkung von Spannungskonzentrationen (Kerbwirkung, Eigenspannungen). Dieses Verhalten ist bei ferritischen Stählen ausgeprägter als bei austenitischen. Die ferritischen Stähle zeigen überwiegend einen Steilabfall in der Temperaturabhängigkeit ihrer Zähigkeitskennwerte (Bild 7.27), so daß ihr Einsatz für hochbelastete Verbindungen auf Temperaturen oberhalb dieses Steilabfalls beschränkt bleibt. Austenitische Stähle zeigen dagegen nur eine allmähliche Abnahme der Zähigkeit, die ihren Einsatz selbst bei tiefsten Temperaturen ermöglicht.

Bei der Auslegung von Schraubenverbindungen für tiefe Temperaturen ist besonders die Vorspannkraftänderung infolge von Wärmedehnungen zu berücksichtigen. Hier gelten die gleichen Angaben wie für Schraubenverbindungen bei hohen Temperaturen (s. Abschnitt 7.1.3.1), die sinngemäß auf den Tieftemperaturbereich anzuwenden sind.

Zur Berücksichtigung einer möglichen erhöhten Sprödbruchempfindlichkeit von Schraubenverbindungen bei tiefen Temperaturen sollten Spannungsspitzen durch scharfe Kerben oder durch Überlagerung herstellungsbedingter Zugeigenspannungen vermieden werden.

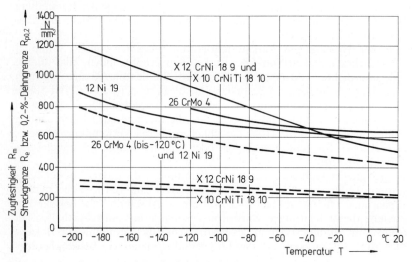

Bild 7.25. Streckgrenze und Zugfestigkeit kaltzäher Stähle nach SEW 680 — 70

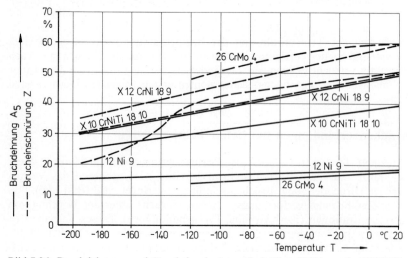

Bild 7.26. Bruchdehnung und Brucheinschnürung kaltzäher Stähle nach SEW 680 — 70

7.3 Werkstoffe für hohe und tiefe Temperaturen

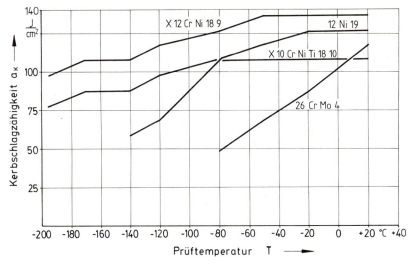

Bild 7.27. Gewährleistete Werte der Kerbschlagzähigkeit an DVM-Proben (Längsproben für $l_0 \leq d \leq 100$ mm) nach SEW 680 — 70

7.3 Werkstoffe für hohe und tiefe Temperaturen

Die Auswahl von Schrauben- und Mutterwerkstoffen für den Einsatz bei hohen und tiefen Temperaturen geschieht im wesentlichen nach folgenden Kriterien:

— Betriebstemperatur,
— Betriebsbeanspruchung,
— Anpassung an den Flanschwerkstoff (Festigkeit, Ausdehnungsverhalten usw.),
— Oxidationsverhalten bzw. Verhalten unter Hochtemperaturkorrosion,

Tabelle 7.1. Zweckmäßige Werkstoff-Paarungen für Schraube und Mutter nach DIN 267 Teil 13

Werkstoff	
Schraube	Mutter
Ck 35 Cq 35	C 35 N, Ck 35, Cq 35
24 CrMo 5	Ck 35, Cq 35, 24 CrMo 5
21 CrMoV 5 7	24 CrMo 5 21 CrMoV 5 7
40 CrMoV 4 7	21 CrMoV 5 7
X 22 CrMoV 12 1 X 19 CrMoVNbN 11 1	X 22 CrMoV 12 1
X 8 CrNiMoBNb 16 16	X 8 CrNiMoBNb 16 16
X 5 NiCrTi 26 15	X 5 NiCrTi 26 15
NiCr20TiAl	NiCr20TiAl

Tabelle 7.2. Warmfeste und hochwarmfeste Werkstoffe nach DIN 267 Teil 13

Werkstoffgruppe	Kurzname	Werkstoff-Nummer	Kennzeichen der Schraube	Mindest-Streckgrenze R_e bzw. $R_{p0,2}$ N/mm²	Mindest-Zugfestigkeit R_m N/mm²	Anhalt für die übliche obere Grenze der Temperaturen im Dauerbetrieb °C
Warmfest	Cq 35	1.1172	YQ	280	500 ... 650	+350
	24 CrMo 5	1.7258	G	440 / 420	600 ... 750 / 600 ... 750	+400
	21 CrMoV 5 7	1.7709	GA	550	700 ... 850	+540
	40 CrMoV 4 7	1.7711	GB	700	850 ... 1000	+540
Hochwarmfest	X 22 CrMoV 12 1	1.4923	V	600	800 ... 950	+580
	X 22 CrMoV 12 1	1.4923	VH	700	900 ... 1050	+580
	X 19 CrMoVNbN 11 1	1.4913	VW	780	900 ... 1050	+580
	X 8 CrNiMoBNb 16 16	1.4986	S	500	650 ... 850	+650
	X 5 NiCrTi 26 15	1.4980	SD	640	$\geq$ 940	+700
	NiCr 20 TiAl	2.4952	SB	600	$\geq$ 1000	+700

— Relaxationsverhalten,
— Sprödbruchverhalten,
— Kosten.

7.3.1 Werkstoffe für hohe Temperaturen

Im Temperaturbereich zwischen Raumtemperatur und etwa +300 °C werden die Schraubenwerkstoffe im allgemeinen nach Tabellen 3.1, 3.2, 3.4, 6.5 und DIN 267 Teil 11 ausgewählt. Besondere Anforderungen an die Temperaturbeständigkeit werden hier nicht gestellt. Dennoch sollte nicht vernachlässigt werden, daß sich auch schon in diesem Temperaturbereich die mechanischen Werkstoffeigenschaften ändern können (s. Abschnitt 7.1.2.2).

Zweckmäßige Werkstoffpaarungen von Schraube und Mutter enthält Tabelle 7.1.

Oberhalb 300 °C finden warmfeste, hochwarmfeste und hitzebeständige Werkstoffe Verwendung (Tabellen 7.2 und 7.3).

7.3.2 Werkstoffe für tiefe Temperaturen

Für den Temperaturbereich zwischen unter −10 bis −253 °C gibt Tabelle 7.4 eine Auswahl möglicher kaltzäher Werkstoffe und Anhaltswerte für ihre übliche untere Temperaturgrenze im Dauerbetrieb an. Weitere Stähle für den Einsatz im Druckbehälterbau bei tiefen Temperaturen enthält AD-Merkblatt W 10.

7.3 Werkstoffe für hohe und tiefe Temperaturen

Tabelle 7.3. Hitzebeständige Werkstoffe nach SEW 470

Kurzname	Werkstoff-Nummer	Kennzeichen der Schraube	Mindest-Streckgrenze R_e bzw. $R_{p0,2}$ N/mm²	Mindest-Zugfestigkeit R_m N/mm²	Zunder-grenz-temperatur in Luft °C
X 10 CrAl 7	1.4713	1.4713	220	420 ... 620	+ 800
X 7 CrTi 12	1.4720	1.4720	210	400 ... 600	+ 800
X 10 CrAl 13	1.4724	1.4724	250	450 ... 650	+ 850
X 10 CrAl 18	1.4742	1.4742	270	500 ... 700	+1000
X 10 CrAl 24	1.4762	1.4762	280	520 ... 720	+1150
X 20 CrNiSi 25 4	1.4821	1.4821	400	600 ... 850	+1000
X 12 CrNiTi 18 9	1.4878	1.4878	210	500 ... 750	+ 850
X 15 CrNiSi 20 12	1.4828	1.4828	230	500 ... 750	+1000
X 7 CrNi 23 14	1.4833	1.4833	210	500 ... 750	+1000
X 12 CrNi 25 21	1.4845	1.4845	210	500 ... 750	+1050
X 15 CrNiSi 25 20	1.4841	1.4841	230	550 ... 800	+1150
X 12 NiCrSi 36 16	1.4864	1.4864	230	550 ... 800	+1100
X 10 NiCrAlTi 32 20	1.4876	1.4876	210	500 ... 750	+1100

Als kaltzäh werden unlegierte und legierte Stähle bezeichnet, die bei Temperaturen zwischen etwa −10 °C bis −253 °C ausreichende Zähigkeit besitzen. Als Merkmal der Kaltzähigkeit wurde für Werkstoffe nach SEW 680-70 ein Wert der Kerbschlagzähigkeit von 59 J/cm² festgelegt, der an DVM-Längsproben zu ermitteln ist. Dieser Wert darf bei der für einen Werkstoff vorgesehenen Betriebstemperatur nicht unterschritten werden.

Während z. B. unlegierte Stähle, die als Feinkornstähle der kaltzähen Reihe nach SEW 089 erschmolzen werden, und der niedriglegierte ferritisch-perlitische Stahl 26 CrMo 4 noch bei Temperaturen von −40 bis −65 °C eingesetzt werden können, liegt die untere Temperaturgrenze für niedriglegierte Ni-Stähle bei −140 °C. Diese besitzen Ni-Gehalte zwischen 1,5 und 5% und weisen ein ferritisch-perlitisches Gefüge auf. Nickel behindert in diesen Stählen das Kornwachstum und bildet mit Fe Mischkristalle hoher Tieftemperaturzähigkeit. An der Karbidbildung ist Ni nicht beteiligt, so daß keine Gefahr der Ausscheidungshärtung besteht. Bei höheren Anforderungen an die Zähigkeit werden Mo-freie austenitische Stähle verwendet, die selbst bei Temperaturen von rd. −200 °C noch Kerbschlagzähigkeitswerte bis zu 150 J/cm² aufweisen können.

Tabelle 7.4. Tieftemperaturbeständige Werkstoffe nach DIN 267 Teil 13

Werkstoff				Anhalt für die übliche untere Grenze der Temperaturen im Dauerbetrieb
Kurzname	Nummer	nach	Kennzeichen	
26 CrMo 4	1.7219	Stahl - Eisen Werkstoffblatt 680	KA	- 65 °C
12 Ni 19	1.5680		KB	-140 °C
X 12 CrNi 18 9	1.6900		KC	-253 °C
X 10 CrNiTi 18 10	1.6903		KD	-253 °C
X 5 CrNi 18 9	1.4301	DIN 17440 bzw. DIN 267 Teil 11 bzw. AD-W 10	A2 [a]	-196 °C
X 5 CrNi 19 11	1.4303		A2 [a]	-196 °C
X 10 CrNiTi 18 9	1.4541		A2 [a]	-196 °C
X 5 CrNiMo 18 10	1.4401		A4 [a]	- 60 °C
X 10 CrNiMoTi 18 10	1.4571		A4 [a]	- 60 °C

[a] Dem Kennzeichen A2 und A4 ist die Kennziffer für die gewünschte Festigkeitsklasse anzufügen, z.B A2-70 (siehe DIN 267 Teil 11).
Wird ein bestimmter Werkstoff gewünscht, so ist anstelle der Stahlgruppe nach DIN 267 Teil 11 der Kurzname des Werkstoffes oder die Werkstoffnummer anzugeben. Dies gilt auch für Teile mit Gewinde über M 39.

Für Einsatztemperaturen unter —253 °C sind gemäß AD-Merkblatt W 10 die Werkstoffe nach Einzelgutachten des Sachverständigen auszuwählen.

Für den Betrieb bei tiefen Temperaturen haben sich nach [7.17] auch Schrauben und Muttern aus Kupferlegierungen mit rd. 95–98 % Cu, 1 bis 4 % Ni und 0,5 bis 1 % Si bewährt.

7.4 Normen und Regelwerke

DIN ISO 898 Teil 1 (Mechanische Verbindungselemente; Technische Lieferbedingungen — Festigkeitsklassen für Schrauben aus unlegierten oder legierten Stählen)
DIN 267 Teil 4 (Mechanische Verbindungselemente; Technische Lieferbedingungen — Festigkeitsklassen für Muttern)
DIN 267 Teil 11 (Mechanische Verbindungselemente; Technische Lieferbedingungen mit Ergänzungen zu ISO 3506; Teile aus rost- und säurebeständigen Stählen; schließt DIN ISO 3506 ein)
DIN 267 Teil 13 (Mechanische Verbindungselemente; Technische Lieferbedingungen — Teile für Schraubenverbindungen vorwiegend aus kaltzähen oder warmfesten Werkstoffen)
DIN 17240 (Warmfeste und hochwarmfeste Werkstoffe für Schrauben und Muttern; Gütevorschriften)
DIN 17440 (Nichtrostende Stähle; Gütevorschriften)
DIN 50118 (Prüfung metallischer Werkstoffe; Zeitstandversuch unter Zugbeanspruchung)
SEW 089 (Schweißbare Feinkornbaustähle; Gütevorschriften)
SEW 670 (Hochwarmfeste Stähle; Gütevorschriften)
SEW 680 (Kaltzähe Stähle; Gütevorschriften)
AD-W2 (Austenitische Stähle)

AD-W7 (Werkstoffe für Druckbehälter; Schrauben und Muttern aus ferritischen Stählen)
AD-W10 (Werkstoffe für tiefe Temperaturen; Eisenwerkstoffe)
TRD (*T*echnische *R*egeln für *D*ampfkessel)-Richtlinie 106 (Werkstoffe: Schrauben und Muttern aus Stahl)

Neben DIN 267 Teil 13 sieht auch DIN 267 Teil 11 den Einsatz von Schrauben und Muttern aus nichtrostenden Stählen für höhere Temperaturen vor. Warmstreckgrenzen für martensitische Chromstähle und austenitische Cr-Ni-Stähle werden bis 400 °C angegeben.

Ergänzend soll auf SEW 640 Beiblatt 1 (Stähle für Schrauben und Muttern größerer Abmessungen für eine Verwendung bei mäßig erhöhten Temperaturen als Bauteile im Primärkreislauf von Kernenergie-Erzeugungsanlagen) hingewiesen werden, das die niedriglegierten Stähle 33 CrNiMo 6, 40 NiMoCr 7 3 und 26 NiCrMo 14 6 behandelt, die für Schrauben mit Durchmessern von 100 bis 400 mm und zugehörige Muttern bis zu Höchsttemperaturen von 370 °C eingesetzt werden können.

7.5 Schrifttum

7.1 Turlach, G.: Hochwarmfeste Schraubenverbindungen Werkstoffe und Gestaltung. Verbindungstechnik 12 (1980) 15–19
7.2 Straube, H.: Über die Grundlagen der Warmfestigkeit und die warmfesten metallischen Werkstoffe. Schweiz. Arch. angew. Wiss. Tech. 34 (1968) 237–256
7.3 Diehl, H.; Granacher, J.; Wiegand, H.: Rechnerische Untersuchung des Einflusses von chemischer Zusammensetzung und Wärmebehandlung auf die Zeitstandfestigkeit warmfester ferritischer Stähle. Arch. Eisenhüttenwes. 46 (1975) 407–410
7.4 Diehl, H.; Granacher, J.; Wiegand, H.: Einfluß des Molybdängehalts und der Gefügezusammensetzung auf die Zeitstandfestigkeit warmfester Chrom-Molybdän-Nickel-Vanadin-Stähle. Arch. Eisenhüttenwes. 47 (1976) 461–463
7.5 Illschner, B.: Hochtemperaturplastizität. Warmfestigkeit und Warmverformbarkeit metallischer und nichtmetallischer Werkstoffe. Berlin: Springer 1973
7.6 Kloos, K. H.; Diehl, H.: Zum Einfluß von Querschnittsgröße, Kerbform und Wärmebehandlung auf die Zeitstandfestigkeit eines 1% CrMoV-Stahls. VGB-Kraftwerkstechnik 59 (1979) 724–731
7.7 Kloos, K. H.; Diehl, H.: Einfluß der Kerbgeometrie auf das Zeitstandverhalten des Stahls 21 CrMoV 5 7 in unterschiedlichen Wärmebehandlungszuständen. Arch. Eisenhüttenwes. 50 (1979) 255–260
7.8 Kloos, K. H.; Diehl, H.: Größeneinfluß und Kerbwirkung an bauteilähnlichen Rundstäben unter Zeitstandbeanspruchung. Z. Werkstofftech. 9 (1978) 359–366
7.9 Kloos, K. H.; Diehl, H.: Temperaturabhängigkeit des Zeitstandkerbverhaltens eines Stahls 21 CrMoV 5 7 nach unterschiedlichen Wärmebehandlungen. Arch. Eisenhüttenwes. 50 (1979) 521—526
7.10 Technische Forschung Stahl: Relaxationsverhalten warmfester Stähle für Schrauben. Bericht EUR 6458. Hrsg.: Kommission der Europäischen Gemeinschaften, Generaldirektion Wissenschaftliche und Technische Information und Informationsmanagement, Luxemburg, 1980
7.11 Wiegand, H.; Beelich, K. H.: Relaxation bei statischer Beanspruchung von Schraubenverbindungen. Draht-Welt 54 (1968) 306–322
7.12 Pahl, G.: Ausdehnungsgerecht. Konstr. Masch. Appar. Gerätebau 25 (1973) 367–373
7.13 Thomala, W.: Schraubenverbindungen für hohe Temperaturen. Konstr. Elemente, Methoden 1 (1982) 65–68
7.14 VGB-Richtlinien für Schrauben im Bereich hoher Temperaturen. VGB-R 505 M. Hrsg.: VGB Technische Vereinigung der Großkraftwerksbetreiber. 4. Ausgabe, Düsseldorf 1981.

7.15 Reuter, M.: Die Flanschverbindung im Dampfturbinenbau. BBC-Nachr. Sonderdruck 8 (1958) 19–29
7.16 Steinach, K.; Veenhoff, F.: Die Entwicklung der Hochtemperaturturbinen der AEG. AEG-Mitt. 50 (1960) 433–453
7.17 Illgner, K. H.; Blume, D.: Schrauben Vademecum. Firmenbroschüre der Fa. Bauer und Schaurte Karcher GmbH, 6. Aufl. 1985
7.18 Beelich, K. H.: Fatigue research on bolted joints at high temperatures. Symp. high speed fatigue testing, Las Vegas, 1968
7.19 Beelich, K. H.: Gesichtspunkte zur Deutung des Relaxationsverhaltens und zur Auslegung temperaturbeanspruchter Schraubenverbindungen. Draht-Welt 56 (1970) 3–8
7.20 Sachs, K.; Evans, D. G.: The relaxation of bolts at high temperatures. GKN Lab. Reprint No. 34 Wolverhampton (UK), 1973
7.21 Branch, G. D.; Draper, J. H. M.; Hodges, N. W.; Marriot, J. B.; Murphy, M. C.; Smith, A. I.; Toft, L. H.: High temperature bolts for steam power plant. Int. Conf. creep and fatigue in elevated temperature applications. Inst. Mech. Eng. Preprint C 192/73. Sheffield (UK), 1974
7.22 Wellinger, K.; Erker, A.; Mayer, K. H.; Schäfer, R.: Sprödbruchuntersuchungen an warmfesten Schraubenwerkstoffen. VGB-Kraftwerkstechnik 55 (1975) 455–466
7.23 Khein, E. A.: On the determination of high temperature-relaxation strength for long periods. Ind. Lab. 25 (1959) 86–92
7.24 Schaar, K.: Betrachtungen zu Kriech- und Relaxationsversuchen an Stahldrähten. Draht-Welt 47 (1961) 494–497
7.25 Finnie, J.; Heller, W. R.: Creep of engineering materials. New York: McGraw-Hill 1959
7.26 Soo, J. N.; Skelton, R. P.: A rapid method of estimating stress relaxation from creep data. 2nd Int. Conf. on engineering aspects of creep, Univ. Sheffield; Inst. Mech. Eng. Vol. I, London, 1980; Preprint C 246/80, p. 97–104
7.27 Schubert, F.: Hochwarmfeste Legierungen. In: Festigkeits- und Bruchverhalten bei höheren Temperaturen. Ber. zum Kontaktstudium Werkstoffkunde Eisen und Stahl III, Bd. 2. Düsseldorf: Verlag Stahleisen 1980, S. 211–280
7.28 Buchan, J.; Kent, R. P.; Kirke, M.: Stress relaxation properties of some nickel-chromium alloys for steam power plant. Engineer 222 (1966) 480–483
7.29 Smith, A. J.; Armstrong, D. J.; Day, M. F.; Hopkin, L. M. T.: Stress relaxation properties of steels subjected to repeated straining. Proc. Inst. Mech. Eng. 178 (1964)
7.30 Freemann, J. W.; Voorhees, H. R.: Relaxation properties of steel and super-strength alloys at elevated temperatures. ASTM — Special Tech. Publ. Nr. 187, 1956
7.31 Schmidt, W.; v. d. Steinen, A.; Hüskes, H.: Über den Einfluß der Versuchsparameter auf die Ergebnisse von Entspannungsversuchen. Thyssen Edelst. Tech. Ber. 6 (1980) 117–120
7.32 Bartsch, H.: Ermittlung und Beschreibung des Langzeitkriechverhaltens hochwarmfester Gasturbinenwerkstoffe. Diss. TH Darmstadt 1985
7.33 Reppich, B.: Ein auf Mikromechanismus abgestütztes Modell der Hochtemperaturfestigkeit und Lebensdauer für teilchengehärtete Legierungen. Z. Metallkd. 73 (1982) 697–705
7.34 Erker, A.; Mayer, K. H.: Relaxations- und Sprödbruchverhalten von warmfesten Schraubenverbindungen. VGB Kraftwerkstechnik 53 (1973) 121–131
7.35 Ergebnisse Deutsche Zeitstandversuche langer Dauer. Hrsg.: Verein Deutscher Eisenhüttenleute. Düsseldorf: Verlag Stahleisen 1969
7.36 Wiegand, H.; Beelich, K. H.: Einfluß überlagerter Schwingbeanspruchung auf das Verhalten von Schraubenverbindungen bei hohen Temperaturen. Draht-Welt 54 (1968) 566–570
7.37 Wiegand, H.; Flemming, G.: Hochtemperaturverhalten von Schraubenverbindungen. VDI-Z. 16 (1971) 1239–1244
7.38 Beelich, K. H.: Kriech- und relaxationsgerecht. Konstr. Masch. Appar. Gerätebau 25 (1973) 415–421

7.5 Schrifttum

7.39 Stange, E.; Holdt, H.; Schinn, R.: Schrauben im Bereich hoher Temperaturen. Elektrizitätswirtschaft 18 (1960) 642–646
7.40 Gänsheimer, J.: Festschmierstoffe im Kraftwerk. Maschinenschaden 54 (1981) 2–7
7.41 Trautmann, H.: Kontrollierte Schraubenreinigung. Konstruktion Design 4 (1980) 24–25

8 Montage von Schraubenverbindungen

8.1 Einführung

Die Betriebssicherheit hochbeanspruchter Schraubenverbindungen hängt entscheidend von der Höhe der Vorspannkraft ab. Aufwendige Berechnungs- und Fertigungsmethoden bleiben dann wirkungslos, wenn eine Schraubenverbindung infolge unsachgemäßer Montage entweder zu hoch oder zu niedrig vorgespannt wird. Eine zu hohe Montagevorspannkraft führt zu einer direkten Überbeanspruchung, während zu niedrig vorgespannte Schraubenverbindungen auf indirektem Weg versagen, z. B. durch selbsttätiges Lösen (Kapitel 9) und/oder Dauerbruch (Abschnitt 5.2), insbesondere bei exzentrischer Beanspruchung [8.1].

Ausreichend hohe und insbesondere mit geringen Streuungen behaftete Vorspannkräfte besitzen darüberhinaus hinsichtlich der wirtschaftlichen Gestaltung von Schraubenverbindungen folgende Vorteile:

— Eine Überdimensionierung der Schraubenverbindung wird vermieden,
— Ein Nachspannen wegen Vorspannkraftverlusten (Setzen, Relaxation) ist weniger häufig erforderlich, so daß Inspektionsintervalle verlängert werden können (Kapitel 7).

Vor diesem Hintergrund kommt dem Anziehvorgang bei der Montage hochbeanspruchter Schraubenverbindungen insbesondere hinsichtlich der Funktions- und Betriebssicherheit eine besondere Bedeutung zu.

8.2 Anziehdrehmoment und Vorspannkraft

Schraubenverbindungen werden im allgemeinen durch Drehen der Mutter oder des Schraubenkopfes vorgespannt, wobei die Gewindeflanken und die Kopf- bzw. Mutterauflageflächen Gleitreibungskräften unterliegen.

Im elastischen Verformungsbereich besteht zwischen dem Anziehdrehmoment und der Vorspannkraft ein linearer Zusammenhang. Das Anziehdrehmoment M_A setzt sich zusammen aus

— Nutzdrehmoment M_{GSt},
— Gewindereibungsmoment M_{GR} und
— Kopfreibungsmoment M_{KR}.

Das Nutzdrehmoment erzeugt die Vorspannkraft in der Schraube. Es resultiert aus der Keilwirkung, die durch die Gewindesteigung hervorgerufen wird.

Der weitaus größere Teil des erforderlichen Anziehdrehmoments muß bei den meisten Anziehverfahren (s. Abschnitt 8.4) zur Überwindung der Reibung in der Schraubenkopf- bzw. Mutterauflagefläche (Kopfreibungsmoment M_{KR}) und zwischen

8.2 Anziehdrehmoment und Vorspannkraft

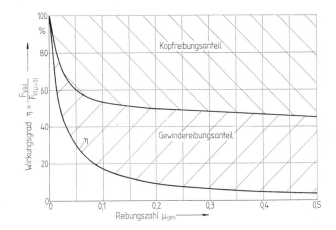

Bild 8.1. Wirkungsgrad und Reibungsanteil beim Anziehen einer Schraube M10 DIN 931 in Abhängigkeit von der Reibung [8.2]

den Gewindeflanken von Schraube und Mutter (Gewindereibungsmoment M_{GR}) aufgebracht werden und ist deshalb für die Erzeugung der Vorspannkraft nicht nutzbar. Bild 8.1 zeigt, daß bei Reibungszahlen im Bereich $\mu = 0{,}08$ bis $0{,}16$ hierfür ca. 80–90 % des Anziehdrehmoments verbraucht werden [8.2].

Somit ergibt sich das Anziehdrehmoment M_A zu

$$M_A = M_{GSt} + M_{GR} + M_{KR}. \tag{8.1}$$

Die Zusammenfassung der Momentenanteile im Gewinde,

$$M_G = M_{GSt} + M_{GR}, \tag{8.2}$$

führt zu

$$M_A = M_G + M_{KR}. \tag{8.3}$$

8.2.1 Gewindemoment M_G

Die Herleitung des formelmäßigen Zusammenhangs zwischen Gewindemoment M_G und Vorspannkraft F_V wird zum besseren Verständnis in drei Schritten vorgenommen:

1. *Flachgewinde (Flankenwinkel $\alpha = 0°$) ohne Berücksichtigung der Gewindereibung ($\mu_G = 0$)*

Zwischen den drei Kraftkomponenten in Bild 8.2

— Umfangskraft F_{UG},
— Vorspannkraft F_V und
— Normalkraft F_N

besteht ein Kräftegleichgewicht:

$$\Sigma \vec{x} = 0: \quad F_{UG} - F_N \sin \varphi = 0,$$
$$\Sigma y\uparrow = 0: \quad F_N \cos \varphi - F_V = 0.$$

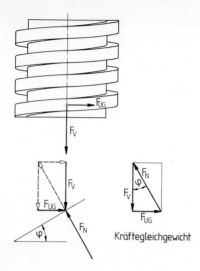

Bild 8.2. Kräfte in der Axialschnittebene eines flachgängigen Gewindes ($\alpha = 0°$) ohne Berücksichtigung der Gewindereibung ($\mu_G = 0$)

Durch Eliminieren von F_N wird

$$F_{UG} = F_V \tan \varphi \ .$$

Unter der Voraussetzung, daß als mittlere Wirkungslinie für die Umfangskraft im Gewinde die Linie angenommen wird, die der Flankendurchmesser des Bolzengewindes bildet — die Abweichung und damit der maximale Fehler gegenüber dem wirklichen Reibungshalbmesser ist gering [8.3] —, errechnet sich das Gewindemoment zu

$$M_G = F_{UG} \frac{d_2}{2} = F_V \frac{d_2}{2} \tan \varphi \ . \tag{8.4}$$

2. Flachgewinde ($\alpha = 0°$) mit Berücksichtigung der Gewindereibung ($\mu_G \neq 0$)

Unter Einbeziehung der Reibung ändert sich das Kräftegleichgewicht gemäß Bild 8.3:

$$\Sigma \vec{x} = 0: \quad F_{UG} - F_N \sin \varphi - F_R \cos \varphi = 0$$
$$\Sigma y \uparrow = 0: \quad F_N \cos \varphi - F_R \sin \varphi - F_V = 0$$
$$F_R = \mu F_N = F_N \tan \varrho \ .$$

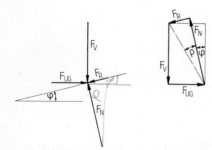

Bild 8.3. Kräfte in der Axialschnittebene eines flachgängigen Gewindes ($\alpha = 0°$) mit Berücksichtigung der Gewindereibung ($\mu_G \neq 0$)

8.2 Anziehdrehmoment und Vorspannkraft

Durch Eliminieren von F_N und F_R berechnet sich die Umfangskraft F_{UG} zu

$$F_{UG} = \frac{F_V}{1 - \mu \tan \varphi} (\tan \varphi + \mu), \tag{8.5}$$

und mit $\mu = \tan \varrho$ (ϱ = Reibungswinkel) erhält man

$$F_{UG} = F_V \frac{\tan \varphi + \tan \varrho}{1 - \tan \varrho \tan \varphi},$$

bzw.

$$F_{UG} = F_V \tan (\varphi + \varrho). \tag{8.6}$$

Für das Gewindemoment ergibt sich schließlich

$$M_G = F_{UG} \frac{d_2}{2} = F_V \frac{d_2}{2} \tan (\varphi + \varrho). \tag{8.7}$$

3. Spitzgewinde ($\alpha \neq 0$) mit Berücksichtigung der Gewindereibung ($\mu_G \neq 0$)

Das Kräftegleichgewicht in der Axialschnittebene beschreibt Bild 8.4. Die Normalkraftkomponente F'_N resultiert dabei aus der Projektion der senkrecht auf der Gewindeflanke stehenden Normalkraft F_N (Bild 8.5). Sie bestimmt sich aus der Beziehung

$$F'_N = F_N \cos \frac{\alpha'}{2}. \tag{8.8}$$

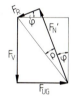

Bild 8.4. Kräfte in der Axialschnittebene eines Spitzgewindes ($\alpha \neq 0$) mit Berücksichtigung der Gewindereibung ($\mu_G \neq 0$)

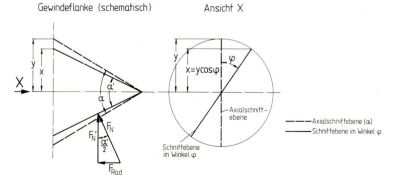

Bild 8.5. Wirkungsrichtung der Normalkraft F_N beim Spitzgewinde mit dem Flankenwinkel α

Die zusätzlich auftretende Radialkomponente F_{Rad} der Normalkraft wirkt als Ringkraft, die die Mutter radial aufzuweiten versucht. Sie hat keinen Einfluß auf den Zusammenhang zwischen Gewindemoment und Vorspannkraft [8.4]. Der Gewindeflankenwinkel α' in der Wirkebene von F_N unterscheidet sich nur geringfügig vom Flankenwinkel α in der um den Gewindesteigungswinkel φ gedrehten Axialschnittebene. Zwischen α' und α besteht gemäß Bild 8.5 folgender formelmäßiger Zusammenhang:

$$\frac{x}{y} = \frac{\tan(\alpha'/2)}{\tan(\alpha/2)};$$

mit $x/y = \cos \varphi$ wird

$$\frac{\tan(\alpha'/2)}{\tan(\alpha/2)} = \cos \varphi.$$

Es gilt:

$$\tan(\alpha'/2) = \frac{\sin(\alpha'/2)}{\cos(\alpha'/2)} = \frac{\sqrt{1 - \cos^2(\alpha'/2)}}{\cos(\alpha'/2)};$$

damit ergibt sich:

$$\frac{\sqrt{1 - \cos^2(\alpha'/2)}}{\cos(\alpha'/2)} = \cos \varphi \tan(\alpha/2),$$

oder

$$1 - \cos^2(\alpha'/2) = \cos^2(\alpha'/2) \cos^2 \varphi \tan^2(\alpha/2).$$

Daraus folgt:

$$\cos(\alpha'/2) = \frac{1}{\sqrt{1 + \cos^2 \varphi \tan^2(\alpha/2)}}.$$

Für genormte metrische ISO-Gewinde ist der Steigungswinkel φ bis hinunter zu Abmessungen von M3 nicht größer als 3,7°, so daß der Unterschied von $\cos\frac{\alpha'}{2}$ zu $\cos\frac{\alpha}{2}$ maximal 0,2 % beträgt und deshalb vernachlässigbar ist. Für F_N' kann somit geschrieben werden:

$$F_N' = F_N \cos(\alpha/2).$$

Analog zum Flachgewinde berechnet sich der Zusammenhang zwischen Gewindemoment und Vorspannkraft für Spitzgewinde mit einem Flankenwinkel α aus Bild 8.4 wie folgt:

$$\Sigma \vec{x} = 0: \quad F_{UG} - F_N' \sin \varphi - F_R \cos \varphi = 0$$
$$\Sigma y\uparrow = 0: \quad F_N' \cos \varphi - F_R \sin \varphi - F_V = 0.$$

8.2 Anziehdrehmoment und Vorspannkraft

Mit $F_R = \mu F_N$ und $F_N' = F_N \cos \dfrac{\alpha}{2}$ ergibt sich daraus für die Umfangskraft:

$$F_{UG} = F_V \frac{\tan \varphi + \dfrac{\mu}{\cos(\alpha/2)}}{1 - \dfrac{\mu}{\cos(\alpha/2)} \tan \varphi}. \tag{8.9}$$

Mit $\mu_G = \tan \varrho$ wird

$$F_{UG} = F_V \frac{\tan \varphi + \dfrac{\tan \varrho}{\cos(\alpha/2)}}{1 - \dfrac{\tan \varrho}{\cos(\alpha/2)} \tan \varphi}. \tag{8.10}$$

Durch die Einführung der Hilfsgröße

$$\tan \varrho' = \frac{\tan \varrho}{\cos(\alpha/2)} = \mu_G' = \frac{\mu_G}{\cos(\alpha/2)}$$

ergibt sich für die Umfangskraft

$$F_{UG} = F_V \frac{\tan \varphi + \tan \varrho'}{1 - \tan \varphi \tan \varrho'} = F_V \tan(\varphi + \varrho') \tag{8.11}$$

und für das Gewindemoment

$$M_G = F_{UG} \frac{d_2}{2} = F_V \frac{d_2}{2} \tan(\varphi + \varrho'). \tag{8.12}$$

Die Rechenbeziehung zwischen dem Gewindemoment M_G und der Vorspannkraft F_V läßt sich für metrische ISO-Gewinde vereinfacht darstellen.

Es gilt:
$$\tan(\varphi + \varrho') = \frac{\tan \varphi + \tan \varrho'}{1 - \tan \varphi \tan \varrho'}.$$

Der Gewindesteigungswinkel φ ist in der Regel nicht größer als $4°$, so daß $\tan \varphi$ maximal $0{,}07$ wird. Der Ausdruck $\tan \varrho'$ wird selbst bei extremen Reibungszahlen (z. B. $\mu = 0{,}3$) nicht größer als $0{,}35$. Damit geht $1 - \tan \varphi \tan \varrho'$ gegen 1 (Fehler $\leqq 3{,}5\%$), und es kann vereinfachend geschrieben werden: $\tan(\varphi + \varrho') = \tan \varphi + \tan \varrho'$.

Weiter gilt:
$$\tan \varphi = \frac{P}{\pi d_2} \quad \text{und}$$

$$\tan \varrho' = \mu_G' = \frac{\mu_G}{\cos(\alpha/2)} = 1{,}155 \mu_G \quad \text{für} \quad \alpha = 60°.$$

Die vereinfachte Form der Gleichung lautet somit:

$$M_G = F_V \frac{d_2}{2} \left(\frac{P}{\pi d_2} + 1{,}155 \mu_G \right)$$

oder

$$M_G = F_V(0{,}157P + 0{,}577 d_2 \mu_G) \, .\tag{8.13}$$

8.2.2 Kopfreibungsmoment M_{KR}

Das während des Anziehvorgangs durch die Gleitreibung in der Kopf- bzw. Mutterauflagefläche wirksame Kopfreibungsmoment M_{KR} läßt sich wie folgt berechnen:

$$M_{KR} = F_V \mu_K \frac{D_{Km}}{2} \, .\tag{8.14}$$

Die Formel gilt für eine gleichmäßige Flächenpressung in rotationssymmetrischen Auflageflächen. D_{Km} ist der wirksame Reibungsdurchmesser der in der Kontaktfläche wirkenden resultierenden Flächenkraft. Er ist von der Form und der Größe der Auflagefläche abhängig. Die Mutteraufweitung, die sich beim Anziehen auf Grund der Radialkraftkomponente im Gewinde einstellt, hat auf die Größe von D_{Km} nur einen unbedeutenden Einfluß und wird deshalb bei der Berechnung von D_{Km} vernachlässigt [8.4].

Ausgehend von einem infinitesimalen Reibungsmoment dM_{KR}, gelten für den allgemeinen Fall einer rotationssymmetrischen Auflagefläche A_P für ein ringförmiges Flächenelement dA gemäß Bild 8.6 folgende Beziehungen:

$$\mathrm{d}M_{KR} = n\mu_K \, \mathrm{d}A \, r \, .\tag{8.15}$$

Mit $n = p/\cos \gamma$ (spezifische Normalkraft) und d$A = 2\pi r \, \mathrm{d}r$ wird

$$M_K = 2\pi \mu_K p \int_{r_h}^{r_w} \frac{r^2}{\cos \gamma} \, \mathrm{d}r \, ,\tag{8.16}$$

und zusammen mit Gl. (8.14)

$$\frac{D_{Km}}{2} = \frac{2\pi}{A_P} \int_{r_h}^{r_w} \frac{r^2}{\cos \gamma} \, \mathrm{d}r \, .\tag{8.17}$$

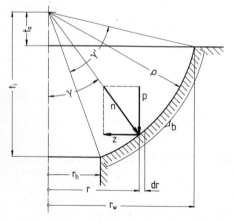

Bild 8.6. Allgemeiner Fall einer rotationssymmetrischen Kopfauflage [8.3]

8.2 Anziehdrehmoment und Vorspannkraft

Im folgenden werden mit Gl. (8.17) für drei in der Praxis häufig vorkommende Anwendungsfälle die jeweils für das Kopfreibungsmoment maßgeblichen Durchmesser D_{Km} bestimmt.

— Kugelzone als Auflagefläche (Bild 8.6, z. B. Kugelbundschraube)
Mit

$$\cos \gamma = \sqrt{1 - \left(\frac{r}{\varrho}\right)^2}$$

wird

$$\frac{D_{Km}}{2} = \frac{\pi \varrho^3}{A_P} \left[\arcsin \frac{r_w}{\varrho} - \arcsin \frac{r_h}{\varrho} + \frac{r_h}{\varrho} \sqrt{1 - \left(\frac{r_h}{\varrho}\right)^2} - \frac{r_w}{\varrho} \sqrt{1 - \left(\frac{r_w}{\varrho}\right)^2} \right]. \tag{8.18}$$

Die Einführung der Hilfsgrößen in Bild 8.6 vereinfacht die Beziehung zu

$$\frac{D_{Km}}{2} = \frac{4\varrho}{d_w^2 - d_h^2} (b\varrho + r_h t_i - r_w t_a). \tag{8.19}$$

— Kegelstumpf als Auflagefläche (z. B. Senkschraube)
Mit $\cos \gamma = \text{const}$ wird

$$\frac{D_{Km}}{2} = \frac{1}{3 \cos \gamma} \frac{d_w^3 - d_h^3}{d_w^2 - d_h^2}. \tag{8.20}$$

— Kreisringfläche als Auflagefläche
Mit $\cos \gamma = 1$ ($\gamma = 0°$) wird mit Gl. (8.20)

$$\frac{D_{Km}}{2} = \frac{1}{3} \frac{d_w^3 - d_h^3}{d_w^2 - d_h^2}$$

und durch Umformung

$$\frac{D_{Km}}{2} = \frac{d_w + d_h}{3} \left(1 - \frac{1}{\frac{d_w}{d_h} + 2 + \frac{d_h}{d_w}} \right).$$

Bei einer Kreisringfläche mit $d_w \approx d_h$ wird vereinfachend durch Einsetzen von $d_w/d_h = 1$ im Klammerausdruck

$$\frac{D_{Km}}{2} = \frac{d_w + d_h}{4}$$

oder

$$D_{Km} = \frac{d_w + d_h}{2}. \tag{8.22}$$

Nach [8.3] ist diese Näherung in fast allen praktischen Fällen zulässig. Für den idealen Fall einer gleichmäßigen Kraftverteilung in der Auflagefläche beträgt der Fehler selbst bei einem relativ großen Kopfdurchmesserverhältnis von $d_w/d_h = 2$ weniger als 4%. Demgegenüber wird der Fehler bei der Berechnung des Kopfreibungsradius erheblich größer, wenn ein Kantentragen am Außen- oder

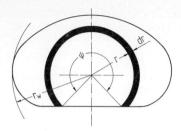

Bild 8.7. Nicht rotationssymmetrische Kopfauflage [8.3]

Innenrand der Kopfauflagefläche nicht berücksichtigt wird. Für $d_w/d_h = 2$ beträgt er dann 25 % (Außentragen) bzw. 50 % (Innentragen).

Für nicht rotationssymmetrische Kopfauflageflächen (z. B. Pleuelverschraubungen) wird der Kopfreibungsdurchmesser D_{Km} nach Bild 8.7 wie folgt ermittelt:

Mit $n = p$ und $dA = \dfrac{\psi}{180°}\,\pi r\,dr$ wird das Kopfreibungsmoment

$$M_{KR} = \mu_K \pi p \int_{r_h}^{r_w} \frac{\psi}{180°}\, r^2\, dr \left(= \mu_K F_V \frac{D_{Km}}{2}\right). \tag{8.23}$$

D_{Km} errechnet sich damit zu

$$\frac{D_{Km}}{2} = \frac{M_{KR}}{F_V \mu_K} = \frac{\pi}{A_P} \int_{r_h}^{r_w} \frac{\psi}{180°}\, r^2\, dr. \tag{8.24}$$

Bei der im allgemeinen nicht bekannten Abhängigkeit zwischen ψ und r muß dieses Integral zeichnerisch ausgewertet werden.

8.2.3 Anziehdrehmoment M_A

Das Anziehdrehmoment nach Gl. (8.1) bzw. Gl. (8.3) läßt sich nach der Herleitung der einzelnen Momentenanteile, Gl. (8.12) und Gl. (8.14), nunmehr in folgender Form schreiben:

$$M_A = F_V \frac{d_2}{2} \tan(\varphi + \varrho') + F_V \frac{D_{Km}}{2} \mu_K. \tag{8.25}$$

Für metrische ISO-Gewinde mit einem Flankenwinkel von 60° ergibt sich damit unter Berücksichtigung von Gl. (8.13)

$$M_A = F_V \left(0{,}157P + 0{,}577\, d_2 \mu_G + \frac{D_{Km}}{2}\mu_K\right). \tag{8.26}$$

Die Vereinfachung von Gl. (8.26) durch Gleichsetzen der Reibungszahlen im Gewinde und in der Schraubenkopf- bzw. Mutterauflagefläche,

$$\mu_G = \mu_K = \mu_{ges}, \tag{8.27}$$

8.2 Anziehdrehmoment und Vorspannkraft

in der Form

$$M_A = F_V \left[0{,}157P + \mu_{ges} \left(0{,}577 d_2 + \frac{D_{Km}}{2} \right) \right], \tag{8.28}$$

ist in den meisten Fällen nicht zulässig, da die Reibungszahlen im allgemeinen unterschiedlich groß sind [8.5]. Dies trifft insbesondere für Verbindungen zu, die gegen selbsttätiges Lösen (s. Kapitel 9) durch Vergrößerung der Gewinde- bzw. der Kopfreibung gesichert werden.

8.2.4 Reibungszahlen

Jede Schraubenverbindung stellt während des Anziehvorgangs an den verschiedenen reibbeanspruchten Trennfugen ein tribologisches System dar, so daß die Reibungszahlen maßgebend vom Werkstoff- und Oberflächenzustand der Reibpartner, dem Zwischenmedium (Schmierstoffe) und dem Umgebungsmedium abhängen. Eine quantitative Angabe von Reibungszahlen für den Montagevorgang ist daher äußerst problematisch.

Wegen der während des Anziehvorgangs sich einstellenden hohen Flächenpressungen und der meist relativ niedrigen Gleitgeschwindigkeiten herrschen sowohl im Gewinde als auch zwischen den Kopf- und Mutterauflageflächen Mischreibungsbedingungen mit unterschiedlich hohem Festkörperreibungsanteil. Infolge der Mischreibungsbedingungen können folgende für den Anziehvorgang bedeutende Sachverhalte auftreten:

1. Streuung der Reibungszahlen und infolgedessen auch Streuung der Vorspannkräfte,
2. Veränderung der Reibungszahlen, insbesondere nach mehrmaligem Anziehen:
   — Zunahme infolge adhäsiv-abrasiver Verschleißvorgänge zwischen den Trennfugen (Fressen),
   — Abnahme infolge von Einebnungsvorgängen.

8.2.4.1 Einflüsse auf das Reibungsverhalten

Gemäß der am Tribosystem beteiligten Elemente

— Gleitkörperoberfläche,
— Gegenkörperoberfläche,
— Zwischenmedium,
— Umgebungsmedium,

ergeben sich beim Anziehen von Schraubenverbindungen die in Tabelle 8.1 aufgeführten Einflußfaktoren.

Aus der dargestellten Übersicht sollen nachfolgend die wichtigsten Einflußgrößen in ihrer Wirkung auf die Reibungszahlen erörtert werden.

Schmierstoffe. Schmierstoffe haben neben dem Verhindern von Kaltverschweißungen, Verzundern bei hohen Temperaturen und von Korrosionsvorgängen vornehmlich die Aufgabe, die Reibungszahlen zu verringern und deren Streuung einzuengen. Der Vorteil der heute in großem Umfang verwendeten *Schmieröle und -fette* ist der relativ geringe Kostenaufwand. Die Nachteile von Schmierölen und -fetten aber sind:

Tabelle 8.1. Einflüsse auf das Reibungsverhalten

Einflußfaktoren	Beispiele
Oberflächenausführung	— weich, hart — metallisch blank — vergütungsschwarz — phosphatiert — beschichtet
Oberflächenfeingestalt der gepaarten Flächen (Fertigungseinfluß)	— kaltumgeformt — spanend bearbeitet
Formgenauigkeit der gepaarten Oberflächen	— konstruktiv bedingt — fertigungsbedingt — beanspruchungsbedingt
Oberflächenzustand	— trocken — geölt — geschmiert — mit Klebstoffen benetzt
Schmierstoff	— Öle, Fette — Festschmierstoffe (Graphit, MoS_2, Metallpigmente) — Trockenschmierstoff (Weichmetalle, Gleitlacke, Kunststoffe)
Montagebedingungen	— Gleitgeschwindigkeit (stetig, ruckweise) — Anzahl der Anziehvorgänge
Konstruktion	— Schraubenabmessung — Gewindegeometrie — Einschraubtiefe — Nachgiebigkeit der Verbindung — Werkstoffpaarung

— Kriechneigung (Gefahr des Austrocknens der Gewindeoberflächen),
— schlechtere Schmiereigenschaften bei hohen Flächenpressungen und niedrigen Gleitgeschwindigkeiten (Gefahr teilweisen Kaltverschweißens),
— Veränderung der Viskosität bzw. Konsistenz in Abhängigkeit von Zeit und Temperatur (hochviskose Produkte, Verkokungen) [8.6].

Deshalb finden nach [8.6] *Pasten* (Anteigungen von Ölen mit Festschmierstoffen) eine zunehmende Anwendung. Bei den dazu verwendeten Festschmierstoffen handelt es sich hauptsächlich um Graphit, Molybdändisulfid (MoS_2) oder Metallpigmente. Metallpigmenthaltige Pasten verhindern besonders wirksam atmosphärische Korrosion sowie Reibkorrosion und schützen die Gewindeflanken durch Aufplattieren der Metallteilchen vor Kaltverschweißen und vor Oxidation. MoS_2- oder graphithaltige Pasten werden im mittleren Temperaturbereich (z. B. bei Kfz-Motoren) und metallpigmenthaltige Pasten im Hochtemperaturbereich (z. B. Auspuffanlagen von Verbrennungsmotoren, Gasturbinenbolzen) verwendet.

Außer Ölen, Fetten und Pasten finden auch *Trockenschmierstoffe* (Gleitlacke und Weichmetallfilme) in der Verschraubungstechnik Anwendung. Trockenschmierfilme (Gleitlacke auf Graphit-, MoS_2- oder Polytetrafluoräthylen-Basis) erleichtern die

8.2 Anziehdrehmoment und Vorspannkraft

Tabelle 8.2. Reibungszahlen μ_G und μ_K für verschiedene Oberflächen- und Schmierzustände [8.7]

μ_G Gewinde				Außengewinde (Schraube)							
	Werkstoff			Stahl							
		Oberfläche		schwarzvergütet oder phosphatiert				galvanisch verzinkt (Zn6)		galvanisch cadmiert (Cd6)	Klebstoff
Gewinde	Werkstoff	Oberfläche	Gewindefertigung	gewalzt			geschnitten	geschnitten oder gewalzt			
			Schmierung	trocken	geölt	MoS$_2$	geölt	trocken	geölt	trocken	geölt	trocken
Innengewinde (Mutter)	Stahl	blank	geschnitten	0,12 bis 0,18	0,10 bis 0,16	0,08 bis 0,12	0,10 bis 0,16	– –	0,10 bis 0,18	– –	0,08 bis 0,14	0,16 bis 0,25
		galvanisch verzinkt		0,10 bis 0,16	– –	– –	– –	0,12 bis 0,20	0,10 bis 0,18	– –	– –	0,14 bis 0,25
		galvanisch cadmiert	trocken	0,08 bis 0,14	– –	– –	– –	– –	– –	0,12 bis 0,16	0,12 bis 0,14	–
	GG/GTS	blank		– –	0,10 bis 0,18	– –	0,10 bis 0,18	– –	0,10 bis 0,18	– –	0,08 bis 0,16	–
	AlMg	blank		– –	0,08 bis 0,20	– –	– –	– –	– –	– –	– –	–

μ_K Auflagefläche				Schraubenkopf							
	Werkstoff			Stahl							
		Oberfläche		schwarz oder phosphatiert					galvanisch verzinkt (Zn6)		galvanisch cadmiert (Cd6)	
Auflagefläche	Werkstoff	Oberfläche	Fertigung	gepreßt			gedreht		geschliffen	gepreßt		
			Schmierung	trocken	geölt	MoS$_2$	geölt	MoS$_2$	geölt	trocken	geölt	trocken	geölt
Gegenlage	Stahl	blank	geschliffen	– –	0,16 bis 0,22	– –	0,10 bis 0,18	– –	0,16 bis 0,22	0,10 bis 0,18	– –	0,08 bis 0,16	– –
			spanend bearbeitet	0,12 bis 0,18	0,10 bis 0,18	0,08 bis 0,12	0,10 bis 0,18	0,08 bis 0,12	–	0,10 bis 0,18		0,08 bis 0,16	0,08 bis 0,14
		galvanisch verzinkt	trocken	0,10 bis 0,16	–	0,10 bis 0,16		0,10 bis 0,18	0,16 bis 0,20	0,10 bis 0,18	–	–
		galvanisch cadmiert		0,08 bis 0,16					–	–	0,12 bis 0,20	0,12 bis 0,14
	GG/GTS	blank	geschliffen	–	0,10 bis 0,18	–	–	–	0,10 bis 0,18		0,08 bis 0,16	–
			spanend bearbeitet	–	0,14 bis 0,20	–	0,10 bis 0,18	–	0,14 bis 0,22	0,10 bis 0,18	0,10 bis 0,16	0,08 bis 0,16	–
	AlMg			–	0,08 bis 0,20				–	–	–	–

Tabelle 8.3. Reibungszahlen μ_G und μ_K für Schrauben und Muttern aus rost- und säurebeständigem Stahl nach DIN Teil 11 [8.9]

Gegenlage aus	Schraube aus	Mutter aus	Schmiermittel		Nachgiebigkeit der Verbindung	Reibungszahl	
			im Gewinde	unter Kopf		im Gewinde μ_G	unter Kopf μ_K
A2	A2	A2	ohne	ohne	sehr groß	0,26 bis 0,50	0,35 bis 0,50
			Spezialschmiermittel (Chlorparaffin-Basis)			0,12 bis 0,23	0,08 bis 0,12
			Korrosionsschutzfett			0,26 bis 0,45	0,25 bis 0,35
			ohne	ohne	klein	0,23 bis 0,35	0,12 bis 0,16
			Spezialschmiermittel (Chlorparaffin-Basis)			0,10 bis 0,16	0,08 bis 0,12
		AlMgSi	ohne		sehr groß	0,32 bis 0,43	0,08 bis 0,11
			Spezialschmiermittel (Chlorparaffin-Basis)			0,28 bis 0,35	0,08 bis 0,11

Montage und die Demontage und verhindern Beschädigungen während des Betriebes (z. B. bei Kfz-Auspuffanlagen). Sie stehen als Dispersionen in anorganischen oder organischen Bindern und Lösungsmitteln zur Verfügung. Nach dem Aushärten bilden sie eine festhaftende Schicht mit selbst unter schwierigen Bedingungen unveränderbaren Eigenschaften. Sie sind druck-, hitze- (bis über +300 °C) und kältebeständig (bis −180 °C). Darüberhinaus sind sie weitgehend gegen chemische Einflüße beständig. Ein Verharzen (Altern) tritt nicht auf. Gleitlacke bieten sich als Schmiermittel insbesondere da an, wo eine Verschmutzung bei der Montage durch Schmiermittel unerwünscht ist, denn der durch Trommeln und anschließendes Aushärten bei 150 °C im Ofen gebildete Schmierfilm ist griffest.

Werkstoff und Oberflächenzustand. Bei der Anwendung von Stahlschrauben aller Festigkeitsklassen und Abmessungen kann unter Berücksichtigung definierter Schmier- und Oberflächenbedingungen mit den in Tabelle 8.2 angegebenen Reibungszahlen gerechnet werden [8.7].

Für austenitische Schrauben, die wegen der für sie charakteristischen großen Werkstoffzähigkeit (selbst noch bei sehr tiefen Temperaturen) beim Anziehen eher zum Fressen neigen als hochfeste Schrauben aus niedriglegierten Vergütungsstählen, sind bei trockener Reibung entsprechend hohe Reibungszahlen zu berücksichtigen. Sie können in Grenzfällen im Bereich von $\mu = 0,5$ liegen. Durch Hochdruckschmiermittel, spezielle Oberflächenbehandlungen oder eine geeignete Werkstoffauswahl von Schraube und Mutter können jedoch die Reibungszahlen und auch deren Streubreite verringert werden [8.8] (Tabelle 8.3). Abhilfe bringt insbesondere eine Schmierung mit festschmierstoffhaltigen Pasten oder Gleitlacken. Wegen der Gefahr einer möglichen Spannungsrißkorrosion (s. Abschnitt 6.3.2.1) sind jedoch MoS_2-haltige Pasten oder Gleitlacke bei höheren Temperaturen nur unter Vorbehalt anwendbar. In diesem Fall bieten sich schwefelfreie Schmierstoffe an. In [8.10] wird nachgewiesen, daß die Reibverhältnisse bei Schraubenverbindungen aus nichtrostenden Stählen, warmfesten Stählen und Legierungen auch durch Zulegieren von Silizium bei mindestens einem der Reibpartner verbessert werden können.

Bei Schraubenverbindungen aus Titanlegierungen, die z. B. im Leichtbau, der Luft- und Raumfahrt und im Rennmotorenbau Verwendung finden, ist eine Schmie-

8.2 Anziehdrehmoment und Vorspannkraft

rung unabdingbar. Ohne Schmierung kann die Reibungszahl infolge Kaltverschweißens der Reibpartner erheblich ansteigen. Eine Verringerung der Reibungszahlen auf 0,1 bis 0,2 läßt sich durch Gleitlacke auf der Basis von MoS_2 oder Graphit erzielen, die wegen der besseren Haftung auf die vorher gebeizte Oberfläche aufgebracht werden. Die Schmierung verhindert darüberhinaus bei Titanlegierungen die Gefahr der Reibkorrosion.

Der Oberflächenzustand und die Oberflächenrauhigkeit beeinflussen die Reibungszahlen nachhaltig (Tabelle 8.2). Untersuchungen von [8.3] zeigten sowohl bei Öl- als auch MoS_2-Pasten-Schmierung für feingedrehte Oberflächen die günstigsten Gleiteigenschaften. Dies ist darauf zurückzuführen, daß durch Drehriefen die Schmierfilmbildung begünstigt wird, während polierte Oberflächen keine Schmierstofftransportfunktion besitzen.

Galvanisch abgeschiedene Metallschichten aus

— Kadmium,
— Blei,
— Kupfer,
— Silber,
— Zinn und
— Kobalt

mit relativ geringer Scherfestigkeit reduzieren ebenfalls die Reibungszahlen [8.10]. Sie verhindern am wirksamsten die Reibkorrosion. Silberschichten, die sich vornehmlich in der Luft- und Raumfahrt und in der Ultravakuumtechnik bewährt haben, sind bis +800 °C verwendbar [8.6].

Die Oberflächen feuerverzinkter Schrauben weisen in ungeschmiertem Zustand hohe Reibungszahlen mit großer Streuung auf [8.9, 8.11 bis 8.14]. Feuerverzinkte Schrauben sollten daher immer im geschmierten Zustand (vorzugsweise MoS_2) montiert werden.

Formgenauigkeit und Montagebedingungen. Die Reibungszahlen werden infolge der unmittelbaren Rückwirkung auf die Flächenpressung nachhaltig von der Formgenauigkeit beeinflußt, insbesondere durch

— fertigungsbedingte Gewinde-Flankenabweichungen,
— Geometrie und Oberflächenfeingestalt der Kopfauflagefläche (z. B. Vergrößerung des Kopfreibungsmoments durch grobgedrehte Auflage mit konkaver Neigung [8.3]),
— galvanische Beschichtungsverfahren sowie durch
— Biegeverformungen der Gewindezähne.

Untersuchungen von [8.3, 8.15] ergaben, daß sich die Reibung bei wiederholtem Anziehen infolge von Glättungsvorgängen in den gepaarten Oberflächen vermindern kann (Bild 8.8). Dadurch ist bei gleichbleibendem Anziehdrehmoment eine erhebliche Zunahme der Vorspannkraft möglich. Je nach Paarungs- und Reibungsverhältnissen können beim ersten Anziehvorgang allerdings auch Oberflächenaufrauhungen auftreten, die beim zweiten Anziehen eine Verminderung der erreichten Vorspannung bewirken. Nach [8.10] verschlechtern sich bei oberflächengeschützten Verbindungen die Reibverhältnisse mit zunehmender Zahl von Anziehvorgängen in Abhängigkeit von der Art des Oberflächenschutzes, der Haftfestigkeit der Oberflächenschicht auf dem Grundwerkstoff und vom Grundwerkstoff selbst.

Die gezeigte Fülle möglicher Einflüsse auf die Reibungsverhältnisse von Schraubenverbindungen erschwert ein sicheres Abschätzen der Gewinde- und Kopfreibungs-

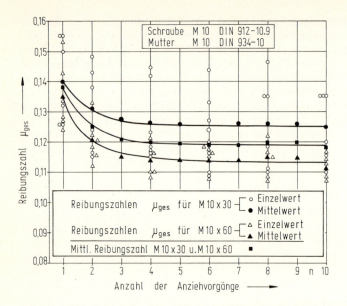

Bild 8.8. Reibungszahl beim Anziehen von Zylinderschrauben M10 DIN 912 — 10.9 mit Muttern DIN 934 — 10, beide ohne Oberflächenbehandlung, leicht geölt, beim Anziehen mit dem Drehschrauber, in Abhängigkeit von der Anzahl der Anziehvorgänge [8.15]

zahlen vor der Montage. Deshalb ist es insbesondere für hochbeanspruchte Verbindungen, deren Montagevorspannkraft indirekt über das Anziehdrehmoment kontrolliert wird, empfehlenswert, die Reibungsverhältnisse versuchsmäßig zu erfassen. Als sicherste Möglichkeit bietet sich dabei die Bestimmung des Verhältnisses von Montagevorspannkraft und Anziehdrehmoment an der Originalverschraubung an. Laborversuche erlauben mit Hilfe moderner, ohne nennenswerte Verlustreibung arbeitender Geräte [8.9] die getrennte Erfassung von Kopf- und Gewindereibung. Die Übertragbarkeit solcher Laborversuche ist jedoch nur dann hinreichend möglich, wenn die Versuchsbedingungen den praktischen Verhältnissen annähernd entsprechen.

8.2.4.2 Einfluß adhäsiver Verschleißvorgänge auf das Reibungsverhalten

Unter Mischreibungsbedingungen mit hohem Festkörperreibungsanteil sowie bei Trockenreibung können zwischen den Reibpartnern adhäsive Verschleißvorgänge mit örtlichen Kaltverschweißungen (Fressen) entstehen. Eine stärkere Kaltverschweißneigung besitzen vor allem austenitische Stähle, Aluminium- und Titanlegierungen sowie feuerverzinkte Oberflächen. Erfolgt die Kaltverschweißung an einigen Oberflächenbereichen während des Anziehvorgangs, so werden die Reibungszahlen deutlich erhöht, und durch die Verlagerung der Scherebenen entsteht eine ausgeprägte Riefenbildung in Gleitbewegungsrichtung, verbunden mit Freßerscheinungen der gepaarten Oberflächen. Das Fressen von miteinander in Berührung stehenden Reibpartnern kann als äußerster Grenzfall der Reibung betrachtet werden und kann zum Abwürgen von Schrauben schon bei relativ niedrigen Klemmkräften führen [8.16]. Gefährlicher allerdings noch als das Abwürgen der Schraube bei der Montage kann sich das Fressen von Gewindeverbindungen dann auswirken, wenn der Schraubenbolzen selbst bei vollem Montageanziehdrehmoment nicht bricht und dann für den Monteur der subjektive Eindruck einer ausreichenden Vorspannkraft entsteht. Die in Wirklichkeit jedoch zu niedrige Montagevorspannkraft kann schließlich zum Versagen der Verbindung während des Betriebs führen, was unter Umständen mit erheblichen Folgeschäden verbunden sein kann. Grundsätzlich ist für das Verhindern von Freßerscheinungen Voraussetzung, daß ein direkter metallischer Kontakt der gepaarten Oberflächen unterbleibt, indem durch adsorbierte Schmierschichten sowie Oxidschichten eine Annäherung der inneren Grenzschichten vermieden wird. Hierzu tragen folgende Maßnahmen bei [8.17]:

— Vermeidung harter Verunreinigungen (z. B. Späne), die die Fremdschicht durchbrechen können,
— Wiederherstellung der Fremdschicht nach chemischen oder elektrochemischen Reinigungsprozessen,
— Verstärkung der Fremdschicht durch konventionelle Schmiermittel,
— Verhinderung der Entstehung von Korrosionsprodukten oder Zunderschichten, z. B. durch nichtmetallische oder metallische Oberflächenschichten,
— Erzeugung glatter Oberflächen mit hohem Traganteil und damit niedriger Flächenpressung (z. B. gerollte Gewinde),
— Verhinderung des Eindringens von Rauhigkeiten der Gegenflächen oder von Verunreinigungen durch ausreichend hohe Oberflächenhärte,
— Vermeidung unzulässig hoher Flächenpressungen, z. B. durch beanspruchungsgerechte Gestaltung (Gewindespiel, -form, -steigung, Mutterform), Werkstoffwahl und Wärmebehandlung,
— sachgerechtes Vorspannen bei der Montage.

8.3 Beanspruchung und Haltbarkeit von Schraubenverbindungen beim Anziehen

Bei den meisten der in der Praxis üblichen Anziehverfahren wird mittels geeigneter Werkzeuge ein Anziehdrehmoment M_A über den Schraubenkopf oder die Mutter in die Verbindung eingeleitet. Dieses erzeugt während des Verspannens die Montagevorspannkraft F_M, die eine Zugspannung σ_M im Schraubenbolzen bewirkt. Infolge des Reibungsmoments M_G im Gewinde wird zusätzlich eine Torsionsspannung τ_M hervorgerufen.

Die während des Montagevorgangs auftretenden Beanspruchungen beeinflussen maßgeblich die Haltbarkeit von Schraubenbolzen und Mutter sowie die der Kraftangriffsflächen und der Montagewerkzeuge.

8.3.1 Beanspruchung und Haltbarkeit von Schraubenbolzen und Mutter

Die Haltbarkeit von Schraubenbolzen und Mutter während des Anziehvorgangs bei der Montage hängt wesentlich von folgenden Faktoren ab:
— Beanspruchungszustand,
— Höhe der Montagevorspannung,
— Einschraubtiefe.

8.3.1.1 Beanspruchungszustand

Im Schraubenbolzen herrscht aufgrund der Montagezugspannung σ_M und der Torsionsspannung τ_M ein zweiachsiger Spannungszustand. Daraus läßt sich unter Anwendung einer geeigneten Versagenshypothese eine Vergleichsspannung σ_{red} formulieren, die unmittelbar mit einem einachsial ermittelten Werkstoffkennwert, z. B. der 0,2%-Dehngrenze, verglichen werden kann. Hierfür hat sich in der Vergangenheit die Gestaltänderungsenergiehypothese in der Form

$$\sigma_{red} = \sqrt{\sigma_M^2 + 3\tau_M^2} \qquad (8.29)$$

nicht nur für Fließbeginn, sondern in Übereinstimmung mit Versuchsergebnissen auch für Bruchversagen als brauchbar erwiesen [8.3, 8.18] (Bild 8.9), obwohl in Gl. (8.29) nicht der im Gewindequerschnitt selbst vorherrschende dreiachsige inhomogene Spannungszustand infolge Kerbwirkung berücksichtigt ist.

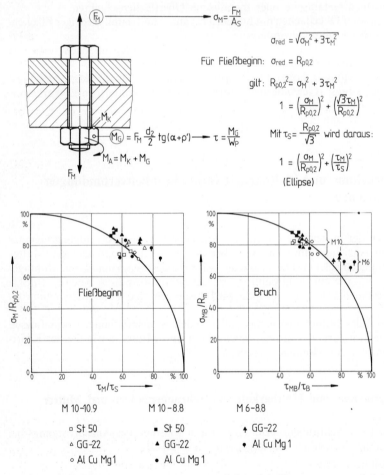

Bild 8.9. Einfluß der Torsionsspannung τ_M auf die axiale Vorspannung σ_M bei Ausnutzung der Fließ- bzw. Bruchgrenze [8.16]

8.3 Beanspruchung und Haltbarkeit von Schraubenverbindungen beim Anziehen

Zwischen der Zugspannung σ_M und der Torsionsspannung τ_M besteht nach der Gestaltänderungsenergiehypothese für Fließbeginn sowie für Bruchversagen ein elliptischer Zusammenhang, der sich durch eine geeignete Transformation gemäß Bild 8.9 auch in Kreisform darstellen läßt. Das Verhältnis der Torsionsspannung zur Zugspannung während der Montage, dessen Größe ein Maß für die Vorspannkraft ist, wird in Bild 8.10 in Abhängigkeit von der Gewindereibungszahl μ_G gezeigt. Aus dieser Darstellung geht deutlich der dominierende Einfluß der Gewindereibung auf die sich im Gewinde aufbauende Torsionsspannung hervor. Während der Anteil der Torsionsspannung bei reibungsfreiem Gewinde ($\mu_G = 0$) infolge der Gewindesteigung nur etwa 10% der axialen Vorspannung σ_M ausmacht ($\tau_M/\sigma_M = 0{,}1$), beträgt er bei einer Gewindereibungszahl $\mu_G = 0{,}17$ bereits etwa 50%, und bei $\mu_G = 0{,}37$ erreicht er die Größe der Zugspannung ($\tau_M/\sigma_M = 1$). Das bedeutet, daß Schrauben mit hohen Gewindereibungszahlen nicht so hoch vorgespannt werden können wie Schrauben mit niedrigen Gewindereibungszahlen (s. Bild 8.1).

Bei torsionsfreien Anziehverfahren, z. B. beim hydraulischen Anziehen (s. Abschnitt 8.4.3), wird die Schraube ausschließlich axial beansprucht. Daher folgt aus Gl. (8.29):

$$\sigma_{red} \atop {(\tau = 0)} = \sigma_M . \qquad (8.30)$$

8.3.1.2 Montagevorspannung

Für den Fall, daß für die Vergleichsspannung σ_{red} eine $v\%$-ige Ausnutzung einer vorgegebenen Mindestdehngrenze $R_{p0,2}$ bzw. Mindeststreckgrenze R_{eL} der Schraube zugelassen wird, gilt

$$\sigma_{red} = \sqrt{\sigma_M^2 + 3\tau_M^2} = vR_{p0,2} . \qquad (8.31)$$

Mit

$$\tau_M = M_G/W_P,$$

$$M_G = F_M \frac{d_2}{2}\left(\frac{P}{\pi d_2} + 1{,}155\mu_G\right)$$

nach Gl. 8.13 und d_0 als Durchmesser des kleinsten Querschnitts A_0 bzw. für das Widerstandsmoment $W_P = (\pi/16)\,d_0^3$ ergibt sich nach Umformung

$$\sigma_M = \frac{vR_{p0,2}}{\sqrt{1 + 3\left[\dfrac{2d_2}{d_0}\left(\dfrac{P}{\pi d_2} + 1{,}155\mu_G\right)\right]^2}} . \qquad (8.32)$$

Bei Schrauben mit einem Schaftdurchmesser, der kleiner ist als der zum Spannungsquerschnitt A_S gehörende Durchmesser $d_S = (d_2 + d_3)/2$, s. Gl. (5.1), liegt der schwächste Querschnitt im ungekerbten Schaft. Die Berechnung der Zugspannung nach Gl. (8.31) wird daher mit $d_0 = d_T$ als Schaftdurchmesser durchgeführt. Bei Schrauben mit einem gegenüber d_S größeren Schaftdurchmesser tritt bei Überbeanspruchung während des Anziehens in den meisten Fällen Fließen im freien belasteten

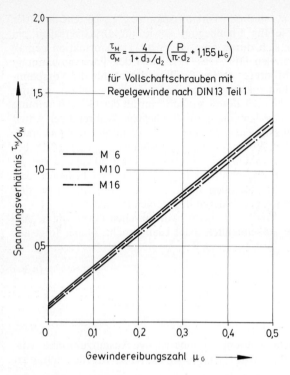

Bild 8.10. Spannungsverhältnis τ_M/σ_M im Schraubengewinde in Abhängigkeit von der Gewindereibungszahl μ_G

Gewinde ein. Für die Berechnung von σ_M ist somit in diesem Fall der fiktive Spannungsdurchmesser d_S für d_0 in Gl. (8.32) einzusetzen:

$$\sigma_M = \frac{\nu R_{p0,2}}{\sqrt{1 + 3\left[\frac{4}{1 + d_3/d_2}\left(\frac{P}{\pi d_2} + 1{,}155\mu_G\right)\right]^2}}. \qquad (8.33)$$

Damit können die Montagevorspannkräfte bestimmt werden für

— Schrauben mit $d_{Sch} \geqq d_S$:

$$F_M = \sigma_M A_S, \quad \sigma_M \text{ nach Gl. (8.33)} \qquad (8.34)$$

— Schrauben mit $d_{Sch} < d_S$ (Dehnschrauben):

$$F_M = \sigma_M A_T = \sigma_M (\pi/4)\, d_T^2, \quad \sigma_M \text{ nach Gl. (8.32)} \qquad (8.35)$$

Die Montagevorspannkräfte nach Tabelle 4.4 bis 4.7 wurden unter Berücksichtigung der beim Anziehen wirkenden Torsions- und Zugspannungen für eine 90 %-ige Ausnutzung ($\nu = 0{,}9$) der genormten Mindeststreckgrenze berechnet, wobei den Schaftschrauben (Tabelle 4.4 und 4.6) der Nennspannungsquerschnitt und den

8.3 Beanspruchung und Haltbarkeit von Schraubenverbindungen beim Anziehen 259

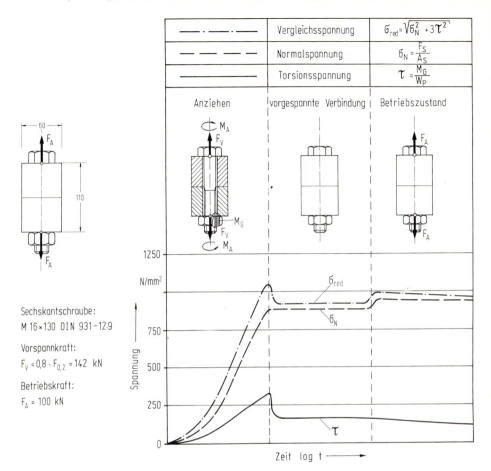

Bild 8.11. Beanspruchung einer Schraube bei der Montage und im Betrieb

Dehnschrauben (Tabelle 4.5 und 4.7) ein Querschnitt mit dem Schaftdurchmesser $d_T = 0{,}9 d_3$ zugrundeliegt. Diese Werte sind gerundet mit einem Rundungsfehler von maximal 1 %.

Mit der 90 %-igen Ausnutzung der Schraube bei der Montage soll sichergestellt werden, daß der Schraubenbolzen im Betriebsfall noch eine Ausnutzungsreserve von 10 % besitzt. Neuere Untersuchungen [8.19] zeigen jedoch, daß sich unmittelbar nach der Montage die Gesamtbeanspruchung in der Schraube verringert, so daß sie selbst bei voller Ausnutzung der Streckgrenze während der Montage ($v = 1{,}0$) im Betrieb noch zusätzlich beansprucht werden kann. Dies wird in Bild 8.11 am Beispiel einer Schraubenverbindung M16 — 12.9 verdeutlicht. Bei der gewählten Vorspannkraft von $F_M = 0{,}8 F_{0{,}2}$ und der sich daraus bestimmenden Vergleichsspannung σ_{red} von etwa $0{,}93 R_{p0{,}2}$ ergibt sich folgender Sachverhalt:

- Nach Wegnahme des äußeren Drehmoments (Anziehdrehmoment M_A) vermindert sich die Torsionsspannung in der Schraube und damit auch die Vergleichsspannung durch Rückfederung des Gesamtsystems Schraubenverbindung;

- Die Zugspannung und damit die eingebrachte Vorspannkraft bleibt nach Wegnahme des Anziehdrehmoments nahezu erhalten;
- Unter Betriebsbelastung steigt die Zugspannung um die Zusatzspannung an. Damit nimmt auch die Vergleichsspannung zu. Die Torsionsspannung bleibt nahezu konstant;
- Selbst bei einer Betriebskraft von 100 kN — das entspricht ca. 60% der Streckgrenzenlast der verspannten Schraube M16-12.9 — wird der am Ende des Montagevorgangs vorliegende Gesamtbeanspruchungszustand nicht mehr erreicht.

Die Größe der Entlastung der Schraube nach dem Montagevorgang hängt insbesondere von der geometrischen Gestaltung der Schraubenverbindung und den Reibungsverhältnissen ab. Deshalb können hierzu keine allgemeingültigen Angaben gemacht werden. In Versuchen [8.19] war eine bis zu 10%-ige Verminderung der Vergleichsspannung nachweisbar. Diese Entlastung des Systems ist eine der wesentlichen Ursachen dafür, daß selbst bei überelastisch vorgespannten Schraubenverbindungen keine Beeinträchtigung der Betriebshaltbarkeit zu befürchten ist (Bild 8.12):
Bei einem Torsionsspannungsabfall von 50% des ursprünglichen Werts — ein Abfall in dieser Größenordnung konnte mehrfach festgestellt werden [8.19] — wird selbst bei relativ hohen Schraubenzusatzkräften F_{SA} die Streckgrenze der Schraube nicht mehr erreicht. Nach Untersuchungen von [8.21] kann sogar die maximale Schraubenkraft F_S die im Zugversuch ermittelte Streckgrenzkraft erreichen.

Bei allen Anziehverfahren, bei denen im Schraubenschaft keine Torsionsbeanspruchung auftritt (s. Abschnitt 8.4.3), vereinfacht sich Gl. (8.31) zu

$$\sigma_{red} = \sigma_M = v R_{p0,2}.$$

Die erreichbare maximale Montagevorspannkraft ist dann

$$F_{M\,max} = v R_{p0,2} A_0 = v R_{p0,2} \frac{\pi}{4} d_0^2. \tag{8.36}$$

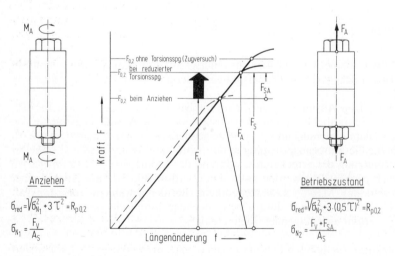

Bild 8.12. Kraft-Verformungs-Schaubild einer überelastisch vorgespannten und betriebsbelasteten Schraubenverbindung [8.20]

8.3.1.3 Einschraubtiefe

Damit von Schrauben die maximal möglichen Vorspannkräfte aufgebracht werden können, muß eine ausreichende Einschraubtiefe vorhanden sein bzw. eine kritische Mutterhöhe (s. Abschnitt 5.1.5) erreicht werden. Da beim Anziehen von Schrauben die erzielbaren axialen Zugkräfte infolge der zusammengesetzten Beanspruchung aus Zug und Torsion kleiner sind als die beim Zugversuch möglichen Kräfte, sind hier auch die kritischen Einschraubtiefen geringer [8.16]. Dies trifft insbesondere auf Verbindungen mit relativ großer Reibung im Gewinde (z. B. bei trockenem Oberflächenzustand) zu.

Bei sehr guter Schmierung (z. B. MoS_2) und relativ geringen Torsionsspannungsanteilen unterscheiden sich die kritischen Mutterhöhen für Anzieh- und reine Zugbeanspruchung kaum noch.

8.3.2 Beanspruchung und Haltbarkeit von Kraftangriffsflächen und Montagewerkzeugen

Bei der Montage von Schraubenverbindungen wird das Anziehdrehmoment M_A über geeignet ausgebildete Kraftangriffsflächen von Schraube oder Mutter, z. B.

— Sechskant,
— Torx,
— Vielzahn,
— Schlitz,
— Kreuzschlitz usw.

von den Montagewerkzeugen auf die Verbindung übertragen. Eine optimale Auslegung der Kraftangriffsflächen von Schraube oder Mutter und von Montagewerkzeugen im Hinblick auf die Forderung nach Leichtbauweise ist dann realisiert, wenn die Schraube bei voller Ausnutzung der Tragfähigkeit der Kraftangriffsflächen und der Werkzeuge bis zu ihrer größtmöglichen Vorspannkraft (Streckgrenze bzw. 0,2%-Dehngrenze) angezogen und im Bedarfsfall wieder gelöst werden kann. Dies gilt insbesondere dann, wenn die Losdrehmomente größer sind als die Anziehdrehmomente (z. B. bei Verwendung stoff- und formschlüssiger Schraubensicherungen, s. Kapitel 9).

Die Umfangskraft F_U am Schraubenkopf oder der Mutter bzw. am Werkzeug ergibt sich am Beispiel eines Sechskants aus Bild 8.13 zu

$$F_U = \frac{M_A}{r}. \qquad (8.37)$$

Die erforderliche Umfangskraft F_U zur Erzeugung des Anziehdrehmoments M_A wird um so größer, je kleiner der Abstand des Kraftangriffs von der Mittelachse des Schraubenbolzens ist. Die dadurch verursachte höhere Flächenpressung am Antrieb des Kopfes oder der Mutter kann durch eine entsprechend höhere Kopf- bzw. Mutterhöhe reduziert werden [8.23], um ein Überschreiten der zulässigen Flächenpressung zu verhindern.

Unter der Voraussetzung einer über die Länge der Schlüsselfläche gleichmäßigen Druckverteilung und einer exakten Anpassung der Schlüsselflächen von Schraube und Werkzeug ergibt sich ohne Berücksichtigung von elastischen und/oder plastischen Formänderungen für die Flächenpressung $p = \sigma_U$ an den Schlüsselflächen beim Anziehen mit einem Drehmoment M_A folgender formelmäßiger Zusammenhang:

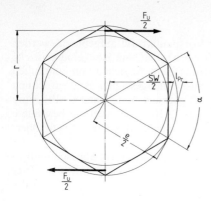

Bild 8.13. Umfangskraft F_U am Schraubenkopf oder an der Mutter bzw. am Werkzeug während des Anziehvorgangs [8.22]

$$\sigma_U = \frac{F_U}{A_{Pr}} = \frac{M_A}{r}\frac{1}{A_{Pr}}. \tag{8.38}$$

A_{Pr} ist dabei die wirksame Schlüsselfläche. Sie wird bei gleichseitigen Vielecken nach [8.22] aus der Projektion der im Eingriff stehenden Flächen auf die zur Umfangskraft senkrecht stehende Ebene bestimmt:

$$A_{Pr} = l_{Pr}k$$

mit k = Kraftangriffshöhe und l_{Pr} = Länge der Projektionsfläche.

Die Länge l_{Pr} der Projektionsfläche A_{Pr} eines beliebigen gleichseitigen Vielecks (z. B. eines Sechsecks in Bild 8.13) berechnet sich zu

$$l_{Pr} = \frac{e - \text{SW}}{2}. \tag{8.39}$$

Mit

$$\text{SW} = e \cos\frac{\alpha}{2} \tag{8.40}$$

gilt:

$$l_{Pr} = \frac{e}{2}\left(1 - \cos\frac{\alpha}{2}\right). \tag{8.41}$$

Wird der Vollkreis von 360° durch die Anzahl der Ecken n_e des Vielecks geteilt, ergibt sich der Segmentwinkel zu $\alpha = 360°/n_e$. Damit wird die Länge der Projektionsfläche

$$l_{Pr} = \frac{e}{2}\left(1 - \cos\frac{180°}{n_e}\right). \tag{8.42}$$

Die gesamte Projektionsfläche A_{Pr} errechnet sich schließlich mit der Kraftangriffshöhe k (z. B. Kopfhöhe) und unter der Annahme, daß alle Ecken n_e beim Anziehen im Eingriff stehen (z. B. bei Verwendung eines Steckschlüssels), zu:

$$A_{Pr} = n_e k l_{Pr} = n_e k \frac{e}{2}\left(1 - \cos\frac{180°}{n_e}\right). \tag{8.43}$$

8.3 Beanspruchung und Haltbarkeit von Schraubenverbindungen beim Anziehen

Mit dem Wirkungsradius

$$r = \frac{e + SW}{4} \tag{8.44}$$

ergibt sich schließlich die Flächenpressung mit Gl. (8.38) zu

$$\sigma_U = \frac{8M_A}{n_e k(e^2 - SW^2)} \tag{8.45}$$

bzw.

$$\sigma_U = \frac{8M_A}{ke^2} \frac{1}{n_e \sin^2 \frac{180°}{n_e}} \tag{8.46}$$

Für Sechskante ($n_e = 6$) vereinfacht sich die Gleichung zu

$$\sigma_U = \frac{4M_A}{k SW^2}. \tag{8.47}$$

Bei Innensechskantschrauben ist anstelle von k die Sechskanttiefe t in die Rechnung einzusetzen.

Da die Flächenpressung vom Quadrat der Schlüsselweite abhängig ist, Gl. (8.47), werden die Kraftangriffsflächen von Innensechskantschrauben entsprechend höher beansprucht als die von Schrauben mit Außensechskant. Ferner sind die in der Praxis auftretenden effektiven Flächenpressungen wegen der fertigungsbedingten Toleranzen der Schlüsselweiten von Schraube und Anziehwerkzeug und der Höhe der beim Anziehvorgang im Eingriff befindlichen Kraftangriffsflächen größer als die theoretisch errechneten. Besonders die Schlüsselweitentoleranz wirkt sich hierbei auf die Erhöhung der Flächenpressung aus. Die ungünstigsten Verhältnisse treten bei Innensechskantschrauben unter folgenden Bedingungen auf:

— Schlüsselweite der Schraube am Größtmaß,
— Schlüsselweite des Anziehwerkzeugs am Kleinstmaß,
— Kopfhöhe der Schraube am Kleinstmaß.

Es gilt dann für die Flächenpressung:

$$\sigma_{U\,max} = \frac{8M_A}{n_e t_{min}[e^2_{min\,(Schlüssel)} - SW^2_{max\,(Schraube)}]}. \tag{8.48}$$

In der Praxis ist die Voraussetzung gleichmäßiger Flächenpressung auf der Schlüsselfläche infolge des Spiels zwischen dem Montagewerkzeug und der Kraftangriffsfläche von Schraube und Mutter nicht gegeben. Die Umfangskraft wird zum größten Teil im Bereich der Kraftangriffsecken übertragen, so daß die praktischen Flächenpressungen im allgemeinen deutlich größer sind gegenüber den theoretisch ermittelten Werten. Nach [8.22] kann z. B. für die Abmessung M12 die effektive Flächenpressung auf Innensechskant-Schlüsselflächen bis zu 35% über der theoretisch kleinstmöglichen liegen.

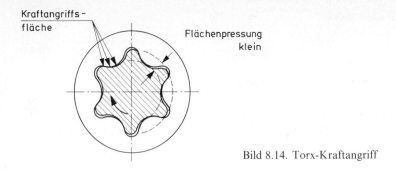

Bild 8.14. Torx-Kraftangriff

Eine Verminderung der Flächenpressung und der Kerbwirkung in den Kraftangriffsecken ist durch gerundete Kraftangriffsflächen möglich (Torx, Bild 8.14). Hier wird die Umfangskraft über eine vergrößerte Fläche übertragen. Die daraus resultierenden Vorteile sind insbesondere:

— höhere Werkzeugstandzeiten,
— Übertragbarkeit höherer Anziehdrehmomente (Bild 8.15),
— kleinere Bauweise des Kraftangriffs und damit Gewichtsersparnis (Bild 8.16),
— kleinere Bauweise des Montagewerkzeugs.

Hinsichtlich der Übertragbarkeit hoher Anziehdrehmomente und höherer Werkzeugstandzeiten sind Schlitz- und Kreuzschlitz-Kraftangriffe gegenüber Sechskant, Torx und Vielzahn aus folgenden Gründen weniger gut geeignet:

— Verminderung der Haltbarkeit des Schraubenkopfes infolge Schwächung des Scherquerschnitts,
— Einstülpen des Kopfes von Schlitzschrauben,
— verminderte Belastbarkeit des Schraubwerkzeugs,
— Rückstellkräfte durch schräge Kraftangriffsflächen (cam out),
— mangelnde Zentrierfähigkeit des Werkzeugs bei Schlitzschrauben.

Bild 8.15. Infolge Kerbwirkung gebrochenes Sechskant-Montagewerkzeug

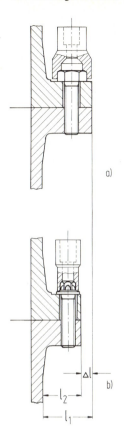

Bild 8.16a, b. Gewichtsersparnis bei Torx-Schrauben durch kleinere Bauweise des Kraftangriffs. a) Sechskantschraube M10 × 35 — DIN 931; b) Torx-Schraube M10 × 35

8.4 Montageverfahren

Die heute gebräuchlichen Anziehverfahren erfassen die in der Schraube erzeugte Vorspannkraft nicht direkt (z. B. über Dehnungsmeßstreifen), sondern indirekt, z. B. über folgende Meßgrößen (Bild 8.17):

— Anziehdrehmoment M_A,
— Drehwinkel ϑ,
— elastische Längenänderung f_s oder Abstandsänderung zwischen Schraubenkuppe und Auflagefläche,
— Anziehdrehmoment-Drehwinkel-Gradient $dM_A/d\vartheta$ zur Ermittlung des Streckgrenzpunkts,
— Größe des Impulses beim motorischen Anziehen,
— hydraulischer Druck.

Mit diesen Meßgrößen werden, basierend auf der Elastizitätstheorie sowie den Gesetzen der schiefen Ebene und der Reibung, die Vorspannkräfte berechnet [8.24]. Die Genauigkeit der erzielten Montagevorspannkraft hängt von folgenden Faktoren ab [8.25, 8.26]:

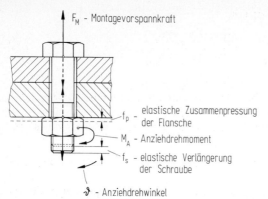

Bild 8.17. Meßgrößen für die indirekte Bestimmung der Montagevorspannkraft [8.24]

— Reibungsverhältnisse in den sich relativ zueinander bewegenden Oberflächen (Schmierungszustand, Oberflächenfeingestalt, Werkstoffpaarung, Oberflächenbeschichtung),
— geometrische Form der Verbindung (Gewindeform, -toleranzen und -steigung, Kopfform der Schraube, Nachgiebigkeitsverhältnisse von Schraube und verspannten Teilen),
— Montageverfahren und
— Montageeinrichtung.

Im allgemeinen bleibt eine mehr oder weniger große Unsicherheit in bezug auf die Größe der beim Anziehen im Schraubenbolzen hervorgerufenen Beanspruchung, die bei der Dimensionierung der Schraubenverbindung durch den sog. Anziehfaktor α_A (Montage-Unsicherheitsbeiwert) berücksichtigt wird (s. Abschnitt 4.3). Dieser enthält die vom jeweils angewendeten Montageverfahren herrührende Streuung der Vorspannkraft

$$\Delta F_M = F_{M\,max} - F_{M\,min}. \tag{8.49}$$

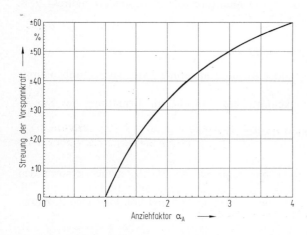

Bild 8.18. Zusammenhang zwischen Vorspannkraftstreuung und Anziehfaktor [8.26]

8.4 Montageverfahren

Der Anziehfaktor α_A berechnet sich zu

$$\alpha_A = \frac{F_{M\,max}}{F_{M\,min}} = \frac{1 + \Delta F_M/2F_{Mm}}{1 - \Delta F_M/2F_{Mm}} \tag{8.50}$$

mit F_{Mm} als mittlerer Montagevorspannkraft ($F_{Mm} = F_{M\,max} - \Delta F_M$ bzw. $F_{M\,min} + \Delta F_M$). Der Zusammenhang zwischen der Vorspannkraftstreuung und dem Anziehfaktor geht aus Bild 8.18 hervor.

Bei der Dimensionierung wird der Anziehfaktor α_A wie folgt gehandhabt (s. Abschnitt 4.3):

— Berechnung der für die Betriebssicherheit erforderlichen Mindestvorspannkraft $F_{M\,min}$,
— Ermittlung des Schraubenquerschnitts (Durchmesser) bei vorgegebener Festigkeitsklasse,
— Festlegung des Anziehverfahrens,
— Ermittlung des Anziehfaktors aus Tabelle 4.9,
— Vergrößerung des zuvor ermittelten Schraubenquerschnitts durch Multiplikation mit α_A, um eine Überbeanspruchung der Schraube während der Montage zu vermeiden.

Ein gegenüber α_{AI} vergrößerter Anziehfaktor α_{AII} bedeutet bei gleicher erforderlicher Mindestvorspannkraft $F_{M\,min}$ eine Vergrößerung des Schraubenquerschnitts um das Verhältnis α_{AII}/α_{AI}:

$$\alpha_{AI} = \frac{F_{M\,max\,I}}{F_{M\,min}},$$

$$\alpha_{AII} = \frac{F_{M\,max\,II}}{F_{M\,min}}.$$

Daraus folgt:

$$\frac{\alpha_{AII}}{\alpha_{AI}} = \frac{F_{M\,max\,II}}{F_{M\,max\,I}}.$$

Mit $F_{M\,max} = \sigma_{red} A$ ergibt sich für $\sigma_{red} = $ const:

$$\frac{\alpha_{AII}}{\alpha_{AI}} = \frac{A_{II}}{A_I} = \frac{d_{II}^2}{d_I^2}.$$

Daraus folgt für das Durchmesserverhältnis:

$$\frac{d_{II}}{d_I} = \sqrt{\frac{\alpha_{AII}}{\alpha_{AI}}}. \tag{8.51}$$

Hieraus geht hervor, daß z. B. durch Verwendung eines Anziehverfahrens mit $\alpha_{AII} = 2$ gegenüber $\alpha_{AI} = 1$ ein um etwa 40% größerer Schraubendurchmesser erforderlich ist,

$$\frac{d_{II}}{d_I} = \sqrt{2} \approx 1{,}4,$$

also z. B. M12 anstelle von M8 (s. auch Bild 8.19).

Auf Grund des maßgeblichen Einflusses des Anziehverfahrens werden im folgenden die in der heutigen Verschraubungspraxis angewendeten Montageverfahren vorgestellt sowie ihre Vor- und Nachteile deutlich gemacht. Tabelle 8.4 zeigt in einer systematischen Gegenüberstellung die Arten der eingesetzten Montagewerkzeuge, deren Antriebsformen sowie Methoden zur Kontrolle der aufgebrachten Vorspannkraft.

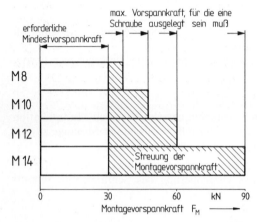

Anziehverfahren	Anziehfaktor α_A
streckgrenzgesteuerter Drehschrauber	1,0
Drehmoment-Schlüssel oder Präzisionsdrehschrauber	1,6
Drehschrauber	2,0
Schlagschrauber	3,0

Bild 8.19. Genauigkeit verschiedener Anziehverfahren, ermittelt an Schrauben der Festigkeitsklasse 12.9 [8.35]

Tabelle 8.4. Anziehwerkzeuge und Kontrollmöglichkeiten für die Vorspannkraft

Antriebsform	Werkzeug	Kontrolle der Vorspannkraft im Montagezustand durch	Erfassung der Meßgröße durch
Manuell	Schraubendreher (Schlitz-, Kreuzschlitz-)	Drehmoment	Gefühl des Monteurs
			Anzeige durch Verformung eines Torsionsstabes
	Schraubenschlüssel (Gabel-, Ring-, Steck-)	Drehmoment	Gefühl des Monteurs
		Verlängerung	Meßuhr, indukt. Wegaufnehmer
	Drehmomentschlüssel	Drehmoment	Auslösen bei eingestelltem Grenzwert (Ausknicken, akustisches Signal)
			Anzeige durch Verformung eines Biege- oder Torsionsstabs oder durch Zusammendrückung einer Druckfeder
		Drehwinkel	Drehwinkelgeber
		Drehmoment-Drehwinkelgradient	Drehmomentaufnehmer und Drehwinkelgeber
Motorisch (Antrieb pneumatisch oder hydraulisch)	Drehschrauber	Drehmoment	Maximales Motormoment bzw. Kupplungs-Ausrückmoment
		Drehwinkel	Drehwinkelgeber
		Drehmoment-Drehwinkelgradient	Drehmomentaufnehmer und Drehwinkelgeber
	Drehschlagschrauber	Schlagimpuls bzw. Drehmoment	Nachziehmoment nach Vorversuchen
Hydraulisch	Hydr. Anziehwerkzeug (torsionsfrei)	Hydr. Druck	Manometer + Daten aus Vorversuchen

8.4.1 Anziehen von Hand

Beim Anziehen von Schraubenverbindungen mit Gabel- oder Ringschlüsseln wird die Vorspannkraft durch das subjektive Empfinden des Monteurs beeinflußt. Die Höhe der erzielten Vorspannkraft ist dabei abhängig von der Erfahrung und der körperlichen Verfassung des Monteurs und von der Länge des verwendeten Schlüssels. Bei Untersuchungen [8.15] an Schraubenverbindungen unterschiedlicher Durchmesser und Festigkeitsklassen wurde festgestellt, daß beim Anziehen von Hand die Vorspannkraft selbst von zuverlässigen Versuchspersonen in den meisten Fällen nicht ordnungsgemäß aufgebracht wurde (Bild 8.20). Schrauben kleinerer Abmessung (<M8) wurden dabei überwiegend zu hoch, größere Abmessungen dagegen (>M12) viel zu niedrig angezogen. Legt man eine Handkraft zugrunde, die ein Monteur noch mühelos aufzubringen vermag [8.27], könnten gemäß Bild 8.20 Schrauben der Festigkeitsklasse 10.9 bis zur Abmessung M10 noch mit Ringschlüsseln nach DIN 838 und Schrauben bis zur Abmessung M6 mit Stiftschlüsseln nach DIN 911 auf die erforderliche Vorspannkraft angezogen werden. Allerdings unterliegen die erzielten Anziehdrehmomente und damit auch die Vorspannkräfte gemäß Bild 8.20

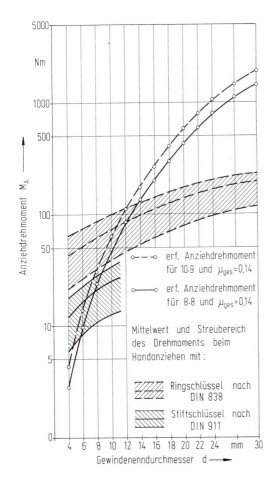

Bild 8.20. Streuung der bei Handanziehverfahren mit Gabel- oder Ringschlüsseln erreichten Anziehdrehmomente im Vergleich zu den Sollwerten [8.29]

erheblichen Streuungen, so daß Schrauben größerer Abmessungen selbst unter zusätzlicher Anwendung von Schlüsselverlängerungen in Verbindung mit den genormten Schlüsseln nicht zuverlässig vorgespannt werden können. Das Anziehen ohne objektive Drehmomentkontrolle scheidet deshalb für hochbeanspruchte Schraubenverbindungen als geeignetes Montageverfahren aus.

8.4.2 Anziehen mit Verlängerungsmessungen

Der lineare Zusammenhang zwischen Montagevorspannkraft und Schraubenverlängerung im elastischen Bereich kann für ein kontrolliertes Aufbringen der Montagevorspannkraft ausgenutzt werden (Bild 8.21). Bei einer Durchsteckschraubenverbindung, bei der die Längenänderung durch eine Meßvorrichtung zwischen Kopf und Kuppe der Schraube (z. B. mit einer hochgenauen mechanischen Meßuhr oder einem induktiven Wegaufnehmer) ermittelt wird, ergibt sich die Vorspannkraft mit Gl. (4.1) zu

$$F_M = \frac{1}{\delta_S} f_S , \qquad (8.52)$$

wobei δ_S von der konstruktiven Gestaltung der Schraube abhängig ist (s. Abschnitt 4.2.1). Die elastische Nachgiebigkeit δ_S der Schraube kann nach Gl. (4.7) berechnet werden. Dabei bleibt die Mutterverschiebung unberücksichtigt. Zweckmäßigerweise ermittelt man die Längenänderung der Schraube in Abhängigkeit von der Vorspannkraft im Vorversuch. Unsicherheiten beim Aufbringen der Vorspannkraft resultieren bei dieser Anziehmethode aus

— Maßtoleranzen der Schraube (Länge, Durchmesser),
— Schwankungen des E-Moduls des Schraubenwerkstoffs und
— Meßfehlern.

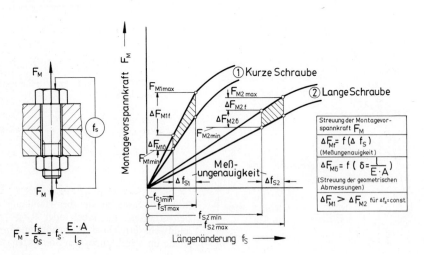

Bild 8.21. Kontrolle der Montagevorspannkraft F_M durch Messung der elastischen Längenänderung der Schraube

8.4 Montageverfahren

Die Exaktheit des Verfahrens ist direkt abhängig von der Schraubenlänge (Bild 8.21). Es sollte daher nicht bei der Montage von kurzen Schrauben angewendet werden, da hier die erzielbare Genauigkeit bei der Aufbringung der Vorspannkraft nicht dem erheblichen Aufwand gerecht wird. So bewirkt z. B. eine Vorspannung von 1000 N/mm² bei einer 10 mm langen Stahlschraube eine Verlängerung von nur etwa 0,05 mm. Ein Meßfehler von nur 0,01 mm würde deshalb zu einer um 20% abweichenden Vorspannkraft führen. Bei längeren Schrauben ist eine genauere Bestimmung der Montagevorspannkraft möglich (Bild 8.22). Die Streuung kann noch weiter eingeengt werden, wenn die für die erforderliche Vorspannung relevante Längenänderung für den jeweiligen Verschraubungsfall in Kalibrierversuchen ermittelt wird.

Trotz der relativ hohen Kosten wird das Verfahren dennoch für die Montage höchstbeanspruchter Teile mit verschärften Gewährleistungsansprüchen (z. B. im Flugzeugbau) eingesetzt [8.24].

Bei Schraubenverbindungen, die nur einseitig zugänglich sind, kann das Anziehverfahren unter Verwendung hohlgebohrter Schrauben mit Meßfühlern oder Meßeinsätzen entsprechend angewendet werden (Bild 8.23). Die Montagevorspannkraft

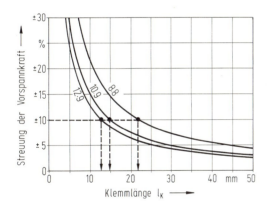

Bild 8.22. Streuung der Vorspannkraft beim Anziehen mit Verlängerungsmessung [8.28]

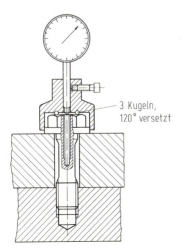

Bild 8.23. Meßanordnung zur Bestimmung der elastischen Schraubenlängung bei Schrauben mit großen Durchmessern, deren beide Enden nicht gleichzeitig zugänglich sind [8.29]

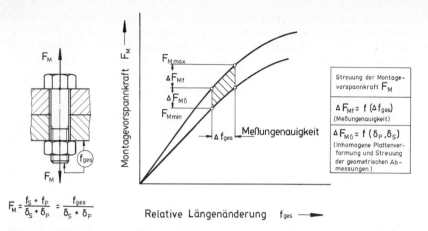

Bild 8.24. Kontrolle der Montagevorspannkraft F_M mit Hilfe der relativen Längenänderung zwischen Gewindeende und Mutterauflage

bei nur einseitig von der Mutterseite zugänglichen Schraubenverbindungen kann aus der relativen Längenänderung zwischen der Schraubenkuppe und der Mutterauflagefläche berechnet werden (Bild 8.24). Hierbei ist die elastische und teilweise plastische Verformung der verspannten Teile, die die Ungenauigkeit bei der Vorspannkraftaufbringung vergrößert [8.24], mit zu berücksichtigen.

Der rechnerische Zusammenhang zwischen der Vorspannkraft und der Längenänderung ergibt sich unter Berücksichtigung der Gl. (4.2) und (4.11) und der bereits genannten Einschränkung hinsichtlich δ_S zu

$$F_M = \frac{f_{ges}}{\delta_S + \delta_P}. \tag{8.53}$$

Ein Sonderverfahren der Vorspannkraftkontrolle durch Längenmessung stellt das Ultraschallverfahren dar. Weitere Sonderverfahren, bei denen Farbveränderungen z. B. von Flüssigkeiten oder bestimmter im Kraftfluß mitverspannter Elemente als Maß für die Höhe der Montagevorspannkraft herangezogen werden, sind aufgrund subjektiven Farbempfindens meist sehr ungenau und bedürfen in der Regel erst umfangreicher Kalibrierversuche.

8.4.3 Torsionsfreies Anziehen

Die torsionsfreien Anziehverfahren basieren auf den gleichen Gesetzmäßigkeiten wie die über Längenmessung gesteuerten Verfahren. Sie finden vorwiegend Anwendung bei der Montage von großen Schraubenabmessungen (z. B. im Großmotoren-, Kessel- und Turbinenbau).

Hydraulisches Anziehen. Beim hydraulischen Anziehen wird der Schraubenbolzen an seinem freien, über die Mutter hinausstehenden Ende gefaßt und gegenüber den zu verspannenden Teilen torsionsfrei zunächst auf die Montagevorspannkraft F_{MM} (Bild 8.25) vorgespannt. Danach wird die Mutter (durch Drehen von Hand) zur Anlage gebracht (Bild 8.26).

8.4 Montageverfahren

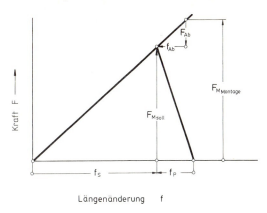

Bild 8.25. Verspannungsschaubild hydraulisch vorgespannter Schraubenverbindungen (schematisch)

Durch das Ablassen des Öldrucks im Anzugsgerät wird schließlich der Ort der Pressung der verspannten Teile vom Stützfuß des Anziehgeräts auf die Hauptmutter übertragen. Die auf diese Weise hervorgerufene Änderung des Beanspruchungszustands in den spannenden und verspannten Teilen führt zu einem Vorspannkraftabfall F_{Ab} infolge elastischer und plastischer Druckverformungen f_{Ab} in den verspannten Teilen, im Mutterkörper und in den im Eingriff stehenden Gewindezähnen (Bild 8.25), der sich bei Schraubenverbindungen mit kurzer Dehnlänge ($l_K/d < 8$) besonders stark auswirken kann. Hier kann der Vorspannkraftabfall Größenordnungen von bis zu 50 % erreichen [8.30]. Die während des Anziehvorgangs aufzubringende Montagevorspannkraft F_{MM} muß deshalb um den Vorspannkraftabfall F_{Ab} größer sein als die angestrebte Sollvorspannkraft $F_{M\,soll}$. Um das Setzen in den Fügeflächen (Trennfläche der verspannten Teile, Auflageflächen von Schraubenkopf und Mutter und Gewinde) nach dem Entspannen auszugleichen, wird in der Praxis oft ein Nachspannen vorgesehen. Dies wird auch im Hinblick auf die Kompensation von Vor-

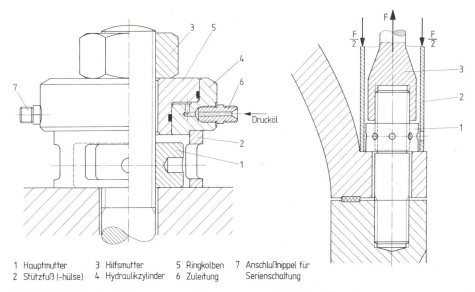

1 Hauptmutter 3 Hilfsmutter 5 Ringkolben 7 Anschlußnippel für
2 Stützfuß (-hülse) 4 Hydraulikzylinder 6 Zuleitung Serienschaltung

Bild 8.26. Hydraulische Vorspannvorrichtungen unterschiedlicher Bauart

spannkraftschwankungen durchgeführt, die sich beim Anziehen von benachbarten Schrauben ergeben.

Das hydraulische Anziehen von Schrauben bietet den Vorteil, daß gleichzeitig mehrere Schraubenverbindungen auf gleiche Vorspannkraftwerte angezogen werden können. Beim gruppenweise vorgenommenen Vorspannen von Mehrschraubenverbindungen (z. B. Flanschverbindungen von Druckbehältern) muß jedoch der Vorspannkraftabfall beachtet werden, der auf Relaxationsvorgänge in den jeweils zuvor vorgespannten Gruppen zurückzuführen ist. Hier sind unterschiedlich hohe, gestufte Vorspannkräfte für die einzelnen Schraubengruppen nötig, um schließlich nach Beendigung der Montage eine einheitlich hohe Vorspannkraft zu erzielen. Die optimale Stufung der Vorspannkraft in den verschiedenen Schraubengruppen kann nach [8.31] berechnet werden.

Die Genauigkeit des hydraulischen Anziehverfahrens ist vorwiegend von der Schraubenlänge abhängig. Bei Schraubenverbindungen mit $l_K/d > 5$ kann mit einer Vorspannkraftstreuung von $\pm 10\%$ bei einem Anziehfaktor $\alpha_A = 1{,}2$ gerechnet werden, wenn für den jeweiligen Verschraubungsfall zuvor Kalibrierversuche durchgeführt wurden. Für kürzere Schrauben ($l_K/d < 5$) ist dagegen mit einem Anziehfaktor $\alpha_A = 1{,}6$ [8.32] zu dimensionieren.

Thermisches Anziehen. Das thermische Anziehen wird vorwiegend im Dampfturbinenbau angewendet. Die im allgemeinen großformatigen Schraubenbolzen werden durch Längsbohrungen von innen her aufgeheizt und erfahren dabei eine Wärmedehnung $f_S = \alpha_S l_S \Delta T_S$ (s. Abschnitt 7.2). Im erwärmten Zustand wird die Mutter zur Anlage gebracht. Danach kühlt der Bolzen ab und baut in Abhängigkeit von der vorher eingebrachten Wärmedehnung (Temperatur) eine Vorspannung auf, die aus der Behinderung der Rückverformung durch die zu verspannenden Teile resultiert.

Die Vor- und Nachteile dieses Verfahrens sind im wesentlichen vergleichbar mit denen des hydraulischen torsionsfreien Anziehens.

8.4.4 Drehmomentgesteuertes Anziehen

Das drehmomentgesteuerte Anziehen findet wegen seiner Wirtschaftlichkeit in der überwiegenden Zahl aller Verschraubungsfälle Anwendung. Bei dieser Anziehmethode wird das Anziehdrehmoment M_A als Meßgröße herangezogen, das durch folgende Instrumente bzw. Verfahren erfaßt werden kann:

— von Hand geführte ausrastende oder abknickende Drehmomentschlüssel (nachknickende Drehmomentschlüssel können unzuverlässig sein, weil sie von der Montageperson abhängig sind),
— manuell geführte messende und anzeigende Drehmomentschlüssel,
— extern angeordnete Drehmoment-Meßwertaufnehmer (transducer) bei unmittelbarer Messung, z. B. an der Schraubenspindel. Ermittlung des Meßwerts mit transportablen Drehmomentspitzenwert-Anzeigegeräten (digital, analog),
— intern angeordnete Drehmoment-Meßwertaufnehmer (Meßbuchsen, -hülsen), die das Reaktionsmoment der Schraubenspindel aufnehmen, und stationär angeordnete Anzeigeinstrumente oder Schreibgeräte,
— intern angeordnete Drehmoment-Meßwertaufnehmer und Drehwinkel-Meßwertgeber in Verbindung mit dem Messen des Anziehdrehwinkels.

Das Anziehdrehmoment berechnet sich für die erforderliche Montagevorspannkraft F_M nach Gl. (8.25) bzw. für metrische ISO-Gewinde mit einem Flankenwinkel von 60° nach Gl. (8.26).

8.4 Montageverfahren

Tabelle 8.5. K-Faktoren für die vereinfachte Berechnung des Anziehdrehmoments für μ_G und μ_K [8.5]

Faktor K = $(0{,}16\,P + 0{,}58\,d_2 \cdot \mu_G + \frac{D_m}{2} \mu_K)/d$								
Gewinderei-bungszahl μ_G		Kopfreibungszahl μ_K						
		0,08	0,10	0,125	0,14	0,16	0,20	0,25
0,08	R	0,118	0,131	0,148	0,158	0,171	0,198	0,231
	F	0,112	0,125	0,142	0,152	0,166	0,192	0,226
0,10	R	0,128	0,142	0,159	0,169	0,182	0,209	0,242
	F	0,123	0,136	0,153	0,163	0,176	0,203	0,237
0,125	R	0,142	0,155	0,172	0,182	0,195	0,222	0,255
	F	0,137	0,150	0,167	0,177	0,190	0,217	0,250
0,14	R	0,150	0,163	0,180	0,190	0,203	0,230	0,263
	F	0,145	0,158	0,175	0,185	0,198	0,225	0,258
0,16	R	0,160	0,173	0,190	0,200	0,214	0,240	0,274
	F	0,156	0,169	0,186	0,196	0,209	0,234	0,269
0,20	R	0,181	0,195	0,211	0,221	0,235	0,261	0,295
	F	0,177	0,191	0,208	0,218	0,231	0,258	0,291
0,25	R	0,208	0,221	0,238	0,248	0,261	0,288	0,231
	F	0,205	0,218	0,235	0,245	0,258	0,285	0,318
Anziehdrehmoment $M_A = K \cdot F_M \cdot d$								
R: Regelgewinde ; F: Feingewinde								

Eine relativ schnelle *und* exakte Berechnung des Anziehdrehmoments bei vorgegebener Vorspannkraft und Schraubenabmessung läßt sich erreichen [8.5], wenn der Klammerausdruck in Gl. (8.26) durch den Faktor Kd ersetzt wird,

$$M_A = F_M \left[0{,}16 P + 0{,}58 d_2 \mu_G + \frac{D_{Km}}{2} \mu_K \right] = F_M K d$$
$$= F_M K d$$

und die Parameter P, d_2 und D_{Km} als Funktion von d ausgedrückt werden. Für die Beziehungen P/d, $d_2/2$ und D_{Km}/d lassen sich Mittelwerte im Abmessungsbereich von M4 bis M30 bilden. Damit wird

$$K = \frac{0{,}16 P + 0{,}58 d_2 \mu_G + \dfrac{D_{Km}}{2} \mu_K}{d},$$

woraus sich für Regel- bzw. Feingewinde ableiten läßt:

Regelgewinde: $K = 0{,}0222 + 0{,}528 \mu_G + 0{,}668 \mu_K$,
Feingewinde: $K = 0{,}0151 + 0{,}545 \mu_G + 0{,}668 \mu_K$.

Für beliebige Kombinationen von μ_G und μ_K kann der K-Faktor tabellarisch registriert (Tabelle 8.5) und daraus mit $M_A = F_M K d$ das gesuchte Anziehdrehmoment für Regel- (R) und Feingewinde (F) berechnet werden.

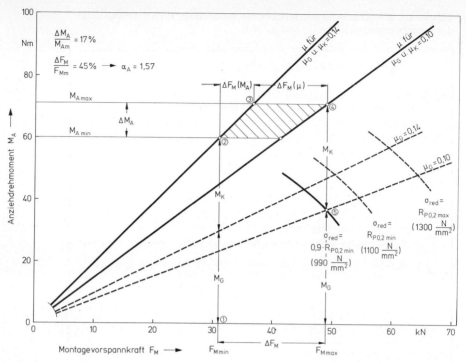

Bild 8.27. Streuung der Montagevorspannkraft ΔF_M beim drehmomentgesteuerten Anziehen [8.26]

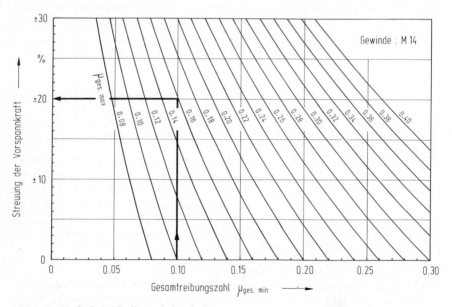

Bild 8.28. Einfluß der Reibung beim drehmomentgesteuerten Anziehen [8.26]

8.4 Montageverfahren

Tabelle 8.6. Fehleranalyse für verschiedene Methoden des drehmomentgesteuerten Anziehens [8.5]

Teilfehler				
(1) Fehler beim Schätzen der Reibungszahlen				
(2) Streuung der Reibungszahlen bei einem Schrauben- und Bauteillos				
(3) Momentenstreuung des vom Drehmomentschlüssel oder Schrauber abgegebenen Momentes				
(4) Momentenstreuung des für die Messung des Nachziehmomentes eingesetzten Schlüssels				
(5) Fehler bei der Dehnungsmessung an der Schraube				
Mangelnde statistische Treffsicherheit für den Mittelwert				
(6) ...bei der experimentellen Bestimmung des Sollanziehdrehmomentes				
(7) ...bei der Einstellung des Sollanziehmomentes am Schrauber				
(8) ...bei Einstellen über Dehnungsmessung an der Schraube				
(9) ...bei Einstellen über Nachziehmoment				
(10) Fehler beim Schätzen des Zuschlags zu dem Sollanziehmoment für das Nachziehmoment				
Gesamtfehler aus der Summierung der Teilfehler (in der Reihenfolge des Auftretens)				
Verfahren	Einstellen	Teilfehler	Summenfehler ± [%]	α_A
Drehmomentschlüssel und Drehschrauber mit direkter Drehmomentmessung	über Sollanziehmoment aus geschätzten Reibungszahlen	(1) (3) (2)	23 – 28	1,6 bis 1,8
Drehschrauber mit dynamischer Drehmomentmessung		(1) (7) (3) (2)		
Drehmomentschlüssel	über Sollanziehmoment bestimmt am Original-Verschraubungsteil durch Dehnungsmessung an der Schraube	(5) (6) (3) (2)	17 – 23	1,4 bis 1,6
Drehschrauber	direkt über Dehnungsmessung an geeichten Schrauben am Original-Verschraubungsteil	(5) (8) (3) (2)		
	über Nachziehmoment, gewonnen aus Sollanziehmoment (geschätzte Reibungszahlen) und geschätztem Zuschlag	(1) (10) (4) (9) (3) (2)	26 – 43	1,7 bis 2,5

Der Zusammenhang zwischen dem Anziehdrehmoment und der Montagevorspannkraft ist in Bild 8.27 dargestellt. Hier und in Bild 8.28 wird insbesondere der dominierende Einfluß der Reibung auf die Vorspannkraftstreuung deutlich. Die in der Schraube erreichbare Vorspannung hängt ausschließlich vom Gewindemoment ab, während die Kopfreibung μ_K nur die Höhe des notwendigen Gesamt-Anziehdrehmoments M_A beeinflußt, sich aber nicht direkt auf die Vorspannung auswirkt.

Infolge der zahlreichen Einflüsse auf die Höhe der Vorspannkraft wie

— Fehler beim Abschätzen der Reibungszahl,
— Streuung der Reibungszahl innerhalb eines Schraubenloses und eines Bauteilloses einschließlich der infolge Maß- und Formabweichungen sich einstellenden Streuungen der Reibradien und

— Ungenauigkeit der Anziehwerkzeuge einschließlich Bedienungs- und Ablesefehler

arbeitet das drehmomentgesteuerte Anziehverfahren relativ ungenau. Tabelle 8.6 zeigt das Ergebnis einer Fehleranalyse für verschiedene Methoden des drehmomentgesteuerten Anziehens. Der Summenfchler ist in % und in Form des Anziehfaktors α_A angegeben, wobei α_A den Werten in Tabelle 4.9 entspricht.

Der Einsatz hochgenauer Drehmomentschlüssel kann infolge des dominierenden Reibungseinflusses kaum eine Verbesserung bewirken. Aus Bild 8.29 geht hervor, daß selbst eine Streuung des Anziehdrehmoments von 10 % bis hinunter auf 0 % die Gesamtstreuung der Vorspannkraft nur unwesentlich verringert.

In den Tabellen 4.4 bis 4.7 sind Anziehdrehmomente und Montagevorspannkräfte für eine konstante Gesamtbeanspruchung $\sigma_{red} = 0{,}9 R_{p0{,}2}$ aufgeführt. Für diesen speziellen Fall konstanter Gesamtbeanspruchung bleibt das Anziehdrehmoment nahezu unabhängig von der Gewindereibungszahl, weil eine Erhöhung der Gewindereibung und damit der Torsionsbeanspruchung gleichzeitig mit einer Verminderung der erzielbaren Vorspannkraft (Axialspannung) verbunden ist (Bild 8.30). Die das Anziehdrehmoment vergrößernde Gewindereibung wird somit von der das Anziehdrehmoment verkleinernden Vorspannkraftverringerung annähernd kompensiert. Bei der Berechnung der Tabellenwerte M_A nach Gl. (8.28) wurde deshalb eine Vereinfachung in der Form vorgenommen, daß allen angegebenen Kopfreibungszahlen μ_K eine konstante Gewindereibungszahl $\mu_G = 0{,}12$ zugeordnet wurde. Der maximale Fehler durch diese Vereinfachung beträgt selbst für extreme Gewindereibungszahlen μ_G nur etwa 10 %.

Der Berechnung der Anziehdrehmomente M_A in den Tabellen 4.4 bis 4.7 liegen die Nennmaße des Gewindeflankendurchmessers d_2, des mittleren Reibungsdurch-

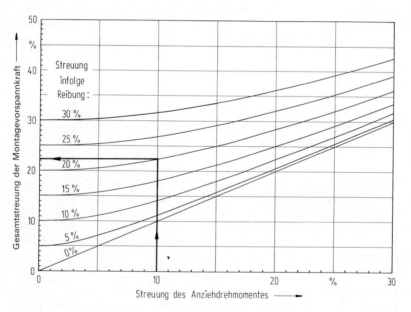

Bild 8.29. Gesamtstreuung der Montagevorspannkraft beim drehmomentgesteuerten Anziehen [8.26]

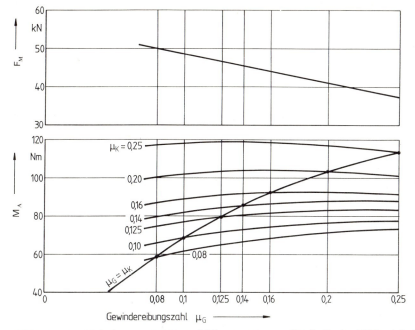

Bild 8.30. Anziehdrehmoment M_A und Montagevorspannkraft F_M in Abhängigkeit von der Gewindereibungszahl μ_G (M 10 DIN 912 — 12.9) [8.5]

messers D_{Km} der Kopfauflage, Gl. (8.22), entsprechend der Kopfabmessung von Innensechskantschrauben nach DIN 912 und Sechskantschrauben nach DIN 931, und der Durchgangslöcher nach DIN ISO 273 (mittel) zugrunde.

8.4.5 Streckgrenzgesteuertes Anziehen

Beim streckgrenzgesteuerten Anziehverfahren wird die Tatsache ausgenutzt, daß nach Erreichen der Fließgrenze der Schraube zwischen dem Anziehdrehmoment M_A und dem Drehwinkel ϑ kein linearer Zusammenhang mehr besteht (Bild 8.31). Während des Anziehvorgangs wird aus Meßwerten, die das Schraubwerkzeug liefert, der Differenzenquotient der Drehmoment-Drehwinkel-Kurve $\Delta M_A/\Delta\vartheta$ gebildet. Bei Erreichen der Schraubenstreckgrenze infolge kombinierter Zug- und Torsionsbeanspruchung fällt dieser Gradient steil ab. Der Schraubvorgang wird im allgemeinen bei $\Delta M_A/\Delta\vartheta = (0{,}25 \text{ bis } 0{,}5) \times (\Delta M_A/\Delta\vartheta)_{max}$ beendet.

Die Durchführung des streckgrenzgesteuerten Anziehvorgangs geschieht in folgenden Schritten [8.33]:

- Anziehen der Verbindung bis zu einem Fügemoment M_F. Aus der Erfahrung mit dem drehwinkelgesteuerten Anziehen (s. Abschnitt 8.4.6) ist die Einführung eines Fügemoments übernommen worden, weil Unregelmäßigkeiten im unteren Bereich der M_A-ϑ-Kurve infolge der elastischen und plastischen Deformationen bis zum satten Anliegen der Trennflächen ein vorzeitiges Abschalten des Schraubvorgangs bewirken können. Deshalb beginnt der Vergleich der Differenzenquotienten und

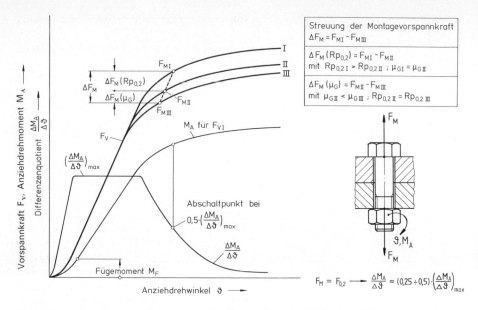

Bild 8.31. Kontrolle der Montagevorspannkraft F_M mit Hilfe des Differenzenquotienten $\Delta M_A/\Delta\vartheta$ beim streckgrenzgesteuerten Anziehen

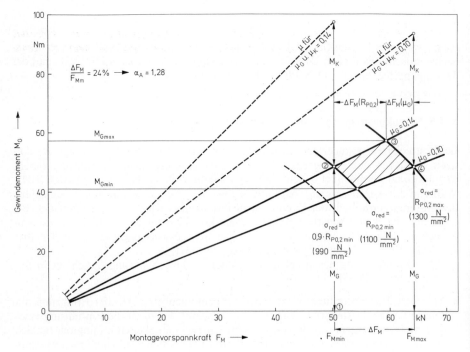

Bild 8.32. Streuung der Montagevorspannkraft ΔF_M beim streckgrenzgesteuerten Anziehen am Beispiel einer Schraube M10 — 12.9 [8.26]

8.4 Montageverfahren

die Speicherung des Maximalwerts erst nach Überschreiten dieses Fügemoments [8.34].
- Berechnung des Differenzenquotienten $\Delta M_A/\Delta\vartheta$ über eine einstellbare Sehnenlänge.
- Speicherung des Größtwerts $(\Delta M_A/\Delta\vartheta)_{max}$.
- Beendigung des Anziehvorgangs, wenn $\Delta M_A/\Delta\vartheta$ signifikant (z. B. 50%) gegenüber dem Größtwert abgefallen ist.

Anhand des Beispiels in Bild 8.32 wird der Einfluß der Streuung der Schraubenstreckgrenze und der Gewindereibung dargestellt und die daraus für die Dimensionierungsrechnung zu ziehenden Konsequenzen erläutert [8.26]:

Für die sichere Funktion der Schraubenverbindung sei eine Mindestmontagevorspannkraft $F_{M\,min}$ erforderlich ①. *Diese wird unter Berücksichtigung einer geschätzten größten Reibung im Gewinde ($\mu_G = 0{,}14$) und bei einer genormten Mindeststreckgrenze der Schraube von $R_{p0,2min} = 1100$ N/mm² erreicht* ②. *Infolge der zulässigen Streuung der mechanischen Eigenschaften der Schraube kann die Montagevorspannkraft F_M bei einer gegenüber der genormten Mindeststreckgrenze höheren Schraubenfestigkeit um $\Delta F_M(R_{p0,2})$ größer werden als $F_{M\,min}$* ③. *Diese höhere Montagevorspannkraft verursacht aber infolge der entsprechend höheren Streckgrenze keine größere spezifische Gesamtbeanspruchung in der Schraube. Streut die Reibung im Gewinde zwischen $\mu_{G\,min} = 0{,}10$ und $\mu_{G\,max} = 0{,}14$, dann ist schließlich — oberer Grenzwert der Streckgrenze $R_{p0,2max} = 1300$ N/mm² und kleinste Gewindereibung ($\mu_{G\,min} = 0{,}10$) vorausgesetzt — eine maximale Montagevorspannkraft $F_{M\,max}$ möglich* ④:

$$F_{M\,max} = F_{M\,min} + \Delta F_M(R_{p0,2}) + \Delta F_M(\mu_G)$$
$$= F_{M\,min} + \Delta F_M(R_{p0,2}, \mu_G).$$

Da auch hierbei die Gesamtbeanspruchung im Schraubenbolzen immer konstant bleibt, $\sigma_{red} = R_{p0,2}$, ist im Gegensatz zum drehmomentgesteuerten Anziehen keine

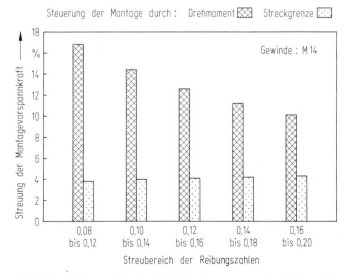

Bild 8.33. Reibungseinfluß auf die Montagevorspannkraft beim drehmoment- und streckgrenzgesteuerten Anziehen [8.26]

Überdimensionierung mit $\alpha_A = \dfrac{F_{M\,max}}{F_{M\,min}}$ erforderlich, sondern es kann mit $\alpha_A = 1$ gerechnet werden.

Das streckgrenzgesteuerte Anziehen besitzt somit im wesentlichen die folgenden Vorteile:

- Mit diesem Verfahren werden größtmögliche Montagevorspannkräfte erreicht (optimale Ausnutzung der Schraube).
- Gegenüber dem drehmomentgesteuerten Anziehen wirkt sich eine Streuung der Reibungszahlen weniger stark auf die Streuung der Montagevorspannkraft aus (Bild 8.33).
- Eine Überbeanspruchung der Schraube ist praktisch nicht möglich, weil der Anziehvorgang mit Erreichen der Schraubenstreckgrenze abgebrochen wird ($\alpha_A = 1$).
- Die Kopfreibung (μ_K) wirkt sich auf die Montagevorspannkraft praktisch nicht aus.
- Die Streuung der Montagevorspannkraft resultiert nur noch aus der Streuung der Schraubenstreckgrenze $\Delta R_{p0,2}$ und der Gewindereibung $\Delta \mu_G$ (Bild 8.31 und 8.34).
- Das Verfahren ist weitgehend unabhängig von den elastischen Nachgiebigkeitsverhältnissen von Schraube und verspannten Teilen (Bild 8.35).
- Die Wiederverwendbarkeit streckgrenzgesteuert angezogener Schrauben ist im allgemeinen nicht gefährdet, da die plastischen Längenänderungen in der Größenordnung von nur etwa 0,2 bis 0,3% liegen. So konnten z. B. bei Untersuchungen von [8.5] Schrauben M8 × 45 DIN 912 der Festigkeitsklasse 12.9 und 8.8., die um 0,3% plastisch gelängt wurden, 28mal (12.9) bzw. 55mal (8.8) ohne Bruch angezogen werden.
- Auch relativ kurze Schrauben können zuverlässig vorgespannt werden.

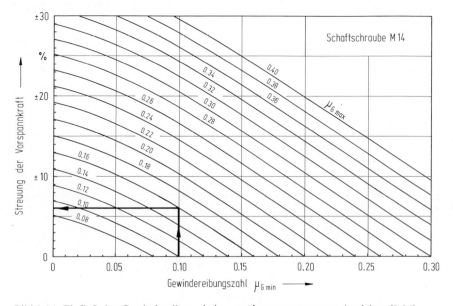

Bild 8.34. Einfluß der Gewindereibung beim streckgrenzgesteuerten Anziehen [8.26]

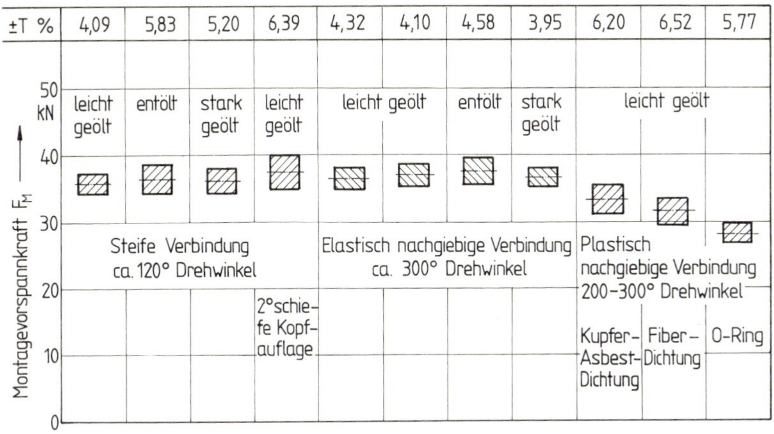

8.4 Montageverfahren

| ±T % | 4,09 | 5,83 | 5,20 | 6,39 | 4,32 | 4,10 | 4,58 | 3,95 | 6,20 | 6,52 | 5,77 |

Bild 8.35. Vorspannkraftstreuungen ± T beim streckgrenzgesteuerten Anziehen in Abhängigkeit von den Nachgiebigkeiten der Verbindung [8.5]

- Da der Schraubvorgang unterbrochen wird, wenn ein Teil der Schraubenverbindung in den Fließbereich gelangt, können Fehler wie
  — falsche Schraubenfestigkeit (z. B. infolge unzureichender oder unterbliebener Vergütung),
  — zu niedrige Mutterfestigkeit,
  — Gewindeschäden,
  — unsachgemäß geschnittene Sacklöcher,
  — falsche Gewindepaarungen,
  — falsche Schmierung usw.

durch ein getrennt arbeitendes Kontrollsystem — das sog. grüne Fenster — angezeigt werden [8.35].

Einen modifizierten Sonderfall des streckgrenzgesteuerten Anziehens stellt das Mitverspannen sog. Hilfsfügeteile dar, die während des Anziehvorgangs plastisch verformt werden (Bild 8.36). Dort steigt nach Erreichen der Fließgrenze des Innen-

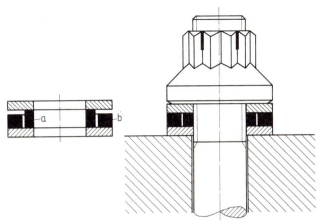

Bild 8.36. Kontrolle der Vorspannkraft durch die Fließgrenze des Innenrings a [8.36]

rings a unter der Mutter die Vorspannkraft infolge der flachen Kraft-Verformungskurve nur noch langsam an. Die Schraube läßt sich auf diese Weise mit einer Toleranz von $\pm 10\%$ auf eine bestimmte Vorspannkraft anziehen, ohne daß sie bis zu ihrer Fließgrenze vorgespannt werden muß. Verfahren dieser Art sind in jedem Fall aufwendig, sowohl hinsichtlich der Kosten wie des Platzaufwands, nicht zuletzt auch deshalb, weil die plastisch deformierten Teile nicht mehrfach verwendet werden können.

8.4.6 Drehwinkelgesteuertes Anziehen

Beim drehwinkelgesteuerten Anziehen wird die Vorspannkraft indirekt durch Verlängerungsmessung bestimmt [8.26, 8.37]. Die Gesamtlängenänderung von Schraube und verspannten Teilen berechnet sich in erster Näherung zu

$$f_S + f_P = \frac{\vartheta P}{360°}. \tag{8.54}$$

Wegen des nichtlinearen Beginns der Vorspannkraft-Drehwinkelkurve (Bild 8.37) wird die Verbindung bei diesem Verfahren zunächst mit einem entsprechenden Füge- oder Setzmoment angezogen, um die zu verspannenden Teile vollständig zur Anlage zu bringen. Von hier aus wird die Schraubenverbindung durch Drehen der Schraube bzw. der Mutter um den Nachziehwinkel ϑ verspannt. Eine optimale Ausnutzung dieses Verfahrens erreicht man durch Wahl eines Nachziehwinkels, bei dem die Schraubenstreckgrenze überschritten wird. In der Praxis wird deshalb in der Regel so verfahren. Winkelfehler wirken sich im überelastischen Bereich wegen des annähernd horizontalen Verlaufs der Verformungskennlinie kaum auf die Vorspannkraftstreuung aus, so daß eine gute Reproduzierbarkeit der Vorspannkraft gewährleistet ist. Im Hinblick auf eine größere Zuverlässigkeit sollte der Nachziehdrehwinkel jedoch am jeweiligen Verschraubungsfall im Vorversuch experimentell bestimmt werden.

Die beim drehwinkelgesteuerten Anziehen auftretenden Vorspannkraftstreuungen resultieren im wesentlichen aus folgenden Faktoren [8.26]:

— Streuung der Schraubenstreckgrenze $R_{p0,2}$,
— Verfestigungsverhalten des Werkstoffs,
— Streuung der Gewindereibungszahl μ_G.

Sie sind etwa in der gleichen Größenordnung anzusetzen wie beim streckgrenzgesteuerten Anziehen (Bild 8.37 und Bild 8.31).

Bei Untersuchungen von [8.35, 8.38] wurden Streubreiten der Montagevorspannkraft bis maximal nur etwa $\pm 8\%$ ermittelt (Bild 8.38).

Obwohl Streuungen der Reibungszahlen, des Drehwinkels und der Schraubenstreckgrenze die erreichbare Vorspannkraft beeinflussen, wird der Anziehfaktor bei der Dimensionierung der Schraube aus dem gleichen Grund wie beim streckgrenzgesteuerten Anziehverfahren (s. Abschnitt 8.4.5) mit $\alpha_A = 1$ in die Rechnung eingesetzt. Da der Drehwinkel zudem eine geeignete Steuerungsgröße für motorische Schrauber darstellt, ist eine wirtschaftliche Anwendung des Verfahrens in der Großserienfertigung möglich [8.5, 8.34, 8.38]. Das drehwinkelgesteuerte Anziehen gehört in der deutschen Kraftfahrzeugindustrie zum Stand der Technik. Bei der Anwendung des drehwinkelgesteuerten Anziehverfahrens sind folgende Punkte besonders zu beachten:

8.4 Montageverfahren

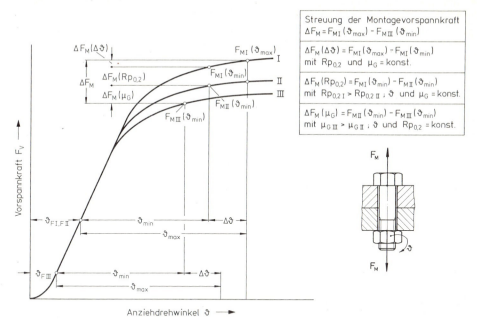

Bild 8.37. Kontrolle der Montagevorspannkraft F_M mit Hilfe des Drehwinkels (Drehwinkelgesteuertes Anziehen)

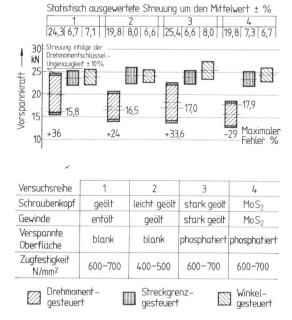

Bild 8.38. Vorspannkraftstreuung für drehmomentgesteuertes, drehwinkelgesteuertes und streckgrenzgesteuertes Anziehverfahren bei unterschiedlichen Reibungsverhältnissen zwischen den Kontaktflächen [8.35]

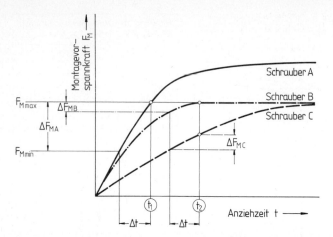

Bild 8.39. Anzugscharakteristik von Drehschlagschraubern (schematisch) [8.37]

- Fügemoment und Drehwinkel müssen für die jeweilige Verbindung vor der Montage experimentell festgelegt werden.
- Die Wiederverwendbarkeit der Schraube ist infolge Überschreitens der Streckgrenze begrenzt [8.39]. Bei mehrmaliger Verwendung ist eine Überprüfung der vorhandenen plastischen Längung erforderlich.
- Die Kontrolle von Drehmoment und Drehwinkel ist zweckmäßig, um der Gefahr des Nichterreichens der angestrebten Vorspannkraft, z. B. durch beschädigte Gewinde oder nicht satt anliegende Teile, zu begegnen.
- Durch geeignete konstruktive Gestaltung muß eine hinreichende Dehnlänge der Schraube ($l/d \geq 2$) sichergestellt sein.
- In der Montagepraxis wird im allgemeinen mit Drehwinkeln gearbeitet, bei denen je nach Verfestigungsgradient die Streckgrenzkraft mehr oder weniger deutlich überschritten wird. Die Montagevorspannkraft erreicht bei diesem Verfahren annähernd die Höchstzugkraft, so daß die Schraubenstreckgrenze im Gegensatz zum streckgrenzgesteuerten Anziehverfahren nur eine geringere Bedeutung besitzt.
- Aus Sicherheitsgründen sollte sich das Verfahren auf den Gleichmaßdehnungsbereich beschränken.

8.5 Motorisches Anziehen

In der Serienmontage werden aus Gründen der Wirtschaftlichkeit motorisch (pneumatisch oder elektrisch) betriebene Schrauber eingesetzt. Man unterscheidet

— Drehschrauber und
— Drehschlagschrauber.

Im Vergleich zum Anziehen von Hand (Drehmomentschlüssel) wird die Montagevorspannkraft bei Verwendung motorischer Schrauber infolge von dynamischen Rückwirkungen auf die Verschraubung noch durch zusätzliche Faktoren beeinflußt [8.24]. Hierzu gehören unter anderem

8.5 Motorisches Anziehen

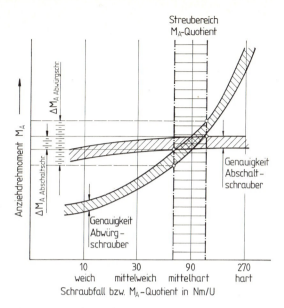

Bild 8.40. Anziehdrehmomentstreuung von Drehschraubern in Abhängigkeit vom Schraubfall bzw. vom M_A-Quotient [8.24]

— die zeitabhängige Anzugscharakteristik der Schrauber (Bild 8.39) und
— der Anzugswinkel (Gleitweg) bis zum Erreichen der Vorspannkraft in der Verschraubung.

In Abhängigkeit vom Drehwinkel bzw. von der Anzahl der Umdrehungen bis zum Erreichen der erforderlichen Montagevorspannkraft können die möglichen Verschraubungsfälle folgendermaßen klassifiziert werden [8.40]:

— Hart: $\approx 30°$ ($\triangleq 0{,}08$ Umdrehungen)
— Mittelhart: $\approx 120°$ ($\triangleq 0{,}33$ Umdrehungen)
— Mittelweich: $\approx 360°$ ($\triangleq 1$ Umdrehung)
— Weich: $\approx 1080°$ ($\triangleq 3$ Umdrehungen)

Weil sich die Schrauber-Antriebs- und -Energieübertragungssysteme den einzelnen Schraubfällen (weich/hart) unterschiedlich anpassen, können die Anziehdrehmomente in weiten Bereichen streuen (Bild 8.40). Deshalb sollten motorische Schrauber in jedem Fall an der jeweiligen Originalverschraubung eingestellt werden. Dies kann über ein Nachziehdrehmoment oder die Verlängerungsmessung der montierten Schraube erfolgen. Unter dem Nachziehdrehmoment M_{NA} wird das nach Abschluß eines Verschraubungsvorgangs zum Weiterdrehen notwendige Moment verstanden. M_{NA} unterscheidet sich vom Sollanziehdrehmoment M_A für Drehmomentanziehen um den Nachziehfaktor f_N,

$$f_N = \frac{M_{NA}}{M_A}, \qquad (8.55)$$

dessen Größe z. B. von der Art der Schrauben sowie den Reibungs- und Nachgiebigkeitsverhältnissen abhängig ist (Tabelle 8.7).

Bei der Einstellung der Schrauber können je nach Einstellprinzip Teilfehler durch folgende Streuungseinflüsse entstehen (Bild 8.41):

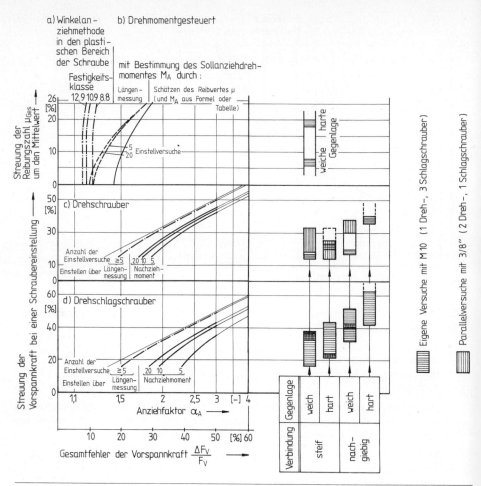

Bild 8.41. Zu erwartende Gesamtstreuung der Vorspannkraft und Anziehfaktor α_A für verschiedene Anziehmethoden [8.37]

8.5 Motorisches Anziehen

Tabelle 8.7. Richtwerte für den Nachziehfaktor für die Kontrolle von angezogenen Schraubenverbindungen mit anzeigenden Drehmomentschlüsseln [8.37]

Nachziehfaktor $f_N = M_{NA}/M_A = 0{,}95 + \Sigma \Delta f_N$				
Einflußfaktoren			Δf_N	
Schmierzustand	Schrauben, Muttern im Anlieferungszustand		nicht zusätzlich geschmiert (trocken „t")	zusätzlich geölt (ö)
Härte der Gegenlage (R_t 10-20 μm)	weicher härter	sich drehendes als Element Schraube o. Mutter	0 + 0,10	0 + 0,12
Drehschrauber	Vorspannkraft	hoch (niedrig)	+ 0,05 (+ 0,12)	+ 0,12 (+ 0,18)
Drehschlagschrauber	Schraubzeit	2" 5" 10"	+0,20 0 - 0,10	
Nachgiebigkeit der Verbindung	steif nachgiebig	Anziehwinkel $\alpha < 90°$ $\alpha > 90°$	0 + 0,08	
Gewindefeinheit	Regelgewinde Feingewinde		0 + 0,08	

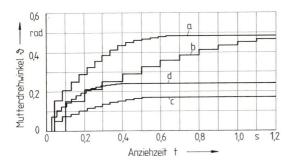

Kennlinie	Schlagstärke ΔD [kgmm²/s]	Schlagperiode t [s]
a	27 460	0,042
b	27 460	0,100
c	9 806	0,042
d	13 729	0,026

Bild 8.42. Verlauf des Mutterdrehwinkels beim Anziehen mit Drehschlagschraubern [8.43]

1. *Einstellen über Nachziehdrehmoment*
— Schätzen des Soll-Anziehdrehmoments für das Handanziehen durch Reibungszahl-Schätzung (s. Abschnitt 8.4.4),
— Schätzen des Nachziehfaktors,
— Geräte- und Ablesefehler bei der Messung des Nachziehdrehmoments,
— Treffsicherheit des Mittelwerts durch begrenzte Stichprobe, abhängig von der Zahl der Einstellversuche.

2. *Einstellen über Verlängerungsmessung (s. Abschnitt 8.4.2)*
— Fehler bei der Verlängerungsmessung (Geräte- und Ablesefehler, Dimensions- und E-Modulschwankungen der Schraube),
— Fehler durch die Streuung der Vorspannkraft um den Mittelwert bei einer Schraubereinstellung.

8.5.1 Drehschrauber

Drehschrauber sind im allgemeinen Druckluftwerkzeuge mit Lamellenmotor. Das Anziehdrehmoment läßt sich bei ihnen entweder durch den zugeführten Luftdruck oder durch eine Drehmomentkupplung regeln [8.41, 8.42]. Hinsichtlich der Genauigkeit des von den verschiedenen Schraubertypen abgegebenen Drehmoments können folgende Anhaltswerte angegeben werden [8.28]:

— Stillstand- oder Abwürgschrauber: $\pm 20\%$,
— Schrauber mit Klauenkupplung: von Anpreßkraft abhängig,
— Schrauber mit Rutschkupplung: ± 8 bis $\pm 15\%$,
— Schrauber mit Automatikkupplung: $\pm 5\%$.

Die vom Drehschrauber erzeugten Reaktionskräfte müssen vom Bedienungsmann aufgenommen werden. Daher sind Einspindel-Drehschrauber auf Momente ≤ 200 Nm begrenzt [8.43]. Mehrspindeldrehschrauber sind nach außen weitgehend momentenfrei und können daher unabhängig vom Bedienungsmann für größere Anziehdrehmomente ausgelegt werden.

Obwohl Drehschrauber ursprünglich für das drehmomentgesteuerte Anziehen konzipiert wurden, können sie mit Hilfe geeigneter zusätzlicher elektronischer Meßeinheiten auch für drehwinkel- und streckgrenzgesteuertes Anziehen eingesetzt werden.

Die für die Verwendung von Drehschraubern versuchsmäßig erfaßten Anziehfaktoren α_A sind in Tabelle 4.9 enthalten.

8.5.2 Drehschlagschrauber

Beim Drehschlagschrauber wird die Motorenergie über ein Schlagwerk (Hammer) auf ein mit der Mutter bzw. dem Schraubenkopf verbundenes Teil (Amboß) als Drehimpuls abgegeben. Dadurch wird die Schraube ruckweise vorgespannt [8.34]. Je nach Konstruktion und Schlagschrauber-Leistung können pro Minute 600 bis 6000 Schläge abgegeben werden [8.44]. Es entstehen die in Bild 8.42 dargestellten Treppenfunktionen für den Mutterdrehwinkel in Abhängigkeit von der Zeit. Die Form der Kurven hängt ab von der Schlagstärke, der Schlagperiode und der Nachgiebigkeit der Verbindung sowie von den Übertragungselementen. Bei der Drehmomentübertragung vom Schlagschrauber auf die Schraube bzw. Mutter durch Drehimpuls entstehen hohe Momentenspitzen in der Verbindung, die das maximale Motormoment um ein Vielfaches übertreffen. Der Schlagschrauber benötigt daher nur ein geringes Motormoment im Verhältnis zum Anziehdrehmoment, d. h. für das Anziehen von Schraubenverbindungen großer Abmessungen können Geräte mit relativ kleinem Motor eingesetzt werden, die von einem Monteur ohne weiteres zu halten sind (relativ kleines Gewicht und Reaktionsmoment).

Die Größe des vom Schlagschrauber abgegebenen Drehmoments hängt insbesondere von folgenden Faktoren ab:

— Masse des Schlagwerks,
— Betriebsdruck,

— Luftmenge,
— Zeitdauer, während der das Schlagwerk arbeitet.

Die Umsetzung des Schlagimpulses in Vorspannkraft wird jedoch nach [8.29] noch von einer weiteren Vielzahl von Faktoren nachhaltig beeinflußt:

— Art, Form, Größe, Gleichmäßigkeit und Frequenz der Schlagimpulse,
— Nutzarbeit im Gewinde,
— Reibungsarbeit im Gewinde und in der Kopf- bzw. der Mutterauflagefläche,
— Speicherarbeit durch die Nachgiebigkeitsverhältnisse in der Schraubenverbindung,
— Arbeit für elastische Verformungen der impulsübertragenden Teile,
— Arbeitsanteil zur Überwindung der Passungsspiele an allen Stellen, wie Werkzeugträger/Einsatzwerkzeug und Einsatzwerkzeug/Schraube (bzw. Mutter),
— Schlagwirkungsgrad zwischen den Auflageflächen von Hammer und Amboß.

Die Vielzahl der Einflüsse auf die Höhe der Vorspannkraft erfordert die Einstellung des Schlagschraubers an der Originalverschraubung. Eine Anpassung ist dabei nach [8.28] möglich durch

— Zwischenschalten von Torsionsstäben,
— Drosselung der Luftmenge (Drehzahlverminderung),
— Begrenzung der Schlagzeit (Zeitschaltung oder Abschaltung in Abhängigkeit vom Rückstoß).

Das abgegebene Anziehdrehmoment muß jeweils durch das Nachziehdrehmoment oder durch Verlängerungsmessung an der Schraube überprüft werden.

Auch genormte Prüfverfahren für Schlagschrauber (ISO-Standard „Rotary pneumatic assembly tools for threaded fasteners, performance test") können diese relativ aufwendige Einstellung des Schraubers an der Originalverschraubung nicht ersetzen. Sie sind allenfalls geeignet, vergleichende Untersuchungen von Schlagschraubern unterschiedlichen Fabrikats in bezug auf die Zuverlässigkeit der angegebenen Drehmomente durchzuführen. Auf Grund der vielfältigen Konstruktionsprinzipien von Drehschlagschraubern und der Vielzahl der das Drehmoment beeinflussenden Parameter muß die Streuung der mit nicht kalibrierten Geräten erzielten Vorspannkraft nach [8.24] mit ca. $\pm 60\%$ veranschlagt werden. Selbst bei an den Verschraubungsfall angepaßten Geräten beträgt die Streuung der Montagevorspannkraft unter Berücksichtigung der Unsicherheit der Nachziehdrehmomente und der Streuung der Reibungszahl immer noch bis zu $\pm 40\%$ (Bild 8.41). Die für die Montage von Schraubenverbindungen mit Drehschlagschraubern anzusetzenden Anziehfaktoren ($\alpha_A = 2,5$ bis 4, Tabelle 4.9) sind so groß, daß dieses Montageverfahren für hoch vorgespannte und hochbeanspruchte Schraubenverbindungen nicht empfohlen werden kann.

8.6 Schrifttum

8.1 Thomala, W.: Der Dauerbruch — häufigster Schaden bei Schraubenverbindungen. Draht-Welt 65 (1979) 67–73
8.2 Klein, H.-Ch.: Das Anziehen hochwertiger Schraubenverbindungen. Techn. Rundsch. Schweiz 52 (1960) 9–21
8.3 Kellermann, R.; Klein, H.-Ch.: Untersuchungen über den Einfluß der Reibung auf Vorspannung und Anzugsmoment von Schraubenverbindungen. Konstr. Masch. Appar. Gerätebau 7 (1955) 54–68
8.4 Paland, E. G.: Die Sicherheit der Schrauben-Mutternverbindung bei dynamischer Axialbeanspruchung. Konstr. Masch. Appar. Gerätebau 19 (1967) 453–464

8.5 Junker, G. H.: Reibung — Störfaktor bei der Schraubenmontage. Verbindungstechnik 6 (1974) 11/12, 25–36
8.6 Wunsch, F.: Schmierstoffe für Gewindeverbindungen. Verbindungstechnik 8 (1976) 19–22
8.7 Strelow, D.: Für die, die es vergessen haben: Reibungszahl und Werkstoffpaarung in der Schraubenmontage. Verbindungstechnik 13 (1981) 6, 19–24
8.8 Küchler, R.: Verbindungselemente aus nichtrostenden Stählen. Draht 30 (1979) 291–294
8.9 Pfaff, H.: Die Ermittlung des optimalen Anzugsmoments für Schraubenverbindungen an Elektroarmaturen mit einer neuen Versuchseinrichtung. Draht 20 (1975) 467–474
8.10 Zamilatskii, E. P. et al.: Anti-frictional properties of threaded joints in stainless creep-resistant steels and alloys. Vest. Mashinostr. 55 (1975) 6, 45—49
8.11 Kloos, K. H.; Schneider, W.: Untersuchungen zur Anwendbarkeit feuerverzinkter HV-Schrauben der Festigkeitsklasse 12.9. VDI-Z. 125 (1983) S101–S111
8.12 Wiegand, H.; Strigens, P.: Zum Festigkeitsverhalten feuerverzinkter HV-Schrauben. Ind. Anz. 94 (1972) 247–252
8.13 Wiegand, H.; Thomala, W.: Zum Festigkeitsverhalten feuerverzinkter HV-Schrauben. Draht-Welt 59 (1973) 542–551
8.14 Kloos, K. H.; Landgrebe, R.; Schneider, W.: Untersuchungen zur Anwendbarkeit hochtemperaturverzinkter HV-Schrauben der Festigkeitsklasse 10.9. VDI-Z. 128 (1986) 12, S98–S108
8.15 Junker, G.; Leusch, F.: Neue Wege einer systematischen Schraubenberechnung Teil III. Draht-Welt 50 (1964) 791–808
8.16 Wiegand, H.; Illgner, K. H.: Haltbarkeit von Schraubenverbindungen beim Einschrauben in Sacklockgewinde. Konstr. Masch. Appar. Gerätebau 16 (1964) 330–340
8.17 Richter, E.: Über das Fressen von Gewindeverbindungen aus rostfreien Stählen. Draht 19 (1968) 186–191
8.18 Ros, M.; Eichinger, A.: Die Bruchgefahr fester Körper bei ruhender statischer Beanspruchung. EMPS Zürich 1949, Ber. Nr. 172
8.19 Kloos, K. H.; Schneider, W.: Beanspruchung von Schrauben bei der Montage und im Betrieb. erscheint demnächst
8.20 Kloos, K. H.; Schneider, W.: Untersuchung verschiedener Einflüsse auf die Dauerhaltbarkeit von Schraubenverbindungen. VDI-Z. 128 (1986) 3, 101–109
8.21 Junker, G. H.; Wallace, P.: The bolted joint: economy of design through improved analysis and assembly methods. Proc. Inst. Mech. Eng. 198 B (1984) 14
8.22 Küchler, R.: Gestaltung der Schlüsselflächen von Schrauben und ihre Beanspruchung bei der Montage. Draht 6 (1955) 300–308
8.23 Kayser, K.: Einflüsse der Kraftangriffsflächen von Schraubenköpfen auf das Anziehen. Verbindungstechnik 12 (1980) 6, 31–36
8.24 Illgner, K. H.: Montage und Haltbarkeit von Schraubenverbindungen. Z. Wirtsch. Fertigung 68 (1973) 287–296
8.25 Fauner, G.: Wissenswertes über den Einfluß von Reibbeiwerten beim Schraubengewinde. Verbindungstechnik 6 (1974) 27–28
8.26 Pfaff, H.; Thomala, W.: Streuung der Vorspannkraft beim Anziehen von Schraubenverbindungen. VDI-Z. 124 (1982) 76–84
8.27 Theophanopoulos, N.: Gesetzmäßigkeiten beim Einbau von Schrauben, insbesondere von Kopfschrauben. Berlin: Springer 1941
8.28 Pfaff, H.: Anziehen von Schraubenverbindungen. Unterlagen zum Schraubenseminar 1980 der Tech. Akad. Esslingen
8.29 Illgner, K. H.; Blume, D.: Schrauben Vademecum. Firmenbroschüre der Fa. Bauer und Schaurte Karcher GmbH, 6. Aufl. 1985
8.30 Fabry, Ch. W.: Die Schraube und das leidige Drehmoment. Theorie und Konzeption eines neuen Schraubenanzugs-Verfahrens. Konstr. Masch. Appar. Gerätebau 26 (1974) 67–69
8.31 Schmitz, K. H.: Beitrag zur Optimierung des gruppenweisen Anspannens von Schrauben an Druckbehältern unter Berücksichtigung der Relaxation. Konstr. Masch. Appar. Gerätebau 19 (1977) 43–48

8.6 Schrifttum

8.32 Wiegand, H.; Illgner, K. H.; Beelich, K. H.: Einfluß der Federkonstanten und der Anzugsbedingungen auf die Vorspannung von Schraubenverbindungen. Konstr. Masch. Appar. Gerätebau 10 (1968) 130–137

8.33 Junker, G. H.; Boys, J. T.: Moderne Steuerungsmethoden für das motorische Anziehen von Schraubenverbindungen. VDI-Ber. 220 (1974) 87–98

8.34 Junker, G. H.: Drehmomente ungeeignet. VDI-Nachr. 26 (1972) 8

8.35 Junker, G. H.; Schneiker, H. E.: Streckgrenzengesteuertes Anziehen von Schrauben im Vergleich mit anderen Verfahren. Maschinenmarkt 81 (1975) 1229–1231

8.36 Spizig, J. S.: Begrenzen der Bestimmungsgrößen beim Schraubvorgang. wt-Z. ind. Fertig. 63 (1973) 624–628

8.37 Junker, G. H.: Reihenuntersuchungen über das Anziehen von Schraubenverbindungen mit motorischen Schraubern. Draht-Welt 56 (1970) 122–141

8.38 Junker, G. H.; Schneiker, H. E.: Werkstoffgrenze als Steuergröße für das Anziehen von Schraubenverbindungen. Maschinenmarkt 81 (1975) 815–818

8.39 Thomala, W.: Hinweise zur Anwendung überelastisch vorgespannter Schraubenverbindungen. VDI-Ber. 478 (1983) 43–53

8.40 Helbig, M.: Über die Grundlagen des Schraubens. Verbindungstechnik 7 (1975) 27–28

8.41 Westerlund, B.; Krötz, R.: Zur Sicherheit und Zuverlässigkeit . . . neue Erkenntnisse bei der Schraubenmontage. Verbindungstechnik 7 (1975) 31–36

8.42 Reinauer, G.: Motorisch betriebene Schraubenanziehwerkzeuge im kritischen Vergleich. Konstr. Masch. Appar. Gerätebau 30 (1978) 283–287

8.43 Reinauer, G.: Auslegen und Klassifizieren von Drehschlagschraubern. Maschinenmarkt 84 (1978) 1354–1357

8.44 Großer, D.: Tips für die Praxis über Drehschrauber und Schlagschrauber. Verbindungstechnik 4 (1972) 23–25

9 Selbsttätiges Lösen und Sichern von Schraubenverbindungen

9.1 Die Bedeutung der Vorspannkraft für die Betriebssicherheit

Das Versagen schwingbeanspruchter Schraubenverbindungen ist häufig auf ein selbsttätiges Lösen während des Betriebs zurückzuführen. Dies ist gleichbedeutend mit dem vollständigen oder partiellen Verlust der Vorspannkraft, der in vielen Fällen einen Dauerbruch der Schraube zur Folge hat. Begünstigt wird der Dauerbruch dadurch, daß mit abnehmender Vorspannkraft der von der Schraube zu übertragende Anteil F_{SA} der Gesamtbetriebskraft F_A größer wird (Bild 9.1 und Bild 4.25). Insbesondere bei exzentrisch betriebsbeanspruchten Schraubenverbindungen kann eine zu niedrige Vorspannkraft eine Systemveränderung von Schrauben und verspannten Teilen hervorrufen, die zu einer unerwarteten Überbeanspruchung von Schraube und Mutter führen kann (s. Abschnitt 4.2.2.3 und 5.2.2.3).

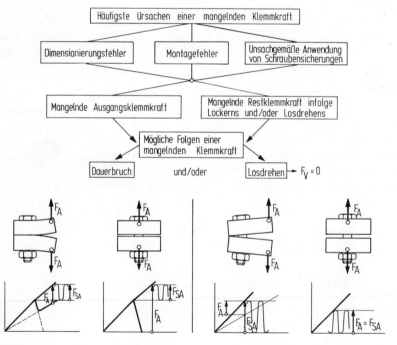

Bild 9.1. Ursachen und mögliche Folgen einer mangelnden Klemmkraft in schwingbeanspruchten Schraubenverbindungen

9.2 Ursachen eines Vorspannkraftverlusts

Ein Vorspannkraftverlust während der Betriebsbeanspruchung von Schraubenverbindungen kann durch zwei verschiedenartige Ursachen hervorgerufen werden, nämlich durch *Lockern* infolge Setzens bzw. Kriechens oder durch selbsttätiges *Losdrehen* von Schraube oder Mutter [9.1–9.12] (Bild 9.2).

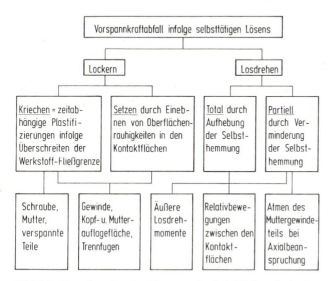

Bild 9.2. Ursachen für den Vorspannkraftabfall in schwingbeanspruchten Schraubenverbindungen

9.2.1 Lockern

Bereits bei Raumtemperatur kann nach der Montage einer Schraubenverbindung ein Vorspannkraftabfall eintreten, der zum Lockern der Verbindung durch Setz- und/oder Kriecherscheinungen führt (Bild 9.3).

Mit Setzen bezeichnet man allgemein das Einebnen von Oberflächenrauhigkeiten. Die Setzbeträge f_Z in Schraubenverbindungen sind insbesondere abhängig vom Klemmlängenverhältnis l_K/d (s. Bild 4.29). Die Richtwerte der Setzbeträge in Bild 4.29

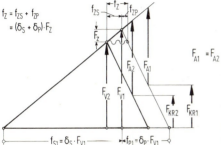

Bild 9.3. Verminderung der Vorspannkraft F_V und der Restklemmkraft F_{KR} infolge Setzens

gelten für den Fall, daß die Grenzflächenpressung der druckbelasteten Oberfläche nicht überschritten wird. Hierzu zählen Schraubenkopf- und Mutterauflageflächen, Mutter- und Bolzengewindeflanken und die Trennfugen der verspannten Teile.
Größere Vorspannkraftverluste als durch Setzen treten dann auf, wenn die Grenzflächenpressung entweder bereits bei der Montage oder danach durch die wirksame Betriebskraft überschritten wird. Hierdurch können Kriecherscheinungen (zeitabhängiges Fließen des Werkstoffs) auftreten, die die elastischen Verformungen um den Betrag der plastischen Formänderungen vermindern und somit einen Vorspannkraftverlust verursachen. Kriechen tritt bevorzugt dann auf, wenn Werkstoffe niedriger Festigkeit, z. B. weiche Unterlegscheiben oder Dichtungen, mitverspannt werden. Auch randentkohlte Gewindeflanken können Kriecherscheinungen bewirken.

Neben Setz- und Kriecherscheinungen, die bereits dann auftreten können, wenn der Schraubenbolzen und die verspannten Teile noch im elastischen Bereich beansprucht werden, bewirkt auch eine überelastische Beanspruchung der Verbindung einen Vorspannkraftverlust (s. Bild 4.19).

9.2.2 Selbsttätiges Losdrehen

Ursprünglich bestand die Auffassung, daß ein vollständiges selbsttätiges Losdrehen von Schraubenverbindungen während des Betriebs nicht möglich ist, solange die Vorspannkraft größer als Null ist. Diese Ansicht wurde damit begründet, daß der Gewindereibungswinkel ϱ' selbst bei optimalen Schmierungsbedingungen, z. B. bei Schmierung mit MoS_2, kaum kleiner als $4°$ sein kann. Ein Steigungswinkel φ, der für metrische ISO-Regelgewinde nach DIN 13 im Bereich von M3 bis M36 zwischen $3,4°$ und $2,2°$ schwankt, kann also ein selbsttätiges Losdrehen nicht herbeiführen, solange das Losdrehmoment

$$M_L = F_V \left[\frac{d_2}{2} \tan(-\varphi + \varrho') + \mu_K \frac{D_{Km}}{2} \right] \tag{9.1}$$

immer positiv bleibt und damit die Selbsthemmung im Gewinde aufrechterhalten wird (Grenzreibungszahl μ_{Grenz} für $M_L = 0$: $\mu_{Grenz} \approx 0,02$).

In Versuchen von [9.13, 9.14] wurde jedoch unter schwellender axialer Zugbelastung erstmals ein partielles Losdrehen bei einer Schraubenverbindung beobachtet. Dies begründete man mit der Verminderung des Reibschlusses durch radiale Gleitbewegungen zwischen den Gewindeflanken und in der Kopf- bzw. Mutterauflagefläche infolge von Querkontraktionen in Schraube und Mutter, hervorgerufen durch die Radialkomponente der Schraubenkraft. Ein vollständiges selbsttätiges Losdrehen trat bei diesen Versuchen jedoch nicht auf. In einer späteren Arbeit [9.1] wurde dieser Sachverhalt bestätigt und zusätzlich festgestellt, daß sich durch eine axial wirkende schwingende Beanspruchung die beim Losdrehen unter statischer Kraft ermittelten Reibungszahlen im Gewinde um 70 bis 85 % und an der Mutterauflagefläche um 75 bis 80 % verringern können. Daraus wurde gefolgert, daß bei extremer schwingender Axialbeanspruchung in einer Schraubenverbindung die Selbsthemmung im Gewinde aufgehoben werden kann und infolge der gleichzeitigen Abnahme des Reibmoments an der Mutterauflagefläche die Gefahr des selbsttätigen Losdrehens der Mutter von der Schraube gegeben ist. Das vollständige selbsttätige Losdrehen bei Axialbeanspruchung konnte allerdings auch hier nicht festgestellt werden.

In den Untersuchungen von [9.2] wurde erstmals bei Versuchen mit einer Beanspruchung senkrecht zur Schraubenachse ein selbsttätiges Losdrehen von Schrauben nachgewiesen. Dieser Effekt setzt bereits unter voller Vorspannkraft ein, wenn zwi-

9.2 Ursachen eines Vorspannkraftverlusts

schen den verspannten Teilen Querschiebungen (Schlupf) entstehen. Gegenüber rein axialen Beanspruchungen können nämlich bei schwingend querbelasteten Verbindungen wesentlich größere Relativbewegungen zwischen den Gewindeflanken erzeugt werden und dabei die Größenordnung des maximalen Gewindespiels erreichen. In [9.1] wurden dagegen bei rein axialer Beanspruchung nur Relativbewegungen von etwa 10^{-6} mm/N gemessen.

Relativbewegungen querbeanspruchter Schraubenverbindungen im Gewinde und an den Mutter- bzw. Kopfauflageflächen können den Reibschluß völlig aufheben. Die Verbindung wird dann scheinbar reibungsfrei. Diesem Phänomen liegt das physikalische Prinzip zugrunde, daß sich nach Überwinden der Haftkräfte zwischen zwei Körpern in einer bestimmten Richtung Relativbewegungen einstellen, bei denen sich beide Körper gegenüber einer in anderer Richtung, aber in der gleichen Ebene wirkenden Kraft so verhalten, als sei keine Reibung vorhanden. Querschiebungen bewirken somit, daß durch das Aufheben des Reibschlusses das innere Losdrehmoment infolge der Gewindesteigung voll wirksam werden kann und damit ein vollständiges Losdrehen der Verbindung möglich ist. Aus diesem Sachverhalt ergibt sich für $\mu = 0$ das maximale innere Losdrehmoment M_{Li} zu

$$M_{Li} = F_V \frac{d_2}{2} \tan(-\varphi) \,. \tag{9.2}$$

Mit $\tan \varphi = P/\pi d_2$ gilt somit:

$$M_{Li} = -\frac{F_V P}{2\pi} \,. \tag{9.3}$$

In den Trennfugen verspannter Teile werden Relativbewegungen dann erzeugt, wenn die wirkenden Querkräfte die Haftung zwischen diesen aufheben, d. h. wenn $F_{QP} \geq F_V \mu_{Tr}$ (Bild 9.4). Die Schraube wird dabei zunächst in der dargestellten Weise biegeverformt. Schraubenkopf und Mutter haften anfänglich auf Grund des Reibschlusses auf den jeweiligen Auflageflächen und folgen der Querschiebung s_q der verspannten Teile.

Erst ab einer sog. Grenzverschiebung $s_q = s_G$ der Platten beginnen Schraubenkopf und/oder Mutter ebenfalls zu gleiten, und zwar dann, wenn der Biegewiderstand der Schraube die Kopfauflagehaftung überschreitet, wenn also $F_{QS} \geq F_V \mu_K$. Die theoretische Grenzverschiebung s_{Gth} beträgt für diesen Fall [9.3]

$$s_{Gth} = \frac{F_{QS} l_K^3}{12 EI} \,,$$

oder

$$s_{Gth} = \frac{F_V \mu_K l_K^3}{12 EI} \,. \tag{9.4}$$

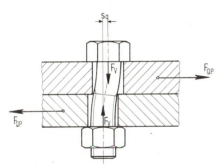

Bild 9.4. Biegeverformung der Schraube durch Relativbewegungen infolge von Querkräften F_{QP}

9.3 Maßnahmen zur Vermeidung eines unzulässig großen Vorspannkraftverlusts

Reicht die wirksame Vorspannkraft bei gegebenen Beanspruchungsverhältnissen und beanspruchungsgerechter konstruktiver Gestaltung einer Schraubenverbindung nicht aus, um ein selbsttätiges Lösen unter Betriebsbeanspruchung zu verhindern, dann müssen Schraubenverbindungen zusätzlich gesichert werden. Sichern von Schraubenverbindungen bedeutet nach [9.15] in jedem Fall das Aufrechterhalten ihrer vollen Leistungsfähigkeit durch zusätzliche Teile oder Maßnahmen, soweit diese Sicherheit nicht durch die Beanspruchungsform und die konstruktive Gestaltung der Schraubenverbindung selbst in ausreichendem Maße gewährleistet werden kann. Im Hinblick auf die unterschiedlichen Sicherungsaufgaben unterscheidet man

— Sichern gegen Lockern (Setzen und/oder Kriechen),
— Sichern gegen Losdrehen,
— Sichern gegen Verlieren.

Die folgenden Ausführungen beschränken sich auf die Darstellung der Wirkungsweise und der Anwendungsbereiche von Sicherungen gegen Lockern und Losdrehen. Sicherungen gegen Verlieren werden nicht näher behandelt. Sie besitzen gegenüber den beiden erstgenannten Gruppen eine relativ untergeordnete Bedeutung, weil sie im allgemeinen bei hochbeanspruchten Schraubenverbindungen erst dann wirksam werden, wenn die Verbindung bereits funktionsunfähig geworden ist. Lediglich bei Befestigungsverbindungen haben sie eine gewisse Bedeutung, wenn spannende und verspannte Teile nach einem Verlust der Vorspannkraft vor dem Auseinanderfallen bewahrt werden sollen. Die Wirkungsweise einer Verliersicherung kann reib-, stoff- oder formschlüssig sein.

9.3.1 Sicherungsmaßnahmen gegen Lockern

Sicherungen oder Sicherungsmaßnahmen gegen Lockern haben die Aufgabe, den durch die zu erwartenden Setzbeträge und/oder Kriechbeträge hervorgerufenen Vorspannkraftabfall so klein wie möglich zu halten. Dies ist in der Regel durch eine Vergrößerung der Nachgiebigkeit von Schrauben und/oder verspannten Teilen möglich und kann in der Praxis realisiert werden durch:

— beanspruchungsgerechte konstruktive Gestaltung von Schrauben und zu verspannenden Teilen und/oder durch
— Mitverspannen federnder Elemente.

Ferner kann die für einen einwandfreien Betrieb nötige Restklemmkraft in einer Verbindung sichergestellt und damit der Gefahr des Lockerns entgegengewirkt werden durch

— Einleiten einer definierten Montagevorspannkraft mittels eines kontrollierten Anziehverfahrens.

Hierbei werden die erwarteten Setzbeträge bereits von vornherein berücksichtigt.

9.3.1.1 Konstruktive Maßnahmen

Die Nachgiebigkeitsverhältnisse in einer Schraubenverbindung beeinflussen die Größe des durch einen bestimmten Setzbetrag hervorgerufenen Vorspannkraftverlustes

9.3 Maßnahmen zur Vermeidung eines unzulässig großen Vorspannkraftverlusts

nachhaltig (Bild 9.5). Mit zunehmender Nachgiebigkeit von Schrauben und verspannten Teilen nimmt der Vorspannkraftverlust ab. Es muß jedoch beachtet werden, daß der auf die Schraube wirkende Betriebskraftanteil F_{SA} mit zunehmender Nachgiebigkeit der verspannten Teile größer wird (Bild 9.5b) und damit die Dauerbruchgefahr wächst.

Neben der nachgiebigen Gestaltung der Verbindung (z. B. durch große Schraubenlänge, kleineren Schraubendurchmesser bei höherer Festigkeit, Dehnschraube oder zwischengeschaltete Hülsen), die im wesentlichen darin besteht, ein großes Klemmlängenverhältnis l_K/d zu erzielen, sind folgende konstruktive Maßnahmen zur Sicherung gegen Lockern möglich:

— *hochfeste Schrauben* gestatten bei Anwendung geeigneter Anziehverfahren eine entsprechend hohe Montagevorspannkraft, die die erwarteten Setzbeträge berücksichtigt,
— *Schrauben und/oder Muttern mit speziell geformtem federndem Kopf* erhöhen die Nachgiebigkeit der Schraube,
— *große Auflageflächen* verringern die Flächenpressung und damit die Setzbeträge,
— eine möglicht *geringe Anzahl von Trennfugen* reduziert die Setzbeträge auf ein Mindestmaß,
— *ausreichende Einschraublängen* (Mutterhöhen) vermindern die örtliche Flächenpressung im Gewinde.

Zur Vermeidung unzulässig großer Setz- und/oder Kriechbeträge sollten keinesfalls plastische oder quasielastische Elemente (Dichtungen) mitverspannt werden.

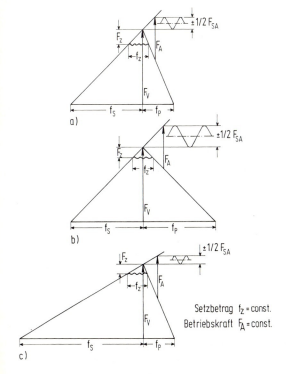

Bild 9.5a–c. Einfluß der Nachgiebigkeitsverhältnisse auf den Vorspannkraftverlust F_Z und die Schrauben-Zusatzkraft F_{SA}. a) δ_S und δ_P klein: F_Z groß; b) δ_S klein, δ_P groß: F_Z klein; c) δ_S groß, δ_P klein: F_Z klein

9.3.1.2 Mitverspannte federnde Elemente

Mitverspannte federnde Elemente wie

— Federringe,
— Federscheiben,
— Fächer- und Zahnscheiben,
— Tellerfedern,
— Spannscheiben usw.

sind nur dann wirksame Sicherungen gegen Lockern, wenn sie die Nachgiebigkeit der Verbindung im gesamten Vorspannkraftbereich in ausreichendem Maße vergrößern. Dies ist in der Regel nur dann der Fall, wenn ihr Federweg durch die benötigte Schraubenvorspannkraft nicht erschöpft wird oder wenn zumindest die zum gänzlichen Zusammendrücken des Federelements erforderliche Kraft nicht kleiner ist als die aufzubringende Vorspannkraft, so daß sich ein Vorspannkraftabfall durch Setzen im wesentlichen im Gebiet unterhalb des Knicks der Federkennlinie abspielen muß [9.2, 9.16] (Bild 9.6). Federringe, Federscheiben und Fächerscheiben weisen nach [9.17] nur bei relativ kleinen Kräften große Federwege auf. Aus diesem Grund können sie nur in Verbindung mit Schrauben niedrigerer Festigkeitsklassen (bis etwa 6.8) zu befriedigenden Ergebnissen führen.

Bei Anwendung hochfester Schrauben (Festigkeitsklassen ≥ 8.8) sind derartige federnde Elemente dagegen wirkungslos und können in ungünstigen Fällen die Setzerscheinungen und damit den Abfall der Vorspannkraft sogar begünstigen [9.12, 9.16].

Federnde Elemente aus nichtrostenden Stählen sind nur wirksam bis zu Vorspannkräften von 7 bis 8 % der Werte, wie sie beim sachgemäßen Verspannen von Schraubenverbindungen der Stahlgruppen A2 und A4 erforderlich sind [9.15]. Durch die bei mitverspannten federnden Elementen unvermeidlichen Spaltbildungen besteht darüberhinaus in entsprechender Atmosphäre die Gefahr von Spaltkorrosion [9.10] (s. Abschnitt 6.3.1).

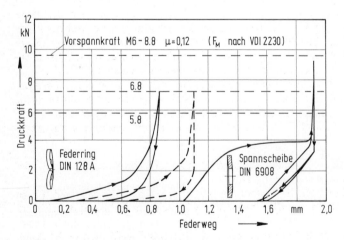

Bild 9.6. Kennlinien federnder Elemente bei Be- und Entlastung [9.12]

Grundsätzlich sind mitverspannte federnde Elemente nur unter folgenden Bedingungen wirksam [9.9]:
— Die Federkräfte müssen etwa so hoch sein wie die Schraubenvorspannkräfte,
— Die Flächenpressungen in den Auflageflächen müssen berechenbar sein,
— Das Aufbringen der benötigten Vorspannung beim Anziehen darf nicht beeinträchtigt werden,
— Das Auftreten von Spaltkorrosion muß vermieden werden,
— Das Be- und Entlasten bei mehrfacher Verwendung darf nicht zu unterschiedlich hohen Vorspannkräften führen.

Beispiele für mitverspannte federnde Elemente enthält Tabelle 9.1.

9.3.2 Sicherungsmaßnahmen gegen Losdrehen

Sicherungen gegen Losdrehen haben die Aufgabe, die Montagevorspannkraft und insbesondere die Restklemmkraft in dynamisch senkrecht zur Schraubenachse belasteten Schraubenverbindungen beim Auftreten von Querschiebungen so weit aufrechtzuerhalten, daß immer die Funktion der Verbindung gewährleistet ist. Dies kann erreicht werden durch

— konstruktive Maßnahmen, die Querschiebungen ganz oder teilweise verhindern und/oder durch
— Sicherungselemente bzw. -maßnahmen, die die auftretenden inneren Losdrehmomente im Gewinde infolge von Querschiebungen aufnehmen können für den Fall, daß diese allein durch konstruktive Maßnahmen nicht zu vermeiden sind.

9.3.2.1 Konstruktive Maßnahmen

Wenn Querbeanspruchungen infolge von Betriebskraftkomponenten senkrecht zur Schraubenachse nicht ganz vermieden werden können, sollte durch eine entsprechende konstruktive Gestaltung zumindest gewährleistet werden, daß die theoretische Grenzverschiebung s_{Gth}, die den Beginn des selbsttätigen Losdrehens kennzeichnet, im Betrieb nicht überschritten wird. In [9.18] wird deshalb gefordert: „Konstruiere so, daß keine Relativbewegungen in den Trennfugen senkrecht zur Schraubenachse oder an den Gewindeflanken der Verbindungselemente entstehen!"

Gleichung (9.4) für die theoretische Grenzverschiebung s_{Gth} zeigt eine Abhängigkeit von mehreren Einflußgrößen. Daraus lassen sich folgende konstruktive sowie werkstofftechnische Maßnahmen ableiten, die geeignet sind, diese zu größeren Werten hin zu verschieben und damit dem Auftreten von Relativbewegungen entgegenzuwirken [9.2, 9.3, 9.19]:

— hohe Montagevorspannkräfte durch Verwendung hochfester Schrauben und/oder Anwendung kontrollierter Anziehverfahren,
— große Nachgiebigkeit der Schrauben durch große Klemmlängen und kleine Schaftdurchmesser (Dünnschaftschrauben) sowie kleinerer E-Modul des Schraubenwerkstoffs,
— große Haftung auf den Schraubenkopf- und Mutterauflageflächen (z. B. durch konkave oder verzahnte Auflageflächen).

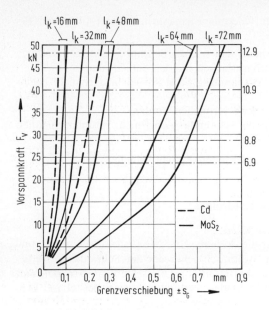

Bild 9.7. Grenzverschiebung s_G von Starrschrauben M10 [9.3]

Bild 9.7 zeigt am Beispiel einer Schraube M10 den Zusammenhang zwischen der Vorspannkraft F_V und der im Versuch ermittelten Grenzverschiebung s_G in Abhängigkeit von der Klemmlänge l_K und dem Schmierungszustand (μ_K). Die Meßwerte zeigen, daß im unteren Vorspannkraftbereich die wirkliche Grenzverschiebung vom theoretischen linearen Verlauf abweicht und eine parabelförmige Kurve beschreibt. Dies ist darauf zurückzuführen, daß auf Grund der Kippbewegung der Schraube bei kleineren Vorspannkräften die Reibungszahl μ_K und die Klemmlänge l_K nicht als streng konstante Größen angesehen werden dürfen [9.3]. Nomogramme in [9.3] gestatten ein Ablesen der Grenzverschiebung in Abhängigkeit von der Klemmlänge und dem Klemmlängenverhältnis l_K/d. Als Parameter werden die Reibungszahlen μ_K und die Werkstoffestigkeit der Schraube gewählt. Die Nomogramme sind auf den oberen Vorspannkraftbereich (zwischen Festigkeitsklasse 6.9 und 12.9) in Bild 9.7 begrenzt, in dem eine lineare Abhängigkeit zwischen der Vorspannkraft und der Grenzverschiebung besteht.

Zusätzliche konstruktive Maßnahmen bewirken eine Vergrößerung der kritischen Grenzverschiebung:

— Schlupfbegrenzung, z. B. durch Paßschrauben,
— Formschluß, z. B. durch gewindeformende Schrauben ohne Gewindespiel [9.12],
— Vergrößerung der Reibung im Gewinde.

9.3.2.2 Zusätzliche Sicherungselemente bzw. -maßnahmen

Sind Querschiebungen in einer Schraubenverbindung durch konstruktive Maßnahmen nicht zu vermeiden, dann muß das selbsttätige Losdrehen der Verbindung durch solche Sicherungselemente bzw. -maßnahmen verhindert werden, die das innere Losdrehmoment M_{Li} zuverlässig aufnehmen. Diese können nach ihren physikalischen Wirkprinzipien in

— kraftschlüssige,
— formschlüssige und
— stoffschlüssige Sicherungen

eingeteilt werden (s. Tabelle 9.1).

In [9.1] wird darauf hingewiesen, daß bei kraftschlüssigen Sicherungen, die eine Vergrößerung des Reibschlusses zwischen Mutter- und Bolzengewinde oder zwischen der Mutter und ihrer Auflagefläche bewirken, das aus Aufschraubversuchen ermittelte Bewegungsdrehmoment bzw. das erhöhte Losdrehmoment bei statischer Beanspruchung nicht als Sicherungsmoment gewertet werden darf. Denn je nach Art und Form der Sicherung können diese zusätzlichen Reibmomente durch Relativbewegungen des Muttergewindes bei schwingender Beanspruchung erheblich beeinflußt werden, so daß bei diesen Elementen nur eine dynamische Prüfung einen Anhalt über die Sicherungswirkung geben kann.

9.3.2.3 Funktionsprüfung von Losdrehsicherungen

Da das vollständige Losdrehen ausschließlich bei quer zur Schraubenachse dynamisch beanspruchten Schraubenverbindungen auftritt, wurde ein Prüfverfahren entwickelt, das eine praxisnahe Kontrolle von Losdrehsicherungen gestattet [9.20]. Bild 9.8 zeigt den zentralen Teil eines hierbei verwendeten sog. Vibrationsprüfstands. Zur Durchführung des Versuchs wird die zu prüfende Schraube zunächst bis zu einer Anfangsvorspannkraft F_{V0} vorgespannt. Danach wird das Teil oberhalb des Nadelschlittens über einen motorisch angetriebenen Exzenter mit einer bestimmten Frequenz quer zur Schraubenachse in Translationsbewegungen versetzt. Am Exzenter wird zuvor eine bestimmte Leerlaufamplitude s_L eingestellt. Die in die Schraube eingeleiteten Querschiebungen sind in jedem Fall kleiner als die Leerlaufamplitude. Die Differenz zwischen Leerlaufamplitude s_L und effektiver Amplitude s_{eff} wird insbesondere von der Nachgiebigkeit der querkraftübertragenden Maschinenteile, der Schraubenvorspannkraft und der Biegenachgiebigkeit der Schraube beeinflußt. Je

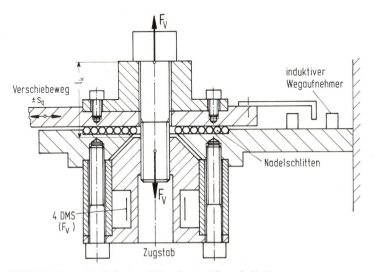

Bild 9.8. Zentraler Teil eines Vibrationsprüfstands [9.3]

größer die Differenz von s_L und s_{eff}, desto größer ist die auf die Schraube wirkende Querkraft. Während des Vibrationsversuchs wird die Änderung der Vorspannkraft in Abhängigkeit von der Schwingspielzahl gemessen und mit einem Schreiber aufgezeichnet. Mit dieser das Losdrehverhalten charakterisierenden Darstellungsweise erhält man sog. Losdrehkurven, wie sie Bild 9.9 für verschiedene Sicherungselemente bzw. -methoden unter bestimmten Versuchsbedingungen zeigt.

Eine differenzierte Bewertung der Sicherungswirkung der verschiedenen Elemente anhand solcher Losdrehkurven ist jedoch problematisch, weil die Ergebnisse der Vibrationsversuche von einer Vielzahl von Einflußgrößen abhängen können wie

— Leerlaufamplitude,
— Schraubenvorspannkraft,
— Nachgiebigkeit der kraftübertragenden Maschinenteile,
— Länge und Form der Schraube,
— Grenzlastspielzahl,
— Schmierungszustand,
— Oberfläche der verspannten Teile,
— Einschraubtiefe,
— Gewindesteigung,
— Gewindetoleranzen,
— Mehrfachverwendung von Schrauben, Muttern, Scheiben oder Gewindebüchsen.

Da die Auswirkungen dieser Parameter auf das Versuchsergebnis quantitativ noch nicht in vollem Umfang erforscht sind und es bisher keine übereinstimmenden Vereinbarungen hinsichtlich der Versuchsdurchführung und -auswertung gibt, ist

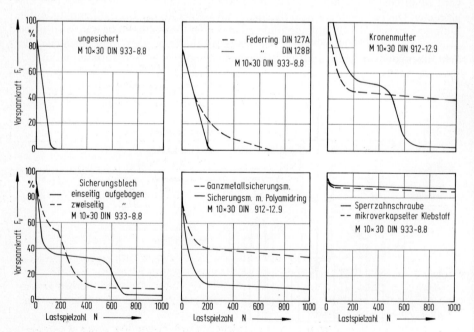

Bild 9.9. Losdrehkurven unterschiedlich gesicherter Schrauben [9.21]
$s_L = \pm 1$ mm, $U = 750$ min^{-1}, $F_{VO} = 30$ kN

dieses Prüfverfahren noch nicht genormt. Dies wird jedoch durch umfangreiche Ringversuche in weltweiter Abstimmung angestrebt.

9.4 Wirksamkeit und Anwendungsgrenzen von Schraubensicherungen

Tabelle 9.1 gibt eine Übersicht über die Anwendbarkeit verschiedener Sicherungselemente gemäß der von ihnen zu erfüllenden Funktion. Sie läßt folgende Bewertung der einzelnen Sicherungselemente hinsichtlich ihrer Wirksamkeit und ihrer Anwendungsgrenzen zu [9.21]:

- *Mitverspannte federnde Elemente* vermögen in der Regel Losdrehvorgänge infolge wechselnder Querschiebungen nicht zu verhindern. Sie können allenfalls bei Schrauben geringer elastischer Nachgiebigkeit (kurze Schrauben) im unteren Festigkeitsbereich (≤ 6.8) als *Setzsicherung* verwendet werden. Zu beachten ist die Gefahr der Spaltkorrosion in entsprechender Atmosphäre.
- *Formschlüssige Elemente* können nur ein begrenztes Lösemoment aufnehmen und sollten daher auch *nur bei Schrauben im unteren Festigkeitsbereich (≤ 6.8)* eingesetzt werden. Da sie in der Regel eine gewisse Restvorspannkraft aufrechterhalten, sichern sie die Verbindung insbesondere *gegen Verlieren*.

Tabelle 9.1.

Ursache des Lösens	Einteilung der Sicherungselemente nach		Beispiel
	Wirksamkeit	Funktion	
Lockern durch Setzen	Setzsicherung	Mitverspannte federnde Elemente	Tellerfedern Spannscheiben DIN 6796 und 6908 Kombischrauben DIN 6900 und 6901 Kombimuttern
Losdrehen durch Aufhebung der Selbsthemmung	Verliersicherung	Formschlüssige Elemente	Kronenmuttern DIN 935 Schrauben mit Splintloch DIN 962 Drahtsicherung Scheibe mit Außennase DIN 432
		Klemmende Elemente	Ganzmetallmuttern mit Klemmteil Muttern mit Kunststoffeinsatz*) Schrauben mit Kunststoffbeschichtung im Gewinde*) Gewindefurchende Schrauben
	Losdrehsicherung	Sperrende Elemente	Sperrzahnschrauben Sperrzahnmuttern
		Klebende Elemente	Mikroverkapselte Schrauben*) Flüssig-Klebstoff*)

*) Temperaturabhängigkeit beachten

- *Klemmende Elemente* sind aufgrund des dem Losdrehmoment entgegenwirkenden Klemm-Moments ebenfalls in der Lage, eine gewisse Restklemmkraft in der Verbindung zu erhalten, welche von der Höhe des unter Vibration verbleibenden Klemm-Moments abhängt. Vorrangig bieten jedoch solche Elemente nur eine Sicherheit *gegen Verlieren*.
- *Sperrende Elemente* haben sehr gute Sicherungseigenschaften *gegen Losdrehen*. Sie vermögen in den meisten Anwendungsfällen das innere Losdrehmoment zu blockieren und somit die Vorspannkraft in voller Höhe aufrechtzuerhalten.

- *Klebende Elemente* erweisen sich in der Praxis ebenfalls als gute *Losdrehsicherungen*. Durch den Stoffschluß werden Relativbewegungen zwischen den Bolzen- und Muttergewindeflanken verhindert, so daß innere Losdrehmomente nicht wirksam werden [9.4, 9.22 bis 9.26].

Klebende Sicherungselemente sind *insbesondere bei gehärteten Oberflächen* geeignet, wo sperrende Elemente nicht mehr anwendbar sind. Zu beachten ist die zum Teil stark störende Gewindereibung (Einfluß auf die Vorspannkraft bei der Montage, s. Kapitel 8) sowie die Anwendungsgrenze bei erhöhter Betriebstemperatur, welche bei etwa 90 °C liegt.

9.5 Schrifttum

9.1 Paland, E.-G.: Die Sicherheit der Schrauben-Mutter-Verbindung bei dynamischer Axialbeanspruchung. Konstr. Masch. Appar. Gerätebau 19 (1967) 453–464
9.2 Junker, G.; Strelow, D.: Untersuchungen über die Mechanik des selbsttätigen Lösens und die zweckmäßige Sicherung von Schraubenverbindungen. Draht-Welt 52 (1966) 103–104, 175–182, 317–335
9.3 Blume, D.: Wann müssen Schraubenverbindungen gesichert werden? Verbindungstechnik 1 (1969) 4, 25–30
9.4 Blume, D.: „Schraubensicherung" — Ruhekissen des Konstrukteurs. Maschine (1971) 10, 22–24
9.5 Bauer, C. O.: Verhalten von Schrauben- und Mutternverbindungen aus nichtrostenden Stählen unter schwingenden Lasten. Konstr. Masch. Appar. Gerätebau 24 (1972) 266–274
9.6 Junker, G. H.: Das Sichern von Schraubenverbindungen. Verbindungstechnik 8 (1976) 3, 27–32 und 4, 35–37
9.7 Illgner, K. H.; Blume, D.: Schrauben Vademecum. Firmenbroschüre der Fa. Bauer und Schaurte Karcher GmbH, 6. Aufl. 1985
9.8 Bauer, C. O.: Einfache Faustregel: Wirksam wie die Faust im Auge. Konstr. Elemente Methoden 13 (1976) 70–72
9.9 Bauer, C. O.: Mitverspannte federnde Elemente bei Schraubenverbindungen aus nichtrostenden Stählen. Draht 21 (1970) 598–603
9.10 Bauer, C. O.: Wunsch und Wirklichkeit. Verbindungstechnik 4 (1972) 19–21
9.11 Bauer, C. O.: Sicherheit ... Versprechen oder Versagen? Verbindungstechnik 5 (1973) 11, 19–33
9.12 Pfaff, H.: Wie können Schraubenverbindungen gesichert werden? Ing.-digest 17 (1978) 81–85
9.13 Goodier, J. N.; Sweeney, R. J.: Loosening by vibration of threaded fastenings. Mech. Eng. 12 (1945) 798–802
9.14 Sauer, J. A.; Lemmon, D. C.; Lynn, E. K.: Bolts — how to prevent their loosening. Mach. Des. 8 (1950) 133–139
9.15 Bauer, C. O.: Sicherung von Schraubenverbindungen aus nichtrostenden Stählen. Werkst. Korros. 6 (1970) 463–473
9.16 Junker, G.: Sicherung von Schraubenverbindungen durch Erhaltung der Vorspannung. Draht-Welt 47 (1961) 936–943
9.17 Küchler, R.: Statische Versuche mit Schraubensicherungen. Draht 13 (1962) 629–634, 706–713
9.18 Junker, G.: Kriterien für das selbsttätige Lösen von Verbindungselementen unter Vibration. SAE-Ber. 690055, Detroit 1969
9.19 Kellermann, R.; Turlach, G.: Beitrag zur Erzielung des optimalen Sicherungseffektes bei hochfesten Schraubenverbindungen. Automobil-Ind. 13 (1968) 91–102
9.20 Junker, G.; Strelow, D.: Der Weg zur Standardisierung. Maschinenmarkt 78 (1972) 387–392
9.21 Strelow, D.: Sicherungen der Schraubenverbindungen. Merkblatt 302 der Beratungsstelle für Stahlverwendung Düsseldorf, 6 (1983)

9.22 Fauner, G.: Lassen Flüssigkunststoffe als Schraubensicherung noch eine risikolose Montage zu? Verbindungstechnik 6 (1974) 37–40
9.23 Fauner, G.; Endlich, W.: Probleme mit gewindeverklebenden Sicherungsmitteln? Verbindungstechnik 8 (1976) 8/9, 25–30
9.24 Blume, D.; Esser, J.: Mikroverkapselter Klebstoff als Schraubensicherung. Verbindungstechnik 5 (1973) 5/6
9.25 Endlich, W.; Hertneck, A.: Warum lösen sich Schraubenverbindungen — oder die ungenügende Beachtung der modernen Flüssigkunststoffsicherung. Konstr. Elemente Methoden 12 (1975) 35–39
9.26 Fragen — Antworten — Synthesen. Über mikroverkapselte Schraubensicherungen. Verbindungstechnik 4 (1972) 20–25

Sachverzeichnis

Abheben s. Aufklaffen der Trennfuge
Abgrenzungsverfahren   168
Abscheren s. Abstreifen ineinandergreifender Gewinde
Abstreifen ineinandergreifender Gewinde   118 ff
Abstreiffestigkeit   118 ff., 144, 198, 230
–, austenitische Muttern   125
–, feuerverzinkte Teile   198
–, hohe Temperaturen   230
–, maximale   123, 124
–, Randentkohlung   144
Abstreifsicherheit bei Muttern   26
Abwürgen   255
Alterung   207, 210
Alterungsbeständigkeit   46
Aluminium   46, 176, 187, 198, 231
–, Passivierung   176
–, Zunderbeständigkeit   231
Aluminium-Knetlegierungen, Einschraubtiefen   124
Aluminium-Legierungen   41, 126, 180, 187, 255
–, Korrosion   180
–, Fressen   255
Anlaßtemperatur s. Mindestanlaßtemperatur
Anlaßversprödung   45, 46
Annahmeprüfung   27, 30
anodische Auflösung   177, 184
anodische Teilreaktion   173 ff
Anstrich   192, 196, 199
–, Haftgrund   199
Anziehdrehmoment   78–83, 240 ff, 256 ff
–, Tabellenwerte   78–83
Anziehen   132, 133, 144, 156, 161–163, 191, 192, 196, 198, 250 ff, 256 ff
–, Anziehverfahren   265 ff
–, Beanspruchung   256 ff
–, feuerverzinkte Teile   198
–, Flächenpressung   132, 133, 249
–, galvanische Zinkschicht   196

–, Phosphatierung   191, 192
–, Randentkohlung   144
–, überelastisches   161–163
Anziehen von Hand   269, 270
Anziehfaktor   75, 84, 266–269, 274, 277, 278, 281, 282, 284, 288, 290, 291
–, hydraulisches Anziehen   274
–, Richtwerte   84
Anziehverfahren   265 ff
Anziehwerkzeuge   268, 269
arcsin-Verfahren   168
asymmetrisches Gewinde   146, 154
Atramentieren s. Phosphatierung
Aufklaffen der Trennfuge   60, 65, 67–70, 73–75, 89, 90, 160, 161, 165, 166
–, Abhebebedingung   60, 67–70, 73, 74, 90
Aufweitung der Mutter, radiale   120, 122, 125, 127, 129, 244, 246
Aufweitversuch für Muttern   33, 34
Auslegung s. Hauptdimensionierungsgrößen
Ausnutzung   77, 93, 102, 149, 224, 226, 257 ff, 282
–, der Schraubenstreckgrenze   77, 93, 102, 149, 257 ff
–, hohe Temperaturen   224, 226
Außendurchmesser   6
austenitische Stähle   31–33, 45, 188, 189, 205 ff, 221, 225, 231, 232, 252–255
–, kritische Dehnung   221
–, Reibung   252–255
–, Schmiermittel   231
–, Spannungsrißkorrosion   188, 231
–, Werkstoffeigenschaften   205 ff, 231
–, Zunderbeständigkeit   231
Automatenstahl   23, 40, 46
automatische Montage   198

Balkenverbindungen   49, 163
–, Gestaltungsrichtlinien   163
Beizen   111, 181, 183, 198
Bemaßungen für Schrauben und Muttern   19

Berechnungsansatz 75 ff, 87 ff
–, elementarer 75 ff
–, nichtlinearer 87 ff
Berechnungsbeispiel 90 ff
Betriebsbeanspruchung 58–64, 65–74, 155 ff
–, exzentrische 65–74, 155 ff
–, zentrische 58–64, 155 ff
Betriebskraft 58 ff, 62, 260
–, überelastische Beanspruchung 62, 260
Biegebeanspruchung 58, 70–73, 118–120, 123, 131, 132, 135, 157–160, 164–166
–, Dauerhaltbarkeit 157–160
–, Dauerbruch 164–166
–, der Mutter 123
–, der Schraubenverbindung 58, 70–73, 131, 132
–, ineinandergreifende Gewinde 118–120
–, infolge Flankenbelastung 135
–, Querschiebungen 297
–, Ursachen und Auswirkungen 131, 132
Biegenachgiebigkeit,
  elastische 71, 72, 121, 142, 158
–,–, der Gewindegänge 121
–,–, der Schraube 71, 72, 158
Biegezusatzspannung 70, 72, 73, 131, 132, 150, 151, 157 ff
–, Ursachen u. Auswirkungen 131, 132, 158–160
–, Vermeidung 150, 151
Blechschrauben 19, 31
Bohrschrauben 18
Bondern s. Phosphatierung
Bor 23, 40, 44, 45, 208
borlegierte Stähle 40, 44, 45
Bruchdehnung, geforderte 24, 32, 33, 221, 231, 232
–,–, hohe Temperaturen 221
–,–, tiefe Temperaturen 231, 232
Brucheinschnürung 200, 231, 232
–, tiefe Temperaturen 231, 232
Bruchdrehmoment s. Mindestbruchdrehmoment
Bruchverhalten von Schraubenverbindungen 107, 108, 110–112, 118–121, 123 ff, 227 ff
–, aus nichtrostendem Stahl 111
–, Festigkeitsverhältnis 118–121, 123, 125, 127
–, freie belastete Gewindelänge 112
–, hohe Temperaturen 227 ff
–, Schwingbeanspruchung 137, 138
–, spröder Werkstoff 110
–, überlagerte Biegung 132, 164
–, zäher Werkstoff 107, 110

Cam out 264
chemische Korrosion 172
chemische Zusammensetzung 22, 23, 40, 44, 189, 190, 198, 224, 225, 229
–, feuerverzinkte Teile 198
–, hohe Temperaturen 224, 225, 229
–, Komplexbeanspruchung 44
–, Muttern 40
–, nichtrostende Stähle 189, 190
–, Schrauben 22, 23
–, Werkstoffauswahl 40
Chrom 23, 30, 45, 144, 176, 187, 188, 194, 197, 200, 208, 231
–, galvanisch abgeschieden 144, 194, 197
–, Passivierung 176, 187, 188
–, Zunderbeständigkeit 231
Chromatierung 195–197

DASt-Richtlinie 010 133–135
Dauerbruch 137, 138, 164–166, 294
Dauerbruchgefahr 150, 151
Dauerhaltbarkeit 86, 138 ff, 196, 198, 226 ff
–, Anhaltswerte 141
–, Biegezusatzspannung 157 ff
–, Einflüsse 138, 139
–, Einschraubtiefe 151, 153
–, Festigkeit und Werkstoff 143, 144
–, feuerverzinkte Teile 198
–, Flankenwinkeldifferenz 154, 155
–, galvanisch verzinkte Teile 196
–, Gewindefertigung 145, 146
–, Größeneinfluß 140–142
–, hohe Temperaturen 226 ff
–, konstruktive Gestaltung 162–164
–, Mutterwerkstoff 153
–, Nachgiebigkeit 153 ff
–, Prüfverfahren 166–168
–, Randentkohlung 144
–, Sacklochverschraubung 150, 151
–, Schraube 140 ff
–, Schraube – Mutter – Verbindung 149 ff
–, Schraubenschaft 148, 149
–, Schraubenverbindung 155 ff
–, spröde Randschicht 144
–, Toleranz 154
–, Überprüfung 86
–, Vorspannkraft 160–163
Dehngrenze s. Streckgrenze
Dehnschaftschrauben 8, 79, 82, 148, 149, 151, 155–157, 216–218, 258, 259, 299, 301
–, hohe Temperaturen 216–218
–, Normung 8
–, Rauhtiefe des Schafts 148, 149
–, Vorspannkraft 258, 269

Sachverzeichnis

–, Vorspannkräfte und Anziehdrehmomente 79, 82
Dehnschrauben s. Dehnschaftschrauben
Diffusionsschichten 198, 199
Dimensionierung s. Hauptdimensionierungsgrößen
Drehmoment-Drehwinkel-Kurve 279
drehmomentgesteuertes Anziehen 274 ff
Drehmomentprüfung 33, 34
Drehschlagschrauber 268 ff
Drehschrauber 286 ff
Drehwinkel 266, 279 ff
drehwinkelgesteuertes Anziehen 284 ff
Druckeinflußzone 52, 53, 160
–, Durchsteckverschraubung 52, 160
–, Sacklochverschraubung 53
Druckeigenspannungen 144, 145, 147, 163, 227
–, fertigungsinduzierte 144, 145, 147, 227
–, lastinduzierte 163
Druckwasserstoffangriff 172
Dünnschaftschrauben s. Dehnschaftschrauben
Dünnschichtlacke 191, 192
Durchgangslöcher 19
Durchsteckverschraubung 52, 54, 90 ff, 217
–,–, Berechnungsbeispiel 90 ff
–,–, Druckeinflußzone 52
–,–, hohe Temperaturen 217
–,–, Nachgiebigkeit 54

Einsatzhärten 144
Einschraubenverbindung 48, 49, 87 ff, 160, 162
–, Gestaltungsrichtlinien 162
–, nichtlinearer Berechnungsansatz 87 ff
Einschraubtiefe 118 ff, 150, 151, 153, 261, 304
–, Dauerhaltbarkeit 151, 153
Elastizitätsmodul 206, 211, 215, 217, 218
elektrochemische Korrosion 172 ff
Entphosphatierung vor der Wärmebehandlung 23
Ersatzquerschnitt 54
Ersatzträgheitsmoment 57, 72, 73
exzentrische Betriebsbeanspruchung 58, 65 ff
exzentrische Verschraubung 55–58, 65 ff, 156 ff
–, Betriebszustand 65 ff
–, Dauerhaltbarkeit 156 ff
–, Nachgiebigkeit 55–58

Faradaysches Gesetz 174
federnde Elemente 300 ff

Feingewinde 7, 8, 34, 113, 114, 122, 123, 142, 143, 230
–, Dauerhaltbarkeit 142, 143
–, hohe Temperaturen 230
–, Muttern 34
–, Normung 7, 8
–, Tragfähigkeit 113, 114, 122, 123
Fernschutzwirkung 195, 196
ferritische Stähle 31, 32, 45, 188, 205 ff, 221, 225, 231, 232
–, kritische Dehnung 221
–, Werkstoffeigenschaften 205 ff
Fertigung 1, 2, 111, 142, 144 ff
–, Dauerhaltbarkeit 142, 144 ff
–, Gewinde 145, 146
–, Tragfähigkeit 111
Fertigungsfehler, Auswirkungen 131, 158–160, 254
Festigkeitsklassen 21 ff, 31–34
Festigkeitssteigerung 37, 44, 111, 132, 207
–, bei borlegierten Stählen 44
–, Kaltverfestigung 111, 132
–, Mechanismen 37
Festigkeitsverhältnis, optimales 123, 125
Festwalzen 147, 148
feuerverzinkte Teile 30, 111, 114, 183, 197 ff, 254, 255
–, Dauerhaltbarkeit 114, 198
–, Fressen 255
–, Reibungszahlen 254
–, technische Lieferbedingungen 30
–, Tragfähigkeit 30, 111
–, Wasserstoffversprödung 183, 199, 200
Flächenpressung 74, 83, 87, 93, 94, 132, 133, 246, 262 ff, 295 ff
–, Anziehen 246, 262 ff
–, Berechnung 87, 93, 94
–, Kantentragen 74
–, plastische Verformung 132, 133
–, Tabellenwerte 83
Flachgewinde 241–243
Flankendurchmesser 6, 9
Flankenüberdeckung 6, 119, 121 ff, 154, 198
–, Dauerhaltbarkeit 154
–, Tragfähigkeit 119, 121 ff, 198
Flankenwinkel 6, 241 ff
Flankenwinkeldifferenz 154, 155
Fließschaftschraube s. Dehnschaftschraube
Formänderungsbehinderung s. Kerbwirkung
Formänderungsvermögen, plastisches 36, 109, 110, 132, 143, 157, 161–163, 191, 221
–,–, hochfeste Schrauben 161–163
–,–, hohe Temperaturen 221
–,–, von Oberflächenüberzügen 191

Formzahl s. Spannungsformzahl
Fremdeinschlüsse 37
Fressen 144, 230, 231, 250, 253, 255
Fügemoment 279, 284, 286
galvanisch beschichtete Teile 28–30, 144, 183, 192 ff, 199, 200, 230, 253, 254
–, hohe Temperaturen 230
–, Korrosionsgeschwindigkeit 198
–, Reibungszahlen 253, 254
–, Verkadmen 196, 197
–, Verzinkung 195–197
–, Wasserstoffversprödung 183, 199, 200
Genauigkeitsgrad s. Toleranz
Gestaltungsrichtlinien 162–164
Gewindeauslauf 114, 117, 146–148
–, Dauerhaltbarkeit 146–148
–, Tragfähigkeit 114, 117
Gewindebuchsen, selbstschneidende 126
Gewindeenden und Schraubenüberstände 19
Gewindeeinsätze 125, 126
Gewindefeinheit 113, 114, 121, 140, 142, 143
–, Dauerhaltbarkeit 140, 142, 143
–, Tragfähigkeit 113, 114, 121
Gewindefertigung 145, 146
gewindeformende Schrauben 18, 302
–, Funktion 18
gewindefurchende Schrauben 18
Gewindelastverteilung 112, 118, 135–138, 142, 151 ff, 163, 227, 231
Gewindemoment 241 ff, 277
Gewindereibung 240 ff, 256 ff, 277 ff
Gewindereibungsmoment 240 ff
Gewindeschneidschrauben 18
Gewindesteigung 6, 122, 123, 140, 142, 143, 240, 244, 304
–, Dauerhaltbarkeit 140, 142, 143
–, Nutzdrehmoment 240
–, Tragfähigkeit 122, 123
Gewindesysteme 6
Gewindetiefe 6, 9
Gewindetoleranz s. Toleranz
Gewindetragtiefe s. Flankenüberdeckung
Grenzflächenpressung 83, 132, 161, 296
–, Tabellenwerte 83
Grenzverschiebung 166, 297, 301, 302
grünes Fenster 283
GV-Verbindung 133–135
GVP-Verbindung 133–135

Haigh-Diagramm 166, 167
Härte, geforderte 24, 26, 27, 32–35
Härteklassen 34, 35
Härteprüfung 23, 33
Hauptdimensionierungsformel 77

Hauptdimensionierungsgrößen 75, 77
hitzebeständige Stähle 235
hochfeste Schrauben 2, 40, 124, 160, 161, 181–183, 198–200, 299
–, Anwendung 160, 161
–, Einschraubtiefen 124
–, Festigkeit 40
–, Montagevorspannkraft 299
–, Wasserstoffversprödung 181–183, 198–200
–, Werkstoffe 40
höchstfeste Schrauben 2, 41, 42, 143, 146, 153, 181–183
–, Dauerhaltbarkeit 146, 153
–, Fertigung 2, 41, 143
–, Festigkeit 2, 41, 42
–, Formänderungsvermögen 143
–, Wasserstoffversprödung 181–183
–, Werkstoffe 42
Höchstscherkraft des eingeschraubten Gewindes 128–130
Höchstzugkraft 93, 128–130, 286
hochtemperaturverzinkte Schrauben 111, 198
hochwarmfeste Stähle 31–33, 234
–, Werkstoffauswahl 234
Holzschraubengewinde 19
hydraulisches Anziehen 272–274

Inchromieren 199
Inhibitoren 199
interkristalline Korrosion 46, 180, 188, 190

Kadmiumüberzüge 193, 196–198, 200, 251
–, Korrosionsschutz 193, 196–198
–, Reibverhalten 251
Kaltformbarkeit 37, 40, 44
Kaltverfestigung 37, 111, 132
Kaltverschweißen s. Fressen
kaltzähe Stähle 31–33, 45, 231 ff
kathodische Teilreaktion 173 ff
kathodischer Korrosionsschutz 181, 195, 196
Kerbempfindlichkeit 37, 41
Kerbschlagbiegeversuch 23, 25
–, Kerbschlagarbeit 25
Kerbschlagzähigkeit 229, 231–233, 235
–, hohe Temperaturen 229
–, tiefe Temperaturen 231–233, 235
Kerbwirkung 36, 37, 108 ff, 135–137, 143, 144, 148, 150, 210, 211, 229, 231, 233, 264, 265
–, hohe Temperaturen 210, 211, 229
–, Kraftangriffsecken 264, 265
–, tiefe Temperaturen 231–233

Sachverzeichnis

Kerbwirkungszahl 135, 136
Kerndurchmesser 6, 9
Klemm-Drehmoment s. Muttern mit Klemmteil
Klemmkraftverlust 75
Klemmlänge 63, 64, 217, 301, 302
Klemmlängenverhältnis 85, 92, 155, 166, 295, 299, 302
Kohlenstoff 44
Komplexbeanspruchung 44
konstruktive Gestaltung 138, 147, 150–153, 156 ff, 166, 185–187, 204, 211, 212, 216, 217, 226, 298 ff
–, ausdehnungsgerecht 211, 212
–, Gestaltungsrichtlinien 162–164
–, Gewindeauslauf 147
–, hohe Temperaturen 204, 216, 217
–, Kopf-Schaft-Übergang 147
–, korrosionsgerecht 177, 185–187
–, Krafteinleitung 150
–, Nachgiebigkeit 156–157
–, Reibung 250
–, Relaxation 226
–, Sacklochverschraubung 150, 151
–, Schraubenzusatzkraft 138
–, Vorspannkraftverlust 298 ff
–, Zugmutter 152
Kontaktkorrosion 178–180, 190
Kontaktnachgiebigkeit 55
Kopfhöhe s. Mindestkopfhöhe
Kopfreibungsmoment 240, 246 ff, 254
Kopf-Schaft-Übergang 114, 117, 140, 146–148
–, Dauerhaltbarkeit 140, 146–148
–, Tragfähigkeit 114, 117
Kopfschlagzähigkeit 23, 25
Korrosion durch unterschiedliche Belüftung 179, 180
Korrosionsarten 178 ff
korrosionsbeständige Stähle s. rostbeständige Stähle
Korrosionsbeständigkeit 187 ff
–, Richtwerte 189, 197
Korrosionselement 175
Korrosionsgeschwindigkeit 175–177, 179, 187, 198, 199
–, Beeinflussung 199
–. Zinküberzüge 198
Korrosionsschutz 172, 173, 181, 184 ff, 200, 201
–, kathodischer 181, 195, 196
–, konstruktive Gestaltung 185–187
–, Kriterien 184, 185
–, Prüfung 200, 201
Kraftangriff 261 ff

Kraftverhältnis 60, 64–67, 101
Kreuzschlitz 19, 261, 264
–, Kraftangriff 261, 264
Kriechen 133, 204, 208, 210, 295, 296
kritische Einschraubtiefe s. Einschraubtiefe
kritische Mutterhöhe s. Mutterhöhe
Kupferüberzüge 193, 194, 197

Lastverteilung s. Gewindelastverteilung
Legierungen s. Leichtmetallegierungen
Legierungselemente 40, 44–47, 188, 207, 208, 235
–, Kaltzähigkeit 235
–, Korrosionsbeständigkeit 188
–, Stahleigenschaften 44–47
–, übliche 40
–, Warmfestigkeit 207, 208
Leichtbau 41, 43, 187
Leichtmetallegierungen 41, 43, 124, 133, 143, 144, 180
–, Aluminiumlegierungen 41, 133, 180
–, Aluminium-Knetlegierungen 124
–, Berylliumlegierungen 41
–, Kriechen bei Raumtemperatur 133
–, Magnesiumlegierungen 41, 133
–, Titanlegierungen 41, 43, 143, 144
Lochfraß 172, 196–198
Lochleibung 133, 134
Lockern 295 ff
Lokalelement 173, 179
–, unterschiedliche Kaltumformung 179
Losdrehen 295 ff
Losdrehmoment 296 ff
Losdrehsicherungen 301 ff

Mangan 23, 40, 46
Mangansulfid 46
martensitische Stähle 31, 32, 188, 189, 237
mechanical plating 198
mechanische Eigenschaften 21, 23 ff, 31 ff, 206, 211, 215, 231–233
–, geforderte 21, 23 ff, 31 ff
–, hohe Temperaturen 206, 211, 215
–, tiefe Temperaturen 231–233
Mehrschraubenverbindung 48, 49, 135, 160, 163, 164, 274
–, Anziehen 274
–, Gestaltungsrichtlinien 163, 164
Messingüberzüge 194
metallphysikalisch-chemische Korrosion 172
metrisches Gewinde 7–10, 244 ff, 296, 297
–, Grundprofil 8
–, Losdrehmoment 296, 297
–, Prüfung 10

Mindestanlaßtemperatur 22, 23
Mindestbodendicke 117
Mindestbruchdrehmoment 31, 33, 35
–, austenitische Schrauben 31
–, Blechschrauben 33
–, Kleinschrauben 35
Mindesteinschraubtiefe s. Einschraubtiefe
Mindestkopfhöhe 115
Mindesthärte s. Härte, geforderte
Mindestklemmkraft 68, 69, 75, 77, 94–97
Mindestschichtdicken s. Oberflächenüberzüge
Molybdän 23, 40, 45, 188, 207, 208
Montage-Unsicherheitsbeiwert s. Anziehfaktor
Montageverfahren 265 ff
Montagevorspannkraft 48, 50, 62, 73, 77–83, 92, 93, 102, 160–163, 211 ff, 240 ff, 256 ff
–, Anziehen 256 ff
–, Berechnung 77
–, Dauerhaltbarkeit 160–163
–, hohe Temperaturen 211 ff
–, maximal mögliche 92, 93, 102, 260, 281
–, Reibung 254
–, Tabellenwerte 78–83
–, überelastische Verformung 62
Montagewerkzeuge 268, 269
motorisches Anziehen 286 ff
Mutteraufweitung s. Aufweitung
Mutterauswahl 11–14
Mutterformen, genormte 15–18
–,–, Übersicht 15
Muttergewindeende 125–127
Mutterhöhe 11, 12, 118 ff, 150, 261
–, Berechnung 126 ff
–, Tabellenwerte 11
–, Tragfähigkeit 118 ff
Mutterhöhenverhältnis 11, 12, 118 ff
–, Tabellenwerte 11
–, Tragfähigkeit 118 ff
Muttern aus Leichtmetallegierungen 124, 125, 153
– mit eingeschränkter Belastbarkeit 26
– – Feingewinde 34
– – Klemmteil 15, 18, 33, 34
– – voller Belastbarkeit 26
Mutterwerkstoff 153, 225, 226
–, hohe Temperaturen 225, 226

Nachgiebigkeit, elastische 48, 51, 52 ff, 63, 65–67, 144, 153 ff, 211, 216 ff, 283, 298 ff
–,–, Dauerhaltbarkeit 153 ff
–,–, Definition 48
–,–, hohe Temperaturen 211, 216 ff

–,–, Kontaktnachgiebigkeit 55
–,–, Krafteinleitung 63
–,–, Montage 283
–,–, Schraube 51, 52, 63, 144
–,–, verspannte Teile 52 ff, 63, 65–67
–,–, Vorspannkraftverlust 298 ff
Nachziehdrehmoment 287, 289, 291
Nachziehdrehwinkel 284
Nenndurchmesser 6–10
Nennstreckgrenze 24
Nennzugfestigkeit 22
Nichteisenmetalle 34, 37, 143
–, Dauerhaltbarkeit 143
nichtrostende Stähle s. rostbeständige Stähle
Nickel 23, 40, 45, 144, 188, 194, 197, 208, 235
–, galvanisch abgeschieden 144, 194, 197
–, Korrosionsbeständigkeit 188
–, tiefe Temperaturen 235
Nickelbasislegierungen 37, 187, 208, 224, 225, 229
–, Gesamtdehnung 224
Niemann-Gewinde 142
Nitrieren 144
Normalpotential 175, 176
Normalspannungsreihe 175
Normen über Verbindungselemente, Übersicht 5
Normung 2, 3, 5 ff
Nutzdrehmoment 240

Oberflächenbehandlung 111, 144, 181–183, 192 ff
–, galvanische 192 ff
–, thermochemische 144
–, Wasserstoffversprödung 181–183, 199, 200
Oberflächenfehler 34
Oberflächenhärte, geforderte 24, 25, 31
Oberflächenrauheiten 21, 148, 149, 218, 223, 253
–, Dauerhaltbarkeit 148, 149
–, Dehnschaft 148, 149
–, Schmierung 253
–, zulässige 21
Oberflächenüberzüge 10, 28–30, 111, 144, 190 ff, 230
–, Auswahlkriterien 190, 191
–, Dauerhaltbarkeit 144, 196, 198
–, feuerverzinkte Teile 197, 198
–, galvanische 192 ff
–, hohe Temperaturen 230
–, mechanisch aufgebrachte 198
–, nichtmetallische 191, 192
–, Schichtdicken 28–30, 191 ff

Sachverzeichnis

–, Toleranzen 10, 28–30
–, Tragfähigkeit 111, 196

Parkern s. Phosphatierung
Passivierung 175, 176, 187, 188
Passivschicht 45, 175
Phosphatierung 191, 192, 196
Phosphor 23, 46
Plastifizierungsvermögen s. Formänderungsvermögen
plastische Verformung 118, 119, 127–129, 131, 135, 136, 161–163, 208, 217, 218, 227, 273
–, Anziehen 161–163, 273
–, Flächenpressung 132
–, Gewindegänge 118, 119, 127–129, 227
–, hohe Temperaturen 204, 208, 217, 218
–, Relaxation 227
–, Spannungszustand 135, 136
plastisches Formänderungsvermögen s. Formänderungsvermögen
Promotoren 199
Prüfkraftversuch 23, 33
Prüfspannung 24, 26, 27, 32, 33
Prüfverfahren 23, 33, 34, 166–168
–, Dauerhaltbarkeit 166–168
–, mechanische Eigenschaften 23
–, Muttern mit Klemmteil 33, 34

Qualitätskontrolle s. technische Lieferbedingungen
Querkontraktionsbehinderung s. Kerbwirkung
Querschiebungen 161, 166, 297, 301 ff

radiale Aufweitung s. Aufweitung
Radius am Gewindegrund 6, 9, 141, 142
Randaufkohlung 111
Randentkohlung 23, 25, 144, 296
–, Dauerhaltbarkeit 144
–, Kriechen 296
Rauhtiefe des Schraubenschafts 148, 149
reduzierte Spannung s. Vergleichsspannung
Reibkorrosion 184, 250, 253
Reibung 240, 241, 249 ff, 266, 276 ff
Reibungszahlen 241, 245, 248, 249 ff, 256 ff, 277, 278, 296, 302
–, Tabellenwerte 251, 252
Reinheit s. Stahlreinheit
Relaxation 204, 210, 218 ff, 274
–, Anziehen 274
–, Einflüsse 222 ff
Restbodendicke 115–117
Restklemmkraft 59, 64, 161, 219, 221 ff, 298, 301, 306

Revisionsintervalle 221, 222, 230, 240
rostbeständige Stähle 31–33, 45, 46, 143, 187 ff, 252, 253, 300, 301
–, Dauerhaltbarkeit 143
–, federnde Elemente 300, 301
–, Reibungszahlen 252, 253
Rötscher-Diagramm s. Verspannungsschaubild
Rundung s. Radius am Gewindegrund

Sacklochverschraubung 53, 54, 125, 150, 151
–, Druckeinflußzone 53
–, Nachgiebigkeit 54
–, empfohlene Einschraubtiefen 125
–, konstruktive Gestaltung 150, 151
–, Dauerhaltbarkeit 150, 151
säurebeständige Stähle 31–33, 252
–, Reibungszahlen 252
Scheiben, technische Lieferbedingungen 35
Scherbeanspruchung 133–135
Scherfestigkeit 115, 119, 125, 127–129
–, bezogene 115, 125
–, Mutterwerkstoff 119
–, relative 127–129
Schichtdicke s. Oberflächenüberzüge
Schlüsselweite 10, 11, 18, 19
–, Schraubenverbindungen im Stahlbau 18, 19
–, Übersicht 11
schlußgerolltes Gewinde 142, 145, 146, 161, 163, 227–229
schlußvergütetes Gewinde 145, 146, 148, 149, 161, 163, 227–229
schlußgewalztes Gewinde 144–146
Schmelztauchüberzüge 197, 198
Schmiermittel 230, 231, 249 ff
–, hohe Temperaturen 230, 231
–, Reibungszahlen 249 ff
Schrägzugversuch 23, 25
Schrauben für den Stahlbau s. Schraubenverbindungen im Stahlbau
Schraubenfertigung s. Fertigung
Schraubenformen, genormte 12–15
–,–, Übersicht 12, 13
Schraubenkopf, Tragfähigkeit 114–117
Schraubenschaft 114, 148, 149
–, Dauerhaltbarkeit 148, 149
–, Tragfähigkeit 114
Schraubensicherungen 298 ff
Schraubenverbindungen im Stahlbau 18, 19, 133–135
–, Schlüsselweiten 18, 19
Schraubenverbindungen mit Dehnschaft s. Dehnschaftschrauben

Schraubenzusatzkraft 60, 63, 66, 69, 70, 103, 155 ff, 260
Schwefel 23, 40, 46
Schwingbeanspruchung, hohe Temperaturen 226 ff
Schwingfestigkeit s. Dauerhaltbarkeit
Schwingungsrißkorrosion 172, 180, 184
Sechskantmutter mit Flansch 15
Sechskantmuttern, gebräuchlichste 16, 17
Sechskantschrauben mit Flansch 15
Sechskantschrauben, gebräuchlichste 14
Seigerungen 37
selbstbohrende Schrauben s. Bohrschrauben
selbstfurchende Schrauben s. gewindefurchende Schrauben
Selbsthemmung 296
selbstschneidende Schrauben s. Gewindeschneidschrauben
selbsttätiges Lösen 294 ff
selektive Korrosion 180
Senkungen 19
Setzen 75, 85, 219, 220, 226, 273, 274, 295 ff
–, hohe Temperaturen 219, 220, 226
–, hydraulisches Anziehen 273, 274
–, mittlere Setzbeträge 85
Setzmoment s. Fügemoment
Setzsicherungen 298 ff
Sherardisieren 199
Sicherheitszahlen gegen Gleiten 134
Sichern von Schraubenverbindungen 298 ff
Sicherungsmuttern s. Muttern mit Klemmteil
Silizium 46, 198, 231, 253
SL-Verbindung 133–135
SLP-Verbindung 133–135
Smith-Diagramm 137
Solt-Gewinde 153
Spaltkorrosion 180, 300, 301
Spannungsformzahl 108–110, 135, 136
Spannungskonzentration s. Kerbwirkung
Spannungsquerschnitt 8, 10, 113, 114, 126, 129
–, Normung 8, 10
–, Zugprüfung von Schrauben 113
–, erforderliche Mutterhöhe 126, 129
Spannungsreihe 175, 176
Spannungsrißkorrosion 172, 180–183, 188, 231, 253
–, austenitische Stähle 188
–, Schmiermittel 231, 253
Spannungsüberhöhung s. Kerbwirkung
Spannungsversprödung 109, 110
Spannungsverteilung 135, 136, 149 ff, 221

Spannungszustand 109, 113, 135, 136
Spitzgewinde 121, 243 ff
–, Abstreiffestigkeit 121
Sprödbruchempfindlichkeit 204, 210, 224, 225, 231, 232
spröde Randschicht 144, 197, 198
spröder Bruch 110, 181–183, 198–200, 210, 224, 225, 229 ff
Stahlbaumuttern s. Schraubenverbindungen im Stahlbau
Stahlbauschrauben s. Schraubenverbindungen im Stahlbau
Stahlreinheit 37, 41
statistische Auswertung von Schwingversuchen 166–168
Steifigkeit s. Nachgiebigkeit
Steigung s. Gewindesteigung
Steigungsdifferenz 146, 154, 155
Stickstoff 46
Strahlungseinflüsse 36, 44
Streckgrenze, geforderte 24, 32, 33, 231, 232
–,–, tiefe Temperaturen 231, 232
Streckgrenzenverhältnis 129
streckgrenzgesteuertes Anziehen 279 ff
Stromdichte – Potentialkurve 174, 176

Taillenschrauben s. Dehnschaftschrauben
technische Lieferbedingungen, Übersicht 19, 20
Teilflankenwinkel 6
Tempern 200
thermisches Anziehen 274
thermische Ausdehnung 204–206, 211 ff
Titanlegierungen 41, 43, 143, 144, 187, 253, 255
–, Schmierung 253
–, Fressen 255
Toleranz 7–10, 19, 28–30, 121, 122, 154, 191, 193–195, 198, 230, 263, 264
–, Dauerhaltbarkeit 154
–, hohe Temperaturen 230
–, Kraftangriffsflächen 263, 264
–, Oberflächenüberzüge 10, 28–30, 191, 193–195, 198
–, Tragfähigkeit des Gewindes 121, 122
Toleranzlage s. Toleranz
Torsionsbeanspruchung, überlagerte 125, 161–163, 256 ff, 278
–,–, Anziehen 256 ff, 278
–,–, Dauerhaltbarkeit 161–163
–,–, Tragfähigkeit 125
torsionsfreies Anziehen 257, 260, 272 ff
Torx-Kraftangriff 261, 264, 265
Tragtiefe s. Flankenüberdeckung

Sachverzeichnis

transkristalline Korrosion 180
Treppenstufenverfahren 168
Trommelgalvanisieren 193, 195

Überbeanspruchung 107, 110, 118 ff, 137, 138, 164–166, 172, 204, 240
–, hohe Temperaturen 204
–, Korrosion 172
–, Montage 240
–, schwingende 137, 138, 164–166
–, zügige 107, 110, 118 ff
Überelastische Beanspruchung 62, 161–163, 204, 217, 218, 259 ff, 296
–, beim Anziehen 161–163, 259 ff
–, Dauerhaltbarkeit 161–163
–, durch die Betriebskraft 62
–, durch hohe Temperaturen 204, 217, 218
–, Vorspannkraftverlust 296
Übergangseffekt 113
Ultraschallverfahren 272
unterkritische Einschraubtiefe s. Einschraubtiefe
unterkritische Mutterhöhe s. Mutterhöhe
Unterlegscheiben 133, 223, 296
–, hohe Temperaturen 223

Vanadium 23, 40, 45, 207, 208
vakuumerschmolzene Stähle 41, 143
Vergleichsspannung 256 ff
Verspannungsschaubild 50, 51, 59–62, 69, 73, 75, 157, 205, 206, 218, 261, 273, 295, 299
–, Betriebszustand 59–62, 69, 73, 157
–, Hauptdimensionierungsgrößen 75
–, hydraulisches Anziehen 273
–, Montagezustand 50, 51
–, Nachgiebigkeit 299
–, Setzen 295
–, thermische Ausdehnung 205, 218
–, überelastische Beanspruchung 261
Verzundern 172, 178, 204, 224, 225, 230, 231, 249
Vorspannkraft 137, 138, 144, 145, 156 ff, 211 ff, 240 ff, 256 ff, 294
–, Dauerhaltbarkeit 160 ff, 294
–, hohe Temperaturen 211 ff
–, Montage 240 ff, 256 ff
Vorspannkraftmessung 222, 265, 266, 270–272
–, elastische Längenänderung 270–272
–, hohe Temperaturen 222
–, Meßgrößen 265, 266
Vorspannkraftverlust 62, 75, 85, 137, 138, 161, 163–166, 204–206, 210 ff, 273, 274, 294 ff

–, Dauerbruchursache 137, 138, 164–166, 294
–, hohe Temperaturen 204, 206, 210 ff
–, hydraulisches Anziehen 273, 274
–, Setzen 75, 85, 161, 166, 219, 220
–, überelastische Verformung 62, 163
–, Ursachen 295 ff

Wärmeausdehnung s. thermische Ausdehnung
Wärmebehandlung 36, 41, 111, 143, 144, 182, 210, 226
–, Härten 111
–, Vakuumerschmelzung 41, 143
–, Warmfestigkeit 210
–, Wasserstoffentstehung 182
–, Zeitstandfestigkeit 226
Wärmespannungen 213, 216–218
Warmfeste Stähle 31–33, 208, 210, 224, 225, 229, 230, 233 ff
–, Reibung 253
–, Werkstoffauswahl 234, 253
Warmfestigkeit 45, 207 ff, 224, 229
Warmstreckgrenze 207, 237
Wasserstoff 46, 111, 177, 181, 183, 198
wasserstoffinduzierte Rißbildung 178, 181–183
Wasserstoffversprödung 172, 178, 181–183, 198–200
Werkstoffauswahl 36 ff, 233 ff
–, für Schrauben 38, 39
–, hohe und tiefe Temperaturen 233 ff
–, Kriterien 36, 37
–, übliche Werkstoffe 38, 39
Werkstoffeigenschaften 36, 41, 44–47, 205, 206 ff, 231–233
–, Einflüsse 36, 41, 44–47
–, geforderte 36
–, hohe Temperaturen 206 ff
–, physikalische 205, 206
–, tiefe Temperaturen 231–233
Werkstoffprüfung 19
Wiederverwendbarkeit von Schrauben 86, 229, 282, 286
–, nach plastischer Verformung 86
–, hohe Temperaturen 229
–, Anziehverfahren 282, 286
Wöhler-Diagramm 166, 167

zäher Bruch 110
Zeitdehngrenze 207
Zeitstandfestigkeit 207–210, 226–229
Zeitstandkerbversprödung 210, 226, 229, 230
zentrische Verschraubung 55, 58–64, 156 ff

–, Betriebszustand 58–64
–, Dauerhaltbarkeit 156 ff
–, Nachgiebigkeit 55
Zinküberzüge 193 ff, 200
Zinnüberzüge 194
Zugfestigkeit 24, 32, 33, 207, 231, 232
–, geforderte 24, 32, 33
–, hohe Temperaturen 207

–, tiefe Temperaturen 231, 232
Zugprüfung 23, 113
Zugversuch s. Zugprüfung
Zunderbeständigkeit 45, 46, 224, 225, 230, 231
–, Einflüsse 45, 46, 231
Zylinderverbindungen 49, 162, 163
–, Gestaltungsrichtlinien 162, 163